工业和信息化部"十二五"规划教材
高等学校工程创新型"十二五"规划教材
电子信息科学与工程类

雷达技术与系统

（第2版）

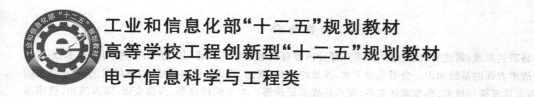

王雪松　李　盾　王　伟
徐振海　王　涛　丹　梅　编

電子工業出版社
Publishing House of Electronics Industry
北京·BEIJING

内容简介

本书将雷达原理、雷达系统、雷达兵战术三部分内容有机地融合在一起，主要介绍雷达原理、技术、系统以及雷达兵战术方面的基础知识。全书共分7章，涉及内容有：概述、雷达的基本组成、目标的发现、目标参数的测量、典型雷达系统与技术、典型雷达装备、雷达兵战术概论等。本书的特点是：内容全面，深入浅出，通俗易懂，图文并茂。此外还配备了丰富的习题及教学课件供学生攻固知识和教学参考。

本书可作为高等学校电子信息科学与工程技术类专业本科生教材，还可供部队、科研院所有关管理人员和技术人员参考使用。

图书在版编目(CIP)数据

雷达技术与系统 / 王雪松等编. —2版. —北京：电子工业出版社，2014.9
高等学校工程创新型“十二五”规划教材
ISBN 978-7-121-24281-6

Ⅰ. ①雷… Ⅱ. ①王… Ⅲ. ①雷达技术－高等学校－教材②雷达系统－高等学校－教材 Ⅳ. ①TN95

中国版本图书馆 CIP 数据核字(2014)第 207051 号

责任编辑：陈晓莉　特约辑编：杨晓红　李双庆
印　　刷：北京盛通数码印刷有限公司
装　　订：北京盛通数码印刷有限公司
出版发行：电子工业出版社
　　　　　北京市海淀区万寿路173信箱　邮编　100036
开　　本：787×1 092　1/16　印张：19　字数：486千字
版　　次：2009年8月第1版
　　　　　2014年9月第2版
印　　次：2024年7月第12次印刷
定　　价：48.00元

凡所购买电子工业出版社图书有缺损问题，请向购买书店调换。若书店售缺，请与本社发行部联系，联系及邮购电话：(010)88254888。

质量投诉请发邮件至 zlts@phei.com.cn，盗版侵权举报请发邮件至 dbqq@phei.com.cn。

服务热线：(010)88258888。

第2版前言

人类对雷达原理的发现和研究始于19世纪末期，而雷达开始作为一种军事装备服务于人类则是20世纪30年代的事情。问世以来，雷达在人类战争中一直在扮演着非常重要的角色，历经70多年的发展，雷达始终保持着方兴未艾、蓬勃发展的态势。在现代信息化战争条件下，雷达作为一种极为重要的战场传感器，正在得到更加广泛的应用，发挥更加重要的作用。

在国防和军事应用中，雷达应用领域十分广泛，主要有战略预警、防空反导、空间监视、战场侦察、火力控制等，雷达的作用主要体现在三个方面：一是获取战场军事情报。雷达可以全天时、全天候工作，是现代战争中最重要的战场传感器之一，能够为作战指挥系统实时、主动地获取战场信息，这方面的典型应用主要有导弹预警、对空对海警戒、战场侦察等。二是为武器系统打击目标提供引导指示信息。雷达已经成为现代各类武器系统特别是精确打击武器系统的重要组成部分，在武器系统的作战中发挥着目标指示、截获、瞄准、武器制导等关键作用，是武器系统发挥作战效能的有力保证，这方面的典型应用主要有火力控制、导弹制导等。三是发展各类先进武器系统过程中的重要测量评估手段，典型应用包括靶场精密跟踪、目标特性测量等。此外，在民用方面，雷达还广泛应用于遥感、测绘、气象、天文、空中交通管制与飞行安全、公路安全、地下物穿透探测等诸多领域。鉴于此，可以说，在现代信息化战争条件下，雷达技术和系统的基本概念和相关知识已经成为军事指挥人员必须了解甚至熟练掌握的基础知识。

但是，随着科学技术的迅猛发展和应用领域的不断拓展，雷达这个概念的内涵和外延也都在发生着深刻的变化，雷达技术已经发展成为一个十分庞大的知识体系，对一个初学者而言，要想在较短的时间里对现代雷达的原理、技术、系统和应用建立起一个比较全面、准确的认识，肯定是一件很不容易的事情，而对于我们的学历教育合训学员这样一类特殊的学习者而言，难度无疑会更大。那么，如何破解这个难题呢？

我们编写这本教材的目的，就是配合教育部“卓越工程师教育培养计划”及军队院校教学改革的应用型人才培养的知识结构特点，为他们提供一个雷达原理、技术与系统方面的基础教程，让他们能够利用60个学时的学习时间，比较全面、系统地了解和掌握雷达的基本概念和原理、主要技术和系统。国内外关于雷达方面的优秀教材和参考资料很多，但大多是面向专业技术人员使用的，直接拿过来用于培养学历教育合训学员这些未来的军事指挥人员显然不能适用。但是我们也不能把这本教材编写成雷达科普读物，因为这在根本上不符合部队院校应用型人才（学历教育合训学员）未来军事生涯的发展需求，换句话说，我们绝对不能简单地认为他们所需要的是一个雷达技术简易读本，事实上恰恰相反，他们所需要的是对雷达技术、系统特别是雷达军事应用的更为深刻和准确的理解和把握，因为这些概念和认识的建立对他们在未来军事生涯中深刻理解和熟练驾驭信息化战争无疑是有极大帮助的。

正是基于这样的理念，我们在校、院两级领导和机关的大力支持和帮助下编写了《雷达技术与系统》教材，经过几届合训学员及本科学员的试用，以及全国相关学校的使用，得到了很多宝贵的经验，取得了较好的效果。该教材于2013年被评为“工业和信息化部‘十二五’规划教材”。在此基础上，吸纳了有关专家、相关院校的教师及使用本教材学生的建议和意见，我们再次修订了本教材。在此，对各级领导、专家、老师及同学们一并表示感谢。

本书由王雪松、李盾、王伟、徐振海、王涛、丹梅等编。由于我们自身的局限，教材难免存在疏漏之处，敬请读者批评指正。

编 者
2014年9月

目　录

第1章 概 述

蝙蝠可以灵巧地避开飞行途中的障碍物并准确地追踪感兴趣的小昆虫，驾驶战机的飞行员可以准确地发现上百千米之外隐藏在云层中的敌机。上述两种非凡的本领都基于一个非常简单而古老的原理：根据物体反射的回波来探测物体并确定与物体之间的距离。上述两种现象之间的区别在于，蝙蝠利用的是超声波，而战机利用的是电磁波。在现实生活中，诸如飞机、导弹、人造卫星、舰船、车辆、建筑物、地面，以及山川、云雨等物体都反射电磁波。物体将入射的电磁波向各个方向反射，雷达就是利用目标对电磁波的反射现象来发现目标并确定其位置的。

雷达最早出现于20世纪30年代后期，“雷达”这个名称最早来源于第二次世界大战中美国海军使用的一个保密代号。“雷达”是英文“RADAR”的音译，“RADAR”是取英文“Radio Detection and Ranging”几个开头字母所构成的新词，原意是“无线电探测与测距”，也称为“无线电定位”，而早期雷达主要就用于发现目标和测量目标的距离。通常，雷达的基本任务有两个：一个是发现目标的存在；另一个是测量目标的参数，前者称为雷达目标检测，后者称为雷达目标参数测量或雷达目标参数估值。雷达的基本任务可以概括为实现目标的尺度测量（Metric Measurement）。

著名雷达专家Merrill I. Skolnik在其主持编撰的《雷达手册》中第一句话就指出，“雷达的基本概念相对简单，但在许多场合它的实现并不容易”（英文原文为：The basic concept of radar is relative simple even though in many instances its practical implementation is not.）。这句话相当深刻。事实上，雷达是一种集中了现代电子科学技术各种成就的相当复杂的高科技系统，绝对不简单。近年来，雷达采用了大量的新理论、新技术、新器件，雷达技术进入了一个新的发展阶段，计算机技术的应用给现代雷达带来了根本性的变革。现代雷达系统不仅能够实现基本的尺度测量，而且还可能具备特征测量（Signature Measurement）能力。

尽管最早出现的雷达并不是用于军事目的，但雷达的发展史表明，雷达技术的发展和进步与军事需求密不可分。通常，雷达系统主要由天线、发射机、接收机、信号处理机、数据处理机和显示器等若干分系统构成。雷达系统的作用和性能由一系列技术战术指标来描述，雷达系统最重要的指标之一是工作频率，雷达的应用直接决定其所采用的频率。雷达系统的分类比较繁杂，可以按照雷达的作用、雷达承载平台、雷达信号形式、雷达信号处理方式、雷达天线波束扫描方式、测量的目标参数、工作频段等进行划分，至今尚无统一标准。此外，随着技术的进步，雷达在现代战争条件下也面临着多种威胁，并采用了相应的对抗措施。

1.1 雷达的基本概念和发展简史

1.1.1 雷达基本概念

按照IEEE的标准定义，雷达是通过发射电磁波信号，接收来自其威力覆盖范围内目标的回波,并从回波信号中提取位置和其他信息,以用于探测、定位,以及有时进行目标识别的电磁系统。该定义是原始术语"无线电探测和测距"的扩展。进一步地将雷达功能具体化,雷达是利用目标对电磁波的反射来发现目标(检测),测量目标空间位置和运动状态(测距、测角、测速),测定目标的电磁敏感物理参数的无线电设备。雷达基本原理如图 1.1 所示。

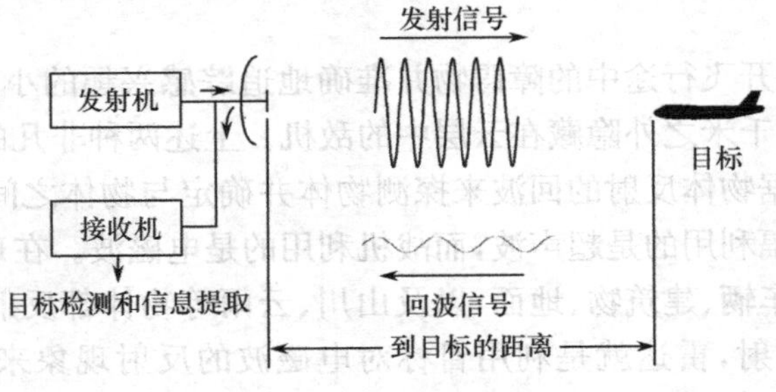

图 1.1 雷达基本原理

雷达是通过观测物体对电磁波信号的反射回波来发现目标。目标对雷达信号的反射强弱程度可以用目标的雷达截面积(RCS①)来描述,通常,目标的雷达截面积越大则反射的雷达信号功率越强。雷达截面积与目标自身的材料、形状和大小等因素有关,也与照射它的电磁波的特性有关。目标的雷达截面积的大小影响着雷达对目标的发现能力,通常雷达截面积越大的目标可能在越远的距离被雷达发现。

但是,除了目标的回波外,雷达接收机中总是存在着一些杂乱无章的信号,这些信号称为噪声(noise),它是由外部噪声源经天线进入接收机,以及接收机本身的内部电路共同产生的。采用先进的电子元器件和精心的电路设计可以减小这些噪声,但不可能完全消除它们。由于噪声时时刻刻伴随目标回波存在,所以,当目标距离雷达很远、目标回波很弱的时候,回波就难以从噪声中被区分出来。只有当目标与雷达的距离近到目标回波比噪声足够强的时候,雷达才可能从接收机的噪声背景中发现目标的回波。雷达从噪声中发现回波信号的过程称为雷达目标检测或目标的发现。从上面的分析容易知道,雷达对目标的发现距离是有限度的。

当雷达发射的电磁波信号照射目标的同时,也会照射到目标所在的背景物体上,这些背景物体的反射回波进入雷达接收机,成为无用的回波,也称为雷达杂波(clutter)。例如,雨雪等自然现象形成的反射回波称为气象杂波;向地面、海面观测目标时地物和海面反射形成的杂波分别称为地杂波和海杂波。此外,在实际战场环境中还存在大量的有意针对雷达发射的人为的电磁波信号,这些信号进入雷达接收机后,可能起到阻止、破坏雷达对目标发现能力的作用,这样的信号称为干扰(jamming)。噪声、杂波、干扰都会在雷达显示器上出现,严重影响雷达对目标的观察。因此,现代雷达根据杂波、干扰与目标的不同特征,利用各种信号处理技术,消除杂波、干扰的影响,才使雷达的应用能扩展到复杂的战场环境下,保证雷达正常发现目标和测量目标参数的能力。

雷达以辐射电磁能量并检测反射体(目标)反射回波的方式工作,回波信号提供了下列关于目标的信息:

(1)通过测量电磁波信号从雷达传播到目标并返回雷达的时间可得到目标的距离;

① RCS是"Radar Cross Section"的缩略语。

(2)目标的角度信息可以通过方向性天线(具有窄波束的天线)测量回波信号的到达角来确定;

(3)如果是动目标,雷达能得到目标的轨迹或航迹,并能预测它未来的位置;

(4)动目标的多普勒效应使接收的回波信号产生频移,雷达可以根据频移将希望检测的动目标(如飞机)和不希望的固定目标(如地杂波和海杂波)区分开;

(5)当雷达具有足够高的分辨力时,它还能识别目标尺寸和形状的某些特性。

归纳起来,雷达在发现目标(检测)之后,其基本测量功能可以分为尺度测量和特征测量两类。尺度测量包括对目标三维坐标(距离、角度)的测量,还包括速度(或加速度)的测量;特征测量包括对目标雷达截面积、散射矩阵、散射中心分布(一维像)等的测量。

雷达基本概念的描述涉及若干关键词,如电磁波、散射、目标、电磁敏感性等。首先,雷达是一种有源装置,它采用发射机主动地发射电磁波信号照射目标,而不像大多数光学和红外传感器那样必须依赖于外界的辐射。雷达采用的电磁波信号频率可以从几兆赫兹(高频)一直到光谱区外(激光雷达),该范围内的频率比高达 $10^9:1$。在如此宽的频率范围内,尽管雷达基本工作原理相同,但为实现雷达功能而应用的具体技术差别巨大。在上述电磁波波长范围内,大气几乎完全“透明”,因此,雷达是“全天候”工作的电子装置,不分白天、黑夜,不论天晴还是雾、雨、雪。其次,对雷达而言,“目标”的界定可以从两方面考虑:一方面,能够反射电磁波信号的物体都可以成为“目标”。雷达目标包括以金属为代表的良导体,例如飞机、导弹、战车、卫星、舰船等;也包括介质类的不良导体,例如云、雾、雪、雨、山川、河流、森林、沙漠等;还包括火箭发动机喷出的尾焰、鸟群、昆虫等。另一方面,“目标”又是一个相对的概念。每类雷达的用途和目的不同,对每类雷达而言,雷达感兴趣的能够反射电磁波的物体是目标,雷达不感兴趣的其他散射体则可认为是杂波和干扰。例如,对机载预警雷达而言,雷达下视时,飞机、战车是目标,地面是杂波;对机载的雷达高度计而言,地面就是目标;对航管雷达而言,飞行器是目标,云是杂波;对气象雷达而言,云就成为了目标。此外,目标的物理属性可以认某种方式来调制雷达照射到目标上的电磁波信号,这样,目标反射的回波信号就被调制上了目标的有关信息,这些信息有可能被雷达所感知,这样的目标物理属性可以称为“电磁敏感性”的物理属性。“电磁敏感性”的物理属性是现代雷达能够实现目标识别功能的物理基础。例如,目标形状(如飞机机翼、鼻锥)、目标表面粗糙度、目标材料的介电特性等。

1.1.2 雷达原理的发现和早期雷达

雷达作为一种军事装备服务于人类是20世纪30年代的事情,但雷达原理的发现和探讨,还要追溯到19世纪的末期。

1864年,麦克斯韦提出了电磁理论,预见到了电磁波的存在。

1886年,海因里奇·赫兹(Heinrich Hertz)进行了用人工方法产生电磁波的实验,建立了第一个天线系统。他当时装配的设备实际上是工作在米波波长的完整无线电系统,采用了终端加载的偶极子作为发射天线,谐振方环作为接收天线。赫兹通过实验证明了电磁波的存在,验证了电磁波的发生、接收和散射。

1903—1904年,德国人克里斯琴·赫尔斯迈耶(Christian Hulsmeyer)研制出原始的船用防撞雷达并获得专利,探测到了从船上反射回来的电磁波。

1922年,马可尼(M. G. Marconi)在接受无线电工程师学会(IRE)荣誉奖章时发表讲话,主张用短波无线电来探测物体。他说:"电磁波是能够为导体所反射的,可以在船舶上设置一种装置,向任何所需要的方向发射电磁波,若碰到导电体,它就会反射到发射电磁波的船上,由一个与发射机相隔离的接收机接收,由此表明另一船舶是存在的,并进而可以确定其具体位置。"这是最早的比较完整地描述雷达概念的语句。

同年,美国海军研究实验室的A. H. Taylor和L. C. Young用一部波长为5m的连续波试验装置探测到了一只木船。由于当时缺乏有效的隔离方法,只能将收发装置分置,这实际上是一种双基地雷达。

1924年,英国的G. 阿普尔顿和M. A. 巴克特为了探测大气层的高度而设计了一种阴极射线管,并附有屏幕。

1925年,美国霍普金斯大学的G. 伯瑞特和M. 杜威第一次在阴极射线管荧光屏上观测到了从电离层反射回来的短波窄脉冲回波。

到了20世纪30年代,很多国家都开展了用于探测飞机和舰船的脉冲雷达的研究工作。1930年,美国海军研究实验室的汉兰德(Hyland)采用连续波雷达探测到了飞机。

1934年美国海军研究实验室的R. M. 佩奇(Page)第一次拍下了从1.6km外一架单座飞机反射回来的电磁脉冲的照片。

1935年2月英国人用一部12MHz的雷达探测到了60km外的轰炸机。德国人也验证了对飞机目标的短脉冲测距。

1937年年初,英国人罗伯特·沃森·瓦特(Robert Watson-Watt)设计的作战雷达网"本土链"(Chain Home)正式部署,这是世界上第一个用于实战的雷达网,并在著名的"大不列颠空战"中发挥了重要作用。

1938年美国信号公司制造了第一部SCR—268防空火力控制雷达(见图1.2),工作频率为205MHz,探测距离达180km。SCR—268是世界上第一部真正实用的火控雷达,前后共生产了约3000部。

图1.2 SCR—268防空火控雷达

1938年美国无线电公司(RCA)研制出了第一部实用的舰载雷达(XAF),安装在美国"纽约"号战舰上,它对海面舰船的探测距离是20km,对飞机的探测距离为160km。

1939年,英国在一架飞机上装了一部200MHz的雷达,用来监视入侵的飞机。这可称得上是世界上第一部机载预警雷达。当时的英国在研制厘米波功率发生器件方面居于世界领先地位,并首先制造出了能产生3000MHz、1kW功率信号的磁控管。高功率厘米波器件的出现,大大促进了雷达技术的发展。

1940年,英国的科学家在访美时向美国提供了磁控管,并建议美国研制微波机载雷达和防空火控雷达。

1940年11月,美国麻省理工学院(MIT)成立了辐射实验室。第二次世界大战后该实验室公开出版了28卷(本)《辐射实验室丛书》,向世人公开了雷达和有关学术领域的大批技术资料。

1.1.3 第二次世界大战中的雷达

虽然最早出现的雷达是民用雷达,但世界上的发达国家很快就意识到雷达巨大的军事应用价值,除英国、美国外,法国、前苏联、德国和日本都在致力于雷达的研制。在第二次世界大战期间,雷达获得了很大发展及广泛应用。

1941年12月日本偷袭珍珠港,那时美国实际上已经生产了近百部SCR—270/271警戒雷达(见图1.3),其中一部就架设在珍珠港,它探测到了入侵珍珠港的日本飞机。可惜那天执勤的美国指挥官误把荧光屏上出现的日本飞机回波当成了自己飞机的回波,由此酿成惨重损失。

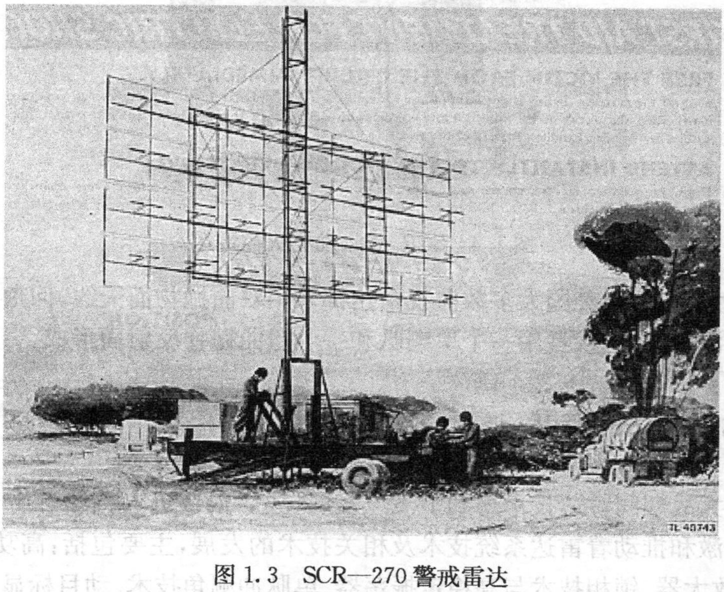

图1.3 SCR—270警戒雷达

在第二次世界大战中,由于战争的需要,交战双方都集中了巨大的人力、物力和财力来发展雷达技术,到了战争末期,雷达已在海、陆、空三军中得到了广泛应用。雷达被誉为“第二次世界大战的天之骄子”。在英国的帮助下,美国在雷达方面的研制大大超过了德国和日本,在保证同盟国的胜利方面发挥了重要作用。当时的雷达不仅能在各种复杂条件下发现数百千米外的入侵飞机,而且还能精确地测出它们的位置。那时雷达已进入控制领域,火炮射击和飞机轰炸等都借助雷达进行瞄准控制。统计结果表明，在第二次世界大战初期，高射炮每击落一架飞机平均要消耗5000发炮弹。到了大战末期，尽管飞机性能已经大为提高，但采用火控雷达控制高射炮进行射击，每击落一架飞机平均只需用50发炮弹，命中率整整提高了100倍。

第二次世界大战中，空用和海用雷达大多数工作于超高频或更低的频段。海军的雷达一般工作在200MHz频率上。到战争后期，工作在400MHz、600MHz和1200MHz频率上的雷达也已经投入使用。

1942年，美国人发明了单脉冲测角体制。同年，出现了动目标显示(MTI①)雷达。

1943年，在高功率微波磁控管研制成功并投入生产之后，微波雷达正式问世。低功率速调管在很长一段时间里一直只用作超外差接收机的本地振荡器。从英国研制成功磁控管到美国麻省理工学院辐射实验室制作出第一部10cm波长的实验雷达，前后只用了一年时间。首先制造成功的只是XT—1型外场试验装置，到1943年中期美国就研制成功了针状波束圆锥扫描S波段的SCR—584防空火控雷达(见图1.4)。这种雷达的波束宽度约为4°(70mrad)，跟踪飞机的精度约为0.86°(15mrad)。这样的精度已经能满足高炮射击指挥仪的要求，而且光学跟踪仍然作为雷达的补充，使得雷达伺服系统控制自动跟踪的性能足以使由雷达控制的火炮在射程范围内具有很高的杀伤力。

图1.4 SCR—584防空火控雷达

第二次世界大战末期，美国大多数监视雷达都采用双曲抛物面天线，仰角上天线波束的覆盖用一个扩展馈源来形成，或者用一个单喇叭和一个扭曲抛物反射面形成。

1.1.4 战后雷达的发展

第二次世界大战期间雷达技术得到了飞速发展，战后很快进入持续近半个世纪的冷战时期。军备竞赛刺激和推动着雷达系统技术及相关技术的发展，主要包括：高功率速调管、低噪声行波管、参量放大器、锁相技术与高稳定振荡器、单脉冲测角技术、动目标显示和脉冲多普勒技术、频率捷变、极化捷变、超视距雷达、合成孔径雷达、窄脉冲技术与宽带信号的产生和处理、电扫描与相控阵天线、固态功率器件、超高速集成电路与专用集成电路、数字计算机、数字信号处理与高速信号处理芯片、电波传播与电离层探测、印制电路与微电子电路、薄膜电路和厚膜

① MTI是“Moving Target Indication”的缩略语。

电路、电子设计自动化。这些技术的发展又促使雷达进一步获得了更加广泛的应用。从第二次世界大战结束至今，每个时期内都有各种标志性的产品相继研制成功。

1. 20 世纪 50 年代的雷达

20 世纪 40 年代雷达的工作频段由高频（HF①）、甚高频（VHF②）发展到了微波波段，直至 K 波段（波长约 1cm）。到 50 年代末，为了有效地探测卫星和远程导弹，需要研制超远程雷达，雷达的工作频段又返回到了较低的甚高频（VHF）和超高频（UHF③）波段。在这些波段上雷达可获得兆瓦级的平均功率，可采用线尺寸达百米以上的大型天线。大型雷达已开始应用于观测月亮、极光、流星和金星等。

40 年代发展起来的单脉冲原理到 50 年代已成功应用于美国的 AN/FPS—16 跟踪雷达，AN/FPS—16 是一种供测量用的单脉冲精密跟踪雷达，非常具有代表性。AN/FPS—16 的角跟踪精度可以达到令人吃惊的 0.2mrad（约 0.1 密位④），这样的角跟踪精度即使以现在的标准来看也是相当高的。

脉冲压缩雷达原理也是在 40 年代提出的，但直到 50 年代才得以应用于雷达发射系统。最早的高功率脉冲压缩雷达采用相位编码调制，把一个长脉冲分成 200 个子脉冲，各子脉冲的相位按照伪随机码选择为 0°或 180°。

50 年代，大功率速调管放大器开始应用于雷达，其发射功率比磁控管大两个数量级。

50 年代还出现了合成孔径雷达，它利用装在飞机或卫星上相对来说较小的侧视天线，产生地面上的一个条带状地图。机载气象回避雷达和地面气象观测雷达也问世于这一时期。机载脉冲多普勒雷达是 50 年代初提出的构想，50 年代末就成功地应用于“波马克”空—空导弹的下视、下射制导雷达。

2. 20 世纪 60 年代的雷达

20 世纪 60 年代的雷达技术是以第一部电扫描相控阵天线和后期开始的数字处理技术为标志的。天线波束的空间扫描可以采用机械扫描和电子控制扫描的办法，电扫描比机械扫描速度快、灵活性好。

第一部实用的电扫描雷达采用频率扫描天线，应用最广泛的是图 1.5 所示的 AN/SPS—48 频率扫描三坐标雷达。它是方位上机械扫描与仰角上电扫描相结合的，仰角上提供大约 45°的覆盖范围。相继投入使用的美国海军 AN/SPS—33 防空相控阵雷达工作于 S 波段，方位波束的电扫描用铁氧体移相器控制，俯仰波束用频率扫描实现。

1957 年，前苏联成功地发射了人造地球卫星，这表明射程可达美国本土的洲际弹道导弹已进入实用阶段，人类进入了太空时代。美苏相继开始研制外空监视和洲际弹道导弹预警用的超远程相控阵雷达。美国在 60 年代研制了 AN/FPS—85 相控阵雷达（见图 1.6），它的天线波束可在方位和仰角方向上实现相控阵扫描。AN/FPS—85 是正式用于探测和跟踪空间物

---

① HF 是“High Frequency”的缩略语。

② VHF 是“Very High Frequency”的缩略语。

③ UHF 是“Ultra High Frequency”的缩略语。

④ 雷达常用的角度单位，1 密位＝0.06°，360°即为 6000 密位。

图 1.5　AN/SPS—48 频率扫描三坐标雷达

体的第一部大型相控阵雷达。这部雷达的发展证明了数字计算机对相控阵雷达的重要性。

图 1.6　AN/FPS—85 相控阵雷达

60 年代后期,数字技术的发展使雷达信号处理开始了一场革命,并一直延续到现在。今天,几乎所有的雷达信号处理设备都是数字式的。

对动目标显示(MTI)技术加以改进后,机载动目标显示雷达应用到了飞机上,这是 1964 年在美国海军的 E—2A 预警机上实现的。机载动目标显示雷达之所以能够成功,主要是由于采用了偏置相位中心天线和机载时间平均杂波相干雷达来实现运动补偿。第一次研制机载动目标显示雷达的尝试是在第二次世界大战期间,不过,为了用一部装在运动平台上的雷达来可靠地探测水面上空飞行的飞机,前后花了近 20 年时间。把机载动目标显示雷达技术扩展到陆地上,又花了 10 年左右的时间,因为陆地杂波比海面杂波要强得多。

60 年代,美国海军研究实验室还研制了探测距离在 3700km 以上的"麦德雷"高频超视距(OTH①)雷达,这个研制成果证明了超视距雷达探测飞机、弹道导弹和舰艇的能力,还包括确定海面状况和海洋上空风情的能力。

用雷达抗干扰装置来对付敌方干扰的措施也起始于 60 年代,最典型的例子就是美国陆军的"奈基Ⅱ型"防空武器系统所用的雷达。这个系统包括一部 L 波段对空监视雷达,它利用一个大型天线,在很宽的频带内具有高平均功率,有战时使用的保留频率,并有相干旁瓣对消器。此外,这部雷达还与一部 S 波段点头式测高雷达、S 波段截获雷达、X 波段跟踪雷达和 Ku 波段测距雷达一起工作,使电子干扰更加困难。

① OTH 是"Over The Horizon"的缩略语。

3. 20 世纪 70 年代的雷达

20 世纪 50 年代末实现技术突破、60 年代得到大力发展的几种主要相参(相干)雷达,如合成孔径雷达、相控阵雷达和脉冲多普勒雷达等,在 70 年代又有了新的发展。合成孔径雷达的计算机成像是 70 年代中期实现技术突破的,目前高分辨力合成孔径雷达已经扩展到民用,并进入空间飞行器。装在海洋卫星上的合成孔径雷达已经获得分辨力为 25m×25m 的雷达图像,用计算机处理后能提供地理、地质和海洋状态信息。在 1cm 波段上,机载合成孔径雷达的分辨力已可达到约 $0.09m^2$。相控阵雷达和脉冲多普勒雷达的发展都与计算机的高速发展密不可分。

50 年代,在“赛其”系统中真空管自动检测和跟踪设备开始得到应用。由于采用了固态小型计算机而使得雷达尺寸缩小,能力增强。70 年代,随着计算机技术的发展,每部雷达都可能有自己的自动检测和跟踪装置。

低噪声接收机前端是在 50 年代研制成功的,不过,那时的微波激射器和参量放大器由于设备复杂及调整不便,没能在大部分雷达中得到应用。到了 70 年代,低噪声晶体管放大器前端大受欢迎。同时,由于引进了声表面波延迟线,可把脉冲压缩到几个毫微秒,高分辨力脉冲压缩的实用性也得到了提高。

E-3 预警机机载脉冲多普勒雷达的研制成功,使机载预警雷达有了重大发展。机载脉冲多普勒雷达之所以能够成功,在很大程度上依靠的是天线的超低副瓣性能(最大副瓣低于 −40dB)。美国西屋公司的超低副瓣天线使副瓣差不多下降了两个数量级。

70 年代越南战争期间,雷达开发工作中出现了一个有趣的副产品,即利用甚高频宽带雷达探测地下坑道。此后,这种雷达一直供探测地下管道和电线电缆等民事应用。

在空间应用方面,雷达被用来帮助“阿波罗”飞船在月球上着陆;在卫星方面,雷达被用作高度计,测量地球表面的不平度。

70 年代投入正常运转的 AN/FPS—108“丹麦眼镜蛇雷达(Cobra Dane)”是一部有代表性的大型高分辨力相控阵雷达(见图 1.7),美国将该雷达用于观测和跟踪前苏联勘察加半岛靶场上空多个再入的弹道导弹弹头。“鱼叉”和“战斧”系统中用的巡航导弹制导雷达也是这一时期出现的。

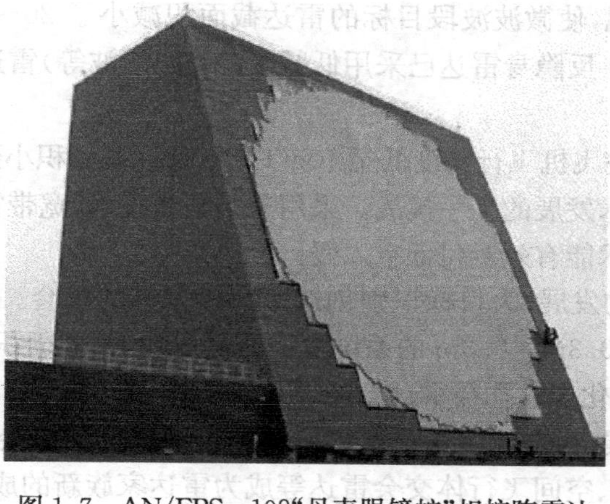

图 1.7 AN/FPS—108“丹麦眼镜蛇”相控阵雷达

4. 20世纪80年代的雷达

20世纪80年代,相控阵雷达技术大量用于战术雷达,这期间研制成功的主要相控阵雷达包括美国陆军的“爱国者”系统中的AN/MPQ—53(见图1.8)、海军“宙斯盾”系统中的AN/SPY—1和空军的B—1B,它们都已进入了批量生产。L波段和L波段以下的固态发射机已用于AN/TPS—59(见图1.9)、AN/FPS—117、AN/SPS—40等雷达中。在空间监视雷达方面,“铺路爪”(PAVE PAWS)全固态大型相控阵雷达(即AN/FPS—115)是雷达的一个重大发展。

图1.8 AN/MPQ—53相控阵雷达

图1.9 AN/TPS—59固态L波段三坐标雷达

5. 20世纪90年代以后的雷达

20世纪90年代以后,尽管冷战结束,但局部战争仍然不断,特别是由于海湾战争的刺激,雷达又进入了一个新的发展时期。90年代以后雷达技术发展状况可概括为以下几个方面:

(1) 军用雷达面临电子战中反雷达技术的威胁,特别是有源干扰和反辐射导弹的威胁。现代雷达发展了多种抗有源干扰与抗反辐射导弹的技术,包括自适应天线方向图置零技术、自适应宽带跳频技术、多波段共用天线技术、诱饵技术、低截获概率技术等。

(2) 隐身飞机的出现,使微波波段目标的雷达截面积减小了20~30dB,要求雷达的灵敏度相应提高同样的量级。反隐身雷达已采用低频段(米波、短波等)雷达技术、双(多)基地雷达技术、无源定位技术等。

(3) 巡航导弹与低空飞机飞行高度低至10m以下,目标截面积小到0.1~0.01m^2。因此,对付低空入侵是雷达技术发展的又一挑战。采用升空平台技术、宽带雷达技术、脉冲多普勒雷达技术及毫米波雷达技术能有效对付低空入侵。

(4) 成像雷达技术的发展,为目标识别创造了前所未有的机会。目前工作的合成孔径雷达分辨力已达1m×1m,0.3m×0.3m的系统也已研制成功,为大面积实时侦察与目标识别创造了条件。多频段、多极化合成孔径雷达已经投入使用。

(5) 航天技术的发展,为空间雷达技术的发展提供了广泛的机会。高功率的卫星监视雷达、空基侦察与监视雷达、空间飞行体交会雷达等成为雷达家族新的成员。

(6) 探地雷达是雷达发展的另一重要方向。目前已有多种体制的探地雷达,用于地雷、地下管道探测和高速公路质量检测等。树林下及沙漠下隐蔽目标的探测已取得重要的实验成果，UHF/VHF 频段的超宽带合成孔径雷达已取得突破性进展。

（7）毫米波雷达在各种民用系统中（如海港及边防监视、船舶导航、直升机防撞等）大显身手。欧美已开发出 77GHz 和 94GHz 的汽车防撞雷达，为大规模生产汽车雷达创造了条件。在研制的用于自动装置的雷达中，最高频率已达 220GHz。

总体来看，当前雷达面临着所谓"四大威胁"，即快速应变的电子侦察及强烈的电子干扰，具有掠地、掠海能力的低空、超低空飞机和巡航导弹，使雷达截面积成百上千倍减小的隐身飞行器，快速反应自主式高速反辐射导弹。因此，要求雷达也相应具备"四抗"能力。"四大威胁"的出现和发展并非意味着雷达的"末日"到来。为了对付这些挑战，雷达界已经并在继续开发一些行之有效的新技术，例如，频率、波束、波形、功率、重复频率等雷达基本参数的捷变或自适应捷变技术，功率合成、匹配滤波、相参积累、恒虚警处理（CFAR①）、大动态线性检测器、多普勒滤波技术，低截获概率（LPI②）技术，极化信息处理技术，扩谱技术，超低旁瓣天线技术，多种发射波形设计技术，数字波束形成（DBF③）技术等。对抗"四大威胁"必然是上述一系列先进技术的综合运用，并非某一单项技术手段所能奏效。在采用上述新技术的基础上，研究人员已经并正在研制各种新体制雷达，诸如无源雷达、双（多）基地雷达、机（星）载预警雷达、稀布阵雷达、多载频雷达、噪声雷达、谐波雷达、微波成像雷达、毫米波雷达、激光雷达及冲激雷达等，并且与红外技术、电视技术等构成一个以雷达、光电和其他无源探测设备为中心的极为复杂的综合空地一体化探测网，充分利用联合监视网在频率分集、空间分集和能量分集上的特点，在实现坐标和时间的归一化处理基础上，达到互相补充和信息资源共享。由于提取的是来自若干传感器的信息，而不是其中一个传感器单独给出的数据，所以大大提高了系统的目标测量和识别、反隐身、抗干扰和反摧毁的能力。雷达技术和反雷达技术必将在相互斗争中发展和前进。

当前对于雷达的另一个要求是多功能与多用途。在现代雷达应用中，由于作战空间和时间的限制，加之快速反应能力的要求和系统综合性的要求，雷达必须具备多功能和综合应用的能力。例如，要求一部雷达能同时对多目标实施搜索、截获、跟踪、识别及武器制导或火控等功能；要求雷达与通信、指挥控制、电子战等功能构成综合体。

1.2 雷达的工作原理

1.2.1 雷达的基本组成

以脉冲雷达为例说明。脉冲雷达基本组成可以用简化框图（图 1.10）表示，它主要由天线、发射机、接收机、信号处理机、数据处理机和显示器等若干分系统构成。图 1.11 是一个更具体的典型的单基地脉冲雷达组成框图。

发射机产生的雷达信号（通常是重复的窄脉冲串）经由天线辐射到空间，收发开关使天线时分复用于发射和接收。反射物或目标截获并反射一部分雷达信号，其中少量信号沿着雷达

① CFAR 是"Constant False Alarm Rate"的缩略语。
② LPI 是"Low-Probability of Intercept"的缩略语。
③ DBF 是"Digital Beam Forming"的缩略语。

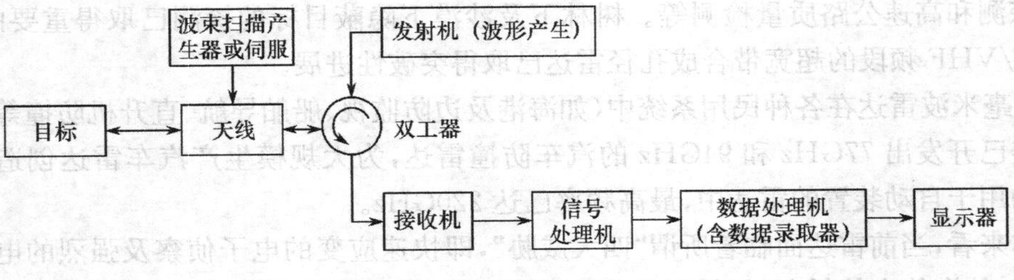

图1.10 雷达基本组成

的方向返回。雷达天线收集回波信号，经接收机加以放大和滤波，再经信号处理机处理。如果经接收机、信号处理机处理后输出信号幅度足够大，则目标可以被检测（发现）。雷达通常测定目标的方位和距离，但回波信号也包含目标特性的信息。显示器显示经接收机、信号处理机处理后的输出信号，雷达操作员根据显示器的显示判断目标存在与否，或者采用电子设备处理输出的结果。电子设备可以自动判断目标存在与否，并根据发现目标后一段时间内的检测结果建立目标航迹，后一项功能通常由数据处理机完成。图中，同步设备（频率综合器）是雷达的频率和时间标准，它产生的各种频率振荡之间保持严格的相位关系，从而保证雷达全相参工作；时间标准提供统一的时钟，使雷达各分机保持同步工作。

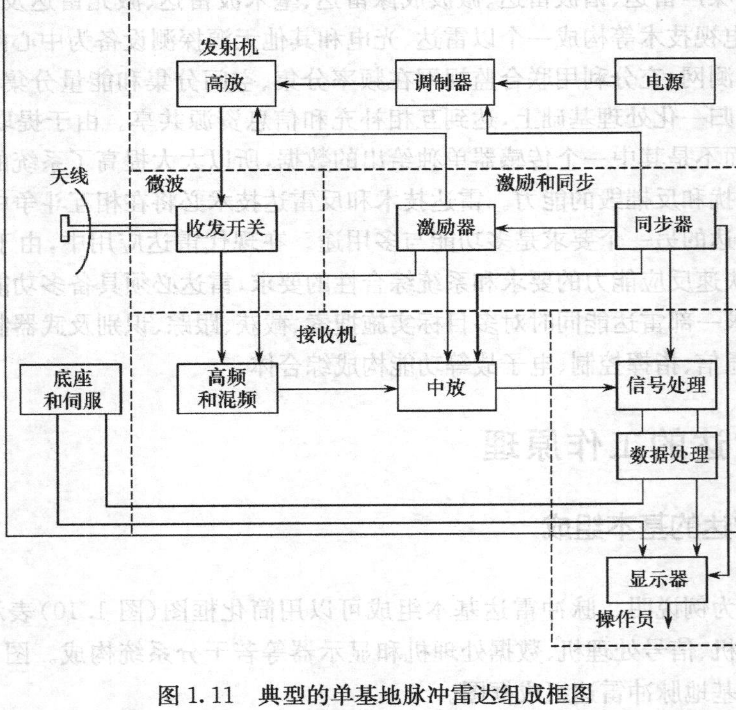

图1.11 典型的单基地脉冲雷达组成框图

1. 发射机

雷达发射机产生辐射所需强度的脉冲信号，脉冲的波形由调制器产生，其波形是具有一定脉冲宽度和重复周期的高频脉冲，当然，某些雷达也采用更加复杂调制的波形。发射机可以是功率放大器，如速调管、行波管、正交场放大器或固态器件等；也可以是功率振荡器件，如磁控管。

典型的地面对空监视雷达发射机的平均功率是几千瓦，近程雷达的平均功率是毫瓦数量级，而探测空间物体的雷达和高频超视距雷达的平均功率可达兆瓦数量级。基本雷达方程说明，雷达的探测距离与发射功率 4 次方根成正比。所以，为了将探测距离提高 1 倍，发射机功率要提高到原来的 16 倍。这样的比例关系说明，为提高雷达探测距离应使用的发射功率总量通常要受到实际条件和经济条件的限制。

发射机不仅要能产生大功率、高稳定的波形，而且常常还要在很宽的频率范围内高效、长时间无故障工作。发射机输出的能量用波导或其他形式的传输线馈送到天线，经由天线辐射到空间。

2. 天线

通常，发射机能量由天线聚成一个窄波束辐射到空中。脉冲雷达的天线一般都具有很强的方向性，以便集中辐射能量获得较大的观测距离。同时，天线的方向性越强，天线波束宽度越窄，雷达测角的精度和分辨力也越高。在雷达中，机械控制的抛物面反射面天线和电扫描的平面相控阵天线都得到了广泛的应用。

常用的抛物面反射面天线的馈源位于焦点上，天线反射面将高频能量聚成窄波束，天线波束在空间的扫描常采用机械装置转动天线实现。根据雷达用途的不同，波束形状可以是扇形波束或针状波束（也称笔形波束）。专用跟踪雷达通常采用笔状波束。用于探测或跟踪飞机的雷达，天线波束宽度的典型值约为 1°～2°。常用的探测目标距离和方位的地面对空警戒雷达，通常采用机械转动的反射面天线，它的扇形波束在水平方向窄，而垂直方向宽。

天线波束的空间扫描也可以采用电子控制的办法，它比机械扫描速度快、灵活性好，这就是 20 世纪末开始日益广泛使用的平面相控阵天线和电子扫描的阵列天线。前者在方位和仰角两个角度上均实行电扫描，天线的波束控制可在微秒或更短的时间完成；后者是一维电扫描，另一维机械扫描。机载雷达和三坐标对空警戒雷达波束经常采用电扫描。机载雷达通常采用相控阵天线，方位、俯仰两维电扫描；而三坐标对空警戒雷达通常在方位上机械转动以测量方位，而在垂直方向上使用电控扫描或波束形成来测量仰角。

无论是地面雷达或车载雷达，天线尺寸都部分取决于雷达的工作频率和工作环境。由于机械和电气容差与波长成正比，频率越低，制造大尺寸的天线就越容易。在超高频波段（UHF），一个大型天线（无论是反射面还是相控阵天线）的尺寸可达 30m 或更大；在较高的微波频率（如 X 波段），雷达天线的尺寸超过 3m 或 6m 就算是相当大的了。尽管也有波束宽度窄到 0.05°的微波天线，但总的来看，雷达天线波束宽度很少小于 0.2°，这意味着天线孔径大致对应 300 个波长。对 X 波段雷达天线来说大约为 9.45m，而对 UHF 波段雷达天线来说则大约为 213m。

脉冲雷达的天线是收发共用的，天线的切换需要依靠高速开关装置。在发射时，天线与发射机接通，并与接收机断开，以免强大的发射功率进入接收机将接收机高放混频部分烧毁；在接收时，天线与接收机接通，并与发射机断开，以免微弱的接收功率因发射机旁路而减弱。这种切换装置称为天线收发开关。天线收发开关属于高频馈线中的一部分，通常由高频传输线和放电管组成，或用环行器及隔离器等来实现。

3. 接收机

天线收集到的回波信号送往接收机。现代雷达接收机几乎都是超外差式(super-heterodyne),超外差接收机混频器利用本振(LO[①])将射频(RF[②])信号转变为中频(IF[③])信号,在中频对信号进行放大、滤波等。雷达接收机通常由高频放大、混频、中频放大、检波、视频放大等电路所组成。

接收机的首要任务是把微弱的回波信号放大到足以进行信号处理的电平,同时,接收机内部的噪声应尽量小以保证接收机的高灵敏度。因此,接收机的第一级常采用低噪声高频放大器。通常在接收机中也进行一部分信号处理,例如,中频放大器的频率特性应设计为发射信号的匹配滤波器,这样就能在中频放大器输出端获得最大的峰值信号噪声功率比(信噪比,即SNR[④])。对于需要进行较复杂信号处理的雷达,例如,需分辨固定杂波和运动目标回波的动目标显示(MTI)雷达,则还需要在典型接收机后接信号处理机。

接收机的检波器通常是包络检波器,它消除中频载波,并让调制包络通过。在连续波(CW[⑤])雷达、动目标显示(MTI)雷达、脉冲多普勒(PD[⑥])雷达中,由于需要进行多普勒处理,相位检波器代替了包络检波器。相位检波器通过与一个频率为发射信号频率的参考信号比较,可提取目标的多普勒频率。

对于普通脉冲雷达而言,中频处理之后可以直接通过包络检波器获取视频信号。视频放大器将信号电平提高到便于显示它所含有信息的程度。在视频放大器的输出端建立一个用于检测判决的门限,若接收机的输出超过该门限则判定有目标。判决可由操作员作出,也可无须操作员的干预而由自动检测设备得出。

4. 信号处理机

雷达的信号处理究竟主要由哪些部分构成,这个问题一直没有得到普遍的认同。并不是所有雷达都包括信号处理部分。

早期雷达基本不需要单独的信号处理机,全部雷达回波的处理都由雷达接收机完成。雷达接收机进行高频放大、混频、中频放大后就进行检波、视频放大,然后送显示器显示。

现代雷达(主要是相参雷达)基本上在接收机包络检波前先进行相位检波(又叫相干检波),然后对检波后的同相支路(I通道)信号及正交支路(Q通道)进行信号处理。通常认为,信号处理是消除不需要的信号、杂波及干扰,并通过或加强所关注的目标产生的回波信号。信号处理是在检测判决之前完成的,不同雷达对信号处理的要求不同。信号处理可以包括动目标显示(MTI)以及脉冲多普勒雷达的多普勒滤波等,有时也包括复杂信号的脉冲压缩处理。现代雷达一般在信号处理之后再进行包络检波,获得视频信号。

---

① LO是“Local Oscillator”的缩略语。
② 在电子工程中,RF是“Radio Frequency”的缩略语;但在雷达实践中,它指“雷达频率”。
③ IF是“Intermediate Frequency” 的缩略语。
④ SNR是“Signal-to-Noise Ratio” 的缩略语。
⑤ CW是“Continuous Wave” 的缩略语。
⑥ PD是“Pulse Doppler” 的缩略语。

5. 数据处理机

检测判决之后的处理称为数据处理。同信号处理机一样，并不是所有雷达都包括单独的数据处理机。早期雷达检测判决后不需要进行数据处理，简单的数据录取、数据处理工作可以由操作员人工实现，因此不需要专门的数据处理机。

许多现代雷达在检测判决之后还要进行数据处理。自动跟踪是数据处理的主要实例，而目标识别则是另一实例。最好在能滤除大部分无用信号的雷达中使用自动跟踪系统，这时跟踪系统只需处理目标数据而不涉及杂波。输入端如果还有杂波剩余，则可以采用恒虚警(CFAR)技术来处理。

6. 显示器

早期显示器可以直接显示由雷达接收机输出的原始视频回波。在通常情况下，接收机中频输出后经检波器取出脉冲调制波形，由视频放大器放大后送到显示器。例如，在平面位置显示器(PPI①)上可根据目标亮弧的位置测读目标的距离和方位角两个坐标。

现代雷达的显示器还可以显示经过处理的信息。例如，自动检测和跟踪(ADT②)设备先将原始视频信号(接收机或信号处理机输出)按距离方位分辨单元分别积累，而后经门限检测，取出较强的回波信号而消去大部分噪声；对门限检测后的每个目标建立航迹跟踪；最后，按照需要将经过上述处理的回波信息加到终端显示器去。自动检测和跟踪设备的各种功能常要依靠数字计算机来完成。图1.12所示是一个空中交通管制雷达的控制台。

图1.12 空中交通管制雷达的控制台

上述雷达的组成框图只是基本框图，不同类型的雷达还有一些差别，这些问题将在以后的章节中讨论。

1.2.2 目标的雷达截面积

雷达是通过接收目标反射的电磁波获得目标信息的。目标的大小和性质不同，对雷达电

① PPI是“Plan Position Indicator”的缩略语。
② ADT是“Automatic Detection and Track”的缩略语。

磁波的散射特性就不同,雷达所能接收到的反射电磁波能量也不一样,因而雷达对不同目标的探测距离各异。为了便于讨论问题、统一表征目标的散射特性和估算雷达作用距离,人们把实际目标等效为一个垂直电波入射方向的截面积,并且这个截面积所截获的入射功率向各个方向均匀散射时,在雷达处产生的电磁波回波功率密度与实际目标所产生的功率密度相同。这个等效面积就称为雷达截面积(RCS)。通常,目标的雷达截面积越大则反射的电磁波信号功率就越强。

虽然自50年代起人们就开始研究电磁波从各种形状和不同尺寸的物体上的反射,但是,时至今日,要精确地计算和预测雷达截面积仍很困难。不过,人们可以从大量的实际测试中对一般目标得出一个大致的平均值,如表1.1所示。

表1.1 一般目标的雷达截面积

目　标	雷达截面积(m^2)	目　标	雷达截面积(m^2)
巨型客机	100	小型单人发动机飞机	1
大型轰炸机或客机	40	人	1
中型轰炸机或客机	20	普通有翼无人驾驶导弹	0.5
大型歼击机	6	鸟	0.01
小型歼击机	2		

1.2.3 雷达对目标的发现

雷达究竟能在多远距离上发现(检测到)目标,这要由雷达方程来回答。下面根据雷达的基本工作原理来推导自由空间的雷达方程。设雷达发射机功率为 P_t,当用各向均匀辐射的天线发射时,距离雷达 R 远处任一点的功率密度 S'_1 等于功率被假想的球面积 $4\pi R^2$ 所除,即

$$S'_1=\frac{P_t}{4\pi R^2}$$

实际雷达总是使用定向天线将发射机功率集中辐射于某些方向上。天线增益 G 用来表示相对于各向同性天线的实际天线在辐射方向上功率增加的倍数。因此,当发射天线增益为 G 时,距雷达 R 处目标所照射到的功率密度为

$$S_1=\frac{P_tG}{4\pi R^2}$$

目标截获了一部分照射功率并将它们重新辐射于不同的方向。雷达截面积(RCS)σ 可以衡量被目标截获入射功率后再次辐射回雷达处功率的大小,则在雷达处的回波信号功率密度为

$$S_2=S_1\cdot\sigma\cdot\frac{1}{4\pi R^2}=\frac{P_tG}{4\pi R^2}\cdot\sigma\cdot\frac{1}{4\pi R^2}$$

式中,雷达截面积 σ 的大小随具体目标而异,它可以表示目标被雷达"看见"的尺寸。雷达接收天线只收集了回波功率的一部分,设天线的有效接收面积为 A_e,则雷达收到的回波功率 P_r 为

$$P_r=A_eS_2=\frac{P_tGA_e\sigma}{(4\pi)^2R^4}$$

当接收到的回波功率 P_r 等于雷达接收机灵敏度(最小可检测信号)S_{imin} 时,雷达达到其最

大作用距离 R_{max}，超过这个距离雷达就不能有效地发现目标。且

$$R_{max}=\left[\frac{P_t G A_e \sigma}{(4\pi)^2 S_{imin}}\right]^{1/4}$$

雷达方程将雷达的作用距离和雷达发射、接收、天线和环境等因素联系起来，它不仅可以用来决定雷达检测某个目标的最大作用距离，也可作为了解雷达的工作关系和用作设计雷达的一种工具。上述基本雷达方程可以反映雷达各参数对其检测能力影响的程度，但并不能充分反映实际雷达的性能，因为许多影响作用距离的环境和实际因素在方程中还没有包括。关于雷达作用距离的深入讨论将在后续章节展开。

1.2.4 目标位置的测量

目标在空间、陆地或海面的位置可以用多种坐标系来表示。最常见的是直角坐标系，即空间任一点的位置用 x、y 和 z 三个坐标表示。在雷达应用中，目标位置常采用极(球)坐标系。如图 1.13 所示。目标 P 的位置用下列三个坐标确定：

(1) 目标斜距 R：雷达到目标的直线距离 OP。

(2) 方位角 φ：目标斜距 R 在水平面上的投影 OB 与某一起始方向(正北、正南或其他参考方向)在水平面上的夹角。

(3) 俯仰角 θ：目标斜距 R 与它在水平面上的投影 OB 在铅垂面上的夹角，有时也称为倾角或高低角。

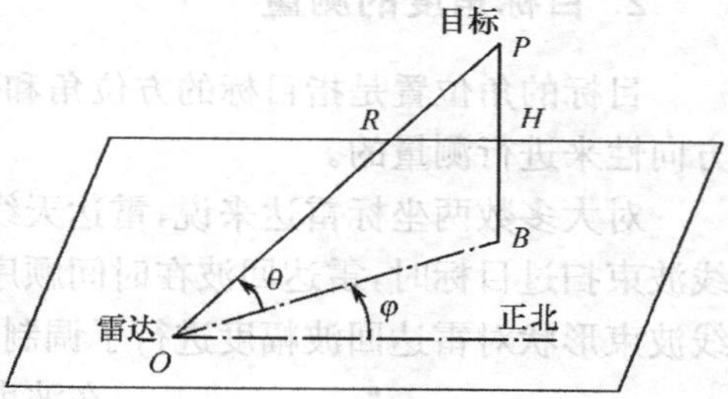

图 1.13 目标的位置坐标

有时需要知道目标的高度和水平距离，这时采用圆柱坐标系比较方便。在圆柱坐标系中，目标的位置由水平距离 D、高度 H 和方位角 α 表示。极坐标和圆柱坐标的关系为

$$D=R\cos\theta, H=R\sin\theta, \alpha=\varphi$$

由于地球曲率的影响，上述关系在目标距离较近时是准确的，当目标距离较远时必须作适当修正。

1. 目标斜距的测量

雷达是以脉冲方式工作的，以一定的重复频率发射脉冲，在天线的扫描过程中，如果天线的辐射区内存在目标，那么雷达就可以接收到目标的反射回波。反射回波是发射脉冲照射到目标上产生的，然后再返回到雷达处，因此，它滞后于发射脉冲一个时间 t_r，如图 1.14 所示。假设雷达到目标的距离为 R，那么在时间 t_r 内电磁波的传播距离就是 $2R$。电磁波在空间中以光速 c 沿直线路径传播，那么雷达到目标的距离为

$$R=\frac{1}{2}ct_r$$

如果测量出反射回波和发射脉冲之间的延时 t_r，就可以根据上式计算出雷达到目标的距离。换句话说，雷达测斜距就是测回波时延。

电磁波的传播速度很快，光速 $c=3\times10^8$ m/s，也就是每秒 30 万千米。在雷达中，常以微

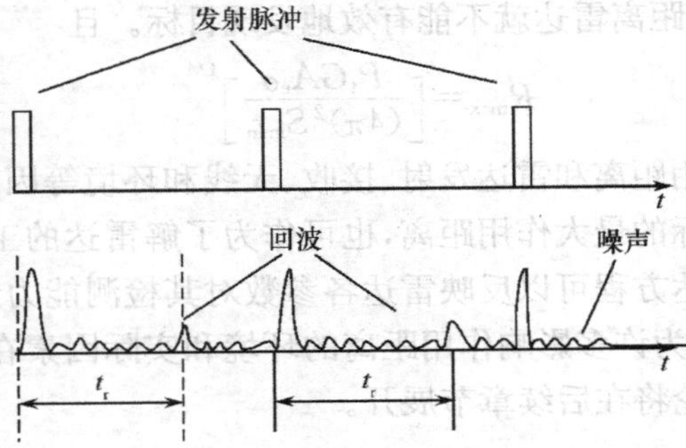

图 1.14 目标距离的测量

秒(μs)为时间单位，$1\mu s=10^{-6}s$，对应的距离为 150m。测量目标的距离是常规雷达最重要的特性。窄脉冲是测距的常用雷达波形。测距精度和分辨力与发射信号带宽有关，发射信号带宽越大，经信号处理后脉冲越窄，则测距精度和分辨力越高。

2. 目标角度的测量

目标的角位置是指目标的方位角和俯仰角，在雷达技术中，这两个角的大小是利用天线的方向性来进行测量的。

对大多数两坐标雷达来说，雷达天线在方位上做机械旋转，天线波束在方位上扫描。当天线波束扫过目标时，雷达回波在时间顺序上从无到有，由小变大，再由大变小，然后消失，即天线波束形状对雷达回波幅度进行了调制(如图 1.15 所示)。

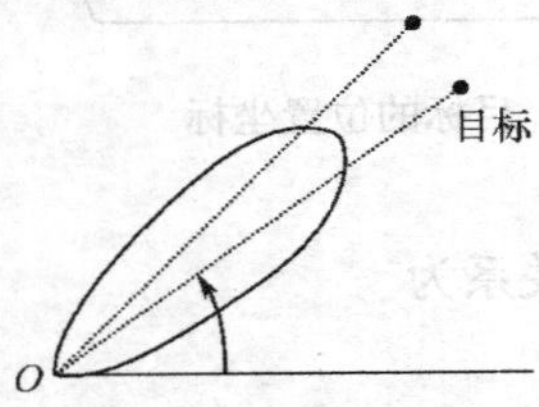

图 1.15 目标角坐标测量

在波束扫描过程中，只有当波束的轴线对准目标，也就是天线法向对准目标时，回波强度才达到最大。当回波最大时，天线位置传感器(如光电轴角编码器、旋转变压器、同频电机和电容传感器等)所指示的方位角即为目标的方位角，这就是所谓最大回波法的测角原理。

另一种测角方法是顺序比较法，即利用相互交叉的两个波束左右交替扫描目标，只有天线方向轴对准目标时，左右两波束接收的回波强度才相等。两波束接收的回波强度相等时天线所指角度就是目标的角坐标。

如果利用相互覆盖的两个接收波束同时对它们所收到的信号进行幅度比较，那么采用内插方法也可得到目标的角度位置，这种方法又称为单脉冲测角法，它在大多数精密跟踪雷达中获得了广泛的应用。

如果波束在垂直方向上扫描，用上述方法同样可以测定目标的俯仰角。和测距一样，测角也是假设电磁波是以直线传播的。

3. 目标高度的测量

目标高度的测量是以测距和测仰角原理为基础的，在不考虑地球曲面时，目标高度 H 同斜距 R 和俯仰角 θ 之间的关系是

$$H=R\sin\theta$$

由上式可见，测出目标的斜距 R 和仰角 θ，则可计算出目标的高度。

4. 目标轨迹的测量

对于运动目标，通过多次测量目标的距离、角度参数，可以描绘出目标的飞行轨迹。利用目标的轨迹参数，雷达能够预测下一个时刻目标所在的位置。对于弹道目标，可以据此预测其弹着点、弹着时间和发射点。

1.2.5 目标速度和其他特征参数的测量

在现在的两坐标雷达、三坐标雷达中测量的参数通常是指距离、方位、俯仰角。对一些高性能或有特殊用途的雷达，除了上述三个参数外，尚需测量目标的径向速度和特征参数等。

1. 目标径向速度的测量

当目标和雷达之间存在相对运动的时候，雷达接收到的回波信号的载频相对于发射信号的载频会产生一个频移，称作多普勒频移，它的大小是

$$f_{\mathrm{d}}=\frac{2v_{\mathrm{r}}}{\lambda}$$

式中，f_{d} 为多普勒频移；v_{r} 为雷达与目标之间的径向速度；λ 为载频波长。当目标向着雷达运动的时候，回波载频增大，$f_{\mathrm{d}}>0$；当目标离开雷达远去的时候，回波载频减小，$f_{\mathrm{d}}<0$。这样，根据 f_{d} 的大小，就能够测量出目标相对于雷达的径向速度，根据 f_{d} 的正负，就能够判断出目标相对于雷达的运动方向。

对目标距离的连续测量也可以获得距离变化率，从而得到目标径向速度，但这种方法精度不高。无论是测量距离变化率还是测量多普勒频移，速度测量都需要时间，观测时间越长，测速的精度越高。

多普勒频移除用作测速外，更广泛地应用于动目标显示(MTI)、脉冲多普勒(PD)等雷达中，以区分运动目标回波和固定杂波。

2. 目标尺寸和形状的测量

如果雷达具有足够高的分辨力，就能测量目标的尺寸。因为许多雷达目标的尺寸在数十米的量级，所以要求雷达的分辨力在几米或更小的量级。高分辨力雷达(如合成孔径雷达SAR① 或逆合成孔径雷达 ISAR②)通过采用大带宽的信号，可以在距离向获得很高的分辨力，通过采用合成孔径技术，可以在方位向获得很高的分辨力，从而得到目标的二维图像，给出目标的尺寸和形状信息。

3. 目标其他特性测量

雷达可以测量目标回波起伏特性。目标回波起伏特性的测量对于判定目标属性有重要意义，例如，在空间目标监视雷达中，利用目标起伏特性可区分该目标是否为稳定目标(自旋稳定

---

① SAR 是“Synthetic Aperture Radar”的缩略语，即合成孔径雷达。

② ISAR 是“Inverse Synthetic Aperture Radar”的缩略语，即逆合成孔径雷达。

或非自旋稳定目标)。

此外,雷达还可以测量目标的极化散射矩阵,极化散射特性在一定程度上反映了目标的形状及属性信息。

1.3 雷达的频段和战术技术指标

1.3.1 雷达的工作频率

不同用途的雷达工作在不同的频率上。常用的雷达频率范围在220MHz～35GHz之间,实际雷达的工作频率在两端都超出了上述范围。例如,天波超视距(OTH)雷达的工作频率为4MHz或5MHz,地波超视距雷达的工作频率只有2MHz,而毫米波雷达的工作频率高达94GHz。工作频率不同的雷达在工程实现时差别很大。雷达的工作频率和整个电磁波频谱如图1.16所示。

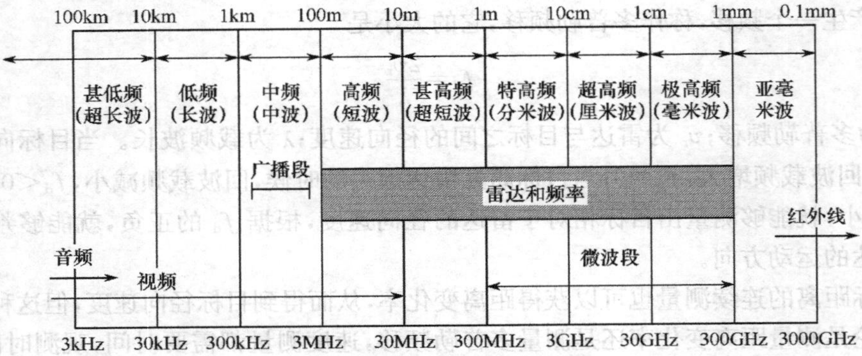

图1.16 雷达频率和电磁波频谱

目前在雷达技术领域中,常用频段(或波段)的名称用L、S、C、X等英文字母来命名。这种命名方法是在第二次世界大战中一些西方国家为了保密而采取的措施,以后就一直沿用下来。这种用法在实践中被雷达工程师们所接受,我国也经常采用。表1.2列出了雷达频段与频率和波长的对应关系。每个频段都有其自身特有的性质,从而使它比其他频段更适合于某些应用。电磁波波长与频率之间的关系为

$$f \cdot \lambda = c$$

式中,f为频率,单位Hz;λ为波长,单位m;c为光速,且$c=3\times10^8$ m/s。

表1.2 雷达频段与频率和波长的对应关系

频段名称	频　率	波　长	国际电信联盟分配的雷达频段
HF(高频)	3～30MHz	100～10m	
VHF(甚高频)	30～300MHz	10～1m	138～144MHz 216～225MHz
UHF(超高频)	300MHz～1GHz	100～30cm	420～450MHz 850～942MHz
L	1～2GHz	30～15cm	1215～1400MHz

续表

频段名称	频 率	波 长	国际电信联盟分配的雷达频段
S	2～4GHz	15～7.5cm	2300～2500MHz 2700～3700MHz
C	4～8GHz	7.5～3.75cm	5250～5925MHz
X	8～12GHz	3.75～2.5cm	8500～10 680MHz
Ku	12～18GHz	2.5～1.7cm	13.4～14.0GHz 15.7～17.7GHz
K	18～27GHz	1.7～1.1cm	24.05～24.25GHz
Ka	27～40GHz	1.1～0.75cm	33.4～36GHz
V	40～75GHz	0.75～0.4cm	59～64GHz
W	75～110GHz	0.4～0.27cm	76～81GHz 92～100GHz
mm	110～300GHz	2.7～1mm	126～142GHz 144～149GHz 231～235GHz 238～248GHz

雷达工程师有时习惯用典型波长来称呼雷达的频段。例如，L 波段通常为 30cm，S 波段为 10cm，C 波段为 5cm，X 波段为 3cm，Ku 波段为 2cm，Ka 波段为 8mm 等。表 1.2 是 IEEE 批准的命名方式，也被列入"美国国防部性能指标和标准索引"。电子战领域的工程师有时也采用另一组频段字母命名(例如 J 波段干扰机)，使用时必须注意区分。

雷达的频率是一个极其重要的技术参数，雷达工程师在设计之初首先需要选定的参数就是频率。频率的选择需要综合考虑多种因素，雷达的用途是雷达工程师选择频率的最重要依据。表 1.3 给出了雷达频段的一般使用方法。一些典型的雷达选用频段如下：

(1) 远程警戒雷达，用于潜射及洲际弹道导弹预警，美国的 AN/FPS—115，选用 UHF 波段；

(2) 对空监视和引导雷达，美国的 GE—592，选用 L 波段；

(3) "爱国者"导弹武器系统中的搜索、跟踪、制导多功能相控阵雷达 AN/MPQ—53，选用 C 波段。

表 1.3 雷达频段的一般使用方法

频 段	使 用
HF	超视距雷达，可以实现很远的作用距离，但具有低空间分辨力和精度
VHF 和 UHF	远程监视(约 200～500km)，具有中等分辨力和精度，无气象效应
L 波段	远程监视，具有中等分辨力和适度气象效应
S 波段	中程监视(约 100～200km)和远程跟踪(约 50～150km)，具有中等精度，在雪或暴雨情况下有严重的气象效应
C 波段	近程监视、远程跟踪和制导，具有高精度，在雪或中等雨情况下有更大气象效应
X 波段	明朗天气或小雨情况下的近程监视，明朗天气下高精度的远程跟踪，在小雨条件下减为中程或近程(约 25～50km)

续表

频段	使用
Ku和Ka波段	近程跟踪和制导(约10～25km),专门用在天线尺寸很有限且不需要全天候工作时。更广泛应用于云雨层以上各高度的机载系统中
V波段	当必须避免在较远距离上信号被截获时,很近距离跟踪(约1～2km)
W波段	很近距离跟踪和制导(约2～5km)
更高的毫米波段	很近距离跟踪和制导(<2km)

1.3.2 雷达的主要战术指标

雷达战术指标主要由功能决定,合理地确定完成特定任务的雷达战术指标,在很大程度上决定了雷达的性能、研制周期和生产成本。

(1) 观察空域

观察空域包括了雷达方位观察空域(例如两坐标监视雷达要求在360°范围内均能进行观察)、仰角观察空域(如对于监视雷达,仰角监视范围是0°～30°)、最大探测高度(H_{max})、最大作用距离(R_{max})和最小作用距离(R_{min})。图1.17所示的雷达威力图是一种用来描述雷达高度观察空域的方便形式。观察空域的大小取决于雷达辐射能量的大小。

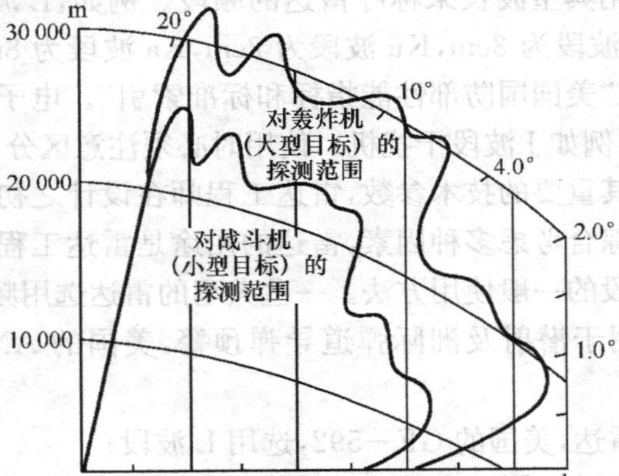

图1.17 雷达威力图

(2) 观察时间与数据率

观察时间是指雷达用于搜索整个空域的时间,它的倒数称为搜索数据率。也就是单位时间内雷达对整个空域内任一目标所能提供数据的次数。

对同一目标相邻两次跟踪之间的间隔时间称为跟踪间隔时间,其倒数称为跟踪数据率。

(3) 测量精度

测量精度是指雷达所测量的目标坐标与其真实值的偏离程度,即两者的误差。误差越小,精度就越高。测量精度取决于系统误差与随机误差。系统误差是固定误差,可以通过校准来消除,但是由于雷达系统非常复杂,所以系统误差不可能完全消除,一般给出一个允许的范围。随机误差与测量方法、测量设备的选择以及信号噪声(或信号干扰)比有关。

(4) 分辨力

分辨力是指雷达对空间位置接近的点目标的区分能力。其中距离分辨力是指在同一方向上两个或两个以上点目标之间的最小可区分距离,而角度分辨力是指在相同距离上两个或两个以上不同方向的点目标之间的可区分程度。除了位置分辨力外,对于测速雷达,还有速度分辨力要求。一般来说,雷达分辨力越好,测量精度也就越高。

(5) 抗干扰能力

抗干扰能力是指雷达在干扰环境中能够有效地检测目标和获取目标参数的能力。通常雷达都是在各种自然干扰和人为干扰条件下工作的。这些干扰包括人为施放的有源干扰和无源干扰、近处电子设备的电磁干扰以及自然界存在的地物、海浪和气象等干扰。对雷达的抗干扰(ECCM①)能力一般从两个方面描述。一是采取了哪些抗干扰措施,使用了何种抗干扰电路;二是以具体数值表达,如动目标改善因子的大小、接收天线副瓣电平的高低、频率捷变的响应时间、频率捷变的跳频点数、抗主瓣干扰自卫距离和抗副瓣干扰自卫距离等。

此外,雷达的战术指标还有观察与跟踪的目标数、数据的录取与传输能力、工作可靠性与可维修性、工作环境条件、抗核爆炸和抗轰炸能力和机动性能。

1.3.3 雷达的主要技术指标

(1) 天馈线性能

天馈线性能主要包括天线孔径、天线增益、天线波瓣宽度、天线波束的副瓣电平、极化形式、馈线损耗和天馈线系统的带宽等。

(2) 雷达信号形式

雷达信号形式主要包括工作频率、脉冲重复频率 PRF②(脉冲重复周期的倒数)、脉冲宽度、脉冲串的长度、信号带宽、信号调制形式等。

根据发射的波形来区分,雷达主要分为脉冲雷达和连续波雷达两大类。当前常用的雷达大多数是脉冲雷达。常规脉冲雷达周期性地发射高频脉冲,其波形如图 1.18 所示。图中标出了相关的参数,它们是脉冲重复周期和脉冲宽度。

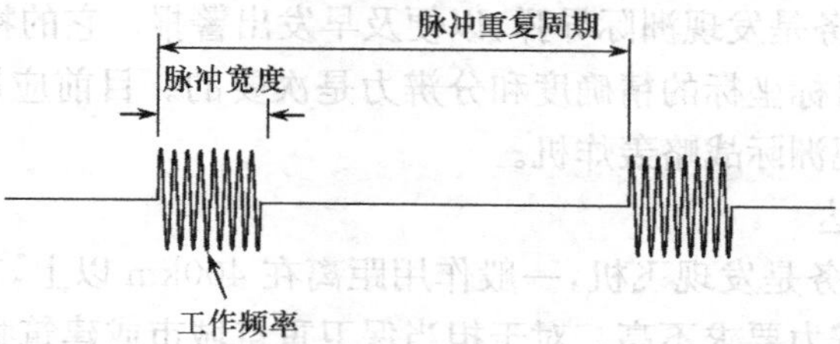

图 1.18 雷达发射信号波形

(3) 发射机性能

发射机性能主要包括峰值功率、平均功率、功率放大链总增益、发射机末级效率和发射机

① ECCM 是"Electronic Counter-Counter Measures"的缩略语。
② PRF 是"Pulse Repetition Frequency"的缩略语。

总效率等。有的雷达还对发射信号的频谱和二次、三次谐波的功率电平等提出了要求。

(4) 接收机性能

接收机性能主要包括接收机灵敏度、系统噪声温度(或噪声系数)、接收机工作带宽、动态范围、中频特性等。

(5) 测角方式

测角方式主要分为振幅法和相位法两类测角方式,还有天线波束的扫描方法。

(6) 雷达信号处理

雷达信号处理主要包括诸如动目标显示(MTI)或动目标检测(MTD)的系统改善因子、脉冲多普勒滤波器的实现方式与运算速度要求、恒虚警率(CFAR)处理和视频积累方式等。

(7) 雷达数据处理能力

雷达数据处理能力主要包括对目标的跟踪能力、二次解算能力、数据的变换及输入/输出能力。

1.4 雷达的应用和分类

雷达已应用于地面、海上、空中和太空。地面雷达主要用来对飞机和太空目标进行探测、定位和跟踪;舰载雷达除探测空中和海面目标外,还可用作导航工具;机载雷达除要探测空中、地面或海面目标外,还可用作大地测绘、地形回避及导航;在宇宙飞行中,雷达可用来控制宇宙飞船的飞行和降落等。

第二次世界大战后,特别是20世纪70年代以来,雷达技术有了迅速的发展,雷达在民事和军事方面发挥着日益重要的作用。下面介绍雷达在民用和军用方面的类型和应用情况。

1.4.1 军用雷达

军用雷达按战术类型可以分为以下几类:

(1) 预警雷达(超远程雷达)

预警雷达的主要任务是发现洲际导弹,以便及早发出警报。它的特点是作用距离远,一般为数千千米,至于测定目标坐标的精确度和分辨力是次要的。目前应用的预警雷达不但能发现导弹,而且可用以发现洲际战略轰炸机。

(2) 搜索和警戒雷达

这种雷达的主要任务是发现飞机,一般作用距离在400km以上,有的可达600km。对于测定坐标的精确度、分辨力要求不高。对于担当保卫重点城市或建筑物任务的中程警戒雷达,要求有方位360°的搜索空域。

(3) 引导指挥雷达(监视雷达)

这种雷达主要用于对歼击机的引导和指挥作战,民用的机场调度雷达也属这一类。其特殊要求是:对多批次目标能同时检测;测定目标的三个坐标,要求测量目标的精确度和分辨力较高,特别是目标间的相对位置数据的精度要求较高。

近年来由于低空和超低空突袭的威胁日益严重,为了及早发现这类目标并采取相应对策,可由一部机载预警雷达来完成对地面搜索和引导指挥雷达的功能。由于地面雷达低空盲区以及视距的限制，它对低空飞行目标的探测距离很近，而装在预警飞机上的预警雷达可以登高而望远。20世纪70年代，把具有脉冲多普勒体制的预警雷达装于预警机上，可以保证它能在很强的杂波背景下仍能把目标信号检测出来。20多年来，由于雷达技术的发展，装在预警机上的预警雷达同时兼有引导指挥雷达的功能，此时预警机的作用等于把地面区域防空指挥所搬到了飞机上，使它成为一个完整的空中预警和控制系统。这是当前一种重要的雷达类型，典型雷达如美国E—2C预警机上的机载预警雷达AN/APS—145。

(4) 火控雷达

火控雷达的主要任务是控制火炮对空中目标进行瞄准攻击(例如炮瞄雷达)，因此要求它能够连续而准确地测定目标的坐标，并迅速地将射击数据传递给火炮。这种雷达的作用距离较小，一般只有几十千米，但测量的精度要求很高。

(5) 制导雷达

制导雷达和火控雷达同属精密跟踪雷达，不同的是制导雷达主要任务是控制导弹去攻击飞机或导弹目标。制导雷达要求能同时跟踪多个目标，并对分辨力要求较高。这种雷达的天线扫描方式往往有其特点(例如采用相控阵体制)，并随制导体制而异。

(6) 战场监视雷达

战场监视雷达主要用于发现坦克、军用车辆、人和其他在战场上的运动目标。

(7) 机载雷达

对于机载雷达共同的要求是体积小、重量轻、工作可靠性高。这种雷达除前面提到的机载预警雷达外，主要有以下几种类型：

机载截击雷达 当歼击机按照地面指挥所命令，接近敌机并进入有利空域时，就利用装在机上的截击雷达，准确地测量敌机的位置，以便进行攻击。它要求测量目标的精确度和分辨力高。

机载护尾雷达 用来发现和指示机尾后面一定距离内有无敌机。这种雷达结构比较简单，不要求测定目标的准确位置，作用距离也不远。

机载导航雷达装在飞机或舰船上，用以显示地面或港湾图像，以便在黑夜、大雨或浓雾情况下使飞机和舰船能正确航行。这种雷达要求分辨力较高。

机载火控雷达 20世纪70年代后的战斗机上的火控系统雷达往往是多功能的。它能空对空搜索和截获目标，空对空制导导弹，空对空精密测距和控制机炮射击，空对地观察地形和引导轰炸，进行敌我识别和导航信标的识别，有的还兼有地形跟随和回避的作用，一部雷达往往具有七八部雷达的功能。典型机载火控雷达如美国F—16C/D战斗机上的机载火控雷达AN/APG—68。

(8) 无线电测高仪(高度计)

无线电测高仪装置在飞机上，是一种连续波调频(FM—CW)雷达，用来测量飞机离开地面或海面的高度。

(9) 雷达引信

雷达引信是装置在炮弹或导弹弹头上的一种小型雷达，用来测量弹头附近有无目标，当距离减小到弹片足以击伤目标的瞬间，使炮弹(或导弹弹头)爆炸，提高命中率。

上述军用雷达中，预警雷达、搜索和警戒雷达、引导指挥雷达、火控雷达、制导雷达、战场监视雷达、机载雷达等一般都属于脉冲雷达，而无线电测高仪、雷达引信往往属于连续波雷达。

此外,机载导航雷达、无线电测高仪等也可作为民用雷达。

1.4.2 民用雷达

在民用雷达方面,主要有以下一些类型和应用:

(1) 气象雷达

这是观察气象的雷达,用来测量暴风雨和云层的位置及其移动路线。

(2) 航行管制(空中交通)雷达

在现代航空飞行运输体系中,对于机场周围及航路上的飞机,都要实施严格的管制。航行管制雷达兼有警戒雷达和引导雷达的作用,故有时也称为机场监视雷达,它一般和二次雷达配合起来应用。二次雷达(敌我识别器)地面设备发射询问信号,机上接到信号后用编码的形式发出一个回答信号,地面收到回答信号后在航行管制雷达显示器上显示。这一雷达系统可以确定空中目标的高度、速度和属性,用以识别目标。

(3) 宇宙航行用雷达

宇宙航行用雷达用来控制飞船的交会和对接,以及在月球上的着陆。某些地面上的雷达用来探测和跟踪人造卫星。

(4) 遥感设备

遥感设备是安放在卫星或飞机上的某种雷达,可以作为微波遥感设备。它主要感受地球物理方面的信息,可以用于对地形地貌成像、地球资源勘探、地质结构及环境污染监测等。

此外,在飞机导航、航道探测、车速测量等方面,雷达也在发挥着积极的作用。

1.4.3 雷达的分类

雷达的分类标准很多,雷达工程师和武器装备使用人员依据不同标准各自对雷达进行了分类。

1. 按照功能分类

按照雷达的功能,可以把主要的军用雷达分为搜索雷达和跟踪雷达两大类。

(1) 搜索雷达

搜索雷达的任务是在尽可能大的空域范围内,尽可能早地发现远距离的军事目标,主要用于警戒等目的。因此,搜索雷达必须满足两个要求:很远的探测距离和很大的覆盖空域。为此搜索雷达的发射功率一般很大,天线波束需要在全空域中按一定的方式扫描。

用于战略防御的远程预警雷达和用于防空系统中的搜索警戒雷达都是典型的搜索雷达。最广泛使用的警戒雷达是两坐标雷达,它的天线采用扇形的波束,在水平面上很窄,因此可以判定不同方位上的目标,其方位分辨力可以达到零点几度到几度。然而它的波束在垂直面上很宽,所以不能测定出目标的俯仰角。由于这种雷达只能测定目标的距离和方位两个位置参数,所以称为两坐标雷达。这种雷达波束的扫描是通过天线的机械旋转来实现的。天线水平旋转一圈,雷达波束就在360°的方位上扫描过一次,从而覆盖了以雷达为中心的圆形区域。天线每旋转一圈,在某一位置上的目标被探测一次,因此在显示器上,目标的位置每当天线波束扫过它就更新一次。

现在,三坐标雷达越来越多地投入使用。这种雷达在两坐标雷达的基础上,对天线进行了新的设计,可以在垂直方向上形成多个波束,从而具有测量目标俯仰角的功能,根据测到的目标距离和俯仰角就能确定目标的高度。三坐标雷达在水平方向上一般仍然由天线的机械旋转来使波束扫描,而在俯仰方向上一般是靠电子控制使波束在观测角度内上下扫描,或者同时产生不同俯仰角度上的波束,覆盖感兴趣的空域。三坐标雷达将成为未来主要的警戒和引导雷达。

(2) 跟踪雷达

跟踪雷达主要用于武器控制,为武器系统连续地提供对目标的指示数据,也用于导弹靶场测量等方面。例如炮瞄雷达、导弹制导雷达、航天飞行器轨道测量雷达等都属于跟踪雷达。跟踪雷达首先面临的任务是捕获目标,接着对一个或几个特定的目标在距离、角度或速度上建立起跟踪过程。距离跟踪使雷达只关注目标当前距离附近的回波,排除了对其他距离上的目标测量。对这个距离上的回波,雷达不但连续测量距离,而且连续测量目标的角度,通过自动控制系统使雷达天线波束随着目标运动而转动,始终指向目标,以获得精确的目标位置和速度指示。由于任务的需要,跟踪雷达对目标状态的测量精度一般比搜索雷达高得多,但是可以跟踪的目标数目比较少。传统的跟踪雷达只能跟踪一个目标,现代相控阵跟踪雷达可以跟踪几个到十几个目标。

有的跟踪雷达首先在速度上建立跟踪。例如,有的导弹制导雷达和导弹末制导雷达,其跟踪目标是运动的物体,因此跟踪运动目标产生的多普勒频率,有利于消除杂波的干扰。

实际上,不能把所有的雷达都简单地归到搜索雷达或跟踪雷达的范畴,例如地形测绘雷达等专用雷达具有搜索或跟踪雷达以外的特征。因此对雷达种类的划分并不是绝对的。

2. 按照雷达信号形式分类

按照雷达信号形式,可以分为以下几类:

(1) 脉冲雷达

这种雷达发射的是恒载频的矩形脉冲,按一定的或交错的重复周期工作,这是目前使用最广的雷达。

(2) 连续波雷达

这种雷达发射的是连续正弦波,主要用来测量目标的速度。如果需要同时测量目标的距离,则需要对发射信号进行调制,例如调频连续波。

(3) 脉冲压缩雷达

这种雷达发射经过频率或相位调制的宽脉冲信号,在接收机中对收到的回波信号加以压缩处理,从而得到窄脉冲。目前实现脉冲压缩的方式主要有两种:线性调频脉冲压缩处理和相位编码脉冲压缩处理。脉冲压缩能解决距离分辨力和作用距离之间的矛盾。20 世纪 70 年代研制的新型雷达绝大部分采用脉冲压缩的体制。

此外,还有脉冲多普勒雷达、噪声雷达、频率捷变雷达等。

3. 按照其他方式分类

雷达也可以按其他方式进行分类,例如:

(1) 按照雷达承载平台,可以分为地面雷达、机载雷达、舰载雷达、星载雷达等。

(2) 按角跟踪方式,可以分为单脉冲雷达、圆锥扫描雷达、隐蔽锥扫(假单脉冲)雷达等。

(3) 按测量目标的参量,可以分为测高雷达、两坐标雷达、三坐标雷达、测速雷达、目标识别雷达等。

(4) 按信号处理方式,可以分为分集雷达(频率分集、极化分集等)、相参或非相参积累雷达、动目标显示雷达、合成孔径雷达等。

(5) 按天线扫描方法,可以分为机械扫描雷达、相控阵雷达、频率扫描雷达等。

1.5 雷达的生存与对抗

从雷达出现的第一天起,它与目标之间就存在着抗争。随着各种高新技术的不断发展,在现代战争中,雷达与目标之间的对抗变得越来越激烈。从目标方面来讲,千方百计削弱雷达的作战效能乃至使其完全丧失作用,这是电子干扰的根本目的。对雷达采取的各类干扰技术统称为电子对抗措施(ECM①)。在雷达方面,为了有效地对付各种电子干扰就必须考虑相应的电子反对抗措施。雷达与电子对抗之间的斗争直接关系到雷达和目标的生存与否。综合电子干扰、低空/超低空突防、高速反辐射导弹和隐身飞机,这是目前人们所说的雷达面临的"四大威胁"。

1.5.1 雷达抗干扰技术

电子战的实质就是争斗的双方利用一切手段来争夺对电磁频谱的有效使用权,包括三个方面:电子战支援(ESM②)、电子对抗(ECM)和电子反对抗(ECCM)。ESM 的主要功能是对敌辐射源进行截获、识别、分析和定位。ECM 是指为了探测敌方无线电电子装备的电磁信息,削弱或破坏其使用效能所采取的一切战术、技术措施。ECCM 是在敌方实施电子对抗条件下保证我方有效地使用电磁信息所采用的一切战术、技术措施。

1. 对雷达的电子侦察及雷达反侦察技术

电子战中对雷达的电子侦察包括:

(1) 雷达情报侦察。以侦察飞机、卫星、舰船和地面侦察站来侦测雷达的特征参数,判断雷达的性能、类型、用途、配置及所控制的武器等有关战术技术情报。

(2) 雷达对抗支援侦察。凭借所截获的雷达信号,分析、识别雷达的类型、数量、威胁性质和等级等有关情报,为作战指挥实施雷达告警、战役战术行动、引导干扰和引导杀伤武器等提供依据。

(3) 雷达寻的和告警。作战中实时发现雷达和导弹系统并发出告警。

(4) 引导干扰。侦察是实现有效干扰的前提和依据。

(5) 辐射源定位。为武器精确摧毁敌雷达提供依据,也可以起引导杀伤武器的作用。

雷达为了自己的生存,首先必须具备良好的反侦察能力,最重要的是设法使敌方收不到己方的雷达信号或收到假信号。雷达的主要反侦察措施如下:

---

① ECM 是"Electronic Counter Measures"的缩略语。

② ESM 是"Electronic Support Measures"的缩略语。

(1) 将雷达设计成低截获概率雷达。这种雷达的最大特点是低峰值功率、宽带、高占空比发射波形、低副瓣雷达发射天线、自适应发射功率管理技术等。

(2) 控制雷达开机时间。在保证完成任务的前提下，开机时间尽量短，次数尽量少。战时开机必须按规定权限批准。值班雷达的开机时间和顺序应无规律地改变。

(3) 控制雷达工作频率。对现役雷达要按规定使用常用频率工作；同一程式的雷达，应规定它们以相近的频率工作；禁止擅自改变雷达的工作频率，若采用跳频反干扰，也必须经过批准，并按预定方案进行。对现役雷达的备用频率要严加控制。

(4) 隐蔽雷达和新式雷达的启用必须经过批准。

(5) 适时更换可能被敌方侦悉的雷达阵地。

(6) 设置假雷达，并发射假的雷达信号。

2. 电子干扰

雷达干扰是指利用雷达干扰设备发射干扰电磁波或利用能反射、散射、衰减以及吸波的材料反射或衰减雷达波，从而扰乱敌方雷达的正常工作或降低雷达的效能。雷达干扰能造成敌方雷达迷盲，使它不能发现目标或引起其判读错误，不能正确实施告警；另外，它还能造成雷达跟踪出错，使武器系统失控、威力不能正常发挥。这是雷达对抗设备与雷达作斗争时最常用的一种手段。

3. 雷达抗干扰技术

电子抗干扰技术是指那些确保己方有效运用电磁频谱而对电子干扰所采取的各种举措。这些措施的特点是，它们几乎总是与电子设备(例如监视雷达)设计方面的技术有关。雷达抗干扰的目的是将影响雷达正常工作的各种干扰信号减弱到能容许的程度，或者完全避开干扰，保障雷达正常工作。现代战争说明了这样一个事实，没有抗干扰能力的雷达很难在战争环境中发挥作用；反之，雷达的抗干扰能力越强，就越能使防空警戒系统、武器控制系统充分发挥作用。

精心设计、性能优良的雷达往往都具有良好的ECCM性能，为此而采用的技术主要有：

(1) 天线方面

天线是雷达与工作环境间的转换器，是抵御外界干扰的第一道防线。收发天线的方向性可以作为电子抗干扰的一种方式进行空间鉴别。能产生雷达空间鉴别的技术包括低副(旁)瓣、副(旁)瓣消隐、副(旁)瓣对消、波束宽度控制、天线覆盖范围和扫描控制。

① 当有一部远距离的干扰机干扰雷达时，如果设法保持极低的天线旁瓣，则可防止干扰能量通过旁瓣进入雷达接收机。当天线主波瓣扫描到包含干扰机的方位扇区时，闭塞或者关断接收机，或者减小扫描覆盖的扇区，使雷达不会"观察"到干扰机而受其干扰，这样便可在整个扇区内基本上保持雷达探测目标的性能，仅仅在干扰机所处方位附近除外。这种天线扫描覆盖区控制可以用自动或自适应的方法来实现，以消除空间分散的单个干扰源，并防止在规定区域内雷达的辐射被电子侦察接收机和测向机发现。

② 可以采用窄的天线波束宽度，采用高增益天线去集中照射目标，并"穿透"干扰。

③ 某些欺骗干扰机依靠已知或测出的天线扫描速率来施行欺骗干扰，这时采用随机性的电扫描能有效地防止这些欺骗干扰机与天线扫描同步。

从以上讨论可看出，控制天线波束、覆盖区和扫描方法等对所有雷达来说是有价值的和值得采用的电子抗干扰措施,其代价可能是增加天线的复杂性、成本甚至重量。

④ 除了对天线主瓣的干扰外,更重要的是天线旁瓣干扰。为了抑制从旁瓣进入的干扰,要求天线的旁瓣电平极低(根据估算,对付机载干扰,地面远程防空搜索雷达的天线旁瓣增益应为−60dB或更低),这对实际的天线设计来讲是很难达到的,为此应寻找其他的旁瓣反干扰方法。防止干扰经雷达旁瓣进入的反干扰技术主要包括旁瓣消隐和旁瓣对消。旁瓣消隐(SLB①)技术只对低占空比(又称工作比、占空系数)的脉冲干扰或扫频干扰才有效,高占空比的脉冲或噪声干扰会使主通道在大部分时间内关闭,从而使雷达失效。旁瓣相消(SLC②)技术则用来抑制通过天线旁瓣进入的高占空比和类噪声干扰。

(2) 发射机方面

主要是适当地利用和控制发射信号的功率、频率和波形。

① 增加有效辐射功率,此方法可增加信号干扰功率比是一种对抗有源干扰的强有力的手段。如果再配合天线对目标的"聚光"照射,便能明显增大此时雷达的探测距离。雷达的发射要采用功率管理,以减小平时雷达被侦察的概率。

② 频率捷变或频率分集,前者是指雷达在脉冲与脉冲间或脉冲串与脉冲串之间改变发射频率,后者是指几部雷达发射机工作于不同的频率而将其接收信号综合利用。这些技术代表一种扩展频谱的电子抗干扰方法,发射信号将在频域内尽可能地展宽,以降低被敌方侦察时的可检测度,并且加重敌方电子干扰的负荷而使干扰更困难。

③ 发射波形编码,包括脉冲重复频率跳变、参差及编码和脉间编码等。所有这些技术使得欺骗干扰更加困难,因为敌方将无法获悉或无法预测发射波形的精确结构。脉内编码的可压缩复杂信号可有效地改善目标检测能力。它具有大的平均功率而峰值功率较小,其较宽的带宽可改善距离分辨力并能减小箔条类无源干扰的反射,由于峰值功率低,辐射信号不易被敌方侦察到。因此,采用此类复杂信号的脉冲压缩雷达具有较好的抗干扰性能。

(3) 接收机、信号处理机方面

① 接收机抗饱和。经天线反干扰后残存的干扰如果足够大,将引起接收处理系统的饱和,接收机饱和将导致目标信息的丢失。因此,要根据雷达的用途研制主要用于抗干扰的增益控制和抗饱和电路。已采用的宽—限—窄电路是一种主要用来抗扫频干扰以防接收机饱和的专门电路。

② 信号鉴别。对抗脉冲干扰的有效措施是采用脉宽和脉冲重复频率鉴别电路,这类电路测量接收到脉冲的宽度和(或)重复频率后,如果发现和发射信号的参数不同,则不让它们到达信号处理或终端显示。

③ 信号处理技术。例如,用来消除地面和云雨杂波的动目标显示(MTI)和动目标检测(MTD),对于消除箔条等干扰是同样有效的。除了上述相参处理外,非相参处理的恒虚警(CFAR)电路可以用提高检测门限的办法来减小干扰的作用。在信号处理机中获得的信号积累增益也是一种有效的电子抗干扰手段。

除此之外,近年还出现了其他几种有效的雷达抗干扰技术:

(1) 低截获概率(LPI)雷达技术。采用编码扩谱和降低峰值功率等措施,将雷达信号设计

① SLB是"Side-Lobe Blanking"的缩略语。
② SLC是"Side-Lobe Canceller"的缩略语。

成低截获概率信号，使侦察接收机难以侦察甚至侦收不到这种信号，从而保护雷达不受电子干扰。

（2）稀布阵综合脉冲孔径雷达技术。这是一种在米波段采用大孔径稀疏布阵、宽脉冲发射，接收用数字技术综合形成窄脉冲和天线阵波束的新体制雷达技术。具有工作频带宽、同时工作频率多、信号截获概率低等优点，是一种抗干扰能力强的新雷达体制。

（3）无源探测技术。这是一种自身不发射信号，靠接收目标发射信号来发现目标的一种探测技术。因此，它不会被侦察到。

1.5.2 雷达抗反辐射导弹技术

随着雷达在战争中的巨大作用为世人所公认，雷达成了战争中首当其冲被消灭的对象。海湾战争中，多国部队仅反辐射导弹（ARM①）就发射了数千枚，使伊方雷达多数被摧毁。雷达面临着ARM的严重威胁，反ARM的战术/技术措施成了雷达设计师和军用雷达用户所共同关心的问题。

1. ARM的特点

ARM又称为反雷达导弹。它利用雷达辐射的电磁波束进行制导来准确地击中雷达。目前的ARM具有以下特点：采用多种制导方式，一般有被动雷达/红外、电视制导以及捷联惯性制导等体制；ARM导引头频率覆盖范围为0.5～18GHz，已由最初只能攻击炮瞄雷达发展成了可以攻击单脉冲雷达、脉冲压缩雷达、频率捷变雷达和连续波雷达；早期的“百舌鸟”ARM使用的是无源比相雷达引信，而现在的“哈姆”ARM采用激光有源引信，抗干扰能力较强；ARM发展到了第三代，采用了计算机与人工智能技术，具有记忆跟踪能力，能攻击关机后的雷达，能自动切换制导方式，自动搜索和截获目标，大大提高了对目标的命中精度和杀伤能力。

2. 抗ARM的措施

一方面可以采用被动的抗ARM措施设法使ARM难以截获并跟踪雷达信号。通常ARM载机的电子支援措施系统截获、识别并定位敌方雷达，然后将其有关参数（如脉冲功率、脉冲重复间隔和频率等）送交ARM寻的器，因此，必须采取措施妨碍ARM获取雷达的这些信息。雷达方的具体对抗措施如下：

（1）提高雷达空间、结构、频率、时间及极化的隐蔽性。这种方法能增加反辐射导弹的导向误差。可以缩短雷达工作时间，间断工作，只向预定扇区辐射或频繁更换雷达阵地。还可以采用各种调制（如调频、调幅及宽频谱调制）复杂信号和极化调制信号等。

（2）瞬时改变雷达辐射脉冲参数。

（3）将发射机和接收机分开放置。发射机与接收机不在一个阵地上，使ARM无法确定接收机阵地位置，这样也就谈不上将它击毁，当然发射阵地还得另有对抗ARM的措施。这样配置的其他好处是不易遭到电子干扰，还可以扩大雷达探测范围。双/多基地雷达因此而成为人们推崇的反ARM雷达体制。

---

① ARM是“Anti-Radiation Missile”的缩略语。

(4) 尽量降低雷达带外辐射与热辐射。ARM可能采用微波无源和红外综合导引头，因此必须减少雷达本身及其辅助设备的热辐射和带外辐射。这需要使用专门的吸收材料和屏蔽材料。采用多层管道冷却系统，甚至将雷达的电源设备置于掩体内。选择合理的信号形式，使用带阻滤波器抑制谐波和复合辐射。

(5) 将雷达设计成低截获概率雷达。其途径有三：一是应用一种能将雷达频谱扩展到尽可能宽的频率上的编码波形，ARM截获接收机难以对它实现匹配滤波；二是应用超低副瓣天线(副瓣低于−40dB)；三是对雷达实施功率管理，控制辐射的时机和电平的大小。

(6) 雷达采用超高频(UHF)和甚高频(VHF)波段。雷达工作波长与ARM弹体尺寸相当时，由于谐振效应，ARM的雷达截面积将增加，有利于雷达及早发现ARM。另外，ARM尺寸有限，难以安装低频天线，所以低频率(<0.5GHz)的雷达不易受到ARM的攻击(当然，这种说法是相对的)。

另外，还可用有源或无源诱饵使ARM不能击中目标，或者施放干扰，破坏和扰乱ARM导引头的工作。

(1) 用附加辐射源和诱饵发射机。美国战术空军控制系统中的AN/TPS—75雷达对付ARM的诱饵由三部发射机组成，模拟雷达信号特征(包括频率捷变)，遮盖雷达天线副瓣，分散放置。如果在这种综合系统中配备告警装置，根据它提供的ARM信息将几个假发射机的照射扇区不断切换，这样ARM就要不断瞄准，或者最终导向一个假发射机。

(2) 雷达组网反ARM。

(3) 施放各种调制的有源干扰。除用射频干扰ARM导引头外，由于ARM可能采用光学、红外或综合导引头，所以还应采取干扰这类导引头的措施，诸如干扰其角度信息。

图1.19是对抗ARM的综合措施示意图。

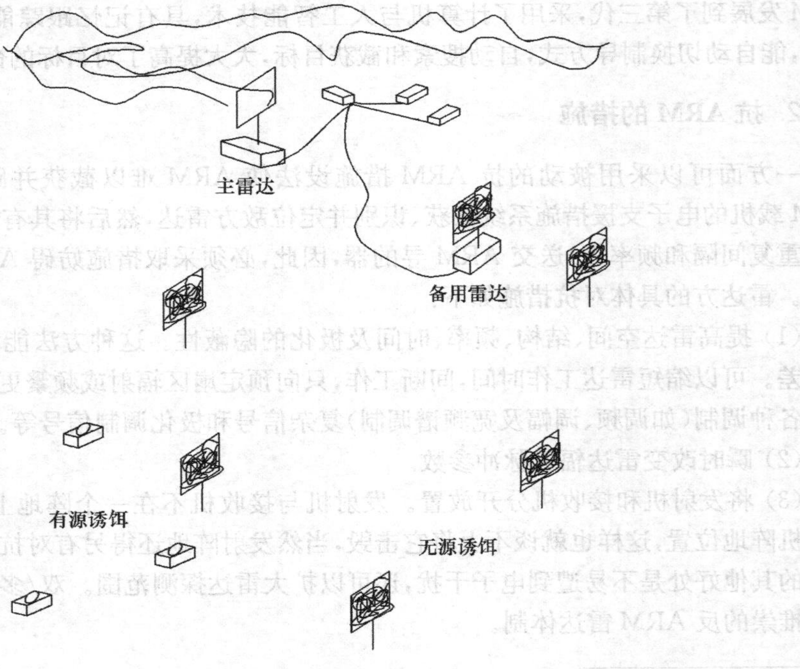

图1.19 对抗ARM的综合措施

1.5.3 雷达反低空入侵技术

1. 低空/超低空突防的威胁

低空/超低空系指地表面之上300m以下的空间。利用低空/超低空突防具有一些特殊优势：低空/超低空空域是大多数雷达探测的盲区，低空/超低空是现代防空火力最薄弱的空域。军事专家认为，目前飞机和巡航导弹低空突防最佳高度在海上为15m，在平原地区为60m，在丘陵和山地为120m。就保证突防成功而言，降低飞行高度比增加飞行速度更有利于提高飞行器生存概率。飞行目标的低空/超低空突防对雷达的战术/技术性能会造成以下影响。

(1) 地形遮挡

地球是一个球体，地球曲率会大大缩减雷达的有效探测距离。

(2) 多径效应

雷达电磁波的直射波、地面反射波和目标反射波的组合会产生多径干涉效应，导致仰角上波束分裂。多径效应与平坦地形的特性有关，而地形遮挡效应则发生在起伏地形状态。

(3) 强表面杂波

要探测低空目标，雷达势必会接收到强地面/海面反射的背景杂波，这是与目标回波处于相同雷达分辨单元的表面反射波。为了探测巡航导弹和雷达截面积小的飞行目标，必须要求很高的杂波中可见度(SCV①)。杂波中可见度是一个描述脉冲多普勒雷达或动目标显示雷达检测地杂波中目标能力的一个品质系数。

2. 雷达反低空突防措施

雷达反低空突防方面的措施，归纳起来有两大类：一类为技术措施，主要是反杂波技术；另一类为战术措施，主要是物理上的反遮挡。要达到雷达反低空突防的目的，主要可采取以下方法：

(1)设计反杂波性能优良的低空监视雷达。

(2)研制利用电离层折射特性的超视距雷达来提高探测距离(比普通微波雷达的探测距离可大5～10倍，例如可达到3000～4000km)，并进行俯视探测，使低空飞行目标难以利用地形遮挡逃脱雷达对它的探测。地波超视距雷达发射的电磁波以绕射方式沿地面(或海面)传播，其探测距离一般为200～400km；它不但能探测地面或海面上的目标，还能监视低空和掠海飞行目标。

(3)通过提高雷达平台高度来增加雷达水平视距，延长预警时间。

(4)发挥雷达群体优势来对付低空突防飞行目标。单部雷达的视野毕竟有限，难以完全解决地形遮挡的影响问题，何况在实战中往往又是多种对抗手段同时施展的。因此，解决低空目标探测问题的最有效的方案是部署既具有地面低空探测雷达，又有各种空中平台监视系统的灵活而有效的多层次、多体制雷达，组成立体复合探测网。

---

① SCV是“Sub-Clutter Visibility”的缩略语。

1.5.4　雷达反隐身技术

隐身飞机是 20 世纪 80 年代以来军用雷达面临的最严重的电子战威胁。隐身飞机的特点是显著减小了雷达截面积(RCS)。美国 70 年代中期研制的 B1—B 战略轰炸机,其 RCS 只有原 B—52 的 3%～5%,从而使雷达对它的探测距离下降 58%。80 年代以来,飞行器隐身技术有了突破性进展,第三代隐形飞机 F—117A(战斗轰炸机)和 B—2(隐形轰炸机)已于 80 年代末期装备部队。它们的外形如图 1.20 所示。它们的 RCS 约下降 20～30dB,使雷达的探测距离下降为原来的 1/3～1/6。

(a) B–2

(b) F–117A

图 1.20　隐身飞机外形图

飞行器的隐身技术主要包括外形设计、涂覆电波吸收材料(RAM)和选用新的结构材料等方法。隐身飞机的隐身效果(RCS 下降)不是全方位的,它主要是减小从正前方(鼻锥)附近,水平±45°、垂直±30°范围照射时的后向散射截面。目标其他方向,特别是前向散射 RCS 明显增大,因此可采用在空间不同方向接收隐身目标散射波进行空间分集来发现它。另外,涂覆的吸波材料有一定的频带范围,通常是 2～18GHz。也就是说,涂覆的吸波材料对长的波长是无效的。当飞行器尺寸和工作波长可以相比时,外形设计对隐身的作用会明显下降。这就是说,米波或更长波长的雷达具有良好的反隐身能力,因而可从频率域进行反隐身。

根据上述分析,反隐身可能采用的一些技术手段如下。

(1) 发挥单基地雷达的潜力

为弥补目标 RCS 下降所造成的探测距离的缩短,应采用提高雷达发射功率和天线孔径乘积、采用频率和极化分集、优化信号设计和改善信号处理等措施。如用相控阵雷达,则较容易实现上述要求并可增强电子战能力。

(2) 超视距(OTH)雷达技术

这是一种工作在 3～30MHz 短波频段且利用电离层返回散射传播机理,实现对地平线以下超远程(700～3000km)运动目标进行探测的新体制陆基雷达,其工作原理如图 1.21 所示。超视距雷达被认为具备反隐身潜力的依据是,在此波段上飞机为谐振区目标,不但可使按光学区目标反射规律设计的形状隐形失效,而且还有可能因谐振出现相当大的雷达截面积。OTH 雷达探测距离远,覆盖面积大,单部雷达 60°扇面覆盖区可达百万平方千米,可对付有人或无人驾驶轰炸机、空对地导弹和巡航导弹之类的喷气式武器的低空突袭。特别地,可对洲际导弹发射进行早期预警是其突出的优点。

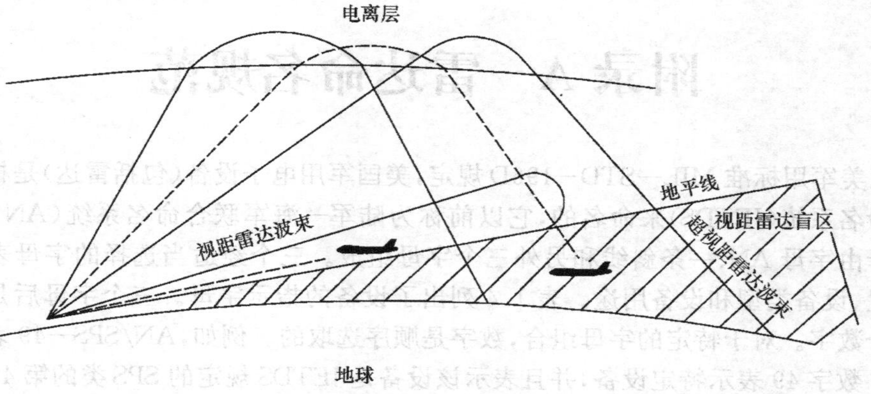

图 1.21 天波超视距(OTH)雷达原理图

(3) 双/多基地雷达技术

当相隔较远距离的雷达发射站和接收站组成多基地雷达时，隐身飞机由于形状隐身的几何特点，在它所散射的雷达信号中，偏向某些接收站方向的信号能量，可能比后向散射至发射方向的信号能量强得多，这就为隐身飞机提供了有利条件。在能源受限制而无法大幅度增加发射能量情况下，加上战术方面又非用微波雷达不可时，采取多基地工作方式是一条尤为重要的出路。

(4) 冲激雷达和极宽频带雷达

这类雷达频带极宽，可提供一种从频域反隐身的途径。

(5) 雷达网的数据融合技术

当雷达网中的众多单基地雷达从不同方向观测隐身飞机时，某些雷达就有在短瞬间观测到较大雷达截面积从而发现隐身飞机的机会。尽管只是短短的一瞥，但利用雷达网中多部雷达的数据进行融合，就有可能给出隐身飞机的航迹。

附录A 雷达命名规范

按照美军用标准 MIL—STD—196D 规定，美国军用电子设备（包括雷达）是根据联合电子类型命名系统（JETDS）来命名的，它以前称为陆军—海军联合命名系统（AN 系统）。名称的字母由字母 AN、一条斜线和另外三个字母组成。三个经适当选择的字母表示设备的安装位置、设备类型和设备用途。表 1.4 列出了设备的指示字母。三个字母后是一个破折号和一个数字。对于特定的字母组合，数字是顺序选取的。例如，AN/SPS—49 表示舰载警戒雷达。数字 49 表示特定设备，并且表示该设备是 JETDS 规定的 SPS 类的第 49 种。每经一次修改就在原型号后附加一个字母（如 A、B、C 等），但每次修改都保持了它的可互换性。在基本名称后加上 X、Y、Z 来标示电源输入电压、相位和频率的变化。当名称后加上破折号、字母 T 和数字则表明设备是用于训练的。名称后括号中的 V 表示设备是可变系统（指那些通过增加或减少装置、组件和单元，抑或它们的组合来完成不同功能的系统）。处于实验和研制中的系统有时在紧随正式名称后的括号内用特殊标志来表示研制单位。例如，XB 表示海军研究实验室，XW 为罗姆航空发展中心。括号内无标示的表示开发中的或系列未明确的设备。

在表 1.4 的第一列中，字母 M 用于安装和工作在车辆上的设备，车辆的唯一功能是放置和运输设备。字母 T 用于地面设备，该设备可由一地转移到另一地，并且在运输过程中设备是不能工作的。字母 V 表示安置在车辆中的设备，该车辆不只用来运载电子设备（如坦克）。字母 G 表示具有两种或两种以上地面安装方法的设备。字母 P 表示专门设计成人员携带时工作的设备。字母 U 表明设备使用两种或更多的安装类型，如地面、飞机和舰艇。字母 Z 表示设备安装在空间飞行的装置中，如飞机、无人机和制导导弹。设备类型提示符用 P 表示雷达，但也可用于表示和雷达一起工作的信标、电子识别系统及脉冲类的导航设备。

加拿大、澳大利亚、新西兰和英国的电子设备也包含在 JETDS 命名规范内。例如，500～599、2500～2599 这两组数字是预留给加拿大的。

联邦航空局空中交通管制系统的雷达使用以下的术语：

ASR　　机场监视雷达；

ARSR　　航路监视雷达；

ASDE　　机场场面探测雷达；

TDWR　　终端多普勒气象雷达。

字母后的数字表示该类雷达的特定型号，美国国家气象局使用的气象雷达用 WSR 表示。该标识与 JETDS 无关。WSR 后的数字表明雷达开始服役的时间。数字后的字母表明雷达工作频率的波段字母名称。所以，WSR—74C 是 1974 年开始服役的 C 波段气象雷达。

表 1.4　JETDS 设备符号

安装位置（第一个字母）	设备类型（第二个字母）	设备用途（第三个字母）
A 机载	A 不可见光、热辐射设备	A 辅助装置
B 水下移动式、潜艇	C 载波设备	B 轰炸
D 无人驾驶运载工具	D 放射性检测、指示、计算设备	C 通信（发射和接收）
F 地面固定	E 激光设备	D 测向侦察和/或警戒
G 地面通用	G 电报、电传设备	E 弹射和/或投掷
K 水陆两用	I 内部通信和有线广播	G 火力控制或探照灯瞄准
M 地面移动式	J 机电设备	H 记录和/或再现（气象图形）
P 便携式	K 遥测设备	K 计算
S 水面舰艇	L 电子对抗设备	M 维修和/或测试装置（包括工具）
T 地面可运输式	M 气象设备	N 导航（包括测高计、信标、罗盘、雷达信标、测深计、进场和着陆）
U 通用	N 空中声测设备	Q 专用或兼用
V 地面车载	P 雷达	R 接收，无源探测
W 水面和水下	Q 声呐和水声设备	S 探测和/或测距、测向、搜索
Z 有人和无人驾驶空中运输工具	R 无线电设备	T 发射
	S 专用设备、磁设备或组合设备	W 自动飞行或遥控
	T 电话（有线）设备	X 识别和辨认
	V 目视和可见光设备	Y 监视（搜索、探测和多目标跟踪）和控制（火控和空中控制）
	W 武器特有设备（未包括在其他类型中的）	
	X 传真和电视设备	
	Y 数据处理设备	

第2章　雷达的基本组成

如前所述，现代雷达主要由天线（antennas）、发射机（transmitters）、接收机（receivers）、信号处理机（signal processors）、数据处理机（data processors）和显示器（displays）等若干分系统构成。实际上，一部基本的非相参脉冲雷达也可以主要只包括天线、发射机、接收机和显示器即可，早期雷达基本如此。本章主要介绍上述4个分系统，信号处理机和数据处理机留待后续章节与具体雷达系统结合起来进行介绍。

2.1　雷达发射机

雷达是利用物体反射电磁波的特性来发现目标并确定目标的距离、方位、高度、速度等。因此，雷达工作时要求发射一种特定的大功率无线电信号，发射机在雷达中就是起这样的作用。发射机在雷达系统的成本、体积、重量、设计投入等方面都占有非常大的比重，也是对系统电源能量以及维护要求最多的部分。

2.1.1　雷达发射机的基本功能

雷达发射机是为雷达系统提供符合要求的射频发射信号，将低频交流能量（少数也可是直流电能）转换成射频能量，经馈线系统传输到天线并辐射到空间的设备。雷达发射机一般分为连续波发射机和脉冲发射机，最常用的是脉冲雷达发射机。

雷达发射机伴随着第二次世界大战初出现的第一批搜索雷达而诞生。当时英国人采用的是电真空二极管发射机，工作频率仅限于VHF和UHF频段。随着雷达技术的迅猛发展，对发射机性能指标提出了越来越高的要求，其工作频率也向着微波频段扩展。发射机为雷达提供一个载波受到调制的大功率射频信号，并经过馈线和收发开关由天线辐射出去。

发射的电磁波信号第一个特点是载波受到调制，这种调制可以简单，也可以比较复杂。调制包括简单矩形脉冲、较复杂的线性调频矩形脉冲、相位编码矩形脉冲、各种脉冲内部和脉冲之间的调制信号等。发射的电磁波信号第二个特点是必须具备一定发射功率。为满足雷达作用距离的要求，发射机功率往往较大，远程警戒雷达的发射机峰值功率可以高达几百千瓦至几兆瓦。另外，对于不同体制、不同应用的雷达而言，发射机功率量级差别很大。例如，脉冲雷达的峰值功率可达到兆瓦级，而连续波雷达功率达到几十瓦就很高了。

现代雷达发射机要想高效地将电能转换成符合要求的射频发射信号，就要尽可能地采用优良的微波功率器件、先进的开关转换器件、优质元器件，以及新材料、新工艺等综合技术，辅以最佳仿真技术进行设计，以最新的生产加工手段进行精心的加工，再以科学的组装、调试程序技术进行生产，最终获得性能、体积、重量、可靠性等指标都满足要求的雷达发射机。

雷达发射机技术是对雷达频率源产生的小功率射频信号进行放大或直接自激振荡产生高功率雷达发射信号的一种综合技术，主要包括功率放大技术、电源和调制技术、控制保护和冷却技术。雷达发射机是雷达系统的重要组成部分，也是整个雷达系统中最昂贵的部分之一。发射机性能的好坏直接影响到雷达整机的性能和质量。

雷达技术的高速发展对雷达发射机也提出了各种苛刻的要求。不同用途的雷达对发射机的要求也各不相同。

(1) 现代雷达要解决的首要问题是在恶劣环境条件下发现目标并准确地测量所发现目标的各项参数。所谓恶劣环境是指目标周围对雷达发射信号的强反射，如地物、海浪、雨和雪等产生的强反射信号都会使雷达所要探测的目标回波信号被“淹没”。显然，消除这些杂波是不能通过增加发射功率或提高接收机灵敏度来解决的。雷达系统中抑制这些杂波主要采用动目标显示(MTI)或脉冲多普勒(PD)滤波技术。MTI技术采用“延时相消”的时域处理方法。如最简单的两脉冲对消，它将接收到的回波信号延迟一个脉冲周期后与下一个脉冲周期的回波信号相减。对于不动的杂波信号，相邻周期的回波信号振幅、相位不变，相减后就可抵消。这样一来，要检测的运动目标就显示出来。PD技术采用频域内的相参处理，通常是N个脉冲回波进行傅里叶分析，获得回波信号的频谱，再通过多普勒滤波器把多普勒频率为零的杂波滤去，留下多普勒频率不是零的运动目标回波，并可测出目标径向速度。从上述分析可以看出，为了降低杂波，不管采用MTI技术还是PD滤波，对发射信号都有两项基本要求：一是发射信号必须是相参的；二是发射信号脉间应是高稳定的。信号相参是指发射信号与雷达频率源的信号存在固有相位关系，下面会做进一步的说明。根据不同要求，雷达发射机可以采用单级振荡式(自激振荡式)发射机和主振放大式发射机(放大链发射机)两大类。

(2) 高性能雷达对发射机的第二个要求是要能输出复杂的发射信号。早期雷达的发射信号几乎都是载频固定的矩形调制脉冲，其脉冲宽度τ和信号频谱宽度B乘积等于1($B\tau=1$)。雷达诸多性能与信号形式有关，表现在以下4个方面：

① 在一定虚警概率下，雷达探测能力与信号能量成正比。信号能量与信号峰值功率和发射脉冲宽度成正比，要提高信号能量既可加大信号峰值功率，也可加宽脉冲宽度。对发射机来说，过大峰值功率会带来许多问题，同时体积、重量增加，成本提高很多；而加大脉冲宽度可充分利用发射管和发射机其他设备的潜力，所花的代价要小得多，或者说，加大脉冲宽度可以在不加大信号峰值功率下，保证需要的平均功率。因为对于利用接收反射回波原理的雷达的作用距离实际上是与平均功率有关的。

② 雷达测距精度和测速精度也随发射信号能量的增加而提高，同时测距精度还随信号频带宽度的加大而提高，测速精度随信号脉冲宽度增加而提高。先进的目标特性测试雷达和高分辨力成像雷达要求发射信号带宽要加大10%，如L波段达200MHz，X波段为1GHz，发射脉冲宽度为100微秒至数毫秒。

③ 雷达的距离分辨力和速度分辨力分别与信号的有效频带宽度和脉冲宽度成正比。对于$B\tau=1$的矩形固定载频脉冲信号雷达，用加宽发射脉冲宽度来提高信号能量的方法与测距精度和测距分辨力的要求相矛盾；而采用$B\tau\gg1$的复杂发射信号能解决此矛盾，这样大时间带宽乘积的信号为脉冲压缩信号。这样的宽脉冲发射信号，在接收机中经匹配滤波器可压缩成很窄的回波脉冲(回波脉冲宽度近似地与信号频谱宽度成反比)，应用此技术的雷达即为脉冲压缩雷达。

④ 雷达对某些杂波和人工干扰的对抗能力也和发射信号的形式有关。但选用何种发射信号形式只能根据雷达特定用途(包含所要检测目标的环境状况)和所要求获得的目标信息来选择。

2.1.2 雷达发射机的主要质量指标

雷达的具体用途不同,对发射机的具体要求也就不同。下面对发射机的主要性能指标及其与发射机的关系做简单介绍。

1. 工作频率或波段

雷达的工作频率或波段是按照雷达的用途确定的。为了提高雷达系统的工作性能和抗干扰能力,有时还要求它能在几个频率上跳变工作或同时工作。雷达频率的确定是极其重要的工作,一定要根据用途和实际需要,一旦确定,即成为整个系统之基础,不能轻易动摇。工作频率或波段的不同对发射机的设计影响很大,首先会影响发射管种类的选择,例如,在1000MHz以下主要采用微波三极管和微波四极管,在1000MHz以上则采用多腔磁控管、大功率速调管、行波管以及前向波管等。

(1)频率对雷达性能的影响

雷达应该采用的最佳频率取决于想要完成的任务。像大多数其他设计上的决策一样,频率的选择意味着对几项因素进行权衡。这些因素是:物理尺寸、发射功率、天线波束宽度、大气衰减等。

① 物理尺寸

用来产生和发射无线电频率功率的硬件尺寸一般和波长成正比。在比较低的频率上(较长的波长),硬件通常是又大又重的。在较高的频率上(较短的波长),雷达可以放进较小的包装箱内,并且可以在更小的空间范围内工作,相应的重量也较轻。

② 发射功率

由于波长对硬件尺寸的影响,波长的选择间接地影响雷达发射大功率的能力。一部雷达发射机合理承受功率电平的能力受到电压梯度(单位长度上的电压)和散热要求的限制。因此,不难理解,工作在米波范围内的大而重的雷达可以发射几兆瓦的平均功率,而毫米波雷达只能发射几百瓦的平均功率(即便如此,在可以达到的功率范围内,实际所采用发射功率经常由尺寸、重量、可靠性和成本这几方面的综合考虑来确定)。

③ 波束宽度

雷达天线波束的宽度正比于波长与天线宽度之比。为了得到给定的波束宽度,波长越长,天线就必须越宽(如图2.1所示)。在低频上,为了得到可使用的窄波束,一般必须使用非常大的天线。在高频上,比较小的天线就足够了。当然,波束越窄,任一时刻集中在某一特定方向上的功率越大,并且分辨力也越高。

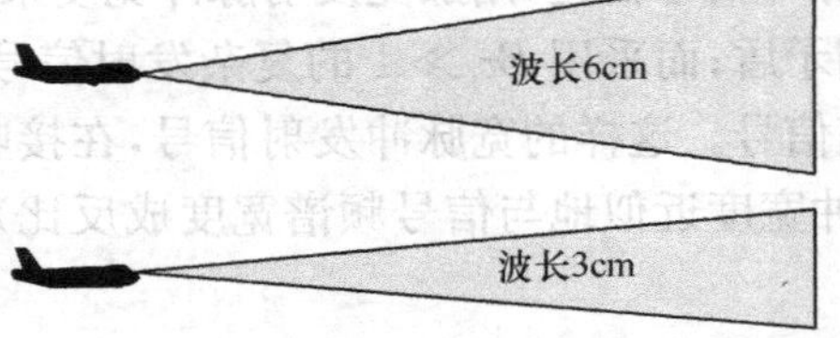

图2.1 对同样尺寸的天线,波束宽度和波长成正比

④ 大气衰减

在通过大气的时候，无线电波会由于吸收和散射这两种基本机理而衰减。吸收主要是由氧气和水蒸气引起的。散射则几乎完全由凝结的水蒸气(例如雨滴)所引起。吸收和散射都随着频率的增加而增加。在0.1GHz以下大气衰减可以忽略。大约10GHz以上，大气衰减就变得越来越严重了。此外，在这个频率之上，雷达的性能由于目标气象杂波的影响而变得越来越差。即使衰减不大，也可能有足够多的发射能量沿雷达方向散射回来，这就是气象杂波。在没有采用动目标显示(MTI)处理的简单雷达中，气象杂波可能遮住目标。

⑤ 环境噪声

在HF频段，由雷达外部的源所产生的噪声(下面章节会提到的外部噪声)是很大的。但是，它随着频率的升高而减小，在0.3～10GHz之间的某个地方达到最小值。这取决于随太阳情况而变化的宇宙背景噪声电平。10GHz以上，大气噪声占主导地位，在K波段和更高的频率上它变得更加严重。

⑥ 多普勒频移

多普勒频移不仅和目标相对雷达的径向速度成正比，而且也和频率成正比。目标径向速度一定时，频率越高，所产生的多普勒频移就越大。在以后的章节中将说明，过度的多普勒频移会引起一些问题。在某些情况下，这些问题可能限制可使用的频率。另外，通过选择适当高的频率，可以增加多普勒灵敏度。

(2) 最佳频率的选择

由前面的叙述可以明显地看出，雷达频率的选择受到几项因素的影响：雷达想要完成的任务、使用雷达的环境、雷达工作平台物理条件的限制，以及成本等。为了说明这一点，需要考虑几种典型的应用，包括陆基应用、舰载应用和机载应用。

① 陆基应用

陆基应用占了雷达可用频率的全部范围。一个极端情况是兆瓦级的远程警戒雷达。由于不受尺寸的限制，它们可以做得很大，以便在相对较低的频率上工作时还能具有相当高的角分辨力。例如，超视距雷达在HF频段工作。在这个频段里，电离层具有相当好的反射性。宇宙空间监视和预警雷达在UHF和VHF频段工作。在这些频段里环境噪声最小，并且大气衰减可以忽略。但是，在这些频段里充满了通信信号。因此雷达使用这些频段的场合仅仅限制于一些专门的用途和地理区域，因为雷达的发射信号通常要占用相当宽的频段。

在不需要远的作用距离，并且某些大气衰减可以接受的场合，通过把工作频率移至L、S和C波段，甚至更高，这样就可以减小地面雷达的尺寸。

② 舰载应用

在舰船上，对于许多应用场合，物理尺寸变成了一项限制性因素。同时，舰船上要求雷达应能在最恶劣的气候条件下工作，这就对可使用的频率上限进行了限定。但是，在不需要特别远的作用距离时，这条限制可以放宽。其次，为了对付海面上的目标和低仰角上的目标，必须使用高的频率。这是因为当擦地角接近于零时，从目标直接接收的回波，几乎完全被从同一目标但由水面反射回来的回波所抵消，这是由回波反射时所发生的180°相移所引起的，这个现象称为多路径传播(也称多径现象，如图2.2所示)。随着擦地角的增加，在直接回来和间接回来的路径长度之间将产生差别，于是抵消现象减弱。波长越短，抵消现象消失得越快。因此，为了进行海面搜索，检测低空目标，人们广泛地使用波长比较短的S和X波段(在地面上，尤其是平地环境内工作时,也会遇到同样的现象)。

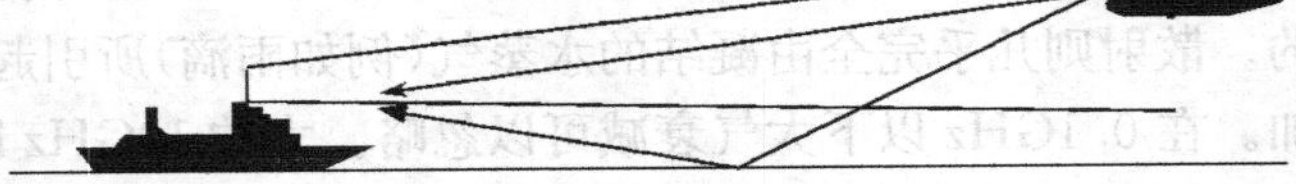

图 2.2　多路径传播示意

③ 机载应用

在飞机上,对尺寸的限制要严格得多。此时所用的最低频段一般是 UHF 和 S 频段。这两个频段分别在 E—2C 和 AWACS 预警飞机中提供所需的远作用距离(如图 2.3 所示)。但是,只要看一下这些飞机上巨大的天线罩就可以明白,为什么通常在小飞机上,例如战斗机上,需要窄波束时必须使用较高频率。

次低频段是 C 波段。无线电高度计在这个频段中工作。有趣的是,原先选用这个频段的原因在于使用三极发射管的设备在这个频段内可以做得又轻又便宜。当然,这个频段内的频率也具有较好的穿透云层能力。因为高度计构造简单,只消耗少量的功率,又不需要高方向性的天线。它们可以使用这些频率,尺寸也可以做得相当小。

需要较强方向性的气象雷达,既在 C 频段也在 X 频段内工作。这二者之间的选择表现了两方面的折中。一方面是穿透暴风雨的能力和散射现象之间的折中。如果散射太厉害,雷达就不能深入到暴风雨的内部去观察它的全貌。但是,如果散射回雷达的能量太少,那就根本看不到暴风雨了。另一项折中是穿透暴风雨的能力和设备尺寸之间的折中。C 波段雷达能提供较好穿透能力,作用距离较远,主要用在商用飞机上。X 波段雷达占用空间较少而又具有适当性能,广泛地用在私人飞机上。大部分战斗机、攻击机和侦察机雷达工作在 X 和 Ku 频段内,很多雷达工作在波长 3cm 区域内。

3cm 区域有着三个方面的吸引力。首先,虽然存在一定大气衰减,但还是比较低的,在海平面上双程传播时衰减为 0.02dB/km。其次,采用可以装在小飞机头部的小尺寸天线就可以提供高功率密度的窄波束,以及获得极好的角分辨力(如图 2.4 所示)。最后,由于使用得很广泛,3cm 雷达的微波元器件很容易从许多厂家买到。

图 2.3　E—2C 上的 AN/APS—145 雷达

图 2.4　装在飞机机头的 X 波段天线

2. 信号波形

根据雷达体制的不同,可以选用各种各样的信号形式。雷达有两大类型:连续波(CW)型和脉冲型。CW 雷达连续发射无线电波,同时接收反射回波。与此相反,脉冲雷达是以窄脉冲形式间断地发射无线电波，而在两次发射的间隔期间内接收回波。脉冲雷达可分为两大类：一类能测量多普勒频率，称为脉冲多普勒雷达；一类不能测量多普勒频率，直接称为脉冲雷达。除了多普勒导航仪、高度计和变时近爆引信以外，大多雷达都采用脉冲工作方式。主要原因是，脉冲工作方式可以避免发射机干扰接收的问题。脉冲雷达辐射的无线电波波形（发射信号）称为发射波形（如图 2.5 所示）。它有 4 个基本参数：载频、脉冲宽度、脉内或脉间调制方式、脉冲重复频率。

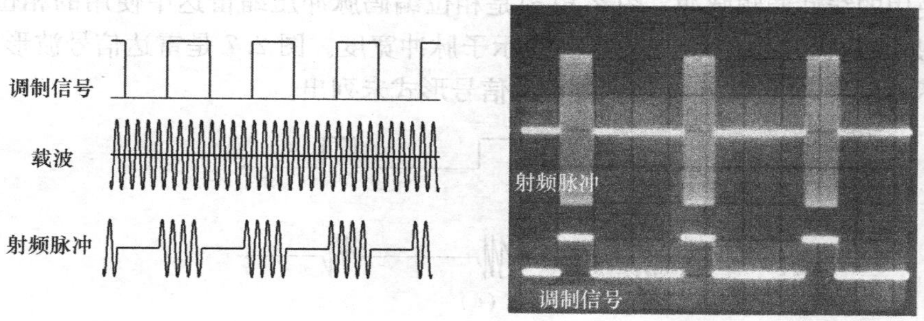

（a）波形示意图　　（b）示波器画面

图 2.5　脉冲雷达发射波形的基本特征

（1）载频

载频并不总是固定不变的，可以用不同方式改变载频以满足特定系统或特定工作要求。从一个脉冲到下一个脉冲，载频可以增加或减小。可以随机改变，或者按某种特定规律改变。载频甚至可以在每一个脉冲期间以某种特定规律增加或者减小，这就是脉内调制。

（2）脉冲宽度（PW①）

脉冲宽度就是脉冲的持续时间。它常常用小写的希腊字母 τ 表示。脉冲宽度可以从几分之一微秒到几毫秒。脉冲宽度也可以用物理长度表示，即用任一瞬间脉冲穿过空间时它的前后沿之间的距离来表示。脉冲长度 L 等于脉冲宽度乘以电波传播速度。电波的传播速度接近于 3×10^8m/s。因此，脉冲的物理长度大约为每微秒脉冲宽度 300m。如果脉冲内没有某种形式的调制的话，脉冲宽度就决定了雷达分辨在距离上靠得很近的两个目标的能力。经过信号处理（例如脉冲压缩）之后脉冲越短，距离分辨力就越高。

（3）脉内调制

最小脉冲长度对距离分辨力的限制可以用脉内调制的办法克服。用相位或频率调制的方法，将发射脉冲宽度增量逐段编码。在接收回波时进行解调，这种技术称为脉冲压缩（见第 5 章）。

（4）脉冲重复频率

脉冲重复频率就是雷达发射脉冲的速率，也就是每秒钟发射的脉冲数，用英文简写成 PRF②，通常用 f_r 表示。在雷达工作过程中，脉冲重复频率还可以随时变化，其原因将在后面章节中讨论。脉冲重复频率的另一种度量是从一个脉冲起始到下一脉冲起始的时间间隔，称

① PW 是“Pulse Width”的缩略语。

② PRF 是“Pulse Repetition Frequency”的缩略语。

为脉冲重复周期或脉冲重复间隔(PRI①),通常用 T_r 表示。两者关系为

$$T_r = \frac{1}{f_r}$$

例如,PRF 为 100Hz,则脉冲重复间隔就是 1/100=0.01s。

图 2.6 是目前应用较多的三种雷达信号形式和调制信号波形。图 2.6(a)表示简单的固定载频矩形脉冲调制信号波形,图中 τ 为脉冲宽度,T_r 为脉冲重复周期。图 2.6(b)是脉冲压缩雷达中使用的线性调频脉冲。图 2.6(c)是相位编码脉冲压缩雷达中使用的相位编码信号(图中所示是 5 位巴克码信号),这里 τ_0 表示子脉冲宽度。图 2.7 是雷达信号波形简单分类。随着技术不断发展,实际上还有很多复杂的信号形式未列出。

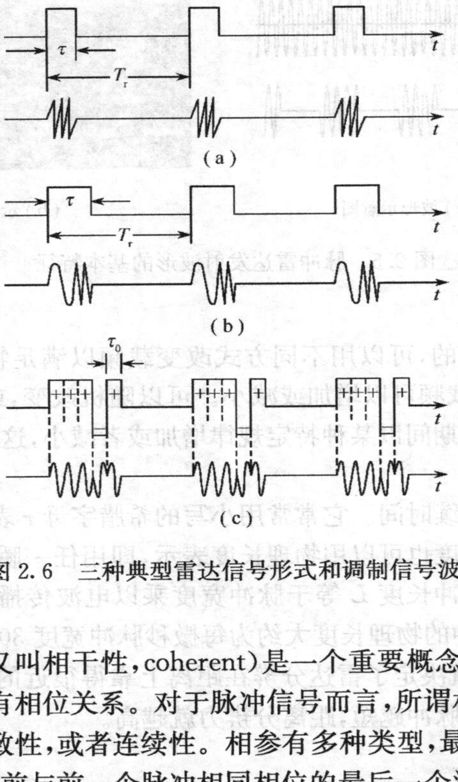

图 2.6 三种典型雷达信号形式和调制信号波形

(5) 相参性

雷达信号中,相参性(又叫相干性,coherent)是一个重要概念,信号相参是指发射信号与雷达频率源的信号存在固有相位关系。对于脉冲信号而言,所谓相参性意味着从一个脉冲到下一个脉冲的相位具有一致性,或者连续性。相参有多种类型,最普遍采用的如图 2.8 所示。图中,每个脉冲的第一个波前与前一个脉冲相同相位的最后一个波前的间隔是波长的某一整数倍。例如,假设波长为 3cm,则间隔可能是 3 000 000cm 或 3 000 003cm 或者是3 000 006cm 等,但不能是 3 000 001cm 或 3 000 002cm 等。

3. 输出功率

雷达发射机的输出功率直接影响雷达的威力和抗干扰能力。通常规定发射机送至天线输入端的功率为发射机的输出功率。通常用两种不同的度量来描绘脉冲雷达的输出功率:峰值功率和平均功率。峰值功率指脉冲期间射频振荡的平均功率,用 P_t 表示。平均功率指脉冲重复周期内输出功率的平均值,用 P_{av} 表示。如果发射波形是简单的矩形脉冲列,脉冲宽度为

① PRI 是"Pulse Repetition Interval"的缩略语。

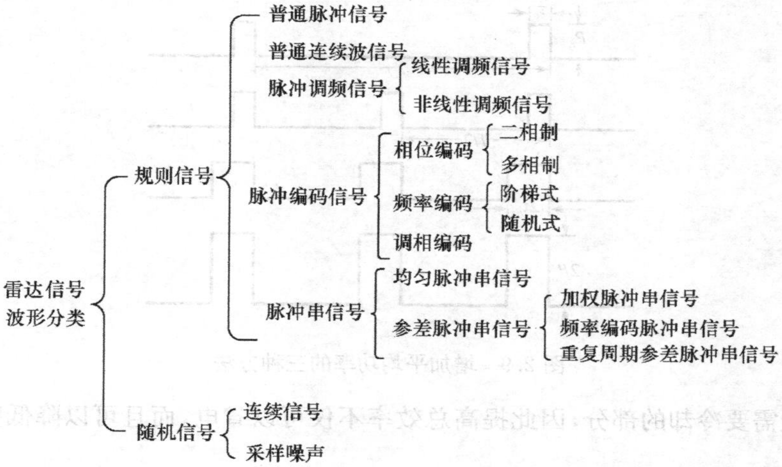

图 2.7　雷达信号波形分类

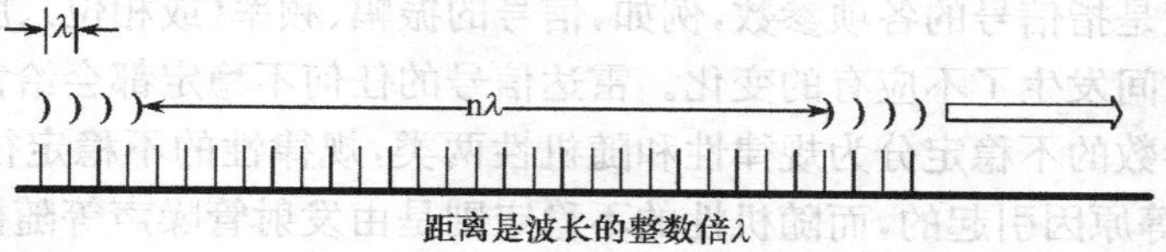

图 2.8　脉冲的相参性

τ，脉冲重复周期为 T_r，则

$$P_{av} = P_t \cdot \frac{\tau}{T_r} = P_t \cdot \tau \cdot f_r$$

式中，f_r 为脉冲重复频率 PRF。例如，雷达的峰值功率为 100kW，脉冲宽度为 1μs，PRI 是 2000μs，则平均功率就是 100×1/2000＝0.05kW＝50W。定义雷达的工作比或占空比（duty factor），用 D 表示，且

$$D = \tau / T_r = \tau f_r$$

它表示雷达发射时间与总工作时间之比。例如，雷达的脉冲宽度是 0.5μs，脉冲周期是 100μs，工作比就是 0.5/100＝0.005，这说明这部雷达在其工作期间有千分之五的时间进行发射，或者说工作比为 0.5%。常规脉冲雷达工作比的典型值为 $D = 0.001$。显然，连续波雷达的 $D = 1$。

平均功率的重要性，首先在于它是决定雷达潜在探测距离的一个关键因素。在给定时间内，雷达发射的总能量等于平均功率乘以时间长度。因此，为了得到最大探测距离，可以用三种方法之一增大平均功率：增大脉冲宽度、增大峰值功率、增大 PRF（如图 2.9 所示）。平均功率受到关注还有别的原因。它和发射机效率一起决定了因损耗而产生的热量。这些热量应当散发掉，这又决定了所需要的冷却量。平均输出功率加上损耗决定了必须供给发射机的输入（初级）功率。因此，平均功率越大，发射机就变得越大、越重。

4. 总效率

发射机的总效率是指发射机的输出功率与输入总功率的比值。因为发射机通常在整机中

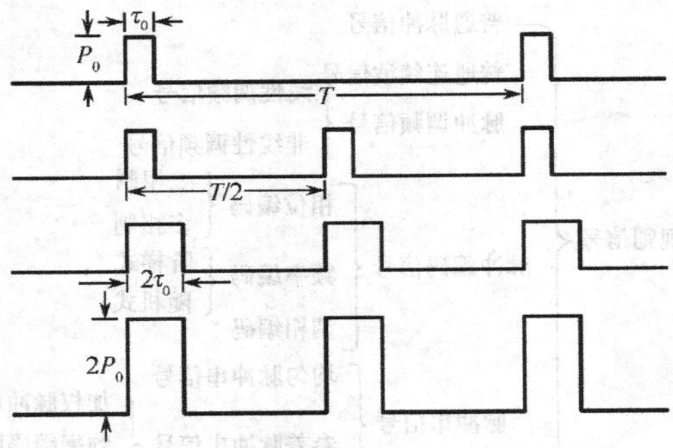

图 2.9　增加平均功率的三种方法

是最耗电和最需要冷却的部分,因此提高总效率不仅可以省电,而且可以降低整机的体积和重量。

5. 信号稳定度或频谱纯度

信号的稳定度是指信号的各项参数,例如,信号的振幅、频率(或相位)、脉冲宽度及脉冲重复频率等是否随时间发生了不应有的变化。雷达信号的任何不稳定都会给雷达整机性能带来不利影响。信号参数的不稳定分为规律性和随机性两类,规律性的不稳定往往是由于电源滤波不良、机械振动等原因引起的,而随机性的不稳定则是由发射管噪声等随机起伏引起的。

可以在时间域内或在频率域内衡量信号的不稳定性。在时间域内可以用信号某项参数的方差表示。在频域的稳定度又称为信号的频谱纯度,是指雷达信号在应有的信号频谱之外的寄生输出功率与信号功率之比,一般用 dB 表示,显然比值越小信号频谱纯度越高。现代雷达对信号的频谱纯度提出了很高要求,例如,对脉冲多普勒雷达的典型要求是－80dB。

2.1.3　雷达发射机基本形式

雷达发射机一般可分为单级振荡式(自激振荡式)发射机和主振放大式发射机(放大链发射机)两大类。

1. 单级振荡式发射机

单级振荡式发射机又可分为两种:一种是初期雷达使用的三极管、四极管振荡式发射机,其工作频率为 VHF 或 UHF 频段;另一种是磁控管振荡式发射机。图 2.10 是单级振荡式发射机示意图。

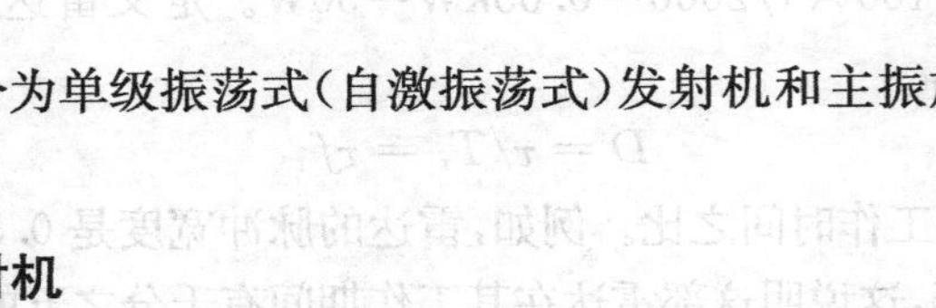

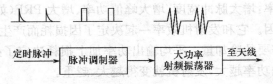

图 2.10　单级振荡式发射机示意图

单级振荡式发射机主要由脉冲调制器和大功率射频振荡器构成,它所提供的大功率射频信号是直接由一级大功率振荡器产生的，并受到脉冲调制器的控制，因此振荡器直接输出的就是受到调制的大功率射频信号。脉冲调制器的任务是要给发射机的射频各级提供合适的射频调制脉冲。单级振荡式发射机系统组成相对简单，但其性能较差，尤其是频率稳定度低，不具备相位相参特性。但其中磁控管发射机可工作在多个雷达频段，加之成本低、效率高，所以目前仍有一定数量的磁控管发射机被一些雷达所采用。

2. 主振放大式发射机

主振放大式发射机的简化示意图如图2.11所示，主要由主控振荡器、功率放大器、脉冲调制器等构成，特点是由多级组成。从各级功能来看，第一级用来产生射频信号，称为主控振荡器；第二级用来放大射频信号，称为射频放大链。这也就是主振放大式名称的由来。

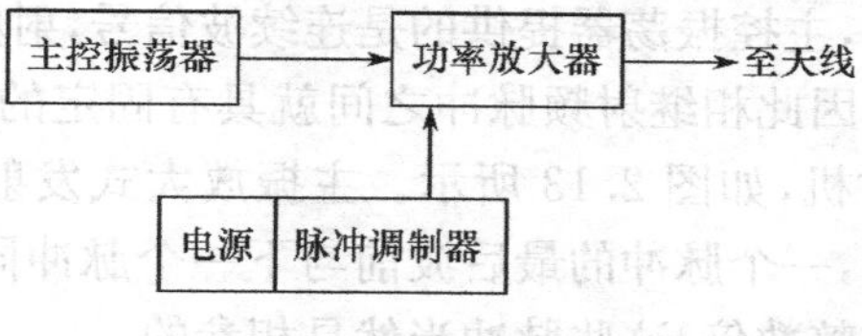

图2.11　主振放大式发射机的简化示意图

图2.12是主振放大式发射机更加详细的框图，图中主控振荡器采用固体微波源，这是因为现代雷达要求射频信号具有很高的频率稳定度，用简单的一级振荡器很难实现，而固体微波源是一个比较复杂的系统，它先在较低的频率上利用石英晶体振荡器产生频率非常稳定的连续波振荡，然后再经过若干级倍频器升高到微波波段。如果要对发射信号采用某种形式的调制（例如线性调频），还可以把它和从波形发生器产生的已经调制好的中频信号进行上变频合成。由于振荡器、倍频器，以及上变频器等都是由固体器件组成的，因而称为固体微波源。射频放大链一般由二至三级射频功率放大器级联组成，对于脉冲雷达而言，各级功率放大器都要受到各自脉冲调制器的控制，并且还要有定时器协调它们的工作。

主振放大式发射机成本高，组成复杂，效率低，但是具备很多特点和优点，目前大多数雷达，尤其是相控阵雷达发射机，都为主振放大式。主振放大式发射机的主要特点包括：

(1) 具有很高的频率稳定度

在雷达整机要求频率稳定度很高的情况下，必须采用主振放大式发射机。因为在单级振

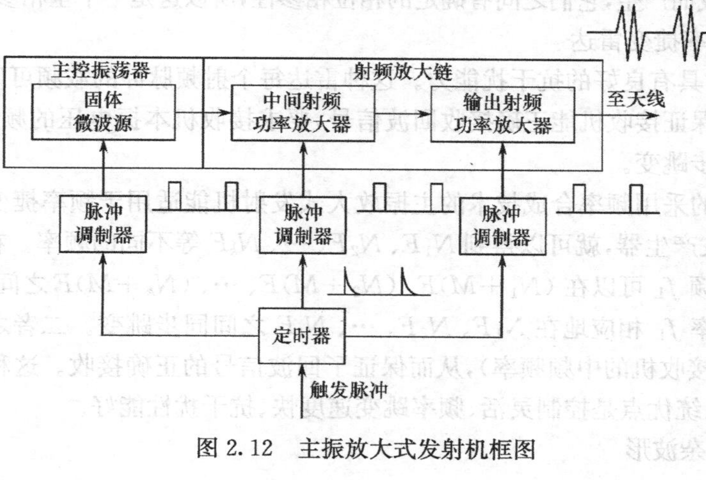

图2.12　主振放大式发射机框图

荡式发射机中,信号的载频直接由大功率振荡器决定。发射机往往采用电真空器件,而这种器件存在预热漂移、温度漂移、负载变化引起的频率拖曳效应、电子频移、调谐游移,以及校准误差等原因,难以达到较高的频率精度和稳定度。

主振放大式发射机载频的精度和稳定度在低电平较易采用稳频措施,以获得很高的频率稳定度。

(2) 发射相位相参信号

只有主振放大式发射机能够发射相位相参信号。对于单级振荡式发射机,由于脉冲调制器直接控制振荡器的工作,每个射频脉冲的起始射频相位由振荡器的噪声决定,因而相继脉冲的射频相位是随机的,或者说,这种受脉冲调制的振荡器输出的射频信号相位是不相参的。所以,有时把单级振荡式发射机称为非相参发射机。

在主振放大式发射机中,主控振荡器提供的是连续波信号,射频脉冲是通过脉冲调制器控制射频功率放大器形成的。因此相继射频脉冲之间就具有固定的相位关系。为此,常把主振放大式发射机称为相参发射机,如图 2.13 所示。主振放大式发射机通过调制器从连续波上"截取"下来一连串射频脉冲,一个脉冲的最后波前与下一个脉冲同相位的第一个波前的间隔总是严格地恰好等于波长的整数倍,这些脉冲当然是相参的。

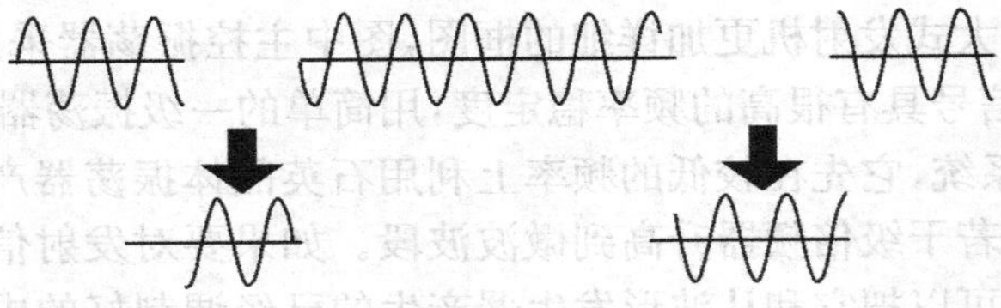

图 2.13 主振放大式发射机产生相参脉冲

还需指出,如果雷达系统的发射信号、本振电压、相参振荡电压和定时器的触发脉冲均由同一基准信号提供,那么所有这些信号之间均保持相位相特性,通常把这种系统称为全相参系统。图 2.14 是采用频率合成技术的主振放大式发射机的原理方框图,图中基准频率振荡器输出的基准信号频率为 F。在这里,发射信号(频率 $f_0 = N_iF+MF$)、稳定本振电压(频率 $f_L = N_iF$)、相参振荡电压(频率 $f_c = MF$)和定时器的触发脉冲(重复频率 $f_r = F/n$)均由基准信号 F 经过倍频、分频及频率合成而产生,它们之间有确定的相位相参性,所以这是一个全相参系统。

(3) 适用于频率捷变雷达

频率捷变雷达具有良好的抗干扰能力。这种雷达每个射频脉冲的载频可以在一定的频带内快速跳变,为了保证接收机能正确接收回波信号,要求接收机本振电压的频率 f_L 能与发射信号的载频 f_0 同步跳变。

图 2.14 所示的采用频率合成技术的主振放大式发射机能适用于频率捷变雷达。基准信号频率 F 经过谐波产生器,就可以得到 N_1F、N_2F、…、N_kF 等不同的频率。在控制器的作用下,射频脉冲的载频 f_L 可以在 $(N_1+M)F$、$(N_2+M)F$、…、$(N_k+M)F$ 之间实现快速跳变,与此同时,本振频率 f_L 相应地在 N_1F、N_2F、…、N_kF 之间同步跳变。二者之间严格保持固定的差频 MF(即接收机的中频频率),从而保证了回波信号的正确接收。这种采用频率合成技术的频率捷变系统优点是控制灵活、频率跳变速度快、抗干扰性能好。

(4) 能产生复杂波形

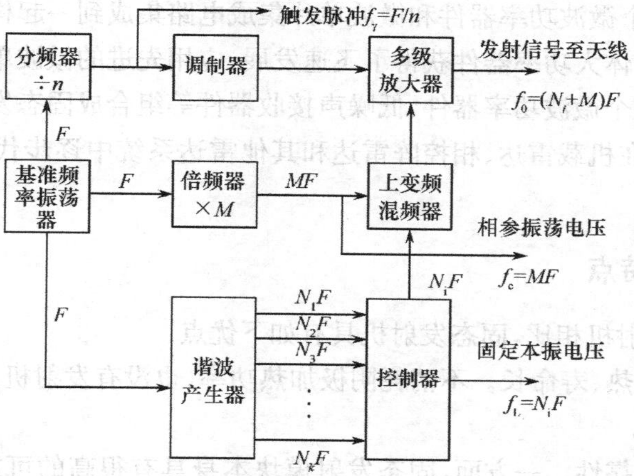

图 2.14　采用频率合成技术的主振放大式发射机的原理框图

主振放大式发射机适用于要求复杂波形的雷达系统。单级振荡式发射机要实现复杂调制比较困难，甚至不可能。对于主振放大式发射机，各种复杂调制可在低电平的波形发生器中形成，而后接的大功率放大级只要有足够的增益和带宽即可。现代雷达为了满足多功能要求（例如，既能搜索，又能跟踪的多功能相控阵雷达）并能适应不同的目标环境，往往一个雷达系统要求采用多种信号形式，并能根据不同情况自动灵活地选择发射波形。图 2.15 是一种能产生复杂波形的主振放大式发射机，在控制与定时器中，可以通过计算机对波形产生器和发射机的功率放大级进行控制。当然，对于不同波形的回波，要有相应的信号处理设备。

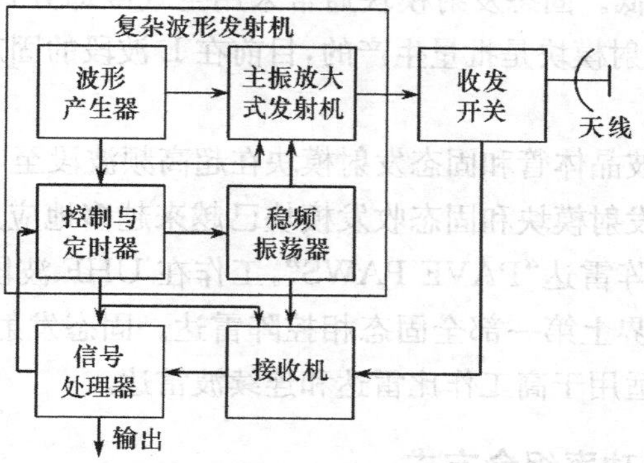

图 2.15　能产生复杂波形的主振放大式发射机

2.1.4　固态雷达发射机

雷达发射机采用的器件主要有两类：电真空器件和半导体器件。早期雷达基本都采用电真空器件。自 1948 年半导体二极管发明后，晶体管运用频率不断向 VHF、UHF 及微波频段推进，功率电平也不断地提高。从 20 世纪 60 年代末开始固态雷达发射的设计，到 70 年代中期就有多种全固态雷达发射机开始使用，如美国的 AN/TPS—59 雷达发射机。

“固态”是相对于常规的电真空器件（电子管）而言，指半导体材料（晶体管），例如“硅”、砷化镓场效应管等。“固态发射机”是由几十个甚至几千个固态发射机模块组成的雷达发射机。

“固态发射模块”指多个微波功率器件和微波单片集成电路集成到一起构成一个基本的功能模块。近年来,微波半导体大功率器件获得了飞速发展,应用先进的微波单片集成和优化设计的微波网络技术,可将多个微波功率器件、低噪声接收器件等组合成固态发射模块或固态收发模块。固态发射机已经在机载雷达、相控阵雷达和其他雷达系统中逐步代替常规的微波电子管发射机。

1. 固态发射机特点

与微波电子管发射机相比,固态发射机具有如下优点:

① 不需要阴极加热、寿命长。不消耗阴极加热功率,也没有发射机的预热延时,实际上也没有工作寿命的限制。

② 具备很高的可靠性。一方面,固态发射模块本身具有很高的可靠性,目前模块的平均无故障间隔时间(MTBF)已超过100 000小时;另一方面,固态发射模块已经做成标准件,当组合应用时便于设置备份件,可随时替换损坏的模块。

③ 体积小、重量轻。固态发射模块工作电压较低,一般低于40V,不需要体积庞大的高压电源和防护X射线的设备。

④ 工作频带宽、效率高。目前固态发射模块能达到50%或者更宽的带宽。

⑤ 系统设计和运用灵活。一种设计良好的固态发射模块可以满足多种雷达使用,发射机总的输出功率可用并联模块数目的多少来控制,而不同的输出波形则可以通过波形发生器和定时器按一定的程序来实现。

⑥ 维护方便,成本较低。固态发射模块通常采用空气冷却方式,不需要体积庞大的风冷或水冷设备。由于固态发射模块是批量生产的,目前在L波段的固态发射模块成本较低,S波段的成本也在逐渐降低。

总的来说,高功率微波晶体管和固态发射模块在超高频波段至L波段的发展比S波段以上的波段更快,目前固态发射模块和固态收发模块已越来越多地应用于超高频至L波段。例如,美国的战略预警相控阵雷达“PAVE PAWS”,工作在UHF波段,双阵面共计1792×2=3584个发射机组件,是世界上第一部全固态相控阵雷达。固态发射机平均功率可以很大,但峰值功率受限制,所以更适用于高工作比雷达和连续波雷达。

2. 固态发射机输出功率组合方式

应用先进的集成电路工艺和微波网络技术,将多个大功率晶体管的输出功率并行组合,即可以制成固态高功率放大器模块。固态发射机包括两种典型的输出功率组合方式(如图2.16所示):一种是集中相加式高功率固态发射机;另一种是分布式(空间合成)发射机。空间合成发射机主要用于相控阵雷达,由于没有微波功率合成网络的插入损耗,输出功率效率很高。集中合成的输出结构可以单独作为中、小功率雷达发射机辐射源,也可以用于相控阵雷达。由于有微波功率合成网络的插入损耗,它的效率比空间合成输出结构要低些。

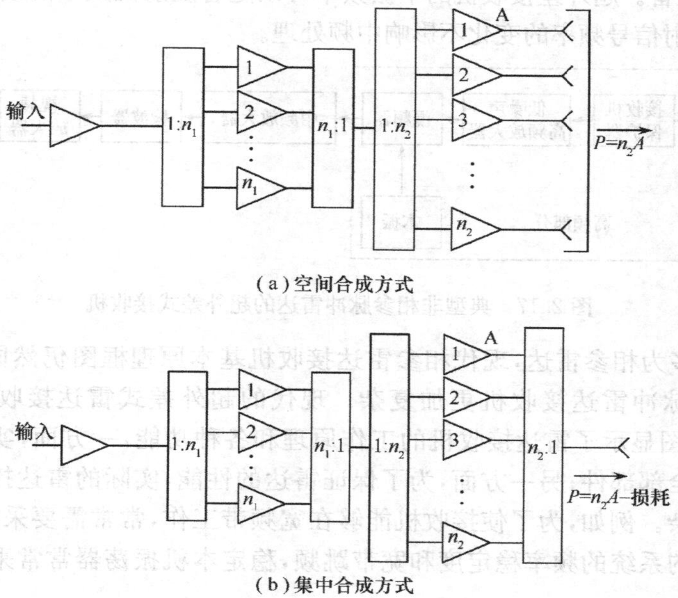

图 2.16　固态功率放大器输出功率组合方式

2.2　雷达接收机

雷达接收机是雷达系统的重要组成部分，它的主要功能是对雷达天线接收到的微弱信号进行放大、变频、滤波及数字化处理。干扰（广义）不仅包含雷达接收机产生的噪声，还包含从银河系、邻近雷达、通信设备及可能的干扰机所接收到的能量，以及雷达本身辐射的能量被无用目标（如雨、雪、鸟群、昆虫、大气扰动和金属箔条等）所散射并被该雷达接收的部分。需要说明的是，对于不同用途的雷达，有用回波和干扰、杂波是相对的。一般来讲，雷达探测的飞机、船只、地面车辆和人员所反射的回波是有用信号，而海面、地面、云雨等反射的回波均为杂波；然而，对于气象雷达而言，云、雨则是有用信号。

雷达接收机一般是通过预选、放大、变频、滤波和解调等方法，使目标反射回的微弱射频回波信号变成有足够幅度的视频信号或数字信号，以满足后续信号处理机和数据处理机的要求。

2.2.1　雷达接收机的基本组成与工作原理

现代雷达接收机一般采用超外差结构，因为这种结构具有灵敏度高、增益高、选择性好和适用性广等优点，获得了广泛应用。

超外差式雷达接收机在不断发展，但基本原理没变。以早期的典型非相参脉冲雷达接收机为例，如图 2.17 所示，超外差式雷达接收机将微弱回波适当放大之后，与本振（LO）混频变成中频（IF）。即使达到中频也可能需要一次以上的变频，中频频率一般在 0.1～100MHz 之间。此后，所有的放大、滤波主要在固定的中频进行。最后，中频信号经过检波器和视频放大后送至终端处理设备。超外差接收机的本振频率可以随着发射机频率的改变而改变,但中频始终是固定的,发射信号频率的变化不影响中频处理。

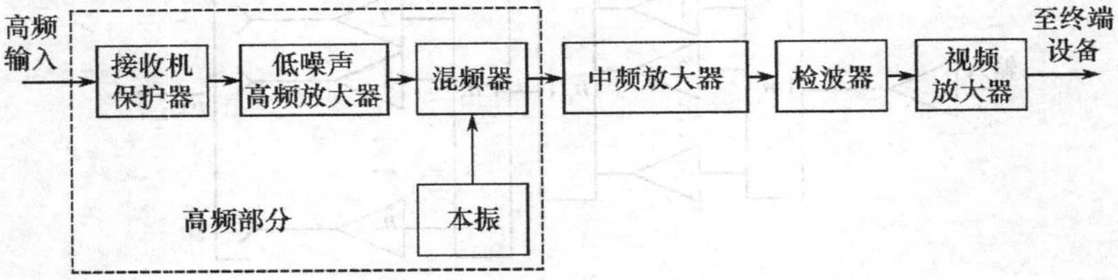

图 2.17 典型非相参脉冲雷达的超外差式接收机

现代雷达大多为相参雷达,现代相参雷达接收机基本原理框图仍然同图 2.17,但比早期的典型非相参脉冲雷达接收机更加复杂。现代的超外差式雷达接收机原理框图如图 2.18 所示。该框图显示了雷达接收机的工作原理和各种功能,一方面,实际的雷达接收机并不包括图中的全部部件;另一方面,为了保证雷达的性能,实际的雷达接收机也可能比该原理框图更为复杂。例如,为了使接收机能够在宽频带工作,常常需要采用二次变频方案;为了保证接收机的系统的频率稳定度和宽带跳频,稳定本机振荡器常常采用复杂的频率合成器等。

总体来看,雷达接收机的基本组成可以分为三部分(如图 2.18 所示):接收机前端、中频接收机和频率源。图中虚线对上述三部分进行了划分。雷达接收机的基本工作原理如下。

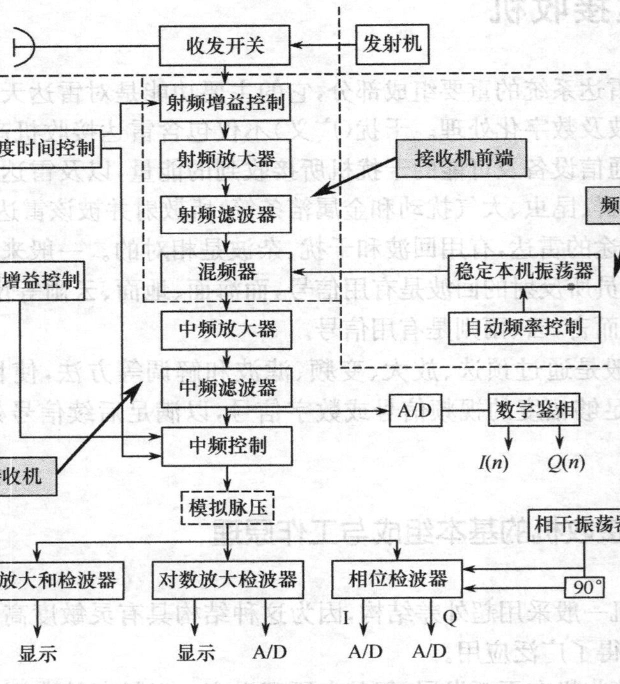

图 2.18 超外差式雷达接收机原理框图

首先,经天线进入接收机的微弱信号为射频(RF)信号。参见本章附录 B,在通常的窄带高频假设下,若雷达发射的射频信号表示为

$$S_t(t) = A_t(t)\cos[2\pi f_c t + \varphi_t(t)]$$

式中，$A_t(t)$ 为发射的射频信号幅度；f_c 为载频；$\varphi_t(t)$ 为相位。则进入接收机的射频信号 $S_{RF}(t)$ 可以表示为

$$S_{RF}(t) = A_{RF}(t)\cos[2\pi(f_c + f_d)t + \varphi_r(t)]$$

式中，$A_{RF}(t)$ 为射频回波的幅度；f_c 为载频；f_d 为回波的多普勒频移；$\varphi_r(t)$ 为回波的相位。射频信号首先要经过射频低噪声放大器进行放大。射频滤波器是为了抑制进入接收机的外部干扰，有时也把这种滤波器称为预选器。对于不同波段的雷达接收机，射频滤波器可能放置在射频放大器之前或者之后。滤波器在放大器之前，对雷达抗干扰和抗饱和能力很有好处，但是滤波器的损耗增加了接收机的噪声；滤波器放置在低噪声放大器之后，对改善接收系统的灵敏度和噪声系数有好处，但是抗干扰和抗饱和性能将变差。

混频器将雷达的射频信号变换成中频信号 $S_{IF}(t)$，通常，中频信号 $S_{IF}(t)$ 可以表示为

$$S_{IF}(t) = A_{IF}(t)\cos[2\pi(f_{IF} + f_d)t + \varphi_r(t)]$$

式中，$A_{IF}(t)$ 为中频信号的幅度；f_{IF} 为中频；f_d 为回波的多普勒频移；$\varphi_r(t)$ 为回波的相位。需要注意到，回波的多普勒频移 f_d 可以为正，也可以为负。中频放大器不仅比微波放大器成本低，增益高，稳定性好，而且容易对信号进行匹配滤波。对于不同频率不同频带的接收机都可以通过变换本振频率，使其形成固定中频频率和带宽的中频信号。

参见本章附录 B，根据有关信号理论，可以看出，由射频（RF）信号经过混频器变换为中频信号 $S_{IF}(t)$ 的过程中，回波中所包含的有关信息得以保留，无变化，射频（RF）信号与中频信号 $S_{IF}(t)$ 主要区别是中心频率不同。在通常的窄带高频信号下，雷达发射信号、接收的射频信号、中频信号在频域上的位置如图 2.19 所示（注意，图中信号幅度大小及中心频率位置仅为示意，并不严格）。

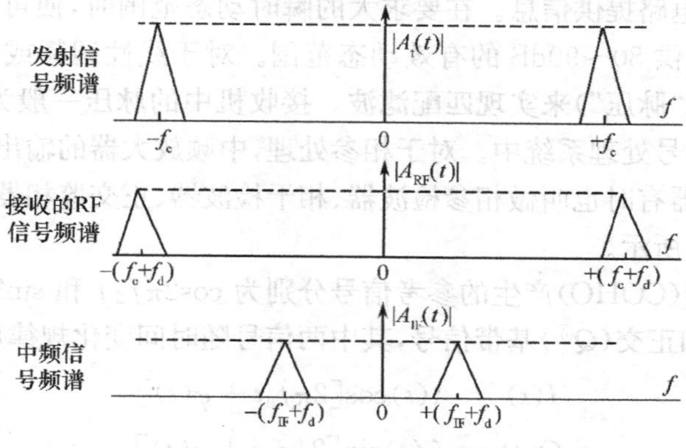

图 2.19　雷达发射信号、接收的射频信号、中频信号频谱示意

灵敏度时间控制（STC①）和自动增益控制（AGC②）是雷达接收机抗饱和、扩展动态范围及

① STC 是"Sensitivity Time Control"的缩略语。

② AGC 是"Automatic Gain Control"的缩略语。

保持接收机增益稳定的主要措施。STC是在某些探测雷达中使用的一种随着作用距离减小而减小接收机灵敏度(增大衰减或损耗)的技术,它是将接收机的增益作为时间(即对应为距离)的函数来实现的,在信号发射之后,按照大约 R^{-4} 的变化使接收机的增益随时间而增加,或者说使增益衰减器的衰减量随时间而减小。此技术的副作用是降低了接收机在近距离时的灵敏度,从而降低了近距离时检测小目标的概率。AGC是一种反馈电路,用它调整接收机的增益,以便使系统保持适当的增益范围,它对接收机在宽温、宽频带工作中保持增益稳定具有重要作用,对于多路接收机系统,AGC还有保持多路接收机增益平衡的作用,AGC也常被称为AGB(自动增益平衡)。

本机振荡器(LO)是雷达接收机的重要组成部分。在非相参雷达中,本振是一个自由振荡器,通过自动频率控制(AFC①)电路将本振的频率调谐到接收射频信号所需要的频率上,所以AFC有时也称作"自动频率微调",简称"自调频"。在相参接收机(有时也称为"相干接收机")中,稳定的本机振荡器是与发射信号产生相参的。在现代雷达接收机中,稳定的本机振荡器和发射信号以及相参振荡器(COHO②)、全机时钟都是通过频率合成器产生的,频率合成器的频率则是以一个高稳定的晶体振荡器为基准的。这样,自调频当然就不需要了。

混频后的中频信号通常要通过几级中频放大器来放大,在中频放大器中,还要插入中频滤波器和中频增益控制电路。在许多情况下,混频器和第一级中放电路组成一个部件(通常称为"混频前中"),以使混频-放大器的性能最佳。前置中放后面的中频放大器经常称作"主中放"。对于P、L、S、C和X波段的雷达接收机而言,典型的中频范围在30~100MHz之间。出于器件成本、增益、动态范围、保真度、稳定性和选择性等原因,一般希望使用的中频低一点。但当需要信号宽频带时,便要使用较高的中频频率,比如现在迅速发展的成像技术就要求有较高的中频和较宽的中频带宽。选择性和滤波依靠正确地选择中频频率和中放后所采用的滤波方法来实现。在二次变频的接收机中,中频频率的选择更为重要。

中频放大之后,可采用几种方法来处理中频信号。对于非相参检测和显示,可采用线性放大器和检波器为显示电路提供信息。在要求大的瞬时动态范围时,便可使用对数放大器-检波器,对数放大器可提供80~90dB的有效动态范围。对于线性调频或非线性调频信号可以用脉冲压缩电路(简称"脉压")来实现匹配滤波。接收机中的脉压一般为模拟脉压,如果是数字脉压,则要放置在信号处理系统中。对于相参处理,中频放大器的输出可以用正交相位检波器来完成。相位检波器有时也叫做相参检波器、相干检波器、正交鉴相器等。模拟的正交鉴相器基本原理如图2.20所示。

此时,相参振荡器(COHO)产生的参考信号分别为 $\cos 2\pi f_{IF} t$ 和 $\sin 2\pi f_{IF} t$,通过相位检波后,产生了同相(I③)和正交(Q④)基带信号,其中两信号随时间变化规律可表示为

$$I(t) = A(t)\cos[2\pi f_d t + \varphi(t)]$$

$$Q(t) = A(t)\sin[2\pi f_d t + \varphi(t)]$$

式中,$A(t)$ 为回波信号的幅度;f_d 为回波的多普勒频移,$\varphi(t)$ 为回波的相位,$I(t)$称为"同相

① AFC是"Automatic Frequency Control"的缩略语。

② COHO是"Coherent Oscillation"的缩略语。

③ I是In-phase的缩略语,意为"同相"。

④ Q是Quadratic的缩略语,意为"正交"。

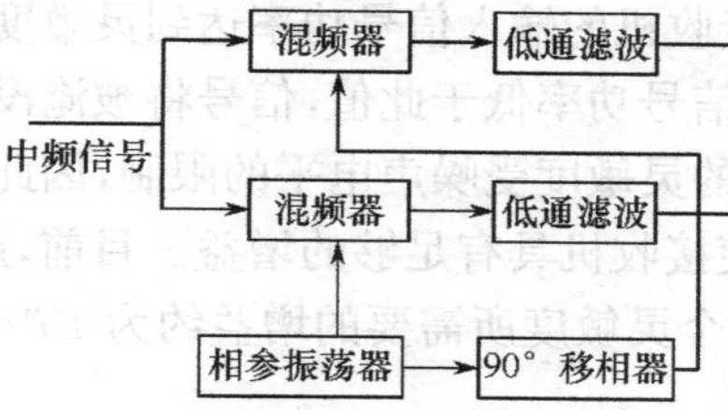

图 2.20 模拟的正交鉴相器基本原理

分量”，$Q(t)$称为“正交分量”。此时，$I(t)$和 $Q(t)$两路信号合起来常称为“相干视频信号”或“零中频”信号，“零中频”信号包括的 $I(t)$和 $Q(t)$两路信号互相正交。进一步地，还可以把“相干视频信号”表示为复信号形式，$I(t)$和 $Q(t)$对应于复信号的实部和虚部，即

$$\widetilde{S} = I + \mathrm{j}Q = A(t)\mathrm{e}^{\mathrm{j}\varphi(t)}$$

在雷达信号理论中，复信号 $\widetilde{S}$ 可以称作复包络信号(见本章附录 B)。“零中频”信号或中频信号再经过线性检波器后取出的信号幅度 $A(t)$ 就称为视频信号，若采用平方律检波器取出 $A(t)^2$，也称为视频信号。射频信号、中频信号、相干视频信号、零中频信号、复包络信号、视频信号等，都是雷达信号理论中常常出现的重要概念，通过对雷达接收机工作过程的分析，可以找到上述几种信号形式在接收机工作流程中对应的位置。

实际上，雷达接收机无论怎样进行频谱搬移或者频率变换，目标回波信息始终得以保留，目标的所有信息最终都体现在“相干视频信号”、“零中频”信号或者说“复包络”信号中。参见本章附录，下面给出中频信号与复包络信号频谱的关系示意图如图 2.21 所示。

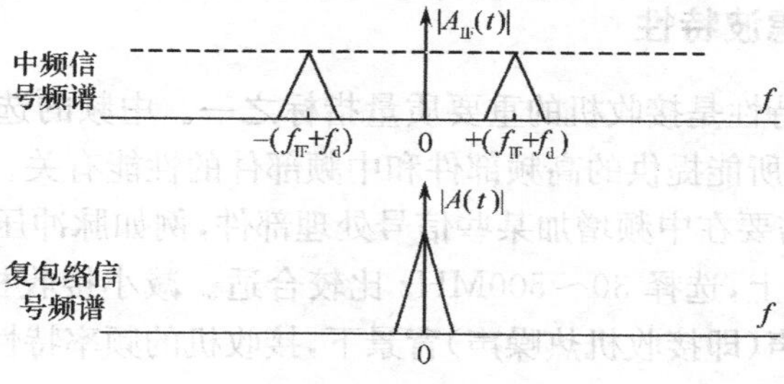

图 2.21 中频信号与复包络信号频谱的关系示意图

在现代雷达中，经过接收机处理的视频信号、基带信号(或中频信号)可以通过模/数转换器(一般称为 A/D 转换器或 ADC)转换成数字信号，根据不同雷达的需要，再输出到信号处理和数据处理分系统进行处理。例如，根据多普勒原理，可以进行动目标显示(MTI)和动目标检测(MTD)等处理。此外，也可以对中频信号直接进行 A/D 采样然后进行数字 I/Q 鉴相，这样的接收机称作数字接收机。

2.2.2 雷达接收机的主要技术参数

1. 灵敏度

灵敏度表示接收机接收微弱信号的能力。能接收到的信号越微弱，则接收机的灵敏度越

高,雷达的作用距离就越远。当接收机的输入信号功率达到灵敏度时,接收机就能正常接收且在输出端检测出这一信号。如果信号功率低于此值,信号将被淹没在噪声干扰之中,不能被可靠地检测出来。由于雷达接收机的灵敏度受噪声电平的限制,因此要想提高它的灵敏度,就必须尽量减小噪声电平,同时还应使接收机具有足够的增益。目前,超外差式雷达接收机的灵敏度一般为 10^{-12}～10^{-14}W,保证这个灵敏度所需要的增益约为 10^6～10^8(120～160dB),这一增益主要由中频放大器完成。

2. 接收机的工作频带宽度

接收机的工作频带宽度(又称为接收机带宽)表示接收机的瞬时工作频率范围。在复杂的电子对抗和干扰环境中,要求雷达发射机和接收机具有较宽的工作带宽。接收机的工作带宽主要取决于高频部件(馈线系统、高频放大器和本机振荡器)的性能。

3. 动态范围

动态范围表示接收机能够正常工作所容许的输入信号强度变化的范围。最小输入信号强度通常取为最小可检测信号功率 S_{imin},允许的最大输入信号强度则根据正常工作的要求而定。当输入信号太强时,接收机将发生饱和而失去放大作用,这种现象称为过载。使接收机刚开始出现过载时的输入信号功率与最小可检测功率之比,称作动态范围。为了保证对强弱信号均能正常接收,要求动态范围大,就需要采取一定措施,例如,采用对数放大器、各种增益控制电路等抗干扰措施。

4. 中频的选择和滤波特性

中频的选择和滤波特性是接收机的重要质量指标之一。中频的选择与发射波形的特性、接收机的工作带宽,以及所能提供的高频部件和中频部件的性能有关。中频可以在 30MHz～4GHz 范围内选择。当需要在中频增加某些信号处理部件,例如脉冲压缩器、对数放大器和限幅器的时候,从技术实现上,选择 30～500MHz 比较合适。减小接收机噪声的关键参数是中频的滤波特性。在白噪声(即接收机热噪声)背景下,接收机的频率特性为“匹配滤波器”时,输出的信号噪声比最大。

5. 正交鉴相器的正交度

为了保持和获得雷达信号回波的幅度信息和相位信息,正交相位检波器(或称“正交鉴相器”)将回波信号分解成 I、Q 两个分量。正交鉴相器的正交度表示鉴相器保持回波信号幅度和相位信息的准确程度,如果因鉴相器电路的不正交而产生了幅度和相位误差,信号则产生失真。在频域里,幅度和相位误差将产生镜像频率,影响系统动目标检测改善因子;在时域里,幅度和相位的失真也会对脉冲压缩的主副比产生负面影响。

6. A/D 转换器的主要要求

在现代雷达中,雷达接收机的视频信号常常要通过 A/D 转换器转换成数字信号。

A/D 转换器与接收机相关的参数主要有位数(有时称比特数)、有效位、采样频率及输入信号的带宽等,与之相应的量化噪声、信噪比及动态范围也是 A/D 转换器的重要特征。此外,时钟孔径的抖动，与模拟信号的接口也是设计 A/D 转换器时常需考虑的因素。

7. 波形质量和发射激励性能

在现代雷达中，一般都采用全相参体制。这样，雷达波形和发射激励往往由接收系统来完成，为了提高雷达的抗干扰性能和辨别能力，雷达的波形也会被设计成各种各样，有时一部雷达中还需要用多种波形捷变。这时波形和发射激励就需要在接收系统的研制中认真考虑并设计。

波形质量和发射激励的性能可以从频域和时域两个方面来检测。从频域的角度来判定，主要是观测波形和发射激励信号的频谱特性，例如，一个具有单载频的矩形脉冲，其频谱应该是标准的辛克函数；从时域的角度来判定，信号的质量主要包括调制信号包络的前后沿和顶部起伏，以及内部载频调制频率和相位特性。对于发射激励信号，还要经常用频谱仪测量其稳定性及其所对应的改善因子。

8. 抗干扰能力

抗干扰能力也是现代雷达接收机的主要性能要求。干扰可能是因海浪、雨雪、地物反射引起的杂波干扰，或是友邻雷达无意造成的干扰以及敌方干扰机施放的干扰等。这些干扰会妨碍对目标的正常观测，从而造成判断错误，严重时甚至会完全破坏接收机的正常工作。因此，为使抗干扰性能良好，一方面要提高雷达接收机本身的抗干扰性能，如提高系统的频率和幅相稳定性，采用宽带自适应跳频体制等；另一方面还需加装各种抗干扰电路，如抗过载电路、抗噪声调制干扰电路等。

2.2.3　接收机噪声系数和灵敏度

1. 接收机中的噪声

噪声是限制接收机灵敏度的主要因素。接收机噪声的来源是多方面的，可以分为外部噪声和内部噪声两类：从接收机内部来说，电路中的电阻元件、放大器、混频器等都会产生噪声；从接收机外部来说，噪声是通过天线引入的，有天线热噪声、天电干扰、宇宙干扰、电源干扰和工业干扰等。这些干扰的频率各不相同，它对雷达接收机的影响程度与雷达所采用的频率有着密切的关系。由于雷达的工作频率很高，进入接收机的外部噪声除了敌方有意施放的干扰以外，主要是天线的热噪声。所以，一般情况下，进入接收机的总的噪声主要来源于天线的热噪声和接收机内部噪声。

(1) 电阻噪声

一个有一定电阻的导体，只要它的温度不是热力学温度零度，它内部的自由电子总是处于不规则运动的状态，在没有外加电压的情况下，这种不规则的电子运动也会在导体内形成电流，从而在导体两端产生电压。当然，这种电流和电压是随机的。一般有耗传输线就属于这种热噪声。电阻的热噪声所产生的电压均方值是

$$\overline{u_n^2} = 4kTRB_n$$

式中，k 为玻耳兹曼常数，$k=1.38\times10^{-23}$ (J/K)；R 为电阻的阻值；T 为电阻的热力学温度

(K)；B_n 为接收机的带宽。

当电阻与外负载匹配时，其加至负载的有效噪声功率为 $P_n = kTB_n$，显然，热噪声功率只与电阻的热力学温度和接收机(或测量仪表)的带宽有关。

(2) 天线的热噪声

这是从接收机外部进来的噪声，它是由于天线周围的介质热运动产生的电磁波辐射被天线接收而进入接收机的，其性质与电阻热噪声相似。假设天线周围介质均匀，温度为 T_A，则天线热噪声的电压均方值为

$$\overline{u_n^2} = 4kT_A R_A B_n$$

式中，R_A 为天线辐射电阻。

同样，当天线的辐射电阻和接收机的输入电阻相等(即相匹配)时，天线的有效噪声功率为

$$P_A = kT_A B_n$$

(3) 接收机的噪声

为了直观比较内部噪声与外部噪声的大小，可以把接收机内部噪声等效到接收机输入端。这时，接收机内部噪声就可以看成是天线辐射电阻在温度 T_e 时产生的热噪声。由此，接收机内部噪声功率同样可表示为

$$P_r = kT_e B_n$$

式中，P_r 为接收机内部噪声折合到输入端的等效值，T_e 为接收机内部噪声折合到输入端的噪声温度。

显然，目标回波在接收机输入端主要和接收机所有的外部噪声和内部噪声相抗衡，这两类噪声合起来构成了整个接收系统的噪声，且总的噪声功率为

$$P_s = P_A + P_r = kT_A B_n + kT_e B_n = k(T_A + T_e)B_n$$

在一个雷达系统中，可以用系统噪声温度 T_s 来描述其接收系统(广义的)系统噪声功率，且

$$T_s = T_A + T_e$$

而接收系统总的噪声功率利用系统噪声温度 T_s 表示为

$$P_s = P_A + P_r = kT_s B_n$$

前面提到，噪声是限制接收机灵敏度的根本原因，进一步地，雷达接收系统的总噪声(包括外部和内部噪声)是限制接收机灵敏度的根本原因。

2. 接收机的噪声系数

噪声系数是表征接收机内部噪声大小的一个物理量。衡量接收机中信号功率和噪声功率的相对大小是接收机能否正常工作的一个重要标志。通常 S 代表信号功率，N 代表噪声功率，S 和 N 的比值称为“信号噪声功率比”，简称“信噪比(SNR)”。显然，信噪比越大，越容易发现目标；信噪比越小，则越难发现目标。

假定存在一个“理想”的接收机，它本身只放大天线所输入的信号和噪声，而不另引入其他噪声。实际的接收机总是要产生内部噪声的，因此在输出的噪声中，除了经放大后的天线热噪声之外，还有接收机本身的噪声。用 S_i/N_i 表示接收机输入端的信噪比，S_o/N_o 表示输出端的信噪比，将它们的比值定义为噪声系数，用 F 表示，即

$$F=\frac{S_i/N_i}{S_o/N_o}$$

显然，噪声系数 F 描述了由于接收机内部噪声影响而使接收机输出端信噪比相对于输入端信噪比变差的程度。在通常情况下，总是存在接收机内部噪声，因此 $F>1$；对于"理想"的接收机，内部不产生噪声，$F=1$。显然，F 也表征了接收机内部噪声大小，当然希望 F 值越小越好。接收机噪声系数又可写成

$$F=\frac{S_i/N_i}{S_o/N_o}=\frac{N_o/N_i}{S_o/S_i}=\frac{N_o}{G_aN_i}$$

式中，G_a 为接收机的功率增益。

由此可见，噪声系数的大小与信号功率大小无关，仅仅取决于总的输出噪声功率与天线热噪声经过接收机后的输出功率的比值。显然，总的输出噪声功率 N_o 包括了天线的噪声功率 N_{Ao} 与接收机内部的噪声功率 N_{ro}，即

$$F=\frac{N_{Ao}+N_{ro}}{G_aN_i}=\frac{G_aN_i+N_{ro}}{G_aN_i}=1+\frac{N_{ro}}{G_aN_i}$$

其中，外部输入的噪声功率，即天线的噪声功率，记为 N_i，且 $N_i=kT_AB_n$。

噪声系数 F 形式上是一个"倍数"或"比值"，实际上是一个绝对数量的概念，表征接收机内部噪声功率 N_{ro} 的大小。但是，如果按上式定义，则还必须确定天线噪声温度 T_A。通常，定义一个标准温度 $T_0=290\text{K}$（室温17℃），作为外部输入的噪声功率的标准，则外部输入的噪声功率为 $N_i=kT_0B_n$。这样，噪声系数就是唯一确定的。再根据 $N_{ri}=kT_eB_n$，可以得到

$$F=\frac{N_{Ao}+N_{ro}}{G_aN_i}=\frac{G_aN_i+G_aN_{ri}}{G_aN_i}=\frac{N_i+N_{ri}}{N_i}=1+\frac{kT_eB_n}{kT_0B_n}=1+\frac{T_e}{T_0}$$

或者

$$T_e=(F-1)T_0$$

上式是接收机噪声系数和噪声温度的关系。噪声系数 F 无量纲，通常用分贝(dB)表示

$$F(\text{dB})=10\log_{10}F(\text{倍数})$$

例如，噪声系数5倍，化为分贝数就是6.99dB，而对应的噪声温度为1160K。

接收机的噪声系数和噪声温度是等效的，有的资料常用噪声系数，有的则用噪声温度，有的两者并用。降低噪声系数是设计和制造接收机的一项主要任务。其主要办法是选用不同类型的低噪声放大器。

3. 接收机的灵敏度

接收机灵敏度又称作最小可检测信号，是一个功率值，描述接收机接收微弱信号的能力。灵敏度用接收机输入端的最小可检测信号功率 S_{imin} 来表示。在噪声背景下检测目标，接收机输出端不仅要使信号放大到足够的数值，更重要的是使其输出信号噪声比 S_o/N_o 达到所需的数值。

利用前面关于噪声系数、噪声温度的讨论，接收机输出端的信噪比为

$$\frac{S_o}{N_o}=\frac{S_i}{kT_sB_n}$$

为了保证雷达检测系统发现目标的质量，接收机中频输出必须提供足够的信号噪声比，令 $S_o/N_o\geqslant(S_o/N_o)_{min}$ 时对应的接收机输入信号功率为最小可检测信号功率，即接收机灵敏

度为

$$S_{\text{imin}} = kT_{\text{s}}B_{\text{n}}\left(\frac{S_{\text{o}}}{N_{\text{o}}}\right)_{\min}$$

雷达接收机的灵敏度以额定功率表示，并常以相对 1mW 的分贝数计值，记为 dBmW 或 dBm，即有

$$S_{\text{imin}}(\text{dBmW}) = 10\log_{10}\frac{S_{\text{imin}}(\text{W})}{10^{-3}(\text{W})}(\text{dBmW})$$

一般超外差接收机的灵敏度为－90～－110dBmW(有时也写作 dBm)，对应的最小可检测的电压为 10^{-6}～10^{-7}V。

2.2.4 接收机动态范围与增益控制

接收机动态范围是雷达接收机的一个重要质量指标。为了防止强信号引起的过载，需要增大接收机的动态范围，就必须要有增益控制电路。一般雷达都有增益控制。跟踪雷达需要得到归一化的角误差信号，使天线正确地跟踪运动目标，必须采用自动增益控制(AGC)。另外，由海浪、地物等反射的杂波干扰、敌方干扰机施放的噪声调制等干扰，往往远大于有用信号，更会使接收机过载而不能正常工作。为使雷达的抗干扰性能良好，通常都要求接收机应有专门的抗过载电路，例如，瞬时自动增益控制(IAGC)电路、灵敏度时间控制(STC)电路、对数放大器等。

1. 自动增益控制(AGC)

不同体制、不同用途雷达 AGC 作用不同。AGC 的作用包括：防止由于强信号引起的接收机过载；补偿接收机增益的不稳定；在跟踪雷达中保证角误差信号归一化；在多波束三坐标雷达中用来保证多通道接收机增益平衡等。

自动增益控制电路主要是利用负反馈原理实现，如图 2.22 所示。接收机输出视频脉冲信号经过峰值检波，再经过低通后获得控制电压 U_{AGC}，加到被控的中放中去，这就实现了自动增益控制的作用。

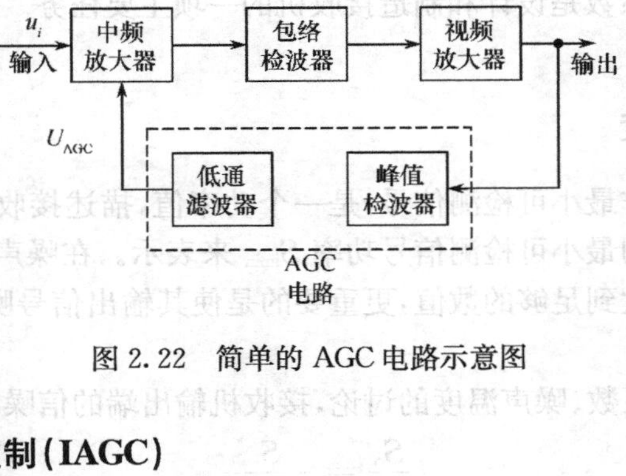

图 2.22 简单的 AGC 电路示意图

2. 瞬时自动增益控制(IAGC)

这是一种有效的中频放大器的抗过载电路，它能够防止由于等幅波干扰、宽脉冲干扰和低频调幅波干扰等引起的中频放大器过载。IAGC 和一般的 AGC 电路原理相似，也是利用负反

馈原理将输出电压检波后去控制中放级，自动地调整放大器的增益。但 IAGC 电路对时间常数有要求，电路的时间常数应这样选择：为了保证在干扰电压的持续时间 τ_n 内能迅速建立起控制电压，要求电路时间常数 $\tau_i < \tau_n$；为了维持目标回波的增益尽量不变，必须保证在目标信号的宽度 τ 内使控制电压来不及建立，即 $\tau_i \gg \tau$。干扰功率一般都很强，所以中频放大器不仅末级有过载的危险，前几级也有可能发生过载。为了得到较好的抗过载效果，增大允许的干扰电压范围，可以在中放的末级和相邻的前几级都加上瞬时自动增益控制电路。

3. 近程增益控制(STC)

近程增益控制电路又称“时间增益控制电路”或“灵敏度时间控制(STC)电路”，用来防止近程杂波干扰所引起的中频放大器过载。由于杂波干扰(如海浪杂波和地物杂波干扰等)主要出现在近距离，干扰功率随着距离增加而相对平滑地减小。根据试验，海浪杂波干扰功率 P_{im} 随距离 R 的变化规律为 $P_{im} = KR^{-a}$，K 为比例常数，a 为由试验条件所确定的系数，一般 a = 2.7～4.7。

STC 的基本原理是，当发射机每次发射信号之后，接收机产生一个与干扰功率随时间的变化规律相“匹配”的控制电压 E_C（如图 2.23 所示），控制接收机的增益按此规律变化。所以近程增益控制电路实际上是一个使接收机灵敏度随时间而变化的控制电路，它可以使接收机不致受近距离的杂波干扰而过载。

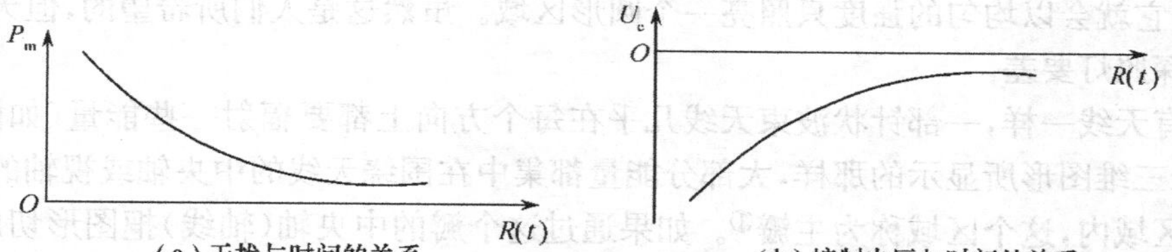

图 2.23　杂波干扰功率及控制电压与时间的关系

2.3　雷达天线

在雷达中，天线的作用是将发射机产生的波导场转换为空间辐射场，在电波传输的过程中完成从“波导”或“传输线”到“空间”的转换；然后接收目标反射的空间回波，将回波能量转换成导波场，完成电磁波从“空间”再到“波导”或“传输线”的环节，并馈送给雷达接收机。天线的前一个作用称为发射，后一个作用称为接收。有的雷达采用两部天线，分别用做发射和接收，但绝大多数雷达都采用一部收、发共用天线。雷达一般还要求天线实现以下主要功能：

① 发射时，像探照灯一样，将辐射能量集中照射目标方向；

② 接收时，收集指定方向返回的目标微弱回波，在天线接收端产生可检测的电压信号，同时抑制其他方向来的杂波或干扰；

③ 分辨不同目标并测量目标的距离和方向。与一般电子设备(如通信、广播、导航、对抗)的天线相比，雷达天线一般要满足高功率和高分辨力两个要求，因而增加了天线设备的复杂性、难度和造价。

天线将辐射能量集中照射在某个方向的能力用增益来表示。增益与天线的孔径面积成正比,与工作波长的平方成反比。在工作频率一定的情况下,天线的孔径尺寸越大,天线的增益越高;同样,在孔径尺寸一定时,工作频率越高增益越大。在雷达系统中,在其他条件不变的情况下,天线增益越高就意味着有更远的作用距离。雷达天线接收时,其收集目标回波的能力用天线的有效孔径面积表示。大的有效孔径面积等效于高的天线增益。在很多情况下,天线的接收能力也用增益表示。根据收、发天线的互易定理,一部天线如果不含非互易器件,那么它发射或接收具有相同的性能,因此,为了研究问题方便,同一部天线一般按照发射增益和接收增益相等来处理。

一般来说,天线都具有方向性,即天线向不同方向辐射的功率密度(场的强度)不同,或接收时对不同方向入射电磁波的响应不同。雷达对目标进行角度测量必须依赖于天线的方向性。天线的方向性可以用天线方向图进行描述。天线的方向图由一些"花瓣"似的包络组成,"花瓣"的形状即是天线波束形状,天线波束的扫描使雷达在空间上形成覆盖。

2.3.1 天线的方向性和增益

天线的方向性是指一部天线把辐射出去的能量集中在某一个需要方向上的程度。可能有人会认为,一部雷达天线能把所有发射出去的能量都集中到一个窄波束中,而在这个波束中功率又是均匀分布的。人们还可能认为,如果把一个针状波束像探照灯一样指向空中的一个假想的屏上,它就会以均匀的强度只照亮一个圆形区域。虽然这是人们所希望的,但天线能实现的程度比探照灯要差。

像所有天线一样,一部针状波束天线几乎在每个方向上都要辐射一些能量(如图 2.24 所示)。就像三维图形所显示的那样,大部分能量都集中在围绕天线的中央轴或视轴的一个大致为锥状的区域内,这个区域称为主瓣①。如果通过这个瓣的中央轴(轴线)把图形切成两半,就会发现靠近这个瓣的两边有一系列比较弱的瓣,这些瓣称为旁瓣②(或副瓣),有时还把与轴向相反方向的旁瓣称为后瓣(或尾瓣)。

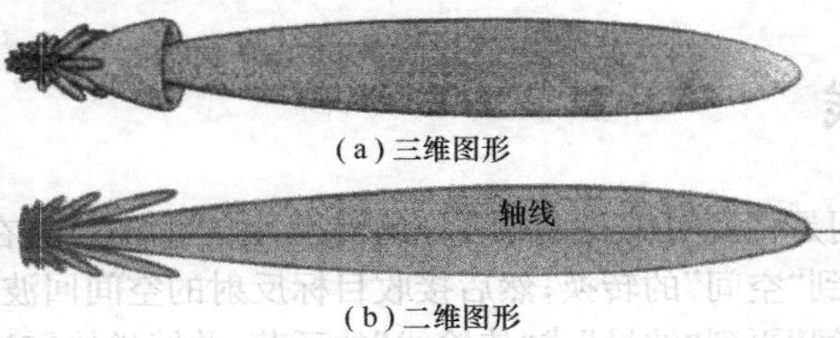

(a) 三维图形

(b) 二维图形

图 2.24 针状波束天线辐射强度的图形

雷达工程师关心的天线性能指标主要包括:①雷达天线能将能量放大多少?这可以用天线增益、有效孔径进行描述;②天线将能量集中的程度如何?这可以用辐射能量在角度上的分布进行描述;③电磁波矢量大小和方向随时间如何变化?这可以用天线的极化方式进行描述。

① 英文名称为"Main Lobe"。
② 英文名称为"Side Lobe"。

1. 天线增益

天线增益有两个不同但相关的定义。一个称为方向增益或方向性，它把天线看作一个无耗的换能器。另一个称为功率增益，通常简称为增益，它包含与天线有关的损耗。清楚地理解两者之间的区别是非常重要的。

天线的方向性系数 G_D（方向性增益①）定义为最大辐射强度（每立体角弧度内的瓦数）与平均辐射强度之比，无量纲，即

$$G_D = \frac{最大辐射强度}{平均辐射强度}$$

式中的辐射强度以单位立体角内的功率来表示，记为 $P(\theta,\varphi)$，而 θ 和 φ 代表方位角和俯仰角。整个空间的平均辐射强度是天线辐射的总功率除以 4π 球面角度，最大辐射强度是单位立体角的最大功率。这样方向性系数可以表示为

$$G_D = \frac{最大辐射功率 / 单位立体角}{总辐射功率 \div 4\pi 立体角}$$

$$= \frac{4\pi P(\theta,\varphi)_{\max}}{\iint P(\theta,\varphi)\,\mathrm{d}\theta \mathrm{d}\varphi}$$

方向性系数也可以写成电场强度 $E(\theta,\varphi)$ 的形式

$$G_D = \frac{4\pi E^2(\theta,\varphi)_{\max}}{\iint E^2(\theta,\varphi)\sin\theta\,\mathrm{d}\theta\,\mathrm{d}\varphi}$$

方向性系数还可以用远场距离 R 处的最大辐射功率密度（每平方米的瓦数）与同一距离上平均密度之比表示为

$$G_D = \frac{最大辐射功率密度}{总辐射功率 \div 4\pi R^2} = \frac{P_{\max}}{P_t/4\pi R^2}$$

实际上，方向性系数的定义就是指，实际的最大辐射功率密度比辐射功率为各向同性分布时的功率密度强多少倍（如图 2.25 所示）。注意，这个定义不包含天线中的耗散损耗，只与辐射功率的集中程度有关。

雷达工程师通常喜欢用 dB（分贝）来表示天线增益。例如，若 P_2 和 P_1 是两个被比较的功率电平，则

$$以\ \mathrm{dB}\ 表示的增益 = 10\lg_{10}\frac{P_2}{P_1}$$

若 E_2 和 E_1 是两个被比较的电场强度，则

$$以\ \mathrm{dB}\ 表示的增益 = 20\lg_{10}\frac{E_2}{E_1}$$

因此，若天线增益为 38dB，则说明最大辐射强度与平均辐射强度的比值为 $10^{(38/10)} \approx 6310$，而对于电场强度（电压）而言，该比值变为 $10^{(38/20)} \approx \sqrt{6310} \approx 79$。

---

① 英文名称为“Directive Gain”。

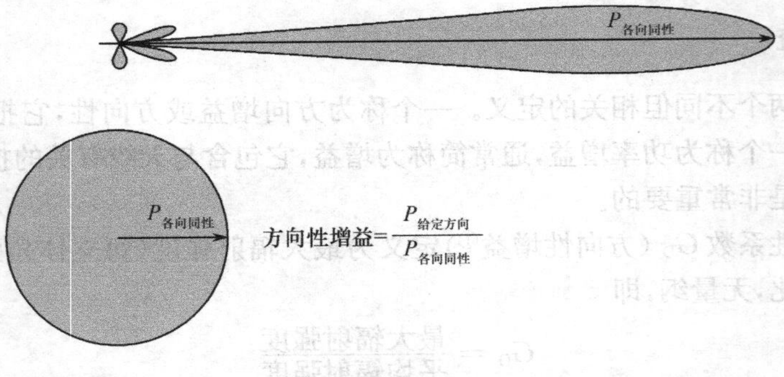

图 2.25　天线方向性系数示意图

雷达系统中通常所指的“天线增益”或“增益”严格意义上应该称为“功率增益[①]”，一般用 G 表示，简称“增益”。天线的功率增益考虑了雷达系统中与天线有关的所有损耗。通常是将实际天线与一个无耗的、在所有方向都具有单位增益的理想天线比较而得。这种理想天线是不可实现的，但是各向同性源的概念在天线分析中是便于经常使用的。使用各向同性源后，功率增益定义如下

$$G=\frac{\text{实际天线的最大辐射强度}}{\text{具有相同输入功率的无耗各向同性源的辐射强度}}$$

功率增益与方向性系数的关系可以写为

$$G=\eta\cdot G_{\mathrm{D}}$$

η 称为天线效率，小于1。

例如，若一个典型天线的耗散损耗为1.0dB，则 $\eta\approx10^{-0.1}=0.79$，即输入功率的79%被辐射，其余21%功率转化为热能。对于反射面天线，大部分的损耗都发生在连接到馈源的传输线上，并能够做到小于1dB。

2. 天线有效孔径

与天线增益对应，天线的有效孔径 A_{e}[②] 也可表示天线将能量放大的程度，且

$$A_{\mathrm{e}}=\frac{G\lambda^2}{4\pi}$$

式中，λ 为电磁波波长。显然，天线的有效孔径 A_{e} 与天线增益 G 成正比，天线有效孔径越大，天线增益越大。

天线的有效孔径 A_{e} 表示“天线在接收电磁波时呈现的有效面积”，A_{e} 与天线实际孔径面积 A 有关，但不相同。天线的有效孔径 A_{e} 等于天线实际孔径面积 A 与一个小于1的因子 ρ_{a}（称为孔径效率）的乘积，即

$$A_{\mathrm{e}}=\rho_{\mathrm{a}}\cdot A$$

显然，波长一定时，天线增益与 A_{e} 和 A 都成正比。天线的有效孔径 A_{e} 体现为面积的量纲，它与入射电磁波功率密度 P_{i} 相乘后即可得到天线的接收功率 P_{r}，即

$$P_{\mathrm{r}}=P_{\mathrm{i}}\cdot A_{\mathrm{e}}$$

① 英文名称为“Power Gain”。

② 英文名称为“Antenna Effective Aperture”。

给出一个X波段天线增益估算的示例。天线直径为 d（以 cm 表示），孔径效率为 $\eta=0.7$，天线增益估算的粗略规则为增益 $G=d^2\cdot\eta$。因此，若波长为 3cm，直径 $d=60$cm，则

$$G\approx 60\times 60\times 0.7\approx 2520\approx 34\text{dB}$$

3. 天线辐射方向图

天线辐射的电磁能量在三维角空间中的分布表示成相对（归一化）基础上的曲线（曲面）时，称为天线辐射方向图，通常简称天线方向图①。

天线方向图通常可以用函数 $F(\theta,\varphi)$ 表示，θ 和 φ 代表方位角和俯仰角，电场强度记为 $E(\theta,\varphi)$，而 E_{max} 为最大辐射方向上的电场强度，则有

$$F(\theta,\varphi)=\frac{|E(\theta,\varphi)|}{|E_{max}|}$$

天线方向图描述了辐射（接收）能量集中的程度或辐射能量在角度上的分布。进一步地，天线方向图是描述了"增益和角度的函数关系，且将增益归一化为1"。或者说，天线方向图描述的是"相对增益"，以最大增益为参考值，其他各个方向上的值都取为与参考值的比值。习惯上，天线方向图用 dB 表示，则最大增益处为 0dB，其他角度的增益均为负值，例如－28dB，等等。

方向图通常并不是圆对称于主瓣中心点，为了完整描述天线方向性，应该给出三维图或作许多"剖面"。图 2.26 是某圆孔径天线的方向图，该图将等距离上的对数功率密度（垂直坐标，用 dB 计）与方位角和俯仰角的关系绘制在直角坐标系中。方向图的主瓣（或主波束）是针形波束（又称笔形波束），四周是较小的瓣，通常称为副瓣。角坐标的原点取在主瓣峰值上，通常称为天线的电基准轴。

图 2.26 是天线方向图的三维特性，以这种形式绘制方向图需要大量的数据。在大多数情况下，用二维图就足够了，且测绘和绘制起来比较方便。例如，如果将图 2.26 的方向图与通过波束峰值和 0°方位的垂直面相截，则得到方向图的二维切片或"切割"，称为主平面垂直方向图或俯仰方向图，如图 2.27 所示，这是绘制方向图时最广泛采用的形式。用与第一个平面垂直或正交的平面（含峰值和 0°仰角）做类似的切割，得到所谓的方位方向图，它也是一个主平面截面，因为其中包含波束峰值，也包含一个角坐标。这两个主平面也称为基本平面。

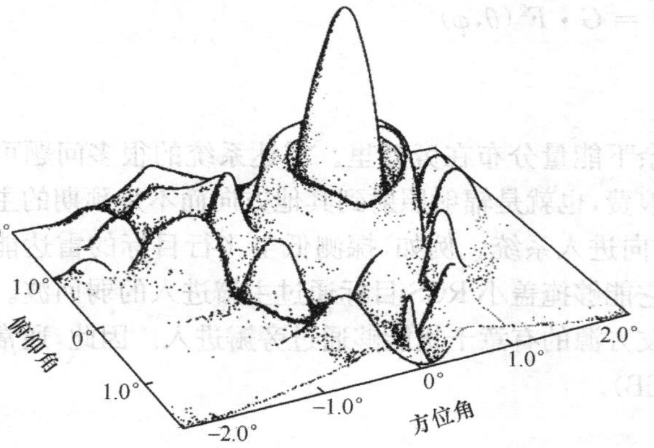

图 2.26　某圆孔径天线方向图

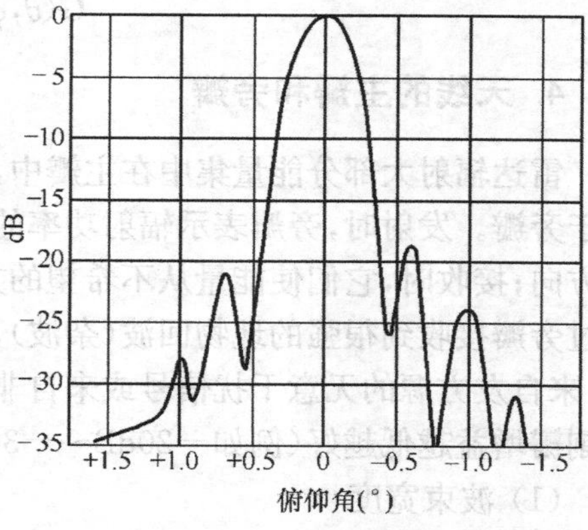

图 2.27　某圆孔径天线俯仰角方向图

① 英文名称为"Antenna Radiation Pattern"。

天线方向图可以用各种方式绘制成曲线，如极坐标或直角坐标、辐射强度或电场强度等。如图2.28所示。图中画出了同一($\sin x/x$)形式方向图的4种形式：图(a)为相对电场强度的极坐标曲线；图(b)为相对电场强度的直角坐标曲线；图(c)为相对功率(密度)的直角坐标曲线；图(d)为对数功率(用dB表示)的直角坐标曲线，即纵坐标为$10\lg_{10}F^2(\theta,\varphi)$dB。图2.28(d)中曲线的方式最为常见。通常，雷达文献中称的方向图一般是图2.28(d)中曲线形式的方向图，指辐射强度(功率)方向图，而不是指电场强度(电压)方向图，如要指电场强度(电压)方向图应该明确指出或依据上下文进行判断。

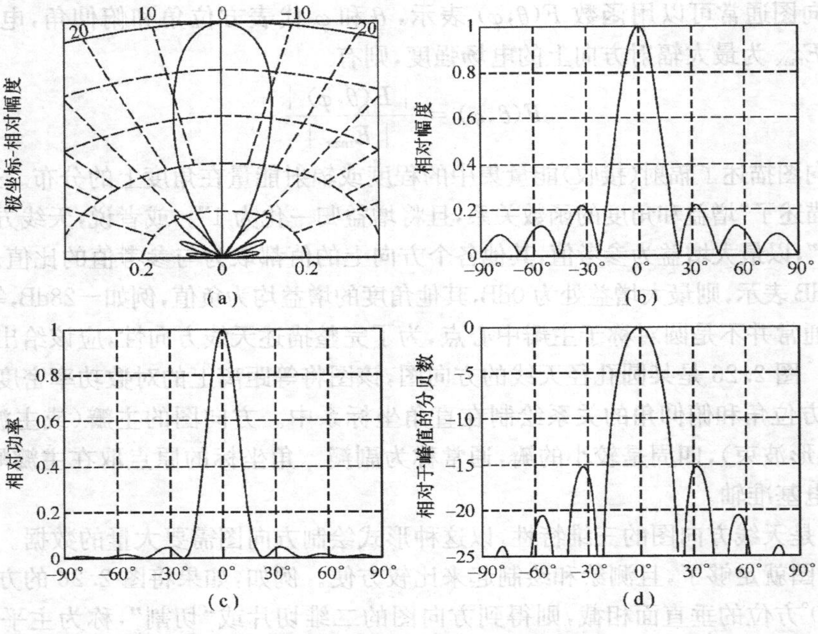

图2.28　同一($\sin x/x$)方向图的各种表示形式

若已知天线增益G(最大增益)和天线方向图$F(\theta,\varphi)$，则可以方便地获得天线在某方向(θ,φ)上的增益$G(\theta,\varphi)$，且

$$G(\theta,\varphi)=G\cdot F^2(\theta,\varphi)$$

4. 天线的主瓣和旁瓣

雷达辐射大部分能量集中在主瓣中，余下能量分布在旁瓣里。雷达系统的很多问题可能源于旁瓣。发射时，旁瓣表示辐射功率的浪费，也就是辐射照射到其他方向而不是预期的主波束方向；接收时，它们使能量从不希望的方向进入系统。例如，探测低空飞行目标的雷达能够通过旁瓣接收到很强的地物回波(杂波)，它能够掩盖小RCS目标通过主瓣进入的弱回波。同时，来自友方源的无意干扰信号或来自非友方源的有意干扰能够通过旁瓣进入。因此，通常希望副瓣增益越低越好(例如−20dB～−30dB)。

(1) 波束宽度

雷达天线方向图主瓣的宽度称为波束宽度①。它是波束相对的边缘之间的角度。波束通

① 英文名称为“Beam Width”。

常是不对称的，因此通常要区分水平波束宽度和垂直波束宽度。为了使波束宽度具有明确的意义，必须规定什么是波束的边缘。

或许最容易定义的波束边缘是主瓣两边的零点，按照主瓣两侧第一个零点夹角定义的波束宽度称为第一零点波束宽度（FNBW①）。但是，从雷达工作的立场上看，更现实的定义是把波束边缘定义为功率降到波束中心功率某个选定分数值的点。最常用的分数是1/2。用dB表示的话，1/2是－3dB。因此，在这些点之间测出的波束宽度称为3dB波束宽度或半功率波束宽度（HPBW②），记为$\theta_{0.5}$（如图2.29所示）。通常，若无特别说明，则雷达系统中所指的波束宽度就是3分贝波束宽度。

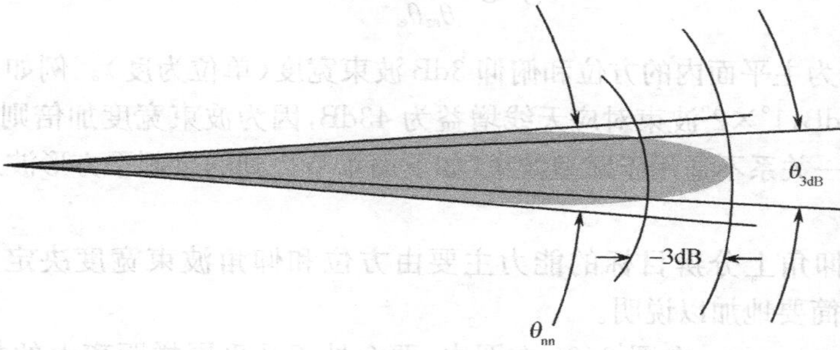

图2.29　天线波束宽度示意图

雷达天线的波束宽度主要由天线面的尺寸确定。这个区域称为天线孔径（或口径）。孔径的尺寸越大，则通过该尺寸所处的平面内的波束越窄。

对于线阵天线和均匀照射的矩形孔径天线，以弧度表示的零点至零点的波束宽度θ_{nn}为

$$\theta_{nn} = 2\frac{\lambda}{L}$$

式中，L为孔径长度，λ为波长。而3dB波束宽度比零点至零点宽度的一半稍小一点，且

$$\theta_{0.5} = 0.88\frac{\lambda}{L}$$

直径为d，均匀照射的圆孔径天线的3dB波束宽度稍大一些，且

$$\theta_{0.5} = 1.02\frac{\lambda}{L}$$

例如，直径为60cm，3cm波长的圆孔径天线，具有1.02×3/60＝0.051弧度的波束宽度。1弧度约等于57.3°，因此，以弧度表示的波束宽度是0.051×57.3≈2.9°。一般地，波长一定的情况下，可以认为波束宽度与天线孔径长度成反比。

（2）旁瓣

天线的旁瓣并不局限于前半空间。它们出现在所有方向上，甚至出现在天线后部（称为后瓣或尾瓣），因有一定数量的辐射"漏过"天线的边缘。

对于均匀照射的圆孔径天线，最强（第一）旁瓣的增益大约是主瓣的1/64。用分贝来表示的话，第一副瓣比主瓣增益下降18dB。其他副瓣的增益还要小得多。但是，加在一起后，副瓣将从主瓣那里夺走相当多的功率。由于它们所覆盖的立体角很大，均匀照射天线所辐射的功

① FNBW是"Beam Width Between First Nulls"的缩略语。
② HPBW是"Half-Power Beam Width"的缩略语。

率大约25%在主瓣外部辐射掉了。

对于大多数小目标,即使最强的旁瓣也显得太弱,以至于它们经旁瓣照射的回波通常可以忽略不计。但是,对地面而言,即使最弱的旁瓣也会产生相当大的回波。在军事应用中,旁瓣还增加雷达被敌方探测的灵敏度和对干扰的敏感性。从强噪声干扰机来的干扰可以比主瓣内的小目标或远目标来的回波更强。因此,通常希望头几个旁瓣的增益尽可能低。

(3)天线增益与波束宽度的近似关系

天线增益与波束宽度之间存在以下近似关系:

$$G \approx \frac{40\ 000}{\theta_{az}\theta_{el}}$$

式中,θ_{az} 和 θ_{el} 分别为主平面内的方位和俯仰3dB波束宽度(单位为度)。例如,1°×1°针状波束的天线增益为46dB,1°×2°波束对应天线增益为43dB,因为波束宽度加倍则对应天线增益下降3dB等。但这一关系不适用于赋型波束(如下面章节提到的余割平方形波束)。

(4)角分辨力

雷达在方位和仰角上分辨目标的能力主要由方位和仰角波束宽度决定。这一点可由图2.30中的两个图简要地加以说明。

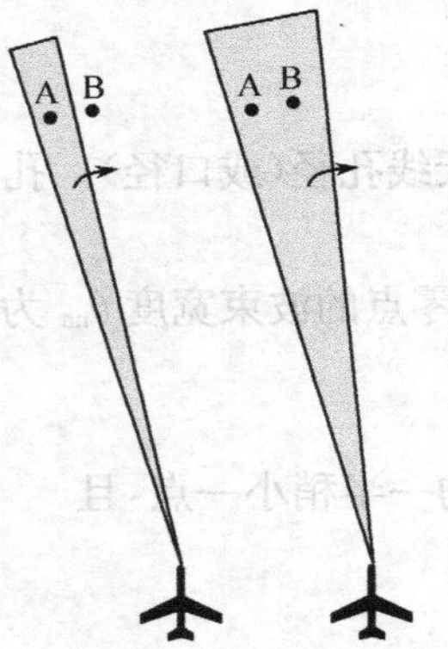

图2.30　角分辨力示意图

在图2.30左图中,两个处于几乎同样距离上的相同目标A和B,两者之间的间隔比波束宽度稍大一些。当波束扫过它们的时候,雷达先从目标A收到回波,然后从目标B收到回波。因此,这些目标很容易分辨。在图2.30的右图中,同样是A、B两个目标但是它们的间隔小于波束宽度。当波束扫过它们的时候,雷达仍然是首先从目标A收到回波。但是,远在它停止从这个目标收到回波之前,它就开始从目标B接收回波。因此,从两个目标来的回波就混在一起。

表面上看,角分辨力不会超过主瓣的第一零点波束宽度。但实际上,分辨力比这要好得多。因为分辨力不单取决于波束宽度,还取决于在波束内的能量分布。通常,3dB波束宽度被用来作为雷达角分辨力的度量。

5. 雷达天线的极化

雷达天线的极化方向规定为所辐射和接收电场矢量的方向。极化是描述电磁波矢量性的物理量,与光的偏振本质上一样。在均匀各向同性介质中,天线的远区辐射场是横电磁波(即在传播方向上无电场、磁场分量)。极化则表征了空间给定点上电场强度矢量(大小和方向)随时间变化的特性。沿横电磁波传播方向(假定为直角坐标系的 z 轴)看去,电场强度矢量端点运动轨迹具有一定特点,表现在图2.31中直角坐标系的 xOy 平面上。若运动轨迹沿一条直线变化,则电磁波为线极化波[图2.31(a)];若运动轨迹沿椭圆顺(逆)时针变化,则电磁波为左(右)旋椭圆极化波[图2.31(b)];若运动轨迹沿圆顺(逆)时针变化,则电磁波为左(右)旋圆极化波[图2.31(c)]。

了解雷达天线的极化方式非常重要,可以通过改变极化方式达到抗干扰、滤波等目的。雷达天线增益(有效孔径)、辐射方向图、极化方式等特征描述了天线辐射电磁波能量的能力。

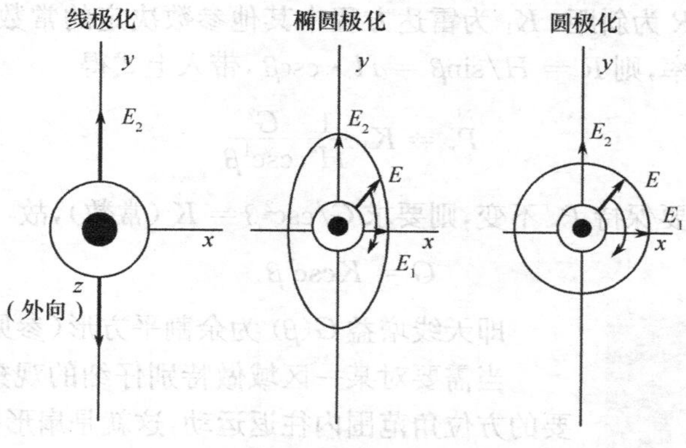

图 2.31　电磁波极化方式示意图

2.3.2　波束形状和扫描方法

雷达波束通常以一定的方式依次照射给定空域，进行目标探测和参数测量。雷达天线波束需要通过扫描来覆盖给定空域。

1. 波束形状与空域覆盖方法

采用不同用途的雷达所用的天线波束形状不同，扫描方式也不同。最常用的两种基本波束形状是扇形波束和针状波束（又称笔形波束）。

扇形波束在水平面内的波束宽度和垂直面内的波束宽度有较大差别，主要扫描方式是圆周扫描和扇形扫描。

圆周扫描就是波束在水平面内作 360°圆周运动，如图 2.32 所示，可以观察雷达周围目标并测定目标的距离和方位坐标。波束形状通常在水平面内很窄，故对方位角有较高的测角精度和角分辨力。垂直面内很宽，以保证同时监视较大的仰角空域。地面搜索型雷达垂直面内的波束形状一般做成余割平方形，这样功率利用比较合理，能够使同一高度不同距离目标的回波强度基本相同。

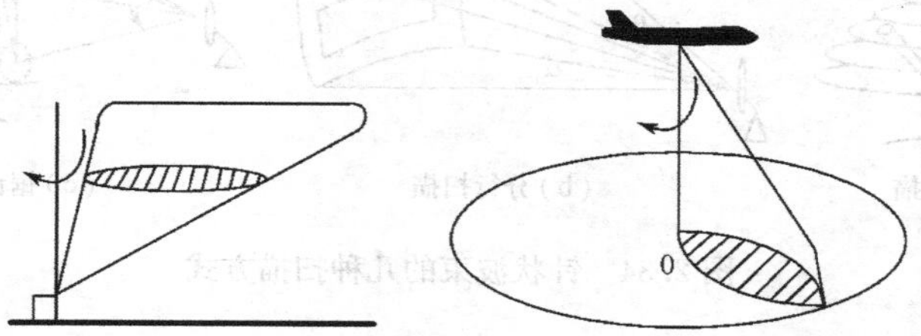

(a) 地面雷达　(b) 机载雷达

图 2.32　扇形波束圆周扫描

根据第 1 章提到的基本雷达方程，回波功率为

$$P_r = K_1 \frac{G^2}{R^4}$$

式中，G 为天线增益，R 为斜距，K_1 为雷达方程中其他参数决定的常数。若目标高度为 H，仰角为 β，忽略地面曲率，则 $R = H/\sin\beta = H \cdot \csc\beta$，带入上式得

$$P_r = K_1 \frac{1}{H^4} \frac{G^2}{\csc^4\beta}$$

若目标高度一定，要保持 P_r 不变，则要求 $G/\csc^2\beta = K$ (常数)，故

$$G = K\csc^2\beta$$

图 2.33　典型测高雷达天线

即天线增益 $G(\beta)$ 为余割平方形(参见图 2.39)。

当需要对某一区域做特别仔细的观察时，波束可以在所需要的方位角范围内往返运动，这就是扇形扫描。

对于测高雷达，一般采用垂直面很窄而水平面很宽的扇形波束(如图 2.33 所示典型测高雷达)，这样在仰角上有较高的测角精度和分辨力，而方位上有较大的观察范围。雷达工作时，波束在水平面内做缓慢的圆周运动，同时在一定的仰角范围内做快速扇形扫描(点头式)。

针状波束的水平面波束宽度和垂直面波束宽度都很窄。采用针状波束可以同时测量目标的距离、方位和仰角，而且方位和仰角的分辨力和测角精度都很高。主要缺点是由于波束较窄，扫完一定空域所需要的时间比较长，也就是说，雷达的搜索能力较差。

根据雷达的不同用途，针状波束的扫描方式很多，图 2.34 是其中的几个例子。其中，图 2.34(a)为螺旋扫描，在方位上圆周快扫描，同时仰角上缓慢的上升，到顶点后迅速降到起点，并重新开始扫描；图(b)为分行扫描，方位上快速扫描，仰角上慢速扫描；图(c)为锯齿扫描，仰角上快速扫描而方位上缓慢移动。

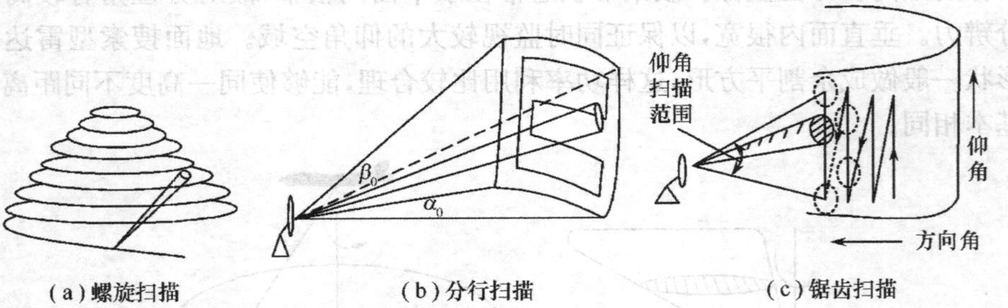

图 2.34　针状波束的几种扫描方式

2. 实现波束扫描的基本方法

实现波束扫描的基本方法有两种：机械扫描和电扫描。

利用整个天线系统或其某一部分的机械运动来实现波束扫描的称为机械扫描。机械扫描的优点是简单，主要缺点是机械运动惯性大，扫描速度不高。近年来快速目标、洲际导弹、人造卫星等的出现，要求雷达采用高增益极窄波束，因此天线口径面往往做得非常庞大，再加上常

要求扫描波束的速度很快，用机械办法实现波束扫描无法满足要求，必须采用电扫描。

电扫描时，天线反射体、馈源等不必做机械运动。因为无机械惯性限制，扫描速度可以大大提高，波束控制迅速灵便，故这种方法特别适合于要求波束快速扫描及巨型天线的雷达中。电扫描的主要缺点是扫描过程中波束宽度将展宽，因而天线增益也要减小，所以扫描的角度范围有一定限制。另外，天线系统一般比较复杂。根据实现技术的不同，电扫描又主要分为相位扫描法和频率扫描法。相位扫描法是在阵列天线上采用控制移相器相移量的方法来改变各阵元的激励相位。阵列的最大辐射方向（主瓣方向）是从所有辐射元来的波都同相的方向。如果所有发射波的相位都一样，最大辐射方向就垂直于阵列平面。但是，如果从一个单元到下一个单元相位不断地有偏移，最大辐射方向也将相应地偏移。因此，通过对各个辐射元的输入进行适当的移相。波束可以在相当大的立体角范围内移动到任何需要的方向上去。频率扫描是在直线阵列上实现的，通过改变输入信号的频率而改变相邻阵元之间的相位差，从而实现波束扫描。根据应用的情况，电扫描可以在一维或二维上进行。此外，电扫描还可以和机械扫描或天线的机械旋转结合起来。

2.3.3　典型的雷达天线

雷达天线分为光学天线和阵列天线，光学天线又可以分为反射面天线和透镜天线。雷达系统中最常用的是反射面天线和阵列天线，下面分别进行介绍。

1. 反射面天线

反射面天线较早在雷达领域得到广泛应用。反射面天线结构简单，低成本，低能耗，应用广泛，主要形式如图 2.35 所示。图(a)、图(b)和图(c)都是简单抛物面天线，它们是相对于赋形抛物面天线、堆积多波束抛物面天线、双反射面天线而言的。

(1)抛物柱面天线

使抛物线沿垂直于焦轴的直线平行运动可得到抛物柱面，在焦轴上配置线阵馈源就构成抛物柱面天线[如图 2.35 中的图(b)和图(c)所示]。

水平抛物柱面天线往往形成方位面窄、垂直面宽的扇形波束。例如，水平抛物柱面天线形成特别适合 L 波段到米波段的大型远程警戒和搜索雷达天线，如图 2.36 所示。

(2) 圆孔径抛物面天线

抛物线绕轴旋转，可以获得圆口径对称反射面，再配上合适的馈源，就得到圆孔径抛物面天线。它可以形成两维聚焦的高增益笔形波束，是最早采用的雷达天线形式之一，应用广泛。适用于各种频段的气象雷达以及要求不太高的火控、跟踪、监视雷达。

(3) 卡赛格伦反射器天线

卡赛格伦反射器天线是双反射器天线，它由旋转抛物面作为主反射面，旋转双曲面作为副反射面，形成针状波束，如图 2.37 所示。卡赛格伦天线常常应用于单脉冲精密跟踪测量雷达。

(4) 双弯曲反射面天线

简单反射面天线只能产生针状波束或简单扇形波束。双弯曲反射面天线能形成余割平方等赋形波束。双弯曲反射面天线适应许多地面监视雷达，它形成的波束方位面窄，垂直面宽且为余割平方形(如图 2.38 和图 2.39 所示)。

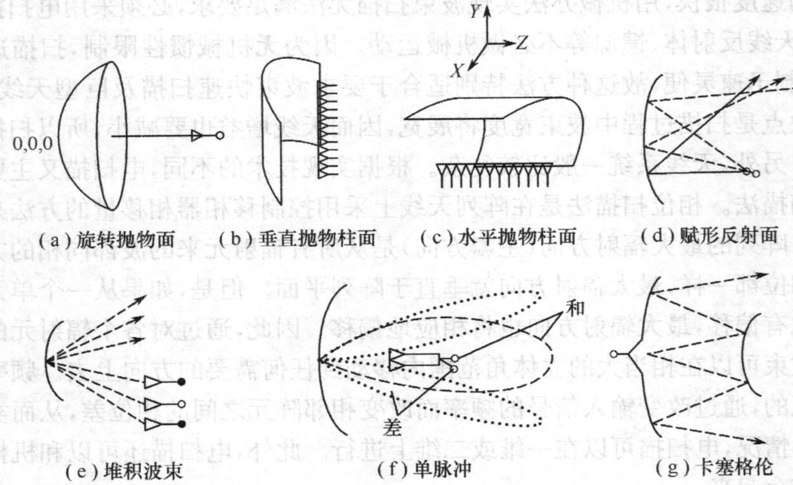

图 2.35　反射面天线应用分类

图 2.36　远程警戒雷达采用的水平抛物柱面天线

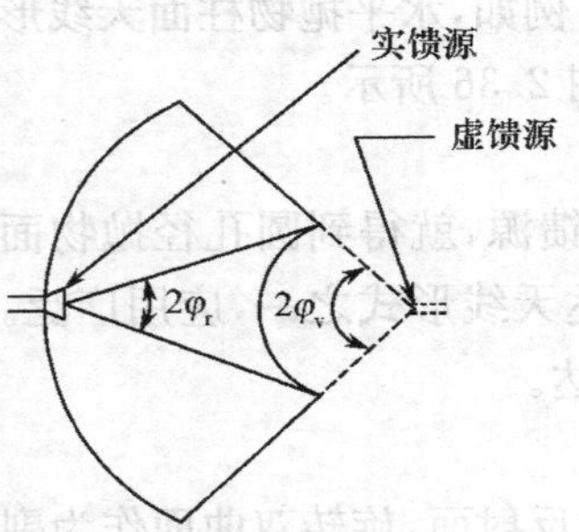

图 2.37　卡赛格伦反射器天线示意图

(5) 堆积多波束抛物面天线

三坐标雷达需要通过俯仰面内相邻波束接收信号的幅度比较来测仰角。由此,可以利用一组沿着通过抛物面焦点的某一轨迹排列的喇叭照射抛物面(指向抛物面中心),产生一组相互错开且部分重叠的多个波束。这类波束被形象地称为堆积多波束,而相应的天线称为多波束天线(如图 2.40 所示)。

2. 阵列天线

阵列天线由数目相当多的辐射单元组成,单元(偶极波导喇叭或其他)按照一定的方式排列(线阵或面阵)。它们的振幅和相位分布服从一定规律,以得到所需要的方向图和波束指向。一个阵列最少要有两个辐射单元,最多可达几万辐射单元。

图 2.38　双弯曲反射面天线示意图

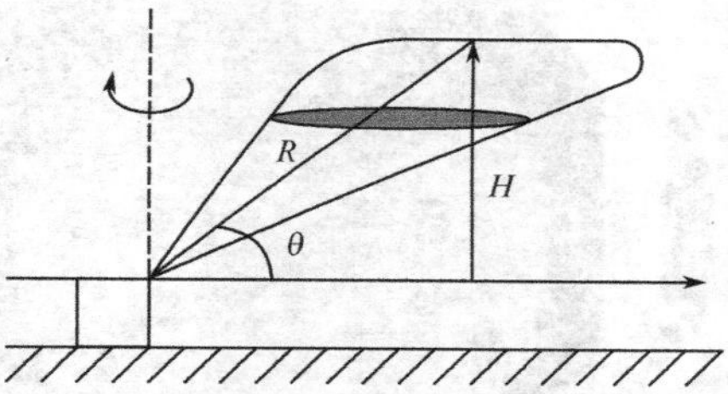

图 2.39　余割平方形波束示意图

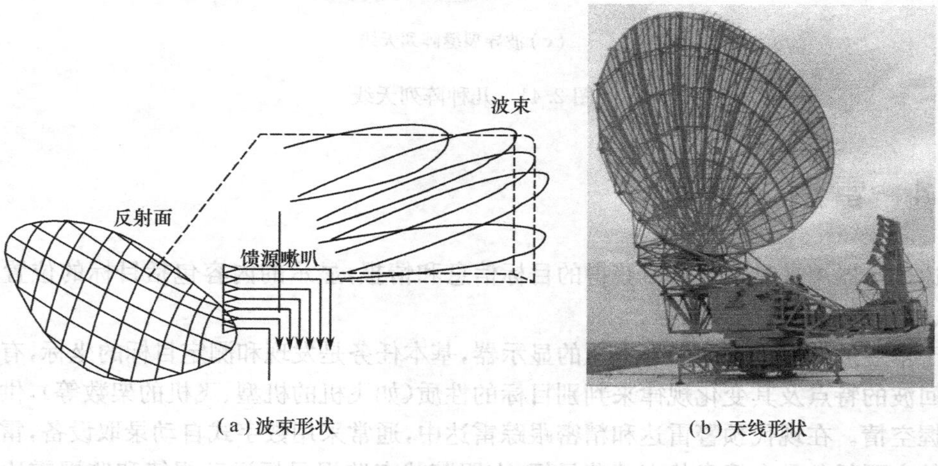

(a) 波束形状　　(b) 天线形状

图 2.40　堆积多波束天线

早期的阵列天线大多是矩形面阵，随着电控移相器或开关的出现，出现了相位控制阵列天线。采用控制阵列天线实现电扫描的雷达称作相控阵雷达。图 2.41 给出了常见的几种阵列天线。

(a)警戒雷达的阵列天线

(b)相控阵天线

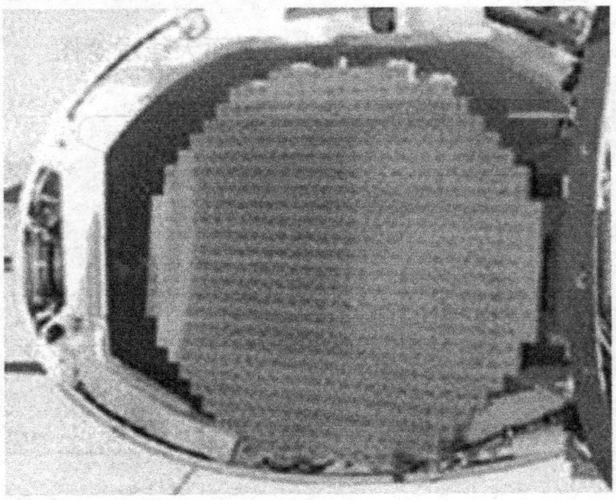

(c)波导裂缝阵列天线

图 2.41 几种阵列天线

2.4 雷达显示器

雷达显示器用来显示雷达所获得的目标信息和情报,显示的内容包括目标的位置及其运动情况、目标的各种特征参数等。

对于常规的警戒雷达和引导雷达的显示器,基本任务是发现和测定目标的坐标,有时还需要根据回波的特点及其变化规律来判别目标的性质(如飞机的机型、飞机的架数等),供指挥员全面掌握空情。在现代预警雷达和精密跟踪雷达中,通常采用数字式自动录取设备,雷达终端显示器的主要任务是在搜索状态截获目标,在跟踪状态监视目标运动规律和监视雷达系统的工作状态。

在指挥控制系统中,雷达终端显示器除了显示情报之外,还有综合显示和指挥控制显示。综合显示是把多部雷达站网的情报综合在一起,经过坐标系的变换和归一、目标数据的融合等加工过程,在指挥员面前形成一幅敌我情况动态形势图像和数据。指挥控制显示还需要在综合显示的基础上加上我方的指挥命令显示。

早期的雷达终端显示器主要采用模拟技术来显示雷达原始图像。随着数字技术的飞速发展，以及雷达系统功能的不断提高，现代雷达的终端显示器除了显示雷达的原始图像之外，还要显示经过计算机处理的雷达数据，例如，目标的高度、航向、速度、轨迹、架数、机型、批号、敌我属性等，以及显示人工对雷达进行操作和控制的标志或数据，进行人机对话。

雷达终端显示器主要包括：距离显示器、B型显示器、E型显示器（高度显示器）、平面位置显示器、情况显示器和综合显示器及其各种变形等。

2.4.1 距离显示器

距离显示器主要显示目标距离，它可以描绘出接收机输出幅度与距离的关系曲线。

距离显示器中最常见的为A型显示器，如图2.42所示。A型显示器为直线扫描，扫描线起点与发射脉冲同步，扫描线长度与雷达距离量程相对应，主波与回波之间的扫描线长度代表目标的斜距。A型显示器的画面包括发射脉冲（又称主波）、近区地物回波和目标回波，距离刻度可以是电子式的，也可以是机械式。A型显示器类似于常见的示波器。

在A型显示器上，操作人员可以控制移动距标去对准目标回波，然后读出目标的距离数据。在测量中，不可能做到使移动距标完全和目标重合，它们之间总会有一定的误差。在实际工作中，常常既要能观察全程信息，又要能对所选择的目标进行较精确的测距，这时只用一个A型显示器很难兼顾。如果增加一个显示器来详细观察被选择目标及其附近的情况，则其距离量程可以选择得较小，这个仅显示全程中一部分距离的显示器通常称为R型显示器，由于它和A型显示器配合使用，因而统称为A/R型显示器。A/R型显示器画面如图2.43所示，画面上方是A扫掠线，下方是R扫掠线。在图中A扫掠线显示出发射脉冲、近区回波及目标回波1和2。R扫掠线显示出目标2及其附近一段距离的情况，还显示出精移动距标。精移动距标以两个亮点夹住了目标回波2。通常在R扫掠线上所显示的那一段距离在A扫掠线上以缺口方式、加亮显示方式或其他方式显示出来，以便操作人员观测。

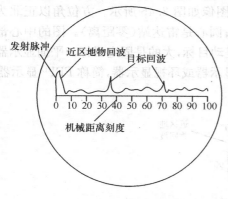

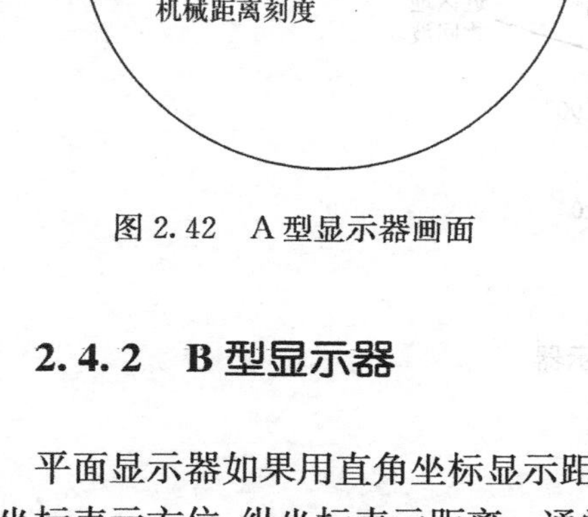

图2.42 A型显示器画面

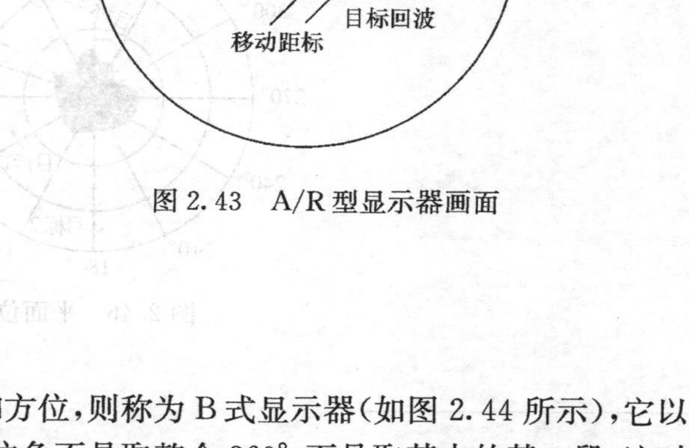

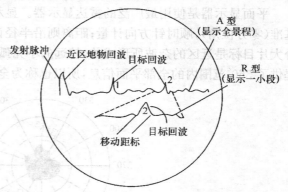

图2.43 A/R型显示器画面

2.4.2 B型显示器

平面显示器如果用直角坐标显示距离和方位，则称为B式显示器（如图2.44所示），它以横坐标表示方位，纵坐标表示距离。通常方位角不是取整个360°，而是取其中的某一段，这时

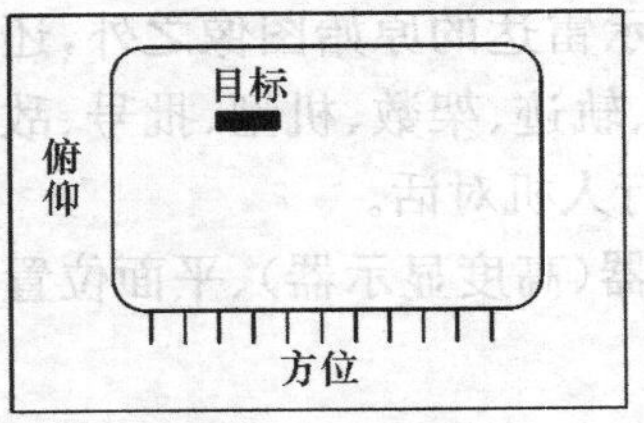

图2.44 B型显示器

的B式就叫做微B显示器。在观察某一波门范围以内的情况时可以用微B显示器。

2.4.3 E型显示器

高度显示器用于测高雷达和地形跟随雷达系统中，统称为E式显示器，如图2.45所示，横坐标表示距离，纵坐标表示仰角或高度，表示高度者又称为RHI显示器。在测高雷达中主要用RHI显示器。在精密跟踪雷达中常采用E型显示器，并配合B显示器使用。

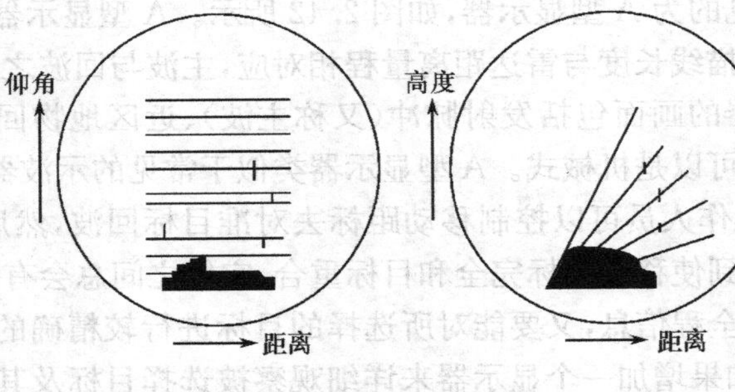

图2.45 E型显示器

2.4.4 平面位置显示器

平面位置显示器显示目标的斜距和方位两个坐标，是二维显示器。它用平面上的亮点位置表示目标的坐标，亮点的强度表示目标回波的大小，属于亮度调制显示器。

平面显示器是使用最广泛的雷达显示器。显示器图像如图2.46所示。方位角以正北为基准(零方位角)，顺时针方向计量；距离则沿半径计量；圆心是雷达站(零距离)。图的中心部分大片目标是近区的杂波所形成的，较远的小亮弧则是动目标，大的是固定目标。平面显示器提供了360°范围内的全部平面信息，所以也称为全景显示器或环视显示器，简称PPI① 显示器

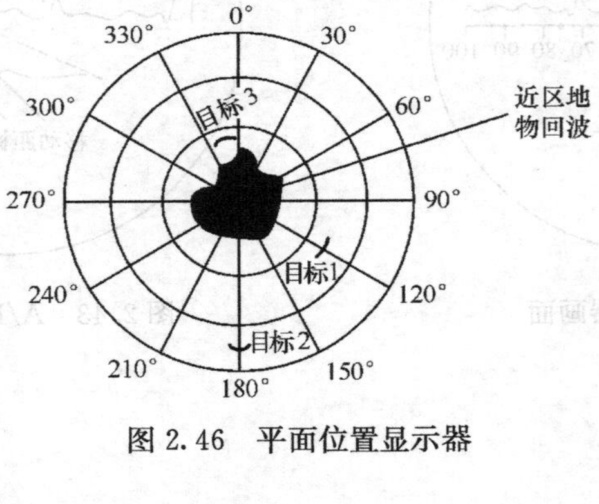

图2.46 平面位置显示器

① PPI是“Plan Position Indicator”的缩略语。

或 P 显。人工录取目标坐标的时候，通常在 P 显上进行。P 显的原点也可以远离雷达站，以便在给定方向上得到最大的扩展扫描，这种显示器称作偏心 PPI 显示器。

2.4.5　情况显示器和综合显示器

随着防空系统和航空管制系统要求的提高，以及数字技术在雷达中的广泛应用，出现了由计算机和微处理器控制的情况显示器和综合显示器。情况显示器和综合显示器是安装在作战指挥室和空中导航管制中心的自主式显示装置，它在数字式平面位置显示器上提供一幅空中态势的综合图像，并可在综合图像之上叠加雷达图像，如图 2.47 所示，其中雷达图像称为一次信息，综合图像称为二次显示信息，包括表格数据、特征符号和地图背景，例如，河流、跑道、桥梁和建筑物等。图 2.48 是典型的机载雷达显示器对地扫描状态的显示画面。

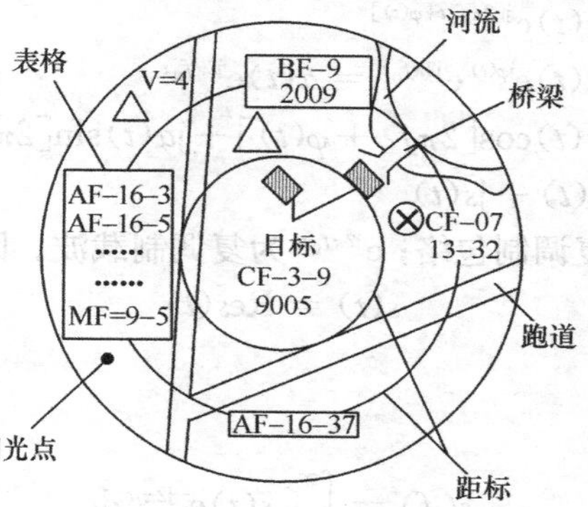

图 2.47　综合显示器显示画面

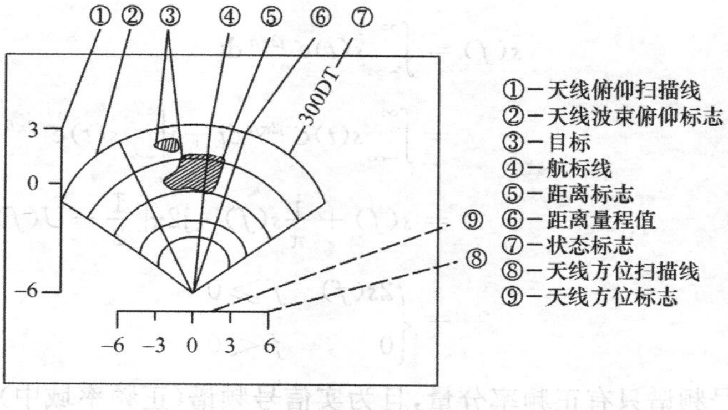

图 2.48　机载雷达对地扫描状态的显示画面

附录 B　雷达信号表示方法

雷达信号波形、调制载频、调制相位均是已知的。雷达信号所占有的频带宽度通常远远小于调制载频。因此，雷达信号是一种窄带高频信号。

（1）实信号表示法

$$s(t) = a(t)\cos[2\pi f_0 + \varphi(t)]$$

式中，$a(t)$ 为雷达信号调制包络，f_0 为雷达信号调制载频，$\varphi(t)$ 为雷达信号调制相位。

（2）复信号表示法

$$\begin{aligned}\widetilde{S}(t) &= a(t)\mathrm{e}^{\mathrm{j}[2\pi f_0 t+\varphi(t)]}\\ &= a(t)\mathrm{e}^{\mathrm{j}\varphi(t)}\mathrm{e}^{\mathrm{j}2\pi f_0 t} = \tilde{a}(t)\mathrm{e}^{\mathrm{j}2\pi f_0 t}\\ &= a(t)\cos[2\pi f_0 + \varphi(t)] + \mathrm{j}a(t)\sin[2\pi f_0 + \varphi(t)]\\ &= s(t) + \mathrm{j}\tilde{s}(t)\end{aligned}$$

式中，$\tilde{a}(t) = a(t)\mathrm{e}^{\mathrm{j}\varphi(t)}$，为复调制包络；$\mathrm{e}^{\mathrm{j}2\pi f_0 t}$ 为复调制载波。因此有

$$s(t) = \mathrm{Re}\tilde{s}(t)$$

（3）雷达信号的频谱

实信号的频谱：

$$s(f) = \int_{-\infty}^{\infty} s(t)\mathrm{e}^{-\mathrm{j}2\pi ft}\mathrm{d}t$$

复信号的频谱：

$$\begin{aligned}\tilde{s}(f) &= \int_{-\infty}^{\infty} \tilde{s}(t)\mathrm{e}^{-\mathrm{j}2\pi ft}\mathrm{d}t\\ &= \int_{-\infty}^{\infty} s(t)\mathrm{e}^{-\mathrm{j}2\pi ft}\mathrm{d}t + \mathrm{j}\int_{-\infty}^{\infty} \hat{s}(t)\mathrm{e}^{-\mathrm{j}2\pi ft}\mathrm{d}t\\ &= s(f) + \frac{\mathrm{j}}{\pi}s(f)\cdot \mathrm{j}2\pi\left[\frac{1}{2} - U(f)\right]\\ &= \begin{cases}2s(f) & f \geqslant 0\\ 0 & f < 0\end{cases}\end{aligned}$$

由上式可知。复信号频谱只有正频率分量，且为实信号频谱（正频率域中）的两倍，如图 2.49 所示。

由傅里叶变换的性质可知，实信号的频谱是对称分布在正、负两频域中的；而复信号的频谱只需求出复信号调制包络的频谱，再用频谱搬移定律就可以求得复信号的频谱，它只分布在正频域中。

（4）雷达信号的能量

如果把实信号 $s(t)$ 看作单位电阻上的电压或通过的电流，则实信号的能量为

$$E = \int_{-\infty}^{\infty} |s^2(t)|\,\mathrm{d}t = \int_{-\infty}^{\infty} |s^2(f)|\,\mathrm{d}f$$

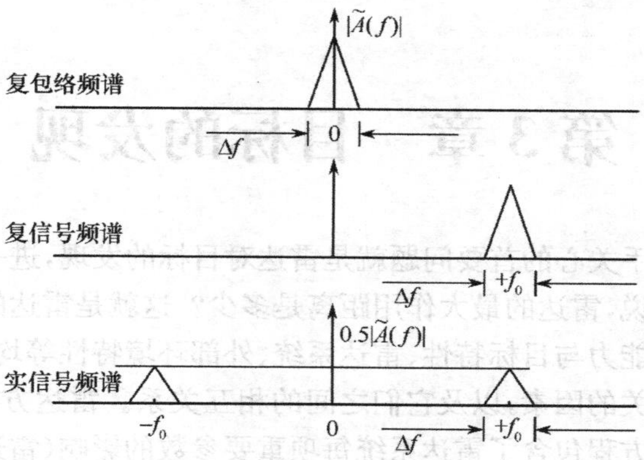

图 2.49 雷达信号频谱

而复信号的能量为

$$\widetilde{E}=\int_{-\infty}^{\infty}|\tilde{s}(t)|^2\mathrm{d}t=2\int_{-\infty}^{\infty}|s^2(t)|\,\mathrm{d}t=2E$$

显然，当雷达信号设计确定了，则雷达信号的能量就是一个定值，它是一个常数。

总之，雷达信号既可用实信号表示，也可用复信号表示，只不过用复信号表示更为方便。只要确知雷达信号复包络及其频谱，就可以对雷达系统进行最佳设计了。

(5) 雷达信号的特点

① 信号频带窄；

② 实信号频谱对称分布于正、负两个频域；

③ 复信号频谱只分布在正频域；

④ 复信号的能量为实信号能量的两倍；

⑤ 雷达信号能量是一个常数。

第 3 章　目标的发现

雷达工程师和操作手关心的首要问题就是雷达对目标的发现，进一步地，雷达能够在多大距离上发现目标？或者说，雷达的最大作用距离是多少？这就是雷达的检测问题。

雷达对目标的发现能力与目标特性、雷达系统、外部环境特性等均有关系。雷达方程可以描述与雷达作用距离有关的因素，以及它们之间的相互关系。雷达方程体现了雷达对目标的发现能力。完整的雷达方程包含了雷达系统每项重要参数的影响(雷达本身)、目标的影响(目标本身)、目标背景和传播途径及传播介质的影响(环境)。

通常噪声是检测并发现目标信号的一个基本限制因素。由于噪声的随机特性，使得作用距离的计算只能是一个统计意义上的量。此外，无法精确知道目标特性以及工作时的环境因素，这使得雷达只能对目标发现能力(作用距离)进行大致估算和预测。本章将主要围绕决定雷达最大作用距离的主要因素展开讨论。

3.1　雷达目标特性

雷达是通过接收物体对雷达电磁信号的反射回波来发现目标的。目标的大小和性质不同，对雷达波的散射特性就不同，雷达所能接收到的反射能量也不一样。目标的雷达截面积(Radar Cross Section，RCS)就是表征雷达目标对于照射电磁波散射能力的一个物理量。目标的反射机理比较复杂。根据目标结构尺寸和入射电磁波特性，反射包括了镜面反射、漫反射、谐振辐射、绕射等多种形式。

除此之外，雷达还是在复杂的背景中发现目标的。除了雷达接收机本身的噪声外，目标还处于一定的自然环境中，目标所处的自然环境包括了各种杂波。雷达工程师所指的杂波，表示自然环境中不需要的回波。

3.1.1　目标类型

根据目标自身的体形结构和雷达分辨单元的大小，可以将雷达目标分为点目标和分布式目标两种类型。脉冲雷达的特点是有一个“空间分辨单元”，分辨单元在角度上的大小取决于天线波束宽度，在距离上的尺寸取决于脉冲宽度，该分辨单元表现为某个面积或体积。

(1) 雷达分辨单元面积 A_s

雷达分辨单元面积 A_s 是指天线波束照射到地面所产生的回波信号能够在同一个距离单元内叠加后所对应的照射地面的面积。雷达分辨单元面积 A_s 与雷达天线波束、擦地角、雷达发射脉冲宽度等因素有关，如图 3.1 所示。其中，τ 是雷达发射脉冲宽度，c 是光速。

(2) 雷达分辨单元体积 V_s

雷达分辨单元体积 V_s 是指雷达天线波束照射到空间所产生的回波信号能够在同一个距离单元内叠加后所对应的照射空间的体积。它由俯仰分辨单元 $\Delta\beta = \theta_{\beta0.5}R$、方位分辨单元

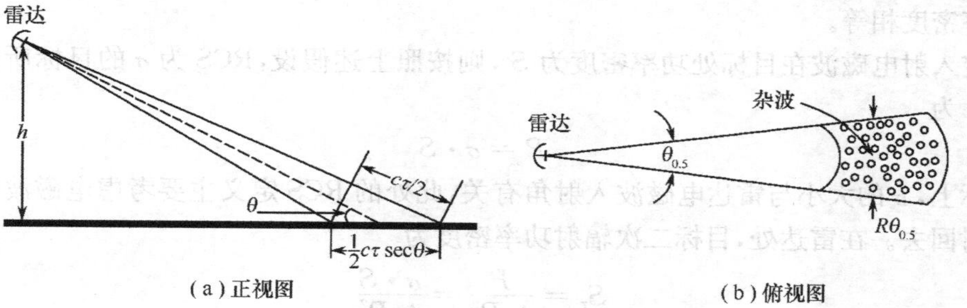

(a) 正视图　　(b) 俯视图

图 3.1　雷达分辨单元面积示意图

$\Delta\alpha=\theta_{\alpha0.5}R$、距离分辨单元 $\Delta R=0.5c\tau$ 组成(如图 3.2 所示)。即

$$V_s=\Delta R\cdot\Delta\beta\cdot\Delta\alpha=\frac{1}{2}c\tau\,\theta_{\alpha0.5}\theta_{\beta0.5}R^2$$

式中,$\theta_{\beta0.5}$ 是雷达天线波束俯仰方向波束宽度,$\theta_{\alpha0.5}$ 是雷达天线波束方位方向波束宽度,τ 是雷达发射脉冲宽度,c 是光速,R 是雷达至目标的距离。

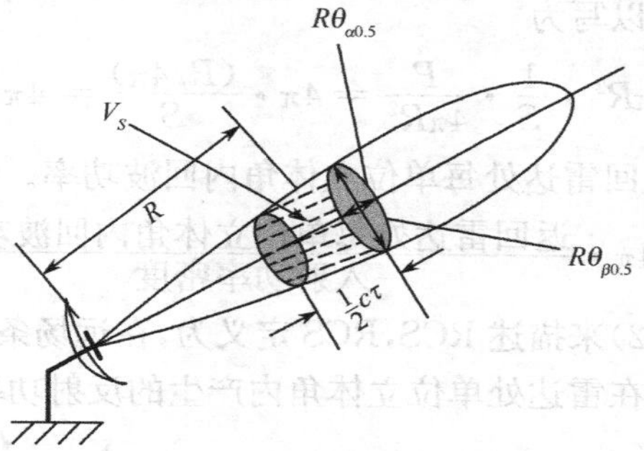

图 3.2　雷达分辨单元体积示意图

根据雷达分辨单元面积和体积,目标类型可以分为点目标和分布式目标。如果一个目标空间体积明显地小于雷达的分辨单元体积(空间分辨单元),则该目标相对雷达而言算作点目标。像飞机、卫星、导弹、船只等这样一些雷达目标,当用普通低分辨力雷达观测时就可以算是点目标。本章的基本雷达方程主要考虑点目标。

如果一个目标空间体积大于雷达的分辨单元体积(空间分辨单元),则该目标相对雷达而言算作分布式目标。典型的面分布式目标包括地面、水面等,典型的体分布式目标包括箔条、云等。

3.1.2　目标特性

1. 雷达截面积

此处主要考虑点目标的雷达截面积。雷达截面积(RCS)一般记为 σ,它描述了目标在一定入射功率条件下后向散射功率的能力,RCS 是一个假想的面积。如果将 RCS 等效为 σ 的物体放在与电磁波传播方向相垂直的平面上,它将无损耗地把入射功率全部地、均匀地向各个方向传播出去,并且,在雷达处由雷达所接收到的散射功率密度与实际目标的二次辐射所产生的散射功率密度相等。

假定入射电磁波在目标处功率密度为 S,则按照上述假设,RCS 为 σ 的目标所能够散射的总功率为

$$P=\sigma\cdot S$$

实际上,σ 的大小与雷达电磁波入射角有关,此处的 RCS 定义主要考虑电磁波按原入射方向反射回去。在雷达处,目标二次辐射功率密度为

$$S_r=\frac{P}{4\pi R^2}=\frac{\sigma\cdot S}{4\pi R^2}$$

由此可以得到 RCS 的定义为

$$\sigma=4\pi R^2\frac{S_r}{S} \tag{3.1.1}$$

式(3.1.1)的定义物理概念非常明确,但是,似乎说明 σ 与距离 R 有关。实际上,σ 与目标形状、材料、视角、雷达波长、极化等因素有关,唯独与目标距离无关。式(3.1.1)中,在雷达处目标二次辐射功率密度 S_r 其实是变化的,且 $S_r\propto(1/R^2)$,因此 σ 与距离 R 无关。

进一步地,式(3.1.1)可以写为

$$\sigma=4\pi R^2\cdot\frac{1}{S}\cdot\frac{P}{4\pi R^2}=4\pi\cdot\frac{(P/4\pi)}{S}=4\pi\cdot\frac{P_\Delta}{S}$$

式中,$P_\Delta=P/4\pi$,P_Δ 是返回雷达处每单位立体角内回波功率。因此,RCS 又可以定义为

$$\sigma=4\pi\cdot\frac{\text{返回雷达处每单位立体角内回波功率}}{\text{入射功率密度}} \tag{3.1.2}$$

因此,可以按照式(3.1.2)来描述 RCS,RCS 定义为,在远场条件(平面波照射的条件)下,目标处每单位入射功率密度在雷达处单位立体角内产生的反射功率乘以 4π(参见图 3.3)。

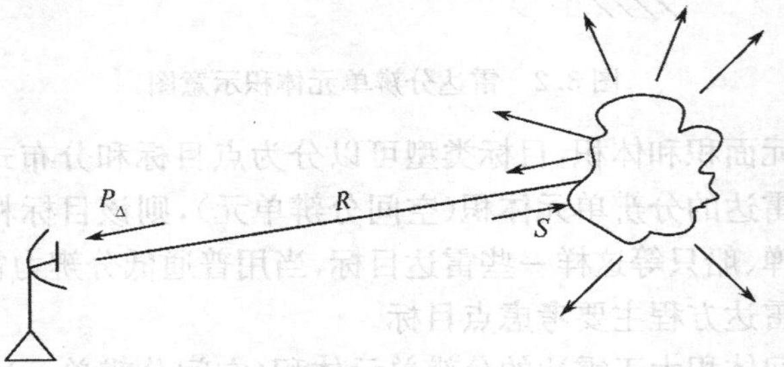

图 3.3 目标散射特性及 RCS

注意到,此处 RCS 的定义是针对单基地雷达的,对于多基地雷达,可用同样方法定义,但要注意定义中回波反射方向。此外,RCS 和实际目标的几何截面积是完全不同的概念,两者之间是有确定关系的(例如,各向同性良导体金属球的 RCS 就等于它的几何截面积),但是,通常针对具体目标明确表示这种关系很难。RCS 是一个假想的面积,可以将任何一个反射体的 RCS 想象成一个具有各向同性的等效良导体金属球的几何截面积,且这个各向同性的球体在雷达方向上每单位立体角所产生的功率与实际目标散射体所产生的相同。实际目标外形复杂,它的后向散射特性是各部分散射的矢量合成,因此,实际目标在不同的照射方向有不同的雷达截面积值。

2. 点目标特性与波长的关系

目标的后向散射特性除与目标本身的性能有关外，还与视角、极化和入射波的波长有关。其中与波长的关系最大，常以相对于波长的目标尺寸来对目标进行分类。为了讨论目标后向散射特性与波长的关系，比较方便的办法是考察一个各向同性的球体。球有最简单的外形，而且理论上已经获得其雷达截面积的严格解答，其截面积与视角无关，因此常用金属球来作为雷达截面积的标准，用于校正数据和实验测定。

球体的RCS与波长的关系如图3.4所示。根据目标尺寸与电磁波波长的关系可以分为三个区域。当球体周长$2\pi r \ll \lambda$时，称为瑞利区，这时的RCS正比于λ^{-4}；当波长减小到$2\pi r = \lambda$时就进入谐振区，RCS在极限值之间振荡；对于$2\pi r \gg \lambda$的区域称为光学区，截面积振荡地趋于某一固定值，它就是几何光学的投影面积πr^2。

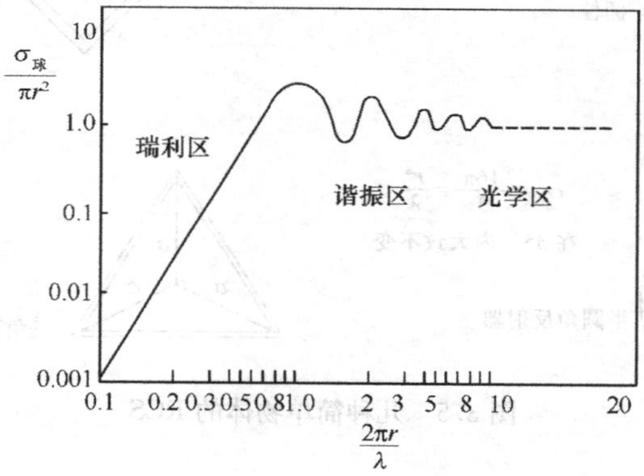

图3.4 球体的RCS与波长λ的关系

目标的尺寸相对于波长很小时呈现瑞利区散射特性，即$\sigma \propto \lambda^{-4}$，绝大多数雷达目标都不处在这个区域中，但气象微粒对常用的雷达波长来说是处在这一区域的(它们的尺寸远小于波长)。处于瑞利区的目标，决定它们RCS的主要参数是体积而不是形状。通常雷达目标的尺寸较云雨微粒要大得多，因此降低雷达工作频率可减小云雨回波的影响，而且还不会明显减小正常雷达目标的RCS。

实际上大多数雷达目标都处在光学区。光学区名称的来源是因为目标尺寸比波长大得多时，如果目标表面比较光滑，那么几何光学的原理可以用来确定目标雷达截面积。按照几何光学的原理，表面最强的反射区域是对电磁波波前最突出点附近的小的区域，这个区域的大小与该点的曲率半径ρ成正比。曲率半径越大反射区域越大，这一反射区域在光学中称为"亮斑"。可以证明，当物体在"亮斑"附近为旋转对称时，其截面积为$\pi\rho^2$，故处于光学区的导体球的RCS为πr^2，其截面积不随波长λ变化。

夹在光学区和瑞利区之间是谐振区，这个区的目标尺寸与波长相近，在这个区中RCS随波长变化而振荡。实际上雷达较少工作在这一区域。

其他简单形状物体的RCS和波长的关系也有以上类似的规律。

3. 简单形状目标的雷达截面积

几何形状比较简单的目标，如球体、圆板、锥体等，它们的雷达截面积可以计算出来。其中球是最简单的目标,上面已讨论过球体截面积的变化规律。在光学区,球体截面积等于其几何投影面积 πr^2 ,与视角无关,也与波长 λ 无关。

对于其他形状简单的目标,当反射面的曲率半径大于波长时,也可以应用几何光学的方法来计算它们在光学区的雷达截面积。对于非球体目标,其截面积和视角有关,而且在光学区其截面积不一定趋于一个常数,但利用"亮斑"处的曲率半径可以对许多简单几何形状的目标进行分类,并说明它们对波长的依赖关系。图 3.5 给出几种简单几何形状的物体在特定视角方向上的截面积,当视角改变时 RCS 一般都有很大的变化(球体除外)。

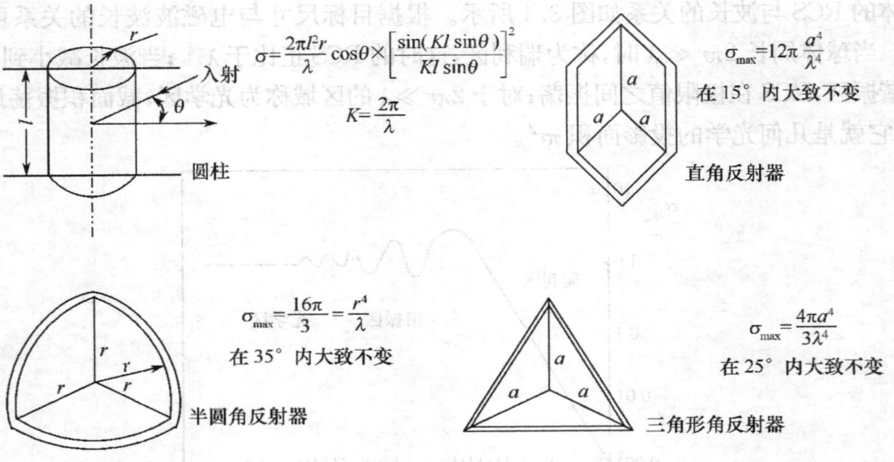

图 3.5 几种简单物体的 RCS

4. 复杂外形目标的雷达截面积

一个复杂外形的目标,它的 RCS 是无法用计算的方法求出的。只有通过大量的测试,然后通过求统计平均值来确定 σ 值。

诸如飞机、舰艇、地物等复杂目标的雷达截面积,是视角和工作波长的复杂函数。尺寸大的复杂反射体常常可以近似分解成许多独立的散射体,每一个独立散射体的尺寸仍处于光学区,各部分没有相互作用,在这样的条件下总的雷达截面积就是各部分截面积的矢量和。

$$\sigma = \left| \sum_k \sqrt{\sigma_k} \exp\left(\frac{\mathrm{j}2\pi d_k}{\lambda}\right) \right|^2$$

式中,σ_k 是第 k 个散射体的截面积,d_k 是第 k 个散射体与雷达之间的距离,λ 为波长。各独立单元的反射回波由于其相对相位关系,可以相加得到大的雷达截面积,也可能相减而得到小的雷达截面积。复杂目标各散射单元的间隔是可以和工作波长相比的,因此,当视角改变时,在接收机输入端收到的各单元散射信号间的相位也在变化,其矢量和相应改变,这就形成了起伏的回波信号。图 3.6 给出了螺旋桨飞机 B—26(第二次世界大战时中程双引擎轰炸机)RCS 的例子,数据是试验测得的,工作波长为 10cm。从图可以看出 RCS 是视角的函数,且变化比较大。

飞机的雷达截面积也可以在实际飞行中测量,或者将复杂目标分解为一些简单形状散射体的组合,由计算机模拟后算得。从上面的讨论中可看出,对于复杂目标的雷达截面积,只要稍微变动观察角或工作频率就会引起 RCS 大的起伏。但是,为了估算雷达作用距离,必须对

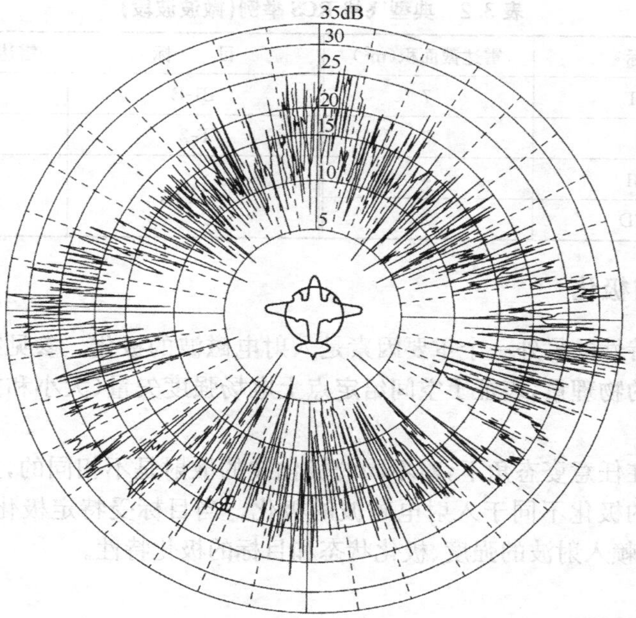

图 3.6 B—26 飞机的雷达截面积

各类复杂目标给出一个代表其截面积大小的数值 σ。至今尚无一个统一的标准来确定飞机等复杂目标截面积的单值表示值。可以采用其各方向截面积的平均值或中值作为截面积的单值表示值，有时也用“最小值”(即差不多 95%以上时间的截面积都超过该值)来表示。也可能是根据实验测量的作用距离反过来确定其雷达截面积。表 3.1 和表 3.2 列出几种目标在微波波段时的雷达截面积，作为参考例子这些数据不能完全反映复杂目标截面积的性质，只是截面积“平均”值的一个度量。

复杂目标的雷达截面积是视角的函数，通常雷达工作时，精确的目标姿态及视角是不知道的，因为目标运动时视角随时间变化。因此，最好是用统计的概念来描述雷达截面积。所用统计模型应尽量和实际目标雷达截面积的分布规律相同。大量试验表明，大型飞机截面积的概率分布接近瑞利分布，当然也有例外，小型飞机和各种飞机侧面截面积的分布与瑞利分布差别较大。导弹和卫星的表面结构比飞机简单，它们的截面积处于简单几何形状与复杂目标之间，这类目标截面积的分布比较接近对数正态分布。船舶是复杂目标，在多数场合，船舶截面积的概率分布比较接近对数正态分布。

表 3.1 目标 RCS 举例(微波波段)

目　标	雷达截面积(m^2)	目标	雷达截面积(m^2)
大型舰艇	>20 000	大型歼击机	6
中型舰艇	3000～10 000	小型歼击机	2
小型舰艇	50～250	小型单人发动机飞机	1
巨型客机	100	人	1
大型轰炸机或客机	40	普通有翼无人驾驶导弹	0.5
中型轰炸机或客机	20	鸟	0.01

表3.2 典型飞机RCS举例(微波波段)

目　标	雷达截面积(m^2)	目　标	雷达截面积(m^2)
FB-111	7	B1-B	0.75
F-4	6	B-2	0.1
米格-21	4	F-117A	0.017
"阵风"D	2		

5. 目标特性与极化

决定雷达目标特性的另外一个重要因素是入射电磁波的极化。参见第2章叙述,极化是描述电磁波矢量性的物理量,表征了空间给定点上电场强度矢量(大小和方向)随时间变化的特性。

绝大部分目标在任意姿态角下,对不同的极化波的散射是不相同的,且对于大部分目标,反射或散射电磁波的极化不同于入射电磁波的极化。当目标受特定极化状态的入射波照射时,其散射波取值依赖入射波的强度、极化状态和目标的极化特性。

3.1.3 杂波特性

目标是处于一定环境中的,而环境中包括了各种杂波。例如,来自地面的地杂波,来自海面的海杂波,都是面杂波的例子。此外,还有云、雾、雨等气象杂波。雷达电子战中常用的箔条①虽然不属于自然环境范畴,但它类似于云和雨,也产生不需要的回波,因此通常也被归为杂波。云、雾、雨、箔条等的回波是体杂波的例子。

1. 面分布杂波强度

从分布的地面反射回来的回波(杂波)与照射的面积成比例。为了度量与照射面积无关的杂波,通常用单位面积的雷达截面积σ^0 (Sigma Zero)来描述,它同时也被称作散射系数或后向散射系数。σ^0是一个无量纲的数,通常用分贝表示,参考值是$1m^2/m^2$,例如,$\sigma^0=-30dB$表示每平方米地(海)面的杂波雷达截面积产生强度为$\sigma=1m^2$目标所产生回波强度的1/1000。

(1) 地杂波强度

地杂波强度主要由雷达波束照射到地面所覆盖的面积以及地面散射特性决定。如图3.1所示,首先需要计算雷达分辨单元面积A_s。根据雷达天线波束形状不同,计算A_s的公式也不同。若采用针状波束,且波束宽度为$\theta_{0.5}$,则A_s计算公式为

$$A_s=\frac{1}{4}\pi R^2\theta_{0.5}^2\cdot\csc\theta$$

式中,R是雷达至地面的距离,θ为波束擦地角。

由此得到地面的雷达截面积

$$\sigma_c=A_s\cdot\sigma^0$$

① 箔条由大量的无源反射体构成,通常是金属条(丝)。当飞机释放后,在风力作用下扩散形成"箔条云",一小把箔条可以形成与大飞机RCS相比拟的箔条云。

式中，σ^0 为单位面积地面的雷达截面积。σ^0 与地物、地形、擦地角、极化等因素有关，通过大量测量才能确定。

(2) 海杂波强度

海杂波计算公式与地杂波相同，所不同的是单位面积海面的杂波截面积 σ^0，σ^0 与不同的海情、雷达电磁波极化方式、风向等因素密切相关，也有相应曲线备查。

2. 体分布杂波强度

雷达的气象杂波主要来自很高的微波及毫米波频率，云、雨等的后向散射是主要问题。箔条干扰不同，它可以根据需要覆盖很大的雷达频段。

(1) 气象杂波

云或雨的杂波强度与照射的体积成比例。为了度量与照射体积无关的杂波，通常用单位体积的雷达截面积 η 来描述，η 的量纲是 m^2/m^3。由此得到云、雨的雷达截面积为

$$\sigma_c = V_s \cdot \eta$$

式中，V_s 是雷达分辨单元体积(如图 3.2 所示)。工程上，已经对各种气象条件进行过大量测试并作出曲线备查。

(2) 箔条杂波强度

箔条杂波强度的确定与气象杂波不同。需要确定雷达分辨单元体积内箔条数以及每根箔条的雷达截面积。

假定雷达分辨单元体积 V_s 内有 n 根箔条，且单根箔条的平均雷达截面积为 $\bar{\sigma}$，则箔条总的雷达截面积为

$$\sigma_c = n\bar{\sigma}$$

单根箔条在空中随意漂浮，计算 $\bar{\sigma}$ 比较复杂。通常，在工程上也有近似计算公式。

3.2　雷达方程

本节研究最为典型的一次雷达，它是依靠目标后向散射的回波能量来探测目标的。下面推导基本雷达方程，以便确定作用距离和雷达目标参数及目标特性之间的关系。

3.2.1　基本雷达方程

基本雷达方程包括如下假设条件：第一，针对单基地雷达；第二，电磁波在理想无损耗的自由空间传播。

假设雷达发射机产生 P_t 瓦的功率，并将其馈送到天线，由天线将电磁能量作各向同性(全方向)的辐射，如图 3.7 所示。由于电磁能量以等强度向所有的方向辐射，一个以雷达所在之处为球心，半径为 R 的假设球体表面的功率密度便是常数。此外，根据能量守恒原理，球的全部表面上的总功率必定准确地等于 P_t 瓦(假设传播介质无损耗)。因此，与雷达相距为 R 处的单位表面积上的功率密度将是球体表面上的总功率除以球的总表面积 $4\pi R^2$。因此，在距离雷达 R 处时，功率密度

$$PD = \frac{P_t}{4\pi R^2}(\mathrm{W/m^2})$$

现在如果将增益为1的全方向性天线换为功率增益为G_t的定向天线,便会形成一个将能量聚集成束的方向性波束,如图3.8所示。这时,在距离R处的波束内的功率密度将为PD_1,且

$$PD_1 = \frac{P_t}{4\pi R^2}G_t(\mathrm{W/m^2})$$

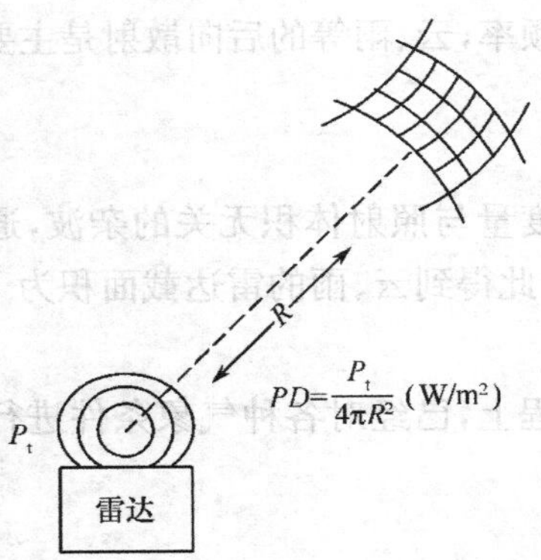

图3.7 各向同性辐射时距离R处的功率密度

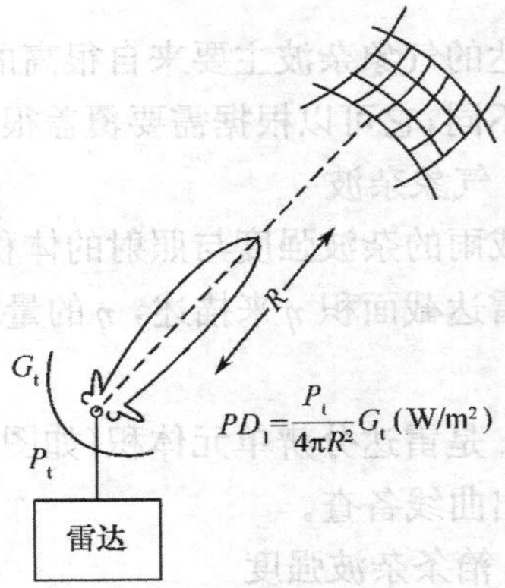

图3.8 由方向性天线辐射时距离R处的功率密度

再设在距离R处的波束内有一个目标,如图3.10所示,传播的电磁波便会碰上目标,于是,入射能量将向不同的方向散射,其中一些能量会向雷达反射(后向散射)。向雷达方向反射回的能量由目标所在处的功率密度和目标的雷达截面积(RCS)σ确定。σ是衡量目标反射电磁波能力的尺度,它用面积表示。那么目标的反射功率为(如图3.9所示)

$$P_1 = \sigma \cdot PD_1 = \frac{P_t G_t \sigma}{4\pi R^2}(\mathrm{W})$$

于是,到雷达所在位置的后向散射波的功率密度为(如图3.10所示)

$$PD_2 = \frac{P_t G_t \sigma}{4\pi R^2} \cdot \frac{1}{4\pi R^2}(\mathrm{W/m^2})$$

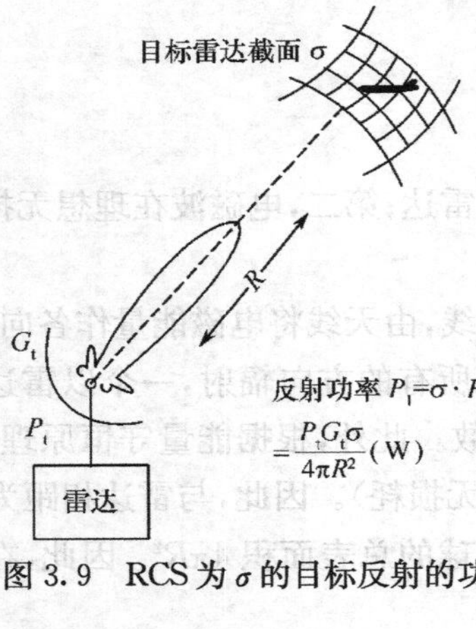

图3.9 RCS为σ的目标反射的功率

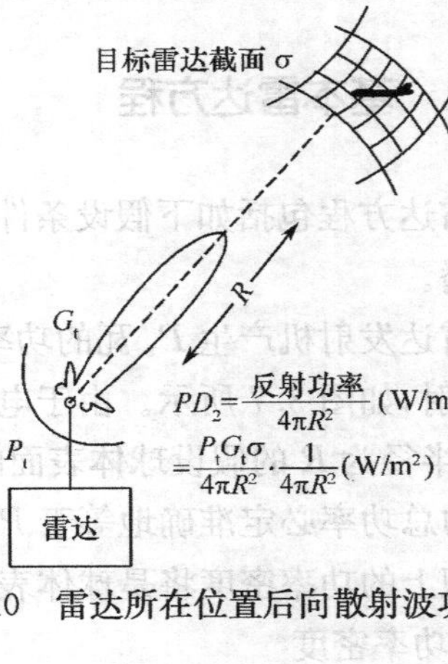

图3.10 雷达所在位置后向散射波功率密度

在雷达接收天线处，天线以有效孔径 A_e 对电磁波进行接收，接收到的回波功率为 P_r（如图 3.11 所示），且

$$P_r = \frac{P_t G_t \sigma}{4\pi R^2} \cdot \frac{1}{4\pi R^2} \cdot A_e (\mathrm{W})$$

上式可以写成如下形式

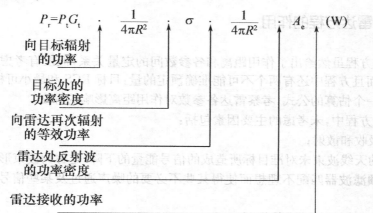

$$P_r = P_t G_t \cdot \frac{1}{4\pi R^2} \cdot \sigma \cdot \frac{1}{4\pi R^2} \cdot A_e (\mathrm{W})$$

向目标辐射的功率

目标处的功率密度

向雷达再次辐射的等效功率

雷达处反射波的功率密度

雷达接收的功率

正如在第 2 章中讨论的那样，天线有效孔径和增益之间的关系为

$$A_e = \frac{G_r \lambda^2}{4\pi}$$

式中，λ 是电磁波波长，G_r 是接收天线增益。代入回波功率表达式便有

$$P_t = \frac{P_t G_t G_r \lambda^2 \sigma}{(4\pi)^3 R^4} (\mathrm{W})$$

单基地脉冲雷达通常用同一天线来进行发射和接收，此时 $G_t = G_r = G$。在这种情况下，雷达接收到的回波功率将变为

$$P_r = \frac{P_t G^2 \lambda^2 \sigma}{(4\pi)^3 R^4} (\mathrm{W})$$

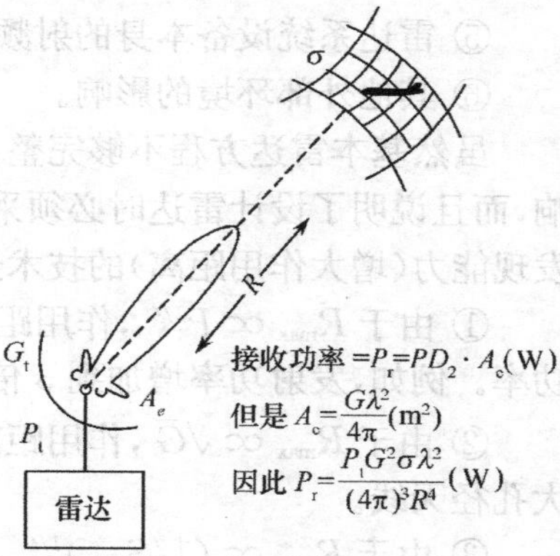

图 3.11　雷达接收到的回波功率

根据上面的分析和表达式可以看出，接收的回波功率 P_r 反比于目标离雷达站距离 R 的四次方，这是因为一次雷达中，信号功率经过往返双倍的距离路程，能量衰减很大。接收到的功率 P_r 必须超过雷达接收机灵敏度（最小可检测信号功率 S_{imin}），雷达才能可靠地发现目标，当 P_r 正好等于 S_{imin} 时，就可得到雷达检测该目标的最大作用距离。因为超过这个距离，接收的信号功率进一步减小，就不能可靠地检测到目标。它们的关系式可以表达为

$$P_r = S_{imin} = \frac{P_t G^2 \lambda^2 \sigma}{(4\pi)^3 R_{max}^4}$$

或者是

$$R_{max} = \left[\frac{P_t G^2 \lambda^2 \sigma}{(4\pi)^3 S_{imin}}\right]^{\frac{1}{4}} \quad (3.2.1)$$

也可以采用天线有效孔径来描述，即

$$R_{max} = \left[\frac{P_t \sigma A_e^2}{4\pi\lambda^2 S_{imin}}\right]^{\frac{1}{4}} \tag{3.2.2}$$

上面两式是雷达距离方程的基本形式,它表明了作用距离或雷达对目标的最大发现距离 R_{max} 和雷达参数以及目标特性间的关系。习惯上,采用天线增益表示的基本雷达方程式(3.2.1)应用更加广泛。

3.2.2 雷达方程的作用

基本雷达方程虽然给出了作用距离和各参数间的定量关系,但没有考虑设备的实际损耗和环境因素,而且方程中还有两个不可能准确预定的量:目标 RCS 和最小可检测信号 S_{imin}。因此,它常用作一个估算的公式,考察雷达各参数对作用距离影响的程度。

基本雷达方程中,未考虑的主要因素包括:

① 大气吸收和散射;

② 扫描的天线波束未对准目标所造成的信号能量的下降(这称为波束形状损耗);

③ 因中频滤波器匹配不理想而使得某些不必要的噪声通过及某些信号被抑制所造成的损失;

④ 信号处理不理想造成的损耗;

⑤ 雷达系统设备本身的射频损耗;

⑥ 其他外部环境的影响。

虽然基本雷达方程不够完整,但它还是揭示了大量内容,它不仅说明了各种参数变化的影响,而且说明了设计雷达时必须采取的某些折中。根据基本雷达方程,可以获得一些提高目标发现能力(增大作用距离)的技术途径:

① 由于 $R_{max} \propto P_t^{1/4}$,作用距离随发射机功率增大而增大,因此要尽可能选用高的发射机功率。例如,发射功率增加到3倍,探测距离只增加30%($3^{1/4} \approx 1.32$)。

② 由于 $R_{max} \propto \sqrt{G}$,作用距离随天线增益增大而增大,因此要尽可能选用高增益天线或大孔径天线。

③ 由于 $R_{max} \propto (1/S_{imin})^{1/4}$,作用距离随最小可检测信号功率的减小而增大,因此要尽可能提高接收机灵敏度;此外,提高接收机灵敏度与增加发射功率效果一样。

雷达总是在噪声、干扰、杂波等背景下检测目标,再加上复杂目标的 RCS 本身也在变化,故目标回波信号也是起伏的,因此,接收机输出的是随机量。雷达作用距离也不是一个确定值,而是统计值。由于噪声、干扰、杂波的存在,雷达对目标的检测不可能总保持正确的判断。即便是存在目标,雷达也只能以一定的概率发现目标,这称为发现概率。此外,还可能出现两种不正确的判断:一种是把强的噪声当作了回波,这种误判称为虚警;另一种是把低于一定强度的目标回波当作了噪声,这种误判称为漏警或漏报。因此,对于雷达来讲,不能简单地说它的作用距离是多少,通常只在概率意义上讲,当虚警概率(例如 10^{-6})和发现概率(例如90%)给定时的作用距离是多大。

3.3 雷达对目标的发现

一般来说,雷达对目标的发现,除了比较特别的超视距雷达之外,首要原因是视线距离的限制。不论雷达的功率多么大，设计多么精巧，其探测距离本质上受到最大无遮挡视线距离的限制。因此，通常雷达不可能穿透一座大山，也不能看到高度很低或地平线以下的目标。但是，这并不意味着视线范围内的目标一定会被检测到。根据工作环境的不同，目标回波可能会淹没在地面或者箔条等反射的杂波中，也可能被淹没在云、雨、雪的杂波中。此外，目标回波还常常被其他雷达的发射信号、人为干扰以及其他电磁干扰所遮蔽。

如上一节所述，雷达的作用距离 R_{max} 是最小可检测信号（灵敏度）S_{imin} 的函数。在雷达接收机的输出端，微弱的回波信号总是和噪声及其他干扰混杂在一起的，这里先集中讨论噪声的影响。在一般情况下，噪声是限制微弱信号检测的基本因素。假如只有信号而没有噪声，任何微弱的信号在理论上都是可以经过任意放大后被检测到的，因此，实际上雷达发现目标（检测）的能力本质上取决于信号噪声功率比（Signal-to-Noise Ratio，SNR，简称信噪比）。为了计算最小检测信号 S_{imin}，首先必须决定雷达可靠检测时所必需的信号噪声比值。

进一步地，在综合考虑噪声、干扰、杂波的情况下，雷达要想发现目标，回波信号除了与噪声抗争之外，还必须与进入接收机的干扰、杂波抗争，雷达检测能力取决于进入接收机的信号与噪声、干扰、杂波的功率比。

3.3.1　最小可检测信噪比

典型的雷达接收机和信号处理框图如图 3.12 所示。为分析简便起见，暂不考虑信号处理和检波后积累对输出信噪比的影响。检波后积累对输出信噪比的影响将在下节涉及，而信号处理对输出信噪比的影响与具体雷达系统相关，在后续章节再讨论。

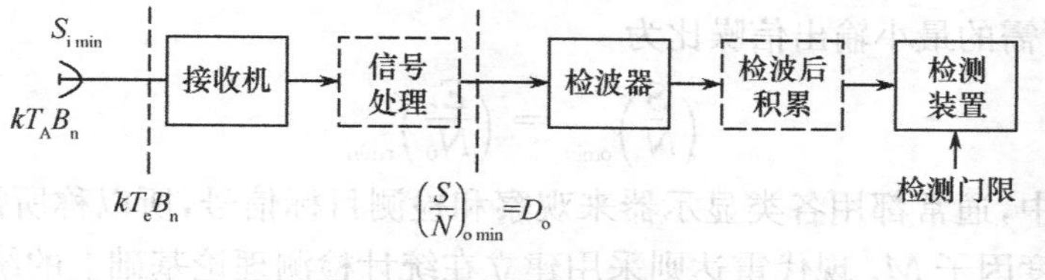

图 3.12　接收信号处理框图

通常，雷达回波信号主要与两部分噪声相抗衡。一部分噪声是接收机外部噪声，主要体现为天线的热噪声。

根据第 2 章所述，这两类噪声合起来构成了整个接收系统的噪声，且总的噪声功率为

$$P_s = P_A + P_r = kT_AB_n + kT_eB_n = k(T_A + T_e)B_n$$

可以利用系统噪声温度 $T_s = T_A + T_e$ 表示为

$$P_s = P_A + P_r = kT_sB_n$$

因此，经过接收机处理后所输出信噪比 $(S/N)_o$ 可以看作是将接收机内部噪声和外部噪声等效在天线端和回波信号比较的结果，显然有

$$\left(\frac{S}{N}\right)_o = \frac{S_i}{kT_sB_n}$$

将上式整理后就得到输入信号功率 S_i 的表示式为

$$S_i = kT_sB_n \cdot \left(\frac{S}{N}\right)_o$$

$(S/N)_o$ 是接收机输出端信号功率 S_o 和噪声功率 N 的比值。根据雷达检测目标质量的要求,可确定所需要的最小输出信噪比 $(S/N)_{omin}$,这时就得到最小可检测信号 S_{imin} 为

$$S_{imin} = kT_sB_n \cdot \left(\frac{S}{N}\right)_{omin} \tag{3.3.1}$$

在估算时,通常取天线噪声温度为室温,即 $T_A = T_0 = 290\text{K}$,再利用接收机等效噪声温度 T_e 与噪声系数 F 的关系式 $T_e = (F-1)T_0$,可以得到最小可检测信号 S_{imin} 为

$$S_{imin} = k[T_0 + (F-1)T_0]B_n \cdot \left(\frac{S}{N}\right)_{omin} = kT_0B_nF \cdot \left(\frac{S}{N}\right)_{omin} \tag{3.3.2}$$

对常用雷达波形来说,信号功率是一个容易理解和测量的参数,但现代雷达多采用复杂的信号波形,波形所包含的信号能量往往是接收信号可检测性的一个更合适的度量。例如,匹配滤波器输出端的最大信噪比等于 E_r/N_0,其中 E_r 为接收信号的能量,N_0 为接收机均匀噪声谱的功率谱密度,在这里以接收信号能量 E_r 来表示信号噪声功率比值。从一个简单的矩形脉冲波形来看,若其宽度为 τ、信号功率为 S,则接收信号能量 $E_r = S\tau$;噪声功率 N 和噪声功率谱密度 N_0 之间的关系为 $N = N_0B_n$。B_n 为接收机带宽,一般情况下可认为 $B_n \approx 1/\tau$。这样可得到信号噪声功率比的表达式如下

$$\frac{S}{N} = \frac{S}{N_0B_n} = \frac{S\tau}{N_0} = \frac{E_r}{N_0}$$

因此,检测信号所需的最小输出信噪比为

$$\left(\frac{S}{N}\right)_{omin} = \left(\frac{E_r}{N_0}\right)_{omin}$$

在早期雷达中,通常都用各类显示器来观察和检测目标信号,所以称所需的 $(S/N)_{omin}$ 为识别系数或可见度因子 M。现代雷达则采用建立在统计检测理论基础上的统计判决方法来实现信号检测,在这种情况下,检测目标信号所需要的最小输出信噪比称为检测因子(Detectability Factor) D_0 较合适,即

$$D_0 = \left(\frac{S}{N}\right)_{omin} = \left(\frac{E_r}{N_0}\right)_{omin}$$

D_0 是在接收机及信号处理输出端(检波器输入端)测量的信号噪声功率比值,如图 3.12 所示,检测因子 D_0 就是满足所需检测性能时,在检波器输入端单个脉冲所需要达到的最小信号噪声功率比值,检测因子就是 $(S/N)_{omin}$。

将式(3.3.1)代入式(3.2.1)和式(3.2.2)即可获得用检测因子 D_0 表示的距离方程

$$R_{max} = \left[\frac{P_tG^2\lambda^2\sigma}{(4\pi)^3kT_sB_nD_0}\right]^{\frac{1}{4}} = \left[\frac{P_t\sigma A_e^2}{4\pi kT_sB_nD_0\lambda^2}\right]^{\frac{1}{4}} \tag{3.3.3}$$

或者将式(3.3.2)代入式(3.2.1)和式(3.2.2),也可获得用检测因子 D_0 表示的距离方程

$$R_{max} = \left[\frac{P_tG^2\lambda^2\sigma}{(4\pi)^3kT_0B_nFD_0}\right]^{\frac{1}{4}} = \left[\frac{P_t\sigma A_e^2}{4\pi kT_0B_nFD_0\lambda^2}\right]^{\frac{1}{4}} \tag{3.3.4}$$

可以采用信号能量 $E_t = P_t\tau = \int_0^\tau P_t \mathrm{d}t$ 代替脉冲功率 P_t，此外，考虑到系统的损耗，包括发射传输线、接收传输线、电波双程传播损耗、信号处理损耗等综合损耗，增加一个损耗因子 L，因为它的作用是减小作用距离，所以加在分母上，由此可以得到最常用的雷达方程，即

$$R_{\max} = \left[\frac{P_t G^2 \lambda^2 \sigma}{(4\pi)^3 k T_0 B_n F D_0 L}\right]^{\frac{1}{4}} \tag{3.3.5}$$

$$R_{\max} = \left[\frac{E_t G^2 \lambda^2 \sigma}{(4\pi)^3 k T_0 F D_0 L}\right]^{\frac{1}{4}} \tag{3.3.6}$$

式(3.3.5)和式(3.3.6)是最常用的两种雷达方程，用检测因子 D_0 和能量 E_t 表示的雷达方程在使用时有以下优点：

① 当雷达在检测目标之前有多个脉冲可以积累时，由于积累可改善信噪比，故此时检波器输入端的 $D_0(n)$ 值将下降。因此可表明雷达作用距离和脉冲积累数 n 之间的简明关系，可计算和绘制出标准曲线供查用。下面内容将涉及该问题。

② 现代脉冲雷达常常采用具有复杂脉内调制的脉冲，用能量表示的式(3.3.6)适用于雷达使用各种复杂调制信号的情况。只要知道脉冲功率及发射脉宽就可以用来估算作用距离而不必考虑具体的波形参数。

3.3.2　门限检测

接收机噪声通常是宽频带的高斯噪声，雷达检测微弱信号的能力将受到与信号能量谱占有相同频带的噪声能量所限制。由于噪声的起伏特性，判断信号是否出现也成为一个统计问题，必须按照某种统计检测标准进行判断。

接收检测系统的方框图如图 3.12 所示，首先通过接收机、信号处理对单个脉冲信号进行滤波，接着进行检波，某些雷达在 n 个脉冲积累后再检测。如果处理后的信号加噪声超过某一个确定门限，检测器就判定有目标，同时在显示器上出现了一个明亮的目标标志信号；反之，显示器上就仍保持空白。这就是门限检测(图 3.13)。

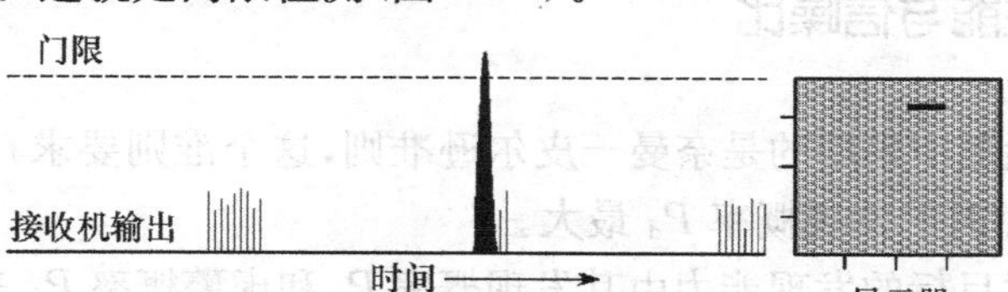

图 3.13　门限检测示意图

由于噪声的随机特性，接收机输出的包络出现起伏，门限检测可能正确，也可能错误。例如如图 3.14 所示，A、B、C 表示信号加噪声的波形，如果包络电压超过门限值，就认为检测到一个目标。图中，A 信号比较强，要检测目标是不困难的。在 B 点和 C 点，目标回波的幅度相同，但在叠加了噪声之后，B 点的总幅度刚刚达到门限值，也可以检测到目标。而在 C 点由于噪声的影响，其合成振幅较小而不能超过门限，这时就会丢失目标。当然也可以用降低门限电平的办法来检测 C 点的信号或其他的弱回波信号，但降低门限后，只有噪声存在时，其尖峰超过门限电平的概率也增大了。噪声超过门限电平而误认为信号的事件称为“虚警”(虚假的警

报),产生虚警的机会称为虚警概率,“虚警”是应该设法避免的事。

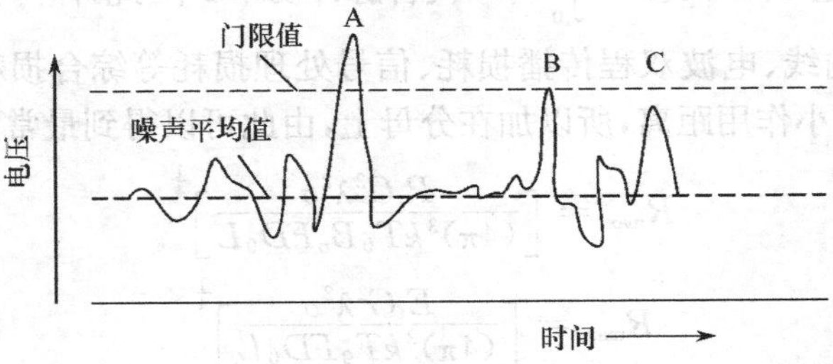

图 3.14 门限检测的不同情况

显然,门限的设置至关重要。如果门限太高,本来可以检测到的目标就可能无法发现。如果门限太低,则虚警太多。最佳设置电平应高于平均噪声电平一定的量,足以使虚警概率不超过允许值。由于噪声的随机性,平均噪声电平以及系统增益可能在很大范围内变化。因而,必须连续监视噪声电平,以保持最佳的门限设置状态。总是尽可能地把门限设置使得检测器的虚警概率为一个选定的值。如果虚警概率太大,就提高门限;如果虚警概率太小,就降低门限。实际上,这就是通常所说的恒虚警率(CFAR)检测器。

门限检测是一种统计检测,由于信号叠加有噪声,所以可能出现以下 4 种情况:

① 存在目标时,判为有目标,这是一种正确判断,称为发现,它的概率称为检测概率或发现概率 P_d;

② 存在目标时,判为无目标,这是错误判断,称为漏报,它的概率称为漏报概率 P_{la};

③ 不存在目标时判为无目标,这称为正确不发现,它的概率称为正确不发现概率 P_{an};

④ 不存在目标时判为有目标,这也是一种错误判断,它的概率称为虚警概率 P_{fa}。

显然,四种概率存在以下关系:

$$P_d + P_{la} = 1, \quad P_{an} + P_{fa} = 1$$

因此,每对概率只要知道其中一个就行了,习惯上,只讨论常用的发现概率和虚警概率。

3.3.3 检测性能与信噪比

通常,雷达信号检测中采用的是奈曼－皮尔逊准则,这个准则要求在给定信噪比条件下,满足一定虚警概率 P_{fa} 时的发现概率 P_d 最大。

换句话说,雷达对目标的发现能力由其发现概率 P_d 和虚警概率 P_{fa} 来描述,P_d 越大,发现目标的可能性越大,与此同时希望 P_{fa} 的值不能超过允许值。接收机、信号处理输出端(检波前)的信噪比 $(S/N)_o = D_0$ 直接与检测性能有关,如果求出了在确定 P_d 和 P_{fa} 条件下所需的检测因子 D_0 值,则根据式(3.3.1)和式(3.3.2)即可求得最小可检测信号 S_{imin}。用这个值代入式(3.3.5)和式(3.3.6)的雷达方程后就可估算其作用距离。下面分别讨论虚警概率 P_{fa} 和发现概率 P_d。

1. 虚警概率与虚警时间

虚警是指没有信号而仅有噪声时,噪声电平超过门限值被误认为信号的事件。噪声超过门限的概率称虚警概率,显然它和噪声统计特性、噪声功率以及门限电压的大小密切相关。

通常加到接收机中频滤波器(或中频放大器)上的噪声是零均值宽带高斯噪声,高斯噪声通过接收机处理(相当于过窄带中频滤波器,且带宽远小于其中心频率)后加到包络检波器,根据随机信号分析有关知识,包络检波器输出端噪声电压振幅的概率密度函数为

$$p(v)=\frac{r}{\sigma^2}\exp\left(-\frac{r^2}{2\sigma^2}\right)\quad r\geqslant 0$$

式中,r 表示检波器输出端噪声包络的振幅值,而 σ^2 是加到接收机中频滤波器上高斯噪声的方差。包络振幅的概率密度函数 $p(v)$ 服从瑞利分布。若设置门限电平 U_T,则噪声包络电压超过门限电平的概率就是虚警概率 P_{fa},它可以由下式求出:

$$P_{fa}=P(U_T\leqslant r<\infty)=\int_{U_T}^{\infty}\frac{r}{\sigma^2}\exp\left(-\frac{r^2}{2\sigma^2}\right)dr=\exp\left(-\frac{U_T^2}{2\sigma^2}\right)\tag{3.3.7}$$

或者是

$$\frac{U_T^2}{2\sigma^2}=\ln\frac{1}{P_{fa}}\tag{3.3.8}$$

图3.15给出了输出噪声包络的概率密度函数并定性地说明了虚警概率与门限电平的关系。当噪声分布函数一定时虚警的大小完全取决于门限电平。

雷达工程师表征虚警数量的参数除虚警概率外,还常常用到虚警时间 T_{fa},二者之间具有确定的关系。虚警时间的定义不止一种,读者在阅读文献和使用有关结果时应注意到,在这里采用卡普伦定义描述。虚警时间 T_{fa} 定义为虚假回波(噪声超过门限)之间的平均时间间隔(如图3.16所示),即

$$T_{fa}=\lim_{N\to\infty}\frac{1}{N}\sum_{k=1}^{N}T_k$$

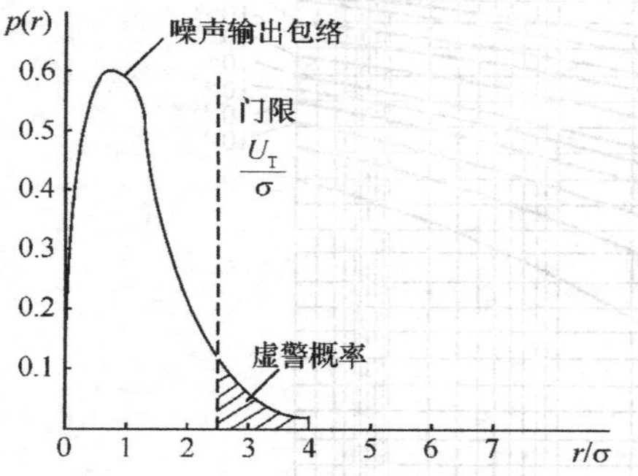

图3.15 门限电平和虚警概率

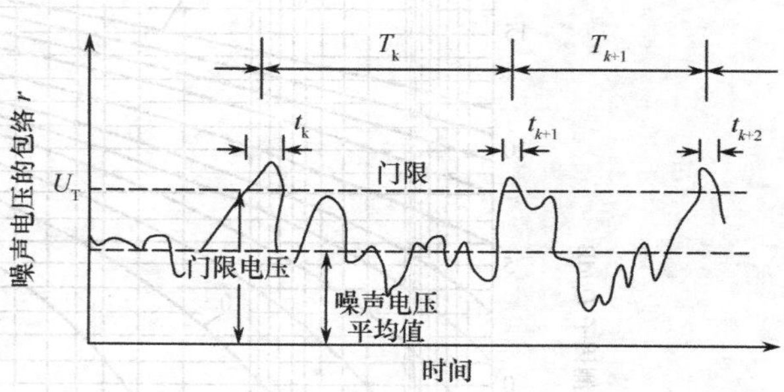

图3.16 虚警时间与虚警概率

显然,虚警时间越大,虚警概率越小,出现虚假回波的机会越小。此处 T_k 为噪声包络电压 r 超过门限 U_T 的时间间隔,虚警概率 P_{fa} 是指仅有噪声存在时,噪声包络电压 r 超过门限 U_T 的概率,也可以近似用噪声包络实际超过门限的总时间与观察时间之比来求得,即

$$P_{fa}=\frac{\sum_{k=1}^{N}t_k}{\sum_{k=1}^{N}T_k}=\frac{(t_k)_{\text{平均}}}{(T_k)_{\text{平均}}}=\frac{1}{T_{fa}B_{IF}}$$

式中,噪声脉冲的平均宽度 $(t_k)_{\text{平均}}$ 近似为接收机中频带宽 B_{IF} 的倒数。

实际雷达所要求的虚警概率一般是很小的,例如 10^{-6}、10^{-8}、10^{-10} 等。

2. 发现概率与信噪比

为了计算发现概率 P_d,必须研究信号加噪声通过接收机的情况,然后才能计算信号加噪声电压超过门限的概率,也就是发现概率 P_d。

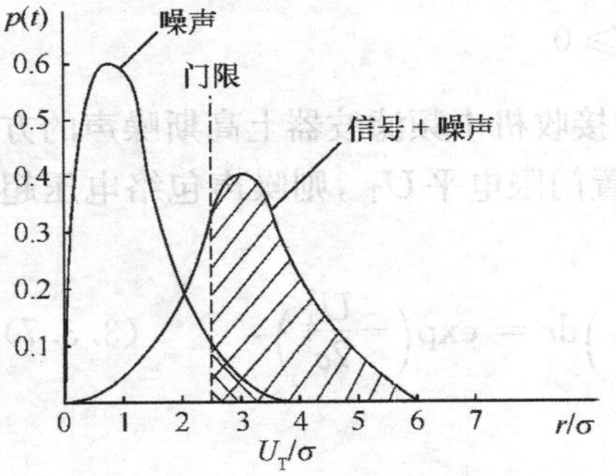

图 3.17 概率密度与检测概率

在雷达中,典型情况为正弦信号同高斯噪声一起输入到中频滤波器,经过处理后再到包络检波器。根据统计检测理论,信号加噪声的包络 r 的概率密度函数 $p_d(r)$ 服从广义瑞利分布(如图 3.17 所示),有时也称为莱斯(Rice)分布,σ 是加到接收机中频滤波器上高斯噪声的均方根。

目标被发现的概率就是信号加噪声的包络 r 超过预定门限 U_T 的概率(如图 3.17 中的阴影部分面积),因此发现概率 P_d 是

$$P_d = \int_{U_T}^{\infty} p_d(r)\mathrm{d}r$$

这个积分比较复杂,计算它需要采用数值技术或用级数近似。通常,可以以检测因子 D_0(信噪比)为变量,以虚警概率为参变量画成曲线示于图 3.18 中。根据前面已经讲到的式(3.3.7)和式(3.3.8),当噪声强度确定时虚警概率取决于门限电平,因此,图 3.18 实际上是以门限电平为参变量的。

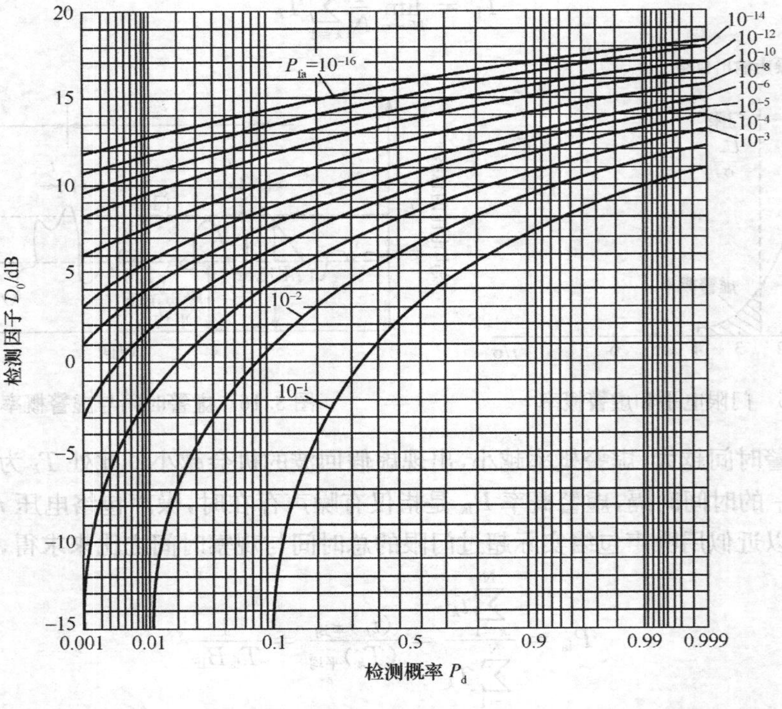

图 3.18 非起伏目标单个脉冲线性检波时检测概率与检测因子的关系曲线

由图 3.18 可以看出,当虚警概率一定时,信噪比越大发现概率越大。也就是说,门限电平一定时,发现概率随信噪比的增大而增大。换句话说,如果信噪比一定,则虚警概率越小(门限电平越高)发现概率越小;虚警概率越大,发现概率越大。

这个关系也可以进一步用噪声和信号加噪声的概率密度函数来说明(如图 3.17 所示)。图 3.17 给出了只有噪声以及信号加噪声两种情况下的概率密度函数,信号加噪声的概率密度函数变量 r/σ 超过相对门限 U_T/σ 值曲线下的面积就是发现概率,而仅有噪声存在时包络超过门限电平的概率就是虚警概率。显然,当相对门限 U_T/σ 提高时虚警概率降低,但发现概率也会降低。因此,如果虚警概率一定时想要提高发现概率,则必须提高信噪比。

通常,具体的雷达系统会根据实际应用对发现概率和虚警时间(或虚警概率)提出要求,根据给定的发现概率和虚警时间(或虚警概率),就可以从图 3.18 中查得所需要的每一脉冲的检测因子或最小信噪比 D_0。这个数值就是在单个脉冲检测条件下,由式(3.3.1)和式(3.3.2)计算最小可检测信号时所需用到的信号噪声比 $(S/N)_{omin}$。

例如,假设要求虚警时间为 15min,中频带宽为 1MHz,可算出虚警概率为 1.11×10^{-9}。从图 3.18 中可查得,对于 50%的发现概率所需要的最小信噪比为 13.1dB,对于 90%的发现概率所需要的最小信噪比为 14.7dB,对于 99.9%的发现概率所需要的最小信噪比为 16.5dB。

由图 3.18 中的曲线可明显看出,甚至在检测概率 $P_d=50\%$时,所要求的信噪比也是很高的(13.1dB),而不是像人们直观地认为,只要信号比噪声稍强就可以完成检测。这是因为,在检测目标的同时要保证不得超过给定的虚警概率,门限电平不能设置得太低,必须提高信噪比来达到发现概率的要求。另一个事实是,信噪比对发现概率的影响很大,上例中信噪比仅提高 3.4dB,检测就可以从临界检测($P_d=50\%$)变为可靠检测($P_d=99.9\%$)。当考虑目标 RCS 起伏时,提高检测可靠性需要付出大得多的代价。同时可看到,当检测概率较高时检测所要求的信噪比对虚警时间的依赖关系是很不灵敏的,当确定所需信噪比时,虚警时间并不需要计算得很精确。

3.3.4 脉冲积累对目标发现能力的影响

上面讨论的是对单个脉冲进行检测的情况。实际工作的雷达常常是在多个脉冲观测的基础上进行检测的。对 n 个脉冲观测的结果就是一个积累的过程,积累可简单地理解为 n 个脉冲叠加起来的作用。早期雷达的积累方法是依靠显示器荧光屏上的余辉再结合操纵员的眼和脑的积累作用而完成,而在自动门限检测时,则要用到专门的电子设备来完成脉冲积累,然后对积累后的信号进行检测判决。

多个脉冲积累后可以有效地提高信噪比,从而改善雷达对目标的发现能力。积累可以在包络检波前完成,称为检波前积累或中频积累。信号在中频积累时要求信号间有严格的相位关系,即信号是相参的,所以又称为相参积累。此外,积累也可以在包络检波器以后完成,称之为检波后积累或视频积累(如图 3.12 所示)。由于信号在包络检波后失去了相位信息而只保留下幅度信息,所以检波后积累就不需要信号间有严格的相位关系,因此又称为非相参积累。

将 M 个等幅相参中频脉冲信号进行相参积累,可以使信噪比 (S/N) 提高为原来的 M 倍

(M 为积累脉冲数)。这是因为相邻周期的中频回波信号按严格的相位关系同相相加,积累相加的结果是,信号电压可提高 M 倍,相应的功率提高 M^2 倍,而噪声是随机的,相邻周期的噪声满足统计独立条件,积累的效果是平均功率相加而使总噪声功率提高 M 倍,因此,相参积累的结果可以使输出信噪比改善达 M 倍。相参积累也可以在零中频上用数字技术实现,因为零中频信号保存了中频信号的全部振幅和相位信息。脉冲多普勒雷达的信号处理是实现相参积累的一个很好实例。

M 个等幅脉冲在包络检波后进行理想积累时,信噪比的改善达不到 M 倍。这是因为包络检波的非线性作用,信号加噪声通过检波器时,还将增加信号与噪声的相互作用项而影响输出端的信噪比。特别地,当检波器输入端的信噪比较低时,在检波器输出端信噪比的损失更大。非相参积累后信噪比的改善在 M 和 $\sqrt{M}$ 之间,当积累数 M 值很大时,信噪功率比的改善趋近于 $\sqrt{M}$。

1. 积累的效果

脉冲积累的效果可以用检测因子 D_0 的改变来表示。对于理想的相参积累,M 个等幅脉冲积累后对检测因子 D_0 的影响是

$$D_0(M) = \frac{D_0(1)}{M}$$

式中,$D_0(M)$ 表示 M 个脉冲相参积累后的检测因子。因为这种积累使信噪比提高 M 倍,所以在门限检测前达到相同信噪比时,检波器输入端所要求的单个脉冲信噪比 $D_0(M)$ 将减小到不积累时的 $D_0(1)$ 的 $1/M$。

对于非相参积累(视频积累)的效果分析是一件比较困难的事。要计算 M 个视频脉冲积累后的检测能力,首先要求出 M 个信号加噪声以及 M 个噪声脉冲经过包络检波并相加后的概率密度函数,然后就可以按照同样的方法求出 P_d 和 P_{fa}。同样地,可以将计算结果绘制成使用方便的曲线簇,如图 3.19 和图 3.20 所示。曲线的横轴表示非相参积累的脉冲数,纵轴是积累后的检测因子(D_0),图中曲线表示检测因子 D_0 随脉冲积累数 M 变化的规律,曲线族的参变量是不同的虚警概率 P_{fa}。检测概率 P_d 不同时的曲线分别示于图 3.19 和图 3.20,这二组曲线均是用线性检波器,是对不起伏目标而言的。

将积累后的检测因子 D_0 代入雷达方程式(3.3.5)和式(3.3.6),即可求得在脉冲积累条件下的作用距离。即

$$R_{\max} = \left[\frac{P_t G^2 \lambda^2 \sigma}{(4\pi)^3 k T_0 B_n F D_0 L}\right]^{\frac{1}{4}} \tag{3.3.9}$$

或者

$$R_{\max} = \left[\frac{E_t G^2 \lambda^2 \sigma}{(4\pi)^3 k T_0 F D_0 L}\right]^{\frac{1}{4}} \tag{3.3.10}$$

形式是一样的,但必须注意到,此时应该取 $D_0 = D_0(M)$,根据采用相参或非相参积累,可以计算或查曲线得到。

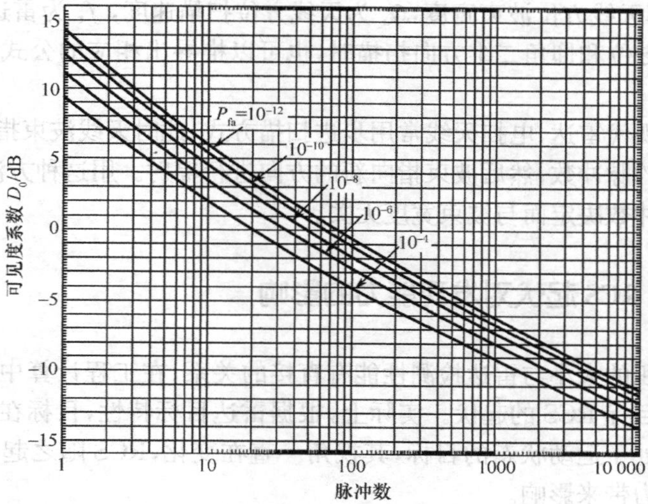

图 3.19　线性检波非起伏目标检测因子(所需最小信噪比)与非相参脉冲积累数的关系($P_d=0.5$)

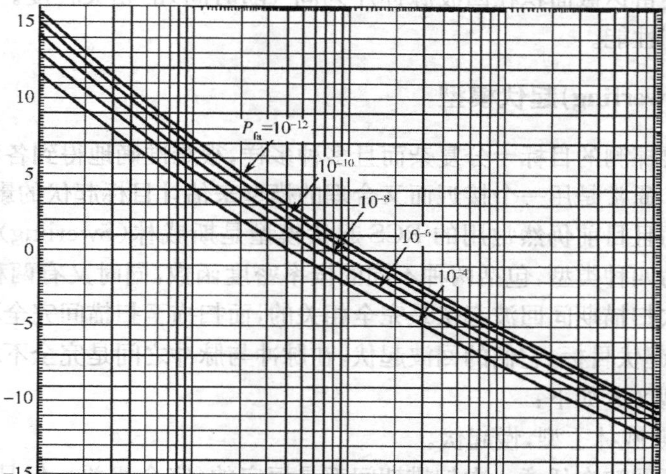

图 3.20　线性检波非起伏目标检测因子(所需最小信噪比)与非相参脉冲积累数的关系($P_d=0.9$)

2. 积累脉冲数的确定

积累脉冲数的确定主要分两种情况。

针对机械扫描雷达，当雷达天线扫描时，可积累的脉冲数(收到的回波脉冲数)取决于天线波束的扫描速度以及扫描平面上天线波束的宽度。例如，可以用下面公式计算方位扫描雷达半功率波束宽度内接收到的脉冲数 N，即

$$N=\frac{\theta_{\alpha0.5}\cdot f_r}{\Omega_\alpha} \tag{3.3.11}$$

式中，$\theta_{\alpha 0.5}$ 为半功率天线方位波束宽度，Ω_α 为天线方位扫描速度，f_r 为雷达的脉冲重复频率。当雷达天线波束在方位和仰角二维方向扫描时，也可以推导出相应的公式来计算接收到的脉冲个数 N。

针对电扫描的现代雷达，电扫天线常用步进扫描方式，此时天线波束指向某特定方向并在此方向上发射预置的脉冲数，然后波束指向新的方向进行辐射。用这种方法扫描时，接收到的脉冲数由预置的脉冲数决定而与波束宽度无关。

3.3.5　目标 RCS 起伏对发现能力的影响

目标雷达截面积的大小与雷达检测性能有直接的关系，在工程计算中常把截面积视为常量，或者说，不考虑目标 RCS 的起伏。实际上，根据雷达目标特性，目标在大多数情况下属于复杂点目标。一个处于运动状态的目标，其视角一直在变化，RCS 随之起伏。RCS 的起伏会给雷达目标发现能力带来影响。

要正确地描述雷达截面积起伏，必须知道它的概率密度函数(它与目标的类型、典型的航路有关)和相关函数。概率密度函数 $p(\sigma)$ 给出目标截面积 σ 的数值在 σ 和 $\sigma+d\sigma$ 之间的概率，而相关函数则描述雷达截面积在回波脉冲序列间（随时间)的相关程度。这两个参数都影响雷达对目标的检测性能。

1. 斯威林(Swerling)起伏模型

由于雷达需要探测的目标十分复杂而且多种多样，很难准确地得到各种目标 RCS 的概率分布和相关函数。通常是用一个接近而又合理的模型来估计目标起伏的影响并进行数学上的分析。最早提出而且目前仍然常用的 RCS 起伏模型是斯威林(Swerling)模型。该模型把典型的目标起伏分为四种类型，包括两种不同的概率密度函数，同时又有两种不同的相关情况，一种是在天线一次扫描期间回波起伏是完全相关的，而扫描至扫描间完全不相关，称为慢起伏目标；另一种是快起伏目标，它们的回波起伏，在脉冲与脉冲之间是完全不相关的。

四类起伏模型区分如下：

① 第一类称斯威林Ⅰ型，慢起伏。

接收到的目标回波在任意一次扫描期间都是恒定的(完全相关)，但是从一次扫描到下一次扫描是独立的(不相关的)。假设不计天线波束形状对回波振幅的影响，截面积 σ 的概率密度函数服从以下指数分布

$$p(\sigma)=\frac{1}{\bar{\sigma}}\exp\left(-\frac{\sigma}{\bar{\sigma}}\right),\quad \sigma\geqslant 0$$

式中，$\bar{\sigma}$ 为目标起伏全过程的平均值。根据雷达方程，目标 RCS 与回波功率成比例，因此根据概率论，回波振幅的分布为瑞利分布。

② 第二类称斯威林Ⅱ型，快起伏。

目标截面积的概率分布同斯威林Ⅰ型，但脉冲与脉冲间的起伏是统计独立的。

③ 第三类称斯威林Ⅲ型，慢起伏。

截面积 σ 的概率密度函数为

$$p(\sigma)=\frac{4\sigma}{\bar{\sigma}^2}\exp\left(-\frac{2\sigma}{\bar{\sigma}}\right),\quad \sigma\geqslant 0$$

式中，$\bar{\sigma}$也表示目标起伏全过程的平均值。

④ 第四类称斯威林Ⅳ型，快起伏。

目标截面积的概率分布同斯威林Ⅲ型，但脉冲与脉冲间的起伏是统计独立的。

第一、二类情况 RCS 的概率分布，适用于复杂目标是由大量近似相等单元散射体组成的情况，虽然理论上要求独立散射体的数量很大，实际上只需要四、五个即可。许多复杂目标如飞机就属于这一类型。

第三、四类情况 RCS 的概率分布，适用于目标具有一个较大反射体和许多小反射体组成，或者一个大的反射体在方位上有小变化的情况。

用上述四类起伏模型时，代入雷达方程中的雷达截面积是其平均值$\bar{\sigma}$。RCS 不起伏的目标为第零类。

2. 目标起伏对检测性能的影响

图 3.21 中的曲线比较了五种类型目标的检测性能，在虚警概率 $P_{fa} = 10^{-8}$ 而脉冲积累数 $n = 10$ 的条件下进行比较。可看出，当发现概率 P_d 比较大时，四种起伏目标比起不起伏目标(第零类)来讲，需要更大的信噪比。例如，当发现概率 $P_d = 0.95$ 时，对于不起伏目标，每个脉冲信噪比需要 6.2dB，对斯威林Ⅰ型起伏目标而言，每个脉冲所需信噪比为 16.8dB。因此，若在估计雷达作用距离时不考虑目标起伏的影响，则预测的作用距离和实际能达到的相差甚远。

斯威林的四种模型是考虑两类极端情况：扫描间独立和脉冲间独立。实际的目标起伏特性往往介于上述两种情况之间。已经证明，其检测性能也介于两者之间。

为了得到检测起伏目标时的雷达作用距离，可在雷达方程上进行一定的修正，即通常所说加上目标起伏损失。图 3.22 给出了达到规定发现概率 P_d 时，起伏目标比不起伏目标每一脉冲所需增加的信噪比。例如，当 $P_d = 90\%$时，斯威林Ⅰ型、斯威林Ⅱ型起伏目标比不起伏目标需增加的信噪比约为 9dB，而对斯威林Ⅲ型、斯威林Ⅳ型目标则需增加约 4dB。

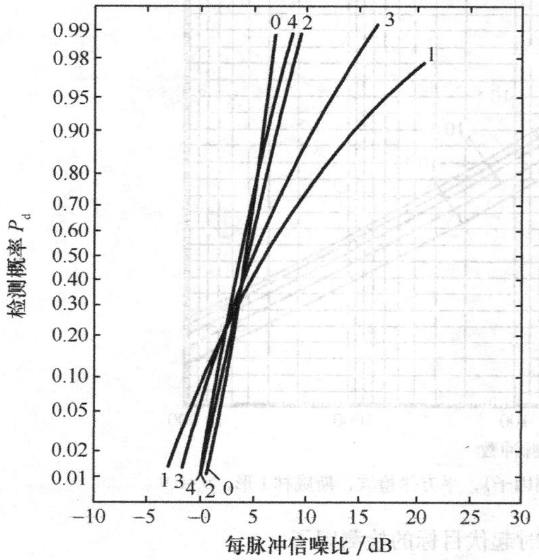

图 3.21 几种起伏信号的检测性能(脉冲积累数 $n=10$，虚警概率 $p_{fa}=10^{-8}$)

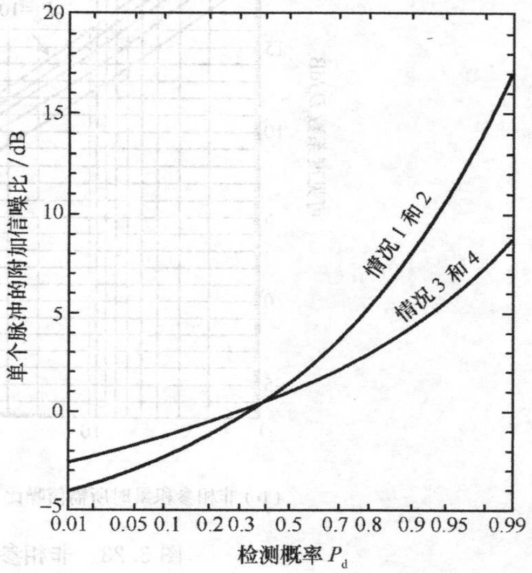

图 3.22 达到规定 P_d 时的起伏损失

为了估算在探测起伏目标时的作用距离,则要将检测起伏目标时的信噪比损失考虑进去。已经绘出了许多组曲线,如图 3.23 所示的例子。图中每一组曲线是针对不同类型的起伏目标,在确定 P_d 的条件下,非相参积累的脉冲数和检测因子 D_0 的关系曲线,以 P_{fa} 为参变量。因此,根据具体的情况找到相对应的曲线,查出符合条件的 D_0 值后代入雷达方程式(3.3.9)或式(3.3.10)即可估算此时的作用距离。

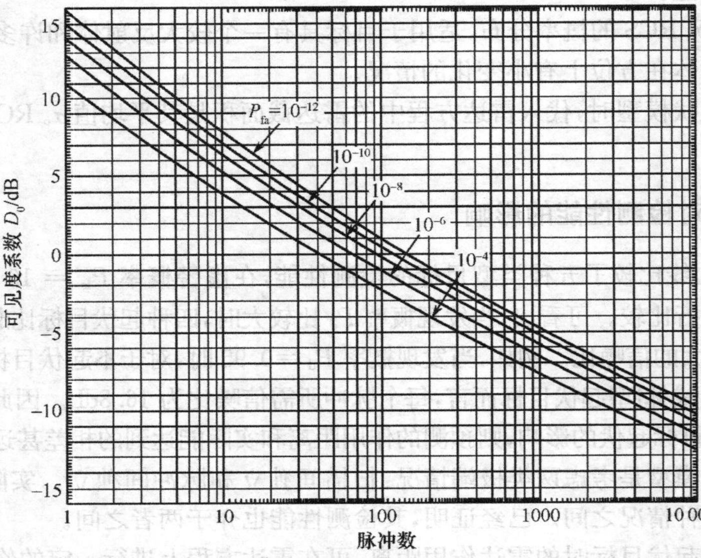

(a) 非相参积累时所需信噪比（检测因子），平方律检波，斯威林Ⅰ形，p_d=0.5

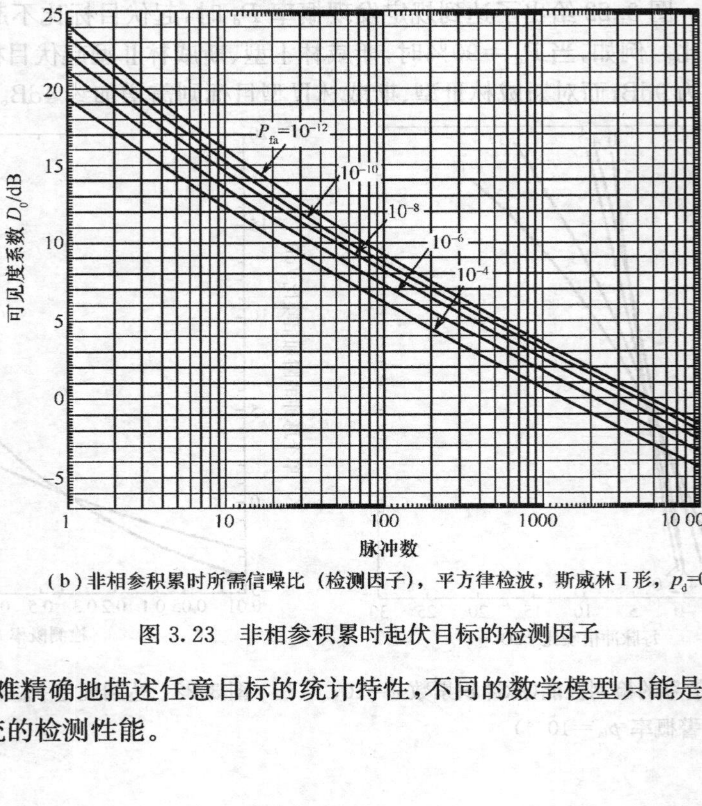

(b) 非相参积累时所需信噪比（检测因子），平方律检波，斯威林Ⅰ形，p_d=0.9

图 3.23 非相参积累时起伏目标的检测因子

实际上,很难精确地描述任意目标的统计特性,不同的数学模型只能是较好地估计而不能精确地预测系统的检测性能。

3.4 系统损耗及传播过程对雷达作用距离的影响

实际雷达系统总是有各种损耗的，这些损耗将降低雷达的实际作用距离，因此在雷达方程式(3.3.9)和式(3.3.10)中引入了损耗这一修正量。用L表示损耗而加在雷达方程的分母中，L是大于1的值，通常用正分贝数来表示。

实际雷达很少工作在近似自由空间的条件。绝大多数实际工作的雷达，都受到地面(海面)及其传播介质的影响，自由空间的雷达方程还应该按实际情况予以修正。

3.4.1 雷达系统损耗

雷达系统损耗L包括许多比较容易确定的值，诸如波导传输损耗、接收机失配损耗、天线波束形状损耗、积累不完善引起的损耗、目标起伏引起的损耗，等等。损耗L中还包括一些不易估计的值，例如操纵员损耗、设备工作不完善损耗等，这些因素要根据经验和实验测定来估计。下面分析其中几类损耗。

1. 射频传输损耗

当传输线采用波导时，则波导损耗指的是连接在发射机输出端到天线之间波导引起的损失，它们包括单位长度波导的损耗、每一波导拐弯处的损耗、旋转关节的损耗、天线收发开关上的损耗以及连接不良造成的损耗等。波导损耗和波导制造的材料、工艺、传输系统工作状态以及工作波长等因素均有关，通常情况下，工作波长越短，损耗越大。

2. 天线波束形状损耗

在雷达方程中，天线增益是采用最大增益，即认为最大辐射方向对准目标。但在实际工作中天线是扫描的，当天线波束扫过目标时收到的回波信号振幅按天线波束形状调制，实际收到的回波信号能量比假定按最大增益的等幅脉冲串时要小。可以利用等幅脉冲串已得到的检测性能计算结果，再加上“波束形状损耗”因子来修正振幅调制的影响。

3. 设备不完善的损失

从雷达方程可以看出，作用距离和发射功率、接收机噪声系数等雷达设备参数均有直接关系。

发射机中所用发射管的参数不尽相同，发射管在波段范围内也有不同的输出功率，管子使用时间的长短也会影响其输出功率，这些因素随着应用情况变化。

接收系统中，工作频带范围内噪声系数值也会发生变化。此外，接收机的频率响应和发射信号不匹配，也会引起失配损失。已经知道在白高斯噪声作用上，匹配滤波器是雷达信号的最佳线性处理器，它可以给出最大的信号噪声比，但实际接收机不可能达到匹配滤波器输出的信噪比，它只能接近这个数值，因此实际接收机比理想的匹配接收机要引入一个失配损失，这个损失的大小与采用的信号形式、接收机滤波特性有关。

4. 其他损失

还有一些因素会实际影响雷达的观测距离。包括信号处理过程中各种因素引起的损失。例如,自动检测采用恒虚警率(CFAR)处理会产生损失。此外,如果由操作手进行观测,则操作手技术的熟练程度和不同的精神状态都会产生较大影响。

还有许多实际影响的因素,这里无法一一列举,虽然每一项的影响可能不大,但综合起来也会使雷达的性能明显减退。重要的问题是找出引起损耗的各种因素,并在雷达设计和使用过程中尽量使损耗减至最小。

到目前为止,本章已经将自由空间的雷达方程式(3.3.9)和式(3.3.10)中各项主要参数进行了讨论。公式中 P_t(发射机功率)、G(天线增益)、λ(工作波长)、B_n(接收机带宽)、F(接收机噪声系数)等在估算作用距离时均为已知值;σ 为目标 RCS,可根据战术应用上拟定的目标来确定,在方程中先用其平均值 $\bar{\sigma}$,而后再计算其起伏损失;综合损耗 L 值可根据雷达设备的具体情况估算或查表;检测因子 D_0 值则与所要求的检测性能(P_d,P_{fa})、积累脉冲数及积累方式(相参或非相参)、目标起伏特性等因素有关,可根据具体的条件计算或查找对应的曲线找到所需的检测因子 $D_0(M)$ 值。考虑了这些因素后,按雷达方程式(3.3.9)和式(3.3.10)即可估算出雷达在自由空间时的最大作用距离。

3.4.2 传播过程中各种因素影响

地面(海面)和传播介质对雷达性能的影响有三个方面:电波在大气层传播时的衰减;由大气层引起的电波折射;由于地面(海面)反射波和直接波的干涉效应,使天线方向图分裂成波瓣状。

1. 大气传播影响

传播影响主要包括大气传播衰减和折射现象两方面。但当有雨雪等的恶劣天气时,由于这些雨雪的散射所引起的“杂波”往往限制了雷达的性能。关于抑制杂波问题,将在后续章节讨论。下面分别讨论衰减和折射的影响。

(1) 大气衰减

大气中的氧气和水蒸气是产生雷达电波衰减的主要原因。一部分照射到这些气体微粒上的电磁波能量被它们吸收后变成热能而损失。当工作波长短于 10cm(工作频率高于 3GHz)时必须考虑大气衰减。当工作频率低于 1GHz(L 波段)时,大气衰减可忽略。当工作频率高于 10GHz 后,频率越高,大气衰减越严重。在毫米波段工作时,大气传播衰减十分严重,因此很少有远距离的地面雷达工作在频率高于 35GHz(Ka 波段)的。

随着高度的增加,大气衰减减小,因此实际雷达工作时的传播衰减和雷达作用的距离,以及目标高度均有关系。大气衰减又与工作频率有关。工作频率升高,衰减增大;而探测时仰角越大,衰减减小。大气双程衰减分贝数随仰角、频率变化情况均有曲线可查。

除了正常大气外,在恶劣气候条件下大气中的雨雾对电磁波也会有衰减作用。各种气候条件下衰减分贝数和工作波长的关系也有曲线可查。

（2）大气折射和雷达直视距离

大气的成分随着时间、地点而改变，而且不同高度的空气密度也不相同，离地面越高，空气越稀薄，因此电磁波在大气中传播时，是在非均匀介质中传播的，它的传播路径不是直线而将产生折射。大气折射对雷达的影响有两方面：一是改变雷达的测量距离，产生测距误差；另一方面将引起仰角测量误差。

雷达直视距离的问题是由于地球的曲率半径引起的，如图 3.24 所示。设雷达天线架设的高度 $h_a = h_1$，目标的高度 $h_t = h_2$。由于地球表面弯曲使雷达看不到超过直视距离以外的目标，如果希望提高直视距离只有加大雷达天线的高度（往往受到限制，特别当雷达装在舰艇上时）。敌方目标常常利用雷达的弱点，由超低空进入，处于视线以下（图 3.24 阴影区域）的目标，地面雷达是不能发现的。由图 3.24 可以计算出雷达的直视距离 d_0 经验公式为

$$d_0 \approx 4.1[\sqrt{h_1(\mathrm{m})} + \sqrt{h_2(\mathrm{m})}]$$

式中，h_1 和 h_2 单位为 m，而计算出的 d_0 单位是 km。

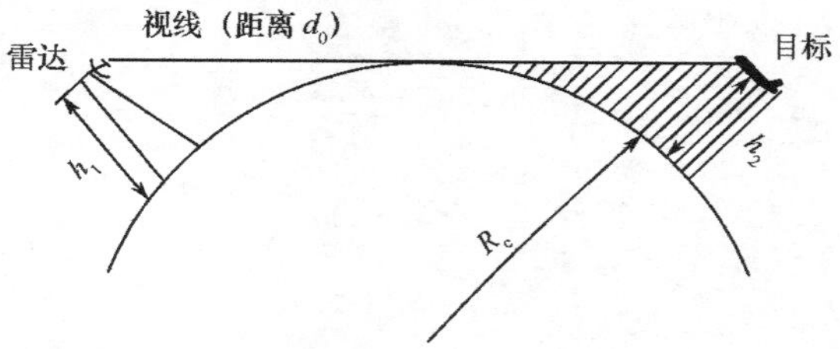

图 3.24　雷达直视距离图

雷达直视距离是由于地球表面弯曲所引起的，它由雷达天线架设高度 h_1 和目标高度 h_2 决定，而和雷达本身的性能无关。它和雷达最大作用距离 R_{max} 是两个不同的概念，如果计算结果为 $R_{max} > d_0$ 说明是由于天线高度 h_1 或目标高度 h_2 限制了检测目标的距离，相反如果 $R_{max} < d_0$，则说明虽然目标处于视线以内，是可以“看到”的，但由于雷达性能达不到 d_0 这个距离而发现不了距离大于 R_{max} 的目标。

2. 地面或水面反射对作用距离的影响

地面或水面的反射是雷达电波在非自由空间传播时的一个最主要的影响。在许多情况下，地面或水面可近似认为是镜面反射的平面。架设在地面或水面的雷达，当它们的波束较宽时，除直射波以外，还有地面（或水面）的反射波存在，这样在目标处的电场就是直接波与反射波的干涉结果（见图 3.25）。这种现象称为“多径效应”。

由于直射波和反射波是由天线不同方向所产生的辐射，以及它们的路程不同，因而两者之间存在振幅和相位差，目标所在处的合成场强是入射波和反射波的矢量和。在擦地角很小时，直射和反射波互相抵消，从而使接近水平目标（低空和超低空）的检测十分困难。此外，分析表明，由于地面反射影响使雷达作用距离随目标的仰角呈周期性变化，地面反射的结果使天线方向图分裂成花瓣状，如图 3.26 所示。

花瓣状天线方向图对于发现目标是不利的。至少在“花瓣”之间，天线增益很小（甚至出现零点），雷达在这些仰角上无法发现目标，这样的仰角方向称为“盲区”。出现了“盲区”，雷达无法连续观测目标，必须设法减少“盲区”影响。

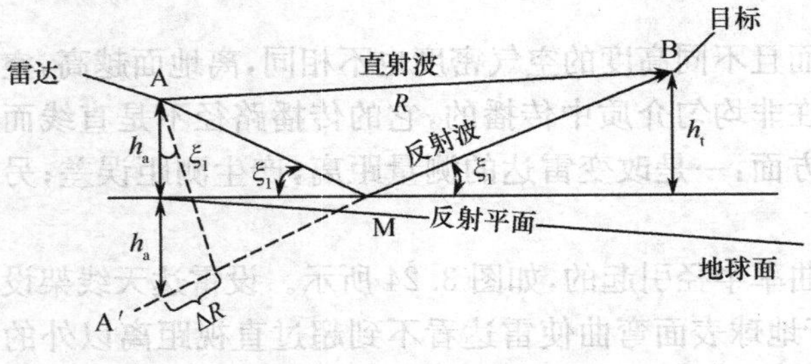

图 3.25 镜面反射影响的几何图形

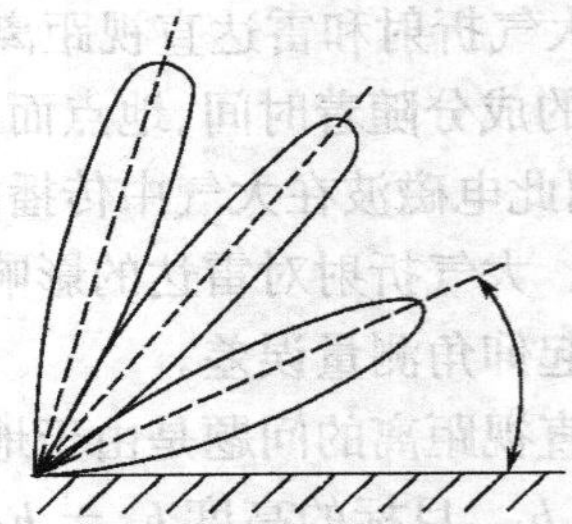

图 3.26 镜面反射的干涉效应

第 4 章 目标参数的测量

雷达发现目标之后，最基本的目的就是测量目标参数。目标参数包括距离、方位角、俯仰角(高度)、速度等。不同用途的雷达对测量目标参数的要求也不同。

4.1 目标距离的测量

测量目标的距离是雷达基本任务之一。无线电波在均匀介质中以光速 c($c=3\times10^8$m/s)直线传播，目标至雷达的距离 R 可以通过测量电波往返一次的时间 t_R 获得。最基本的数学原理为

$$t_R=\frac{2R}{c},\quad R=\frac{1}{2}ct_R$$

因此，目标距离测量就是要精确测定时延 t_R。根据雷达发射信号的不同，测量延迟时间可以采用脉冲法、频率法和相位法。此处着重讨论脉冲法。

4.1.1 脉冲雷达测距原理

脉冲雷达测距，通常可以采用人工目视测距和电子装置自动录取两种方式。早期模拟式雷达一般采用目视测距方法。由于电磁波以光速传播，回波信号延迟时间很短，一般以微秒为单位。现代雷达常常采用电子设备自动地测读回波到达的延迟时间。

1. 模拟式雷达

(1) 简单的模拟式雷达

人工测距时，操作人员利用雷达显示器画面、电刻度，利用目视方法估报目标距离数据。通常用于目视测距的雷达显示器包括 A 显、A/R 显、PPI 等。我们可以用第二次世界大战时期雷达的 A 型显示器非常形象地说明这种测距方法。在这种显示器中，阴极射线管的电子束重复扫描管面。电子束在每次雷达发射脉冲的时刻开始一次新的扫描，脉冲周期间扫描线以恒定的速度移动，脉冲周期结束时，扫描线“飞回”起始点。电子束的每次扫描称为距离扫描，电子束画出的线称为距离扫描线。如果收到目标回波，它会使电子束偏转从而在距离扫描线上出现一个信号，扫描线起点与这个脉冲信号峰值之间的距离对应于发射和接收之间的时间差，这样就指示出了目标的距离(如图 4.1 所示)。

(2) 复杂的模拟式雷达

更加复杂的模拟式雷达也是用类似的方法测量距离。它将接收机的输出信号送到称为距离门的开关电路组中，这些距离门按照相应的时间顺序打开，即先打开 1 号门，然后是 2 号门、3 号门等。观察回波通过哪一个门或哪两个相邻的门就可以确定目标的距离。根据感兴趣的距离段的大小，要有足够多的距离门来覆盖整个或部分脉冲周期。

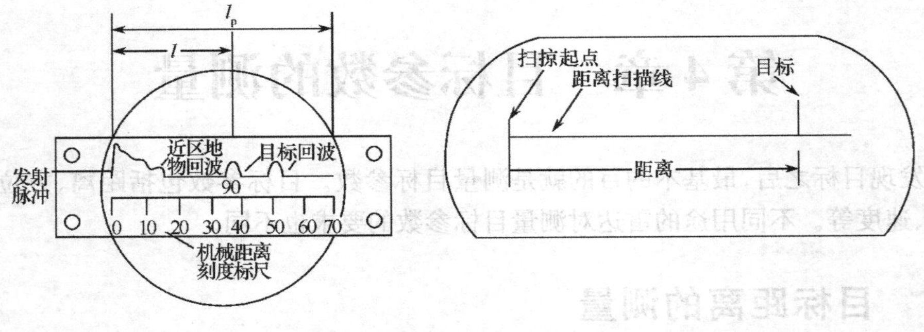

图 4.1 具有机械距离刻度标尺的显示器荧光屏画面

2. 数字式雷达

采用数字信号处理时,测距方法本质上与距离门模拟式雷达是一样的。用距离门周期性地对接收机视频输出的幅度进行采样(如图 4.3 所示)。采样值几乎是瞬时得到的,并一直保持到下一次采样时为止。在此采样间隔期间,把样本的幅度转换为数字量。数字量送入存储器暂存在称为距离单元的地址上。

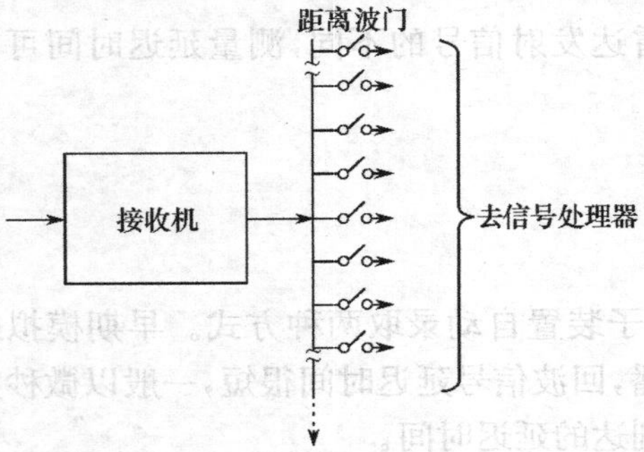

图 4.2 更加复杂的模拟式雷达测距示意图

对于现代的相参雷达,接收机必须提供同相(I)和正交(Q)两路输出。因此,每个距离增量都要存储两个数。这两个数合起来就与图 4.2 中单个距离门的回波相对应。

采样间隔的选择通常是一个折中。采样间隔越大,也就是两个样本之间的时间越长,系统复杂性越低(如图 4.4 所示)。但是,如果采样间隔大于发射脉冲的宽度,那么处于采样点之间的目标回波就会丢失。而且,目标的距离分辨力就要下降。通常距离采样间隔是信号处理后脉冲宽度 τ。

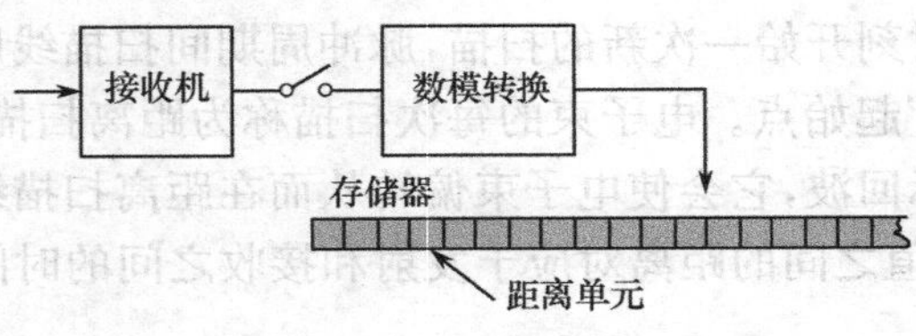

图 4.3 数字式雷达测距原理

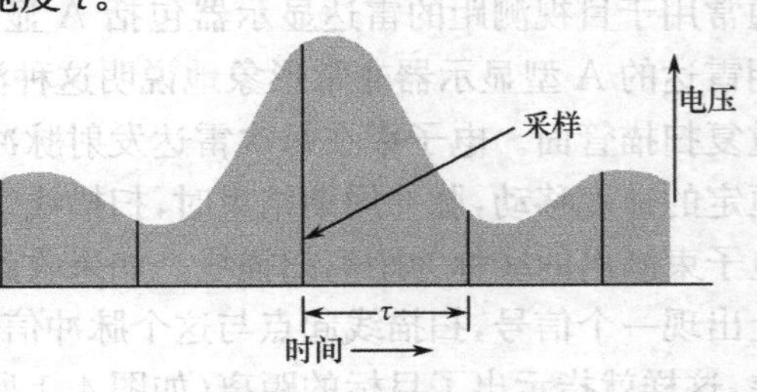

图 4.4 距离采样间隔示意

为了更精确地测距,可以取采样间隔小于信号处理后的脉冲宽度(如图 4.5 所示)。这时,距离由对相邻距离单元的数字(回波大小)进行内插计算来求出。例如,如果两个相邻单元的数字相同,就认为目标在这两个单元所表示的距离位置的中间。采用合适的采样率,测距可以非常精确。

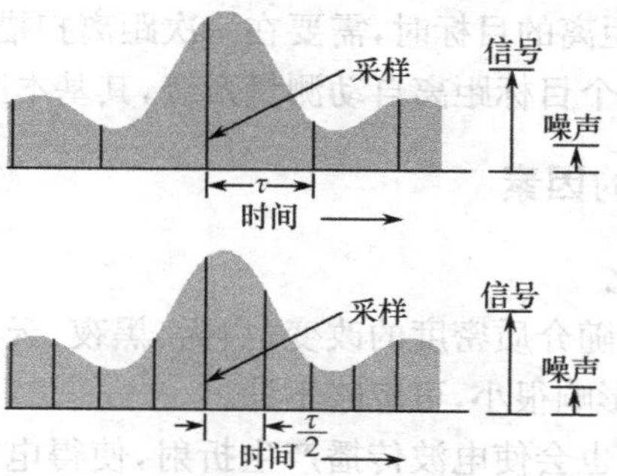

图 4.5　采用内插方法提高距离测量精度

3. 距离参数自动测量方法

现代雷达主要采用数字式自动测距器。数字式测距使用计数器计数的方法来测量回波信号相对于发射脉冲的延迟时间，图 4.6 是数字式测距的原理图。距离计数器在雷达发射高频脉冲的同时，开始对计数脉冲计数，一直到回波脉冲到来后停止计数。只要记录了在此期间计数脉冲的数目 n，根据计数脉冲的重复周期 T_{cp}，就可以计算出回波脉冲相对于发射脉冲的延迟时间 t_R，因此，目标与雷达的距离 R 为

$$R=\frac{1}{2}c(nT_{cp})$$

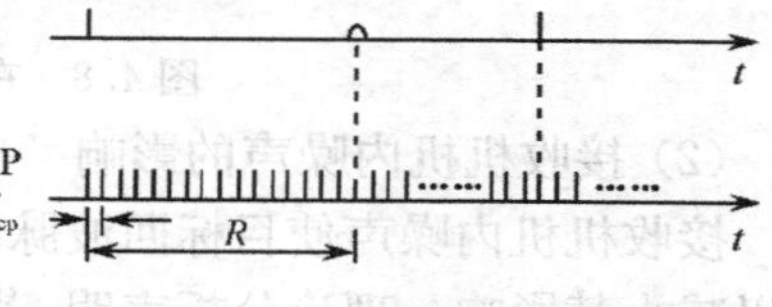

图 4.6　目标自动距离测量原理图

式中，n 为从发射脉冲到目标回波之间的时钟脉冲(CP)计数值，T_{cp}为时钟脉冲重复周期。所以，测量 t_R 实际上就变成读出距离计数器的数值 n。

可见，在数字式测距中，对目标距离 R 的测量转化为测量脉冲数 n，从而把连续的时间 t_R 变成了离散的脉冲数。为了提高测距精度，减小量化误差，计数脉冲频率越高越好，这就需要采用高速的数字集成电路。下面给出单个目标距离数据自动测量的示例。

参见图 4.7，当目标 T_1 出现时，触发器 T 置零，波形 C 为零电平，将与门关闭，CP 脉冲不能输出，计数器停止计数。因此，只录取到目标 T_1 的距离参数，目标 T_2 被丢掉了。

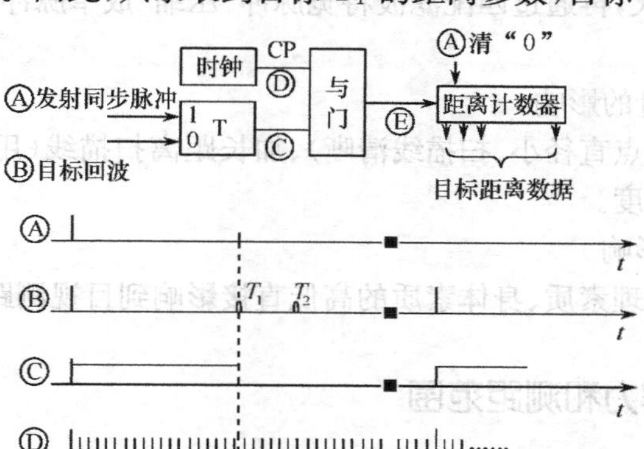

图 4.7　单个目标距离自动测量原理方框图及波形图

当同一方向有多个不同距离的目标时,需要在一次距离扫描的时间内,读出多个目标的距离数据。因此,还需要采用多个目标距离自动测量系统,其基本原理也是同图4.7一样的。

4. 影响距离测量精度的因素

(1) 电波传播速度的变化

电波在大气介质中传播,随介质密度的改变(白天、黑夜、云、雨、湿度和太阳黑子等)使电波传播速度变化。但是这种影响很小,可忽略不计。

另外,大气介质的不均匀也会使电波传播产生折射,使得电磁波不是沿直线传播的,但影响很小,也可以忽略不计。

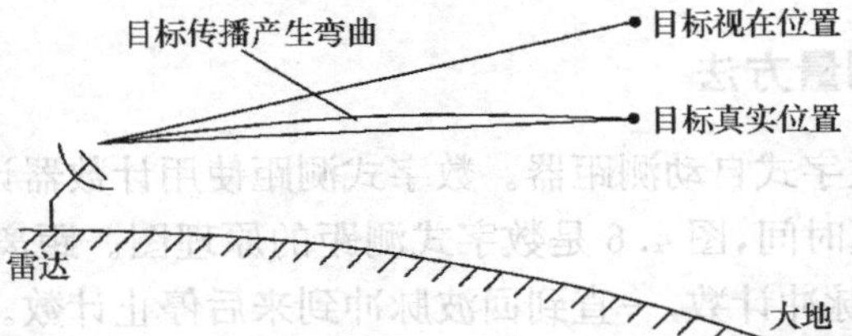

图4.8 在不均匀介质中电磁波发生折射现象

(2) 接收机机内噪声的影响

接收机机内噪声使目标回波脉冲前沿发生抖动,通过提高信噪比,减小目标回波传播失真可以减小其影响。理论分析表明,若检波前输出信噪比为$(S/R)_o$,信号带宽为B,则时延测量误差均方根为

$$\sigma_{t_R} \propto \frac{1}{B\sqrt{(S/R)_o}}$$

换句话说,要想提高测量时延(距离)的精度,除了需要足够的信噪比外,还需要采用大带宽信号。根据信号理论,对于简单的恒载频矩形脉冲,大信号带宽(频宽)意味着较窄的脉宽(时宽);对于具有复杂脉内调制的信号,例如线性调频或相位编码信号,在脉宽较大的条件下,可以将信号带宽调制得很大,再通过匹配滤波将宽脉冲“压缩”成窄脉冲,从而也获得高的测时延(距离)精度。

(3) 雷达显示器质量的影响

显示器聚焦良好(光点直径小、扫描线清晰)、加长距离扫描线(用大屏幕显像管)、电刻度清晰等,都会提高测量精度。

(4) 操纵员素质的影响

操纵员技术素质、心理素质、身体素质的高低直接影响到目视测距精度。

4.1.2 距离分辨力和测距范围

距离分辨力是指同一方向上两个大小相等的点目标之间的最小可区分距离。对于简单的恒载频矩形脉冲信号,距离分辨力由脉冲宽度τ决定,脉冲越窄,距离分辨力越好。对于复杂的脉冲压缩信号,决定距离分辨力的是雷达信号的有效带宽B,有效带宽越宽,距离分辨力越好。实际上,可以直观地认为,距离分辨力是由经过信号处理后视频脉冲宽度τ_p所决定的。

简单的脉冲信号经过处理后视频脉冲宽度 $\tau_p=\tau$，保持不变，且近似为信号带宽的倒数；复杂的脉冲压缩信号经过信号处理后脉冲宽度变为 $\tau_p\approx 1/B$，有效带宽越宽，经过信号处理后脉冲宽度越窄，距离分辨力越好。因此，距离分辨力 ρ_R 可表示为

$$\rho_R=\frac{c\tau_p}{2}=\frac{c}{2B}$$

测距范围包括最小可测距离和最大单值测量距离。最小可测距离是指雷达能测量的最近目标的距离。单基地脉冲雷达收发共用天线，在发射脉冲的持续时间内（宽度 τ），收发开关将天线和发射机相连，而和接收机断开，不能正常接收目标回波，所以不能进行测距。因此，雷达的最小可测距离为

$$R_{\min}=\frac{1}{2}c\tau$$

雷达的单值测距是指雷达发射一个脉冲后，在同一个脉冲重复周期内所能测量的目标距离。因此，雷达的最大单值测量距离由其脉冲重复周期 T_r 决定，且雷达的最大单值测量距离为

$$R_u=\frac{1}{2}cT_r$$

式中，R_u 又称为最大不模糊距离。为保证单值测距，通常应选取

$$T_r\geqslant\frac{2R_{\max}}{c}$$

式中，$R_{\max}$为被测目标的最大作用距离。

只要雷达能检测的最远目标的往返传播时间小于脉冲周期，脉冲延时测距的工作就不会有什么问题。但是，如果雷达检测到的目标的距离超过脉冲周期，前一个发射脉冲的回波只有在下一个脉冲发出以后才收到，这个目标就会被误认为处于比其实际距离近得多的位置上，这就是测距模糊问题。如图 4.9 所示，如果发射低脉冲重复频率（LPRF），测得两个目标的距离值，不存在距离模糊。如果发射较高的脉冲重复频率（HPRF），同样还是这两个目标，就很难测出两个目标的真实距离了。因为很难判定这些目标回波是哪一个发射脉冲的回波，是本周期发射的回波，还是上一个周期发射脉冲的回波。此时，目标回波对应的距离 R 为

$$R=\frac{c}{2}(mT_r+t_R)\quad (m \text{ 为正整数})$$

式中，t_R 为测得的回波信号与发射信号脉冲间的时延，m 称为模糊数或模糊值。要得到目标的真实距离 R，就必须判断出模糊数 m。

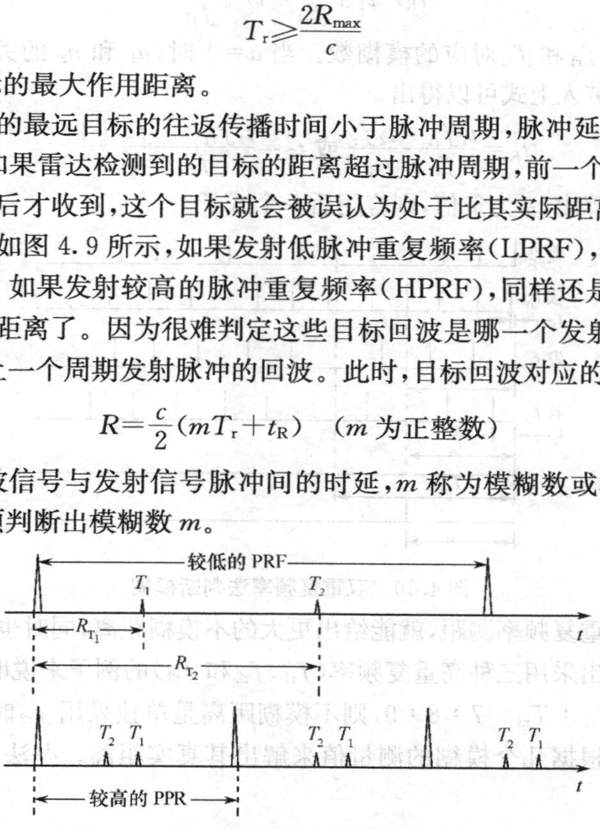

图 4.9 测距模糊问题

4.1.3 解距离模糊的方法

判断模糊数 m 有多种方法,例如,多种重复频率法、相关法、调频脉冲法等。此处主要讨论前两种方法。

1. 多种重复频率法

先讨论用双高重复频率法测距判断模糊的原理。

设两种重复频率分别为 f_{r1} 和 f_{r2},都不满足单值测距的要求。f_{r1} 和 f_{r2} 具有公约频率 f_r,且

$$f_r=\frac{f_{r1}}{N}=\frac{f_{r2}}{N+a}$$

式中,N 和 a 是正整数,通常选 $a=1$,使 N 和 $N+a$ 为互质数。f_r 的选择应保证不模糊测距。

雷达以 f_{r1} 和 f_{r2} 的重复频率交替发射脉冲信号,通过记忆重合装置,将不同的 f_r 发射信号进行重合,重合后的输出是重复频率为 f_r 的脉冲串。同样也可以得到重合后的接收脉冲串,两者之间的时延代表目标的真实距离,如图 4.10 所示。由图可以看出

$$t_R=t_1+\frac{n_1}{f_{r1}}=t_2+\frac{n_2}{f_{r2}}$$

式中,n_1 和 n_2 分别是 f_{r1} 和 f_{r2} 对应的模糊数。当 $a=1$ 时,n_1 和 n_2 的关系只可能有两种,即 $n_1=n_2$ 或 $n_1=n_2+1$,带入上式可以得出

$$t_R=\frac{t_1f_{r1}-t_2f_{r2}}{f_{r1}-f_{r2}} \text{或} t_R=\frac{t_1f_{r1}-t_2f_{r2}+1}{f_{r1}-f_{r2}}$$

如果按前一个式子计算出 t_R 为负值,则应用后一个式子。

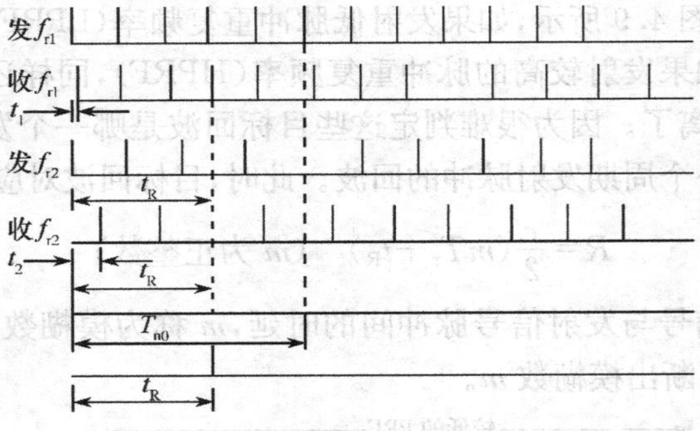

图 4.10 双重复频率法判断模糊

如果采用多个高重复频率测距,就能给出更大的不模糊距离,同时也可兼顾跳开发射脉冲遮蚀的问题。下面举出采用三种高重复频率(f_{r1}、f_{r2}和 f_{r3})的例子来说明。例如,取对应的脉冲重复周期为 $T_{r1}:T_{r2}:T_{r3}=7:8:9$,则不模糊距离是单独采用 f_{r2}时的 $7\times9=63$ 倍。这时在测距系统中可以根据几个模糊的测量值来解出其真实距离。办法可以从余数定理中找到。真实距离 R_c 为

$$R_c=(C_1A_1+C_2A_2+C_3A_3)\bmod(m_1m_2m_3) \tag{4.1.1}$$

式中,A_1、A_2、A_3 分别为三种重复频率测量时的模糊距离,m_1、m_2、m_3 为三个脉冲重复周期的

比值。常数 C_1、C_2、C_3 分别为

$$C_1 = b_1 m_2 m_3 \bmod(m_1) \equiv 1 \tag{4.1.2a}$$

$$C_2 = b_2 m_1 m_3 \bmod(m_2) \equiv 1 \tag{4.1.2b}$$

$$C_3 = b_3 m_1 m_2 \bmod(m_3) \equiv 1 \tag{4.1.2c}$$

式中，b_1 为一个最小的整数，它与 m_2m_3 相乘之后再被 m_1 除，所得的余数为 1（b_2、b_3 与此类似），mod 表示“模”。

当 m_1、m_2、m_3 选定后，便可确定 C 值，并利用测量的模糊距离直接计算真实距离 R_c。

例如，设 $m_1=7$、$m_2=8$、$m_3=9$、$A_1=3$、$A_2=5$、$A_3=7$，则

$$m_1m_2m_3=504$$

$$b_1=4\quad 4\times8\times9=288\text{mod}7\equiv1,C_1=288$$

$$b_2=7\quad 7\times7\times9=441\text{mod}8\equiv1,C_2=441$$

$$b_3=5\quad 5\times7\times8=280\text{mod}9\equiv1,C_3=280$$

按式（4.1.1）有

$$C_1A_1+C_2A_2+C_3A_3=5029$$

$$R_c\equiv5029\text{mod}504=493$$

即目标的真实距离（或称不模糊距离）的单元数为 $R_c=493$，不模糊距离 R 为

$$R=R_c\frac{c\tau}{2}=\frac{493}{2}c\tau$$

式中，τ 为距离分辨单元所对应的时宽。

当脉冲重复频率选定（即 $m_1m_2m_3$ 值已定），即可按式（4.1.2）求得 C_1、C_2、C_3 的数值。只要实际测距时分别测到 A_1、A_2、A_3 的值，就可按式（4.1.1）算出目标真实距离。

2. 相关法

相关法解距离模糊其实质就是重合法。以二重重复频率解距离模糊为例，假定 $m_1=5$、$m_2=7$、$\tau=1\mu s$，分别用二重重复频率测得目标的模糊距离值为 $X=2$、$Y=3$，通过计算排序得到

$$2,2+5=7,2+2\times5=12,2+3\times5=17,\cdots$$

$$3,3+7=10,3+2\times7=17,3+3\times7=24,\cdots$$

在这两个序列中，找到相同的数值 17，最后，可解出目标的真实距离为

$$R=1/2\cdot c\cdot17\cdot\tau=2550\text{m}$$

在设计时，可选两重、三重、四重重复频率，以满足系统要求。

4.1.4　距离跟踪原理

由于脉冲法测距在当前雷达中应用得最广泛，所以这里的讨论都是针对脉冲法测距的。距离跟踪就是对目标距离作连续的测量。实现距离跟踪的方法有三种：人工、半自动和全自动。无论哪种方法，都必须产生一个时间位置可调的时标，称为移动刻度或波门（如图 4.11 所示），然后调整移动时标的位置，使之在时间上与回波信号重合，然后精确地读出时标的时间位置，该位置所对应的距离作为目标的距离数据。

早期雷达多数只有人工距离跟踪。为了减小测量误差，采用移动电刻度(波门)作为时间基准。操作员按照显示器上的画面，移动电刻度(波门)对准目标回波(如图4.11所示)，然后从控制器度盘或计数器上读出移动电刻度的准确时延，该数据代表目标的距离。

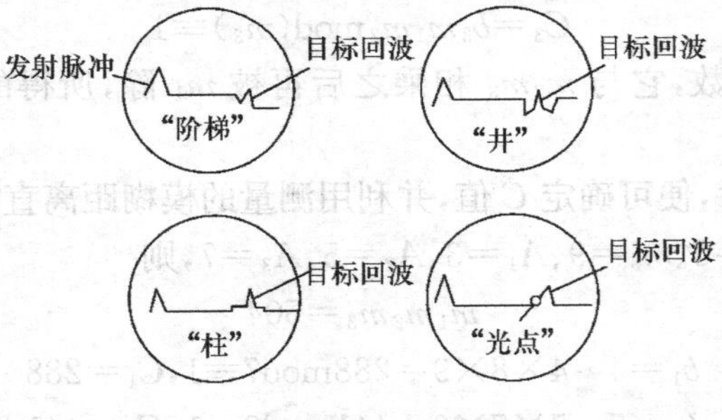

图4.11 电刻度及其在扫掠线上的位置

现代跟踪雷达都具备自动距离跟踪系统。自动距离跟踪系统应保证电移动指标自动地跟踪目标回波并连续地给出目标距离数据，整个自动距离跟踪系统应包括对目标的搜索、捕获和自动跟踪三个互相联系的部分。一个完整的自动测距系统工作过程包括：

① 自动搜索，即搜索脉冲在显示器的扫描线上周而复始的等速移动，以搜索目标回波信号。

② 自动捕获，即当搜索脉冲截获到目标时(一般应在连续几个周期内均有截获)，系统自动地由搜索状态转入跟踪状态。

③ 自动跟踪，在此状态下，数据录取装置自动录取或传递目标的距离数据。

图4.12是自动跟踪的基本原理图，主要包括时间鉴别器、控制器和跟踪脉冲产生器三个部分。显示器在自动距离跟踪系统中仅仅起监视目标的作用。假设目标已经被雷达捕获，目标回波经接收机处理后成为具有一定幅度的视频脉冲加到时间鉴别器上，同时加到时间鉴别器上的还有来自跟踪脉冲产生器的跟踪脉冲。自动距离跟踪所用的跟踪脉冲和人工测距时的电移动指标本质是一样的，都是要求它们的延迟时间在测距范围内均匀可变，且其延迟时间能精确读出。在自动距离跟踪时，跟踪脉冲的另一路和回波脉冲一起加到显示器上，以便观察和监视。时间鉴别器的作用是将跟踪脉冲与回波脉冲在时间上加以比较，输出误差电压。当跟踪脉冲与回波脉冲在时间上重合时，输出误差电压为零。两者不重合时，输出误差电压的大小正比于时间的差值，而其正负决定于跟踪脉冲是超前还是滞后于回波脉冲。控制器的作用是

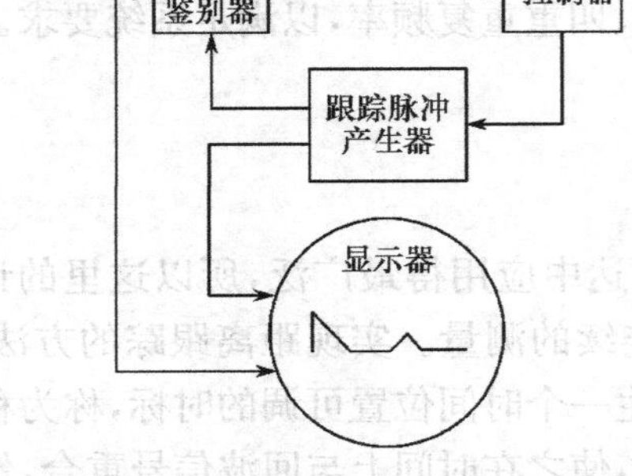

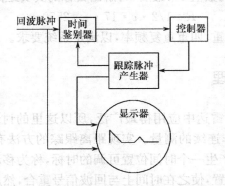

图4.12 自动距离跟踪简化方框图

将误差电压经过适当的变换，将其输出作为控制跟踪脉冲产生器工作的信号，使跟踪脉冲的延迟时间朝着时间鉴别误差减小的方向变化，直至为零。所以自动距离跟踪系统是一个闭环随动系统，输入量是回波信号的延迟时间，输出量是跟踪脉冲延迟时间，而跟踪脉冲延迟时间随着回波信号延迟时间的变化而自动变化。

下面，分别介绍自动距离跟踪系统的三个组成部分。

(1) 时间鉴别器

时间鉴别器用来比较回波信号与跟踪信号之间的延迟时间差 $\Delta t(\Delta t=t-t')$，并将 Δt 转换为与它成比例的误差电压 u_ε（或误差电流）。图 4.13 是时间鉴别器的结构图和波形图，时间鉴别器主要采用了所谓"前后波门"技术，又称为"早晚波门"或"分裂波门"技术。在波形图中，几个符号的意义是：t_x 为前波门触发脉冲相对于发射脉冲的延迟时间；t' 为前波门后沿（后波门前沿）相对于发射脉冲的延迟时间；τ 为回波脉冲宽度，τ_c 为波门宽度，通常 $\tau=\tau_c$。

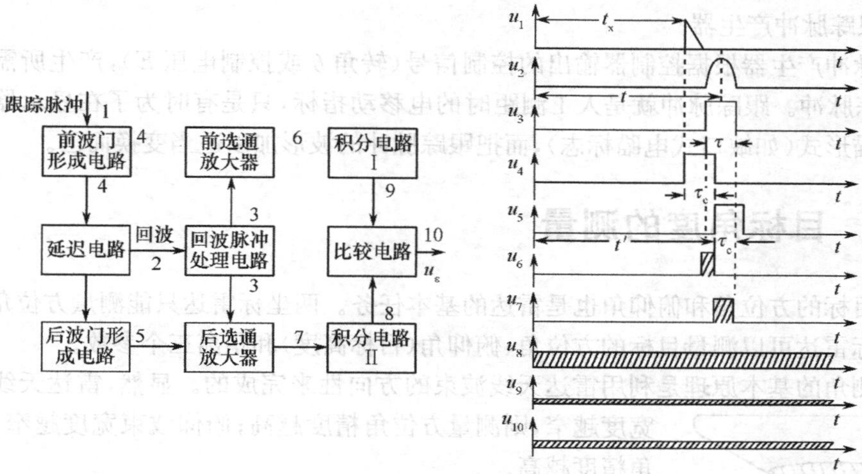

(a) 结构图 (b) 波形图

图 4.13 时间鉴别器的结构图和波形图

前波门触发脉冲实际上就是跟踪脉冲，其重复频率就是雷达的脉冲重复频率。跟踪脉冲触发前波门形成电路，使其产生宽度为 τ_c 的前波门并送到前选通放大器，同时经过延迟线延迟 τ_c 后，送到后波门形成电路，产生宽度为 τ_c 的后波门。后波门亦送到后选通放大器作为开关用。来自接收机的目标回波经过信号处理后变成一定幅度的方形脉冲，分别加至前、后选通放大器。选通放大器平时处于截止状态，只有当它的两个输入（波门和回波）在时间上相重合时才有输出。前后波门将回波信号分割为两部分，分别由前后选通放大器输出。经过积分电路平滑后送到比较电路以鉴别其大小。如果回波中心延迟 t 和波门延迟 t' 相等，则前后波门与回波重叠的部分相等，比较器输出误差电压 $u_\varepsilon=0$。如果 $t\neq t'$，则根据回波是超前还是滞后波门产生不同极性的误差电压。在一定范围内，误差电压的数值正比于时间差 $\Delta t=t-t'$，即

$$u_\varepsilon=K_1(t-t')=K_1\Delta t$$

因此有

$$\Delta t=\frac{1}{K_1}u_\varepsilon$$

其对应的距离为

$$\Delta R=\frac{c\Delta t}{2}=\frac{cu_\varepsilon}{2K_1}$$

式中，c 为光速。

实际上，在自动或人工的目标捕获阶段，波门所对应的跟踪脉冲位置对应着目标距离的一个初始估计值或测量值 R_0，而时间鉴别器可以获得跟踪脉冲与回波脉冲中心之间的距离 ΔR，则目标距离的测量值为

$$R=R_0+\Delta R$$

(2) 控制器

控制器的作用是把误差信号 u_ε 进行加工变换后，将其输出去控制跟踪波门移动，即改变时延 t'，使其朝减小 u_ε 的方向运动，也就是使 t' 趋向于 t。控制器的主要问题包括两方面：一是移动跟踪波门的方向；二是移动跟踪波门的规则。这两个问题的解决还需要涉及雷达系统中的数据处理机，不再赘述。

(3) 跟踪脉冲产生器

跟踪脉冲产生器根据控制器输出的控制信号(转角 θ 或控制电压 E)，产生所需要延迟时间 t' 的跟踪脉冲。跟踪脉冲就是人工测距时的电移动指标，只是有时为了在显示器上获得所希望的电瞄形式(如缺口式电瞄标志)，而把跟踪脉冲的波形加以适当变换而已。

4.2　目标角度的测量

测量目标的方位角和俯仰角也是雷达的基本任务。两坐标雷达只能测量方位角和目标距离。三坐标雷达可以测量目标的方位角、俯仰角(目标高度)和距离三个参数。

雷达测角的基本原理是利用雷达天线波束的方向性来完成的。显然，雷达天线方位波束宽度越窄，则测量方位角精度越高；俯仰波束宽度越窄，测量俯仰角精度越高。

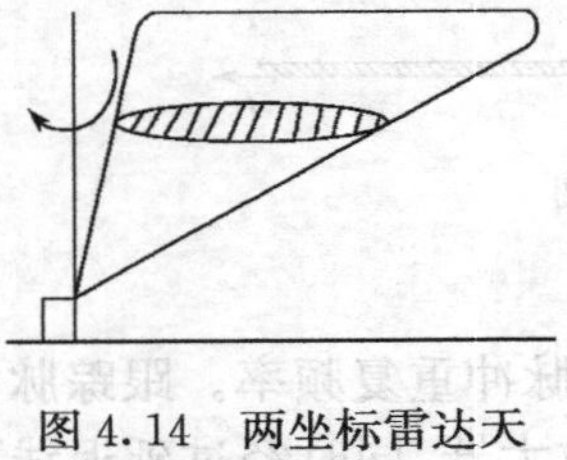

图 4.14　两坐标雷达天线波束示意图

对于两坐标雷达而言，雷达天线的方位波束宽度很窄，而俯仰波束较宽，因此它只能测方位角(如图 4.14 所示)。

对于三坐标雷达而言，雷达天线波束为针状波束，方位和俯仰波束宽度都很窄，能精确测量目标的方位和俯仰角。为了达到一定的俯仰空域覆盖，在俯仰方向上可进行一维波束扫描或多波束堆积，如图 4.15 所示。

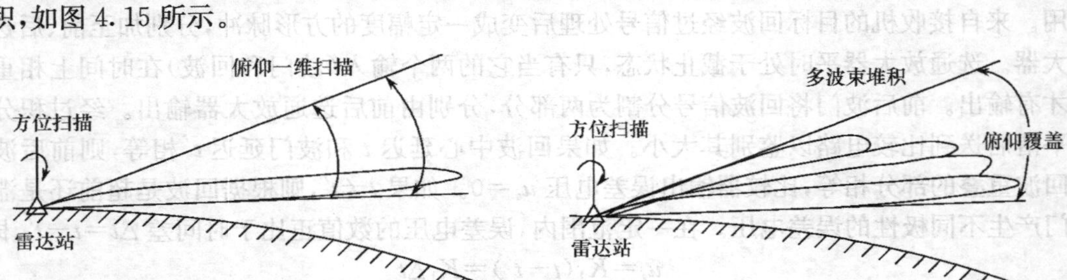

(a) 针状单波束　　(b) 堆积多波束

图 4.15　三坐标雷达天线波束示意图

雷达测角的基本方法有振幅法和相位法两大类。振幅法测角有最大信号法、等信号法和

最小信号法。对空情报雷达多采用最大信号法，等信号法则多用在精确跟踪雷达中，最小信号法已很少使用。相位法测角多在相控阵雷达中使用。

4.2.1　相位法测角

1. 基本原理

相位法测角是利用多个天线所接收回波信号之间的相位差来对角度进行测量的。如图4.16所示，设在θ方向有一远区目标，则到达接收点的目标回波近似为平面波。由于两天线间距为d，故它们所接收到的信号由于存在波程差ΔR而产生一个相位差φ，大小为

$$\varphi=\frac{2\pi}{\lambda}\Delta R=\frac{2\pi}{\lambda}d\sin\theta$$

式中，λ为雷达波长。如果用相位计进行比相，测出相位差φ，就可以确定目标方向θ。

由于在较低频率上容易实现比相，所以通常将两个天线收到的高频信号与同一个本振信号混频，然后在中频进行比相。由于混频不会改变两个信号的相位差，所以对测量结果没有影响。图4.17是一个相位法测角的方框图。接收信号经过混频、放大后再加到相位比较器中进行比相。其中自动增益控制电路用来保证中频信号幅度稳定，以免幅度变化引起测角误差。

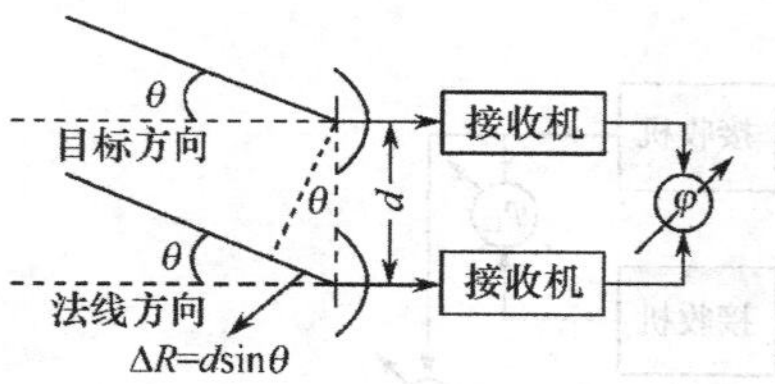

图4.16　相位法测角示意图

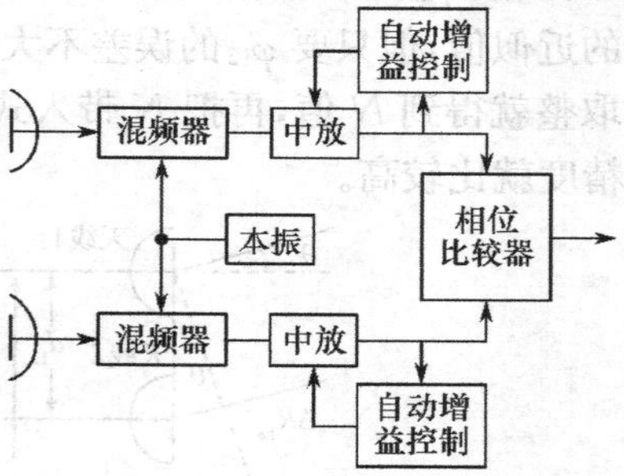

图4.17　相位法测角方框图

2. 测角误差与多值性问题

由于角度θ是通过相位差φ测量的，所以相位差φ测量不准，就会产生测角误差，利用误差传播原理，通过全微分可以得到

$$\mathrm{d}\varphi=\frac{2\pi}{\lambda}d\cos\theta\,\mathrm{d}\theta$$

$$\mathrm{d}\theta=\frac{\lambda}{2\pi d\cos\theta}\,\mathrm{d}\varphi$$

显然，如果采用高精度的相位计（$\mathrm{d}\varphi$小），或减小λ/d值（增大d/λ值），都可以提高测角精度。当$\theta=0$，即目标处在天线法线方向时，测角误差$\mathrm{d}\theta$最小。当θ增大时，$\mathrm{d}\theta$也增大，为了保证一定的测角精度，θ的范围有一定限制。

增大d/λ虽然可以提高测角精度，但是在感兴趣的θ范围内，当d/λ增大到一定程度时，φ值可能超过2π，此时

$$\varphi=2\pi N+\psi$$

式中,N 为正整数,$\psi<2\pi$。而相位计的实际读数为 ψ 值。由于 N 未知,因而真实 φ 值就不能确定,这样就出现了多值性(模糊)问题。解决多值性问题的有效方法是利用三天线测角设备,间距大的天线 1 和天线 3 用来得到高精度测量,间距小的天线 1 和天线 2 用来解决多值性。如图 4.18 所示。

设目标在 θ 方向,天线 1 和天线 2 之间的距离为 d_{12},天线 1 和天线 3 之间的距离为 d_{13},适当选择 d_{12},使天线 1 和天线 2 收到的信号之间的相位差在测角范围内均满足

$$\varphi_{12}=\frac{2\pi}{\lambda}d_{12}\sin\theta<2\pi$$

φ_{12} 由相位计 1 读出。

根据要求,选择较大的 d_{13},则天线 1 和天线 3 收到的信号的相位差为

$$\varphi_{13}=\frac{2\pi}{\lambda}d_{13}\sin\theta=2N\pi+\psi \tag{4.2.1}$$

φ_{13} 由相位计 2 读出,但实际读数是小于 2π 的 ψ。为了确定 N 值,可利用如下关系

$$\frac{\varphi_{12}}{\varphi_{13}}=\frac{d_{12}}{d_{13}}$$

$$\varphi_{13}=\frac{d_{13}}{d_{12}}\varphi_{12} \tag{4.2.2}$$

根据相位计 1 的读数 φ_{12} 可以根据式(4.2.2)算出 φ_{13},由于 φ_{12} 的精度不高,这样求出的 φ_{13} 只是式(4.2.1)的近似值,但只要 φ_{12} 的误差不大,就可以用来确定模糊数 N,即用这个近似的 φ_{13} 除以 2π 然后取整就得到 N 值,再把 N 带入式(4.2.1)就可以算出 φ_{13}。由于 d_{13}/λ 较大,这样求出的 φ_{13} 的精度就比较高。

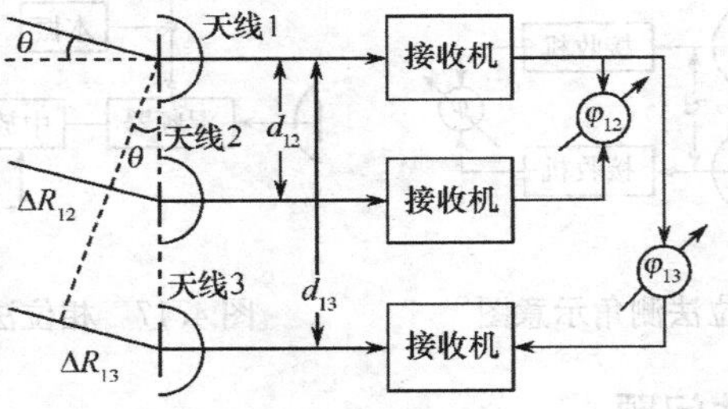

图 4.18 三天线相位法测角原理示意图

4.2.2 振幅法测角

振幅法测角是利用天线收到的回波信号的幅度来进行角度测量的,回波信号幅度的变化规律取决于天线方向图和扫描方式。

振幅法测角分为最大信号法和等信号法两类。

1. 最大信号法

当天线波束作圆周扫描或在一定扇形范围内作匀角速扫描时,对收发共用天线的单基地脉冲雷达而言,接收机输出的脉冲串幅度值被天线双程方向图函数所调制。找出脉冲串的最大值(中心值),确定该时刻波束轴线指向即为目标所在方向。

以两坐标雷达、0～360°圆周扫描为例，雷达天线方位波束宽度较窄，俯仰覆盖较宽。雷达天线方位方向图如图 4.19 所示。在雷达天线波束照射目标的驻留时间内（以主波束计），可收到 N 个目标回波，即

$$N=\frac{\text{方位波束宽度}[^{\circ}]}{\text{方位扫描速度}[^{\circ}/\text{s}]}\cdot f_{\text{r}}$$

式中，f_{r} 为发射脉冲重复频率。

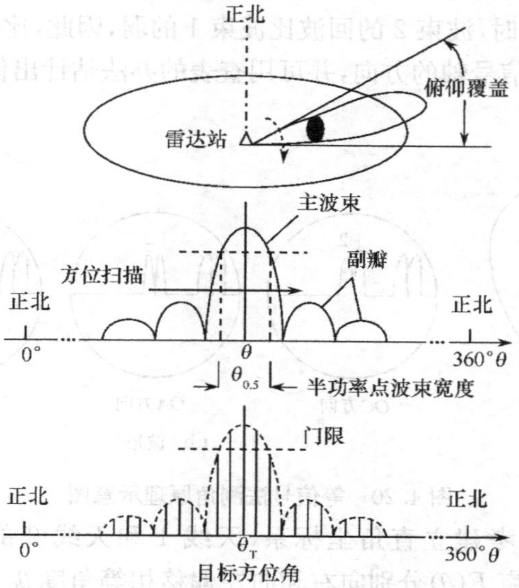

图 4.19　最大信号法测角原理

如图 4.19 所示，经过门限处理后，再从通过门限的目标回波信号中找出信号幅度最大处所对应的角度，亦即雷达天线波束中心指向目标的时刻，它就是目标对应的方位角度。这就是最大信号法测角原理。

在人工录取雷达中，操作员在显示器画面上看到回波最大值的同时，读出目标的角度数据。采用平面位置显示（PPI）二维空间显示器时，扫描线与波束同步转动，根据回波标志中心（相当于最大值）相应的扫描线位置，借助显示器上的机械角刻度或电子角刻度读出目标的角坐标。

在自动录取雷达中，可以采用以下办法读出回波信号最大值方向：一般情况下，天线方向图是对称的，因此回波脉冲串的中心位置就是其最大值的方向。测量时可先将回波脉冲串进行二进制量化，其振幅超过门限时取“1”，否则取“0”，如果测量时没有噪声和其他干扰，就可根据出现“1”和消失“1”的时刻，方便且精确的找出回波脉冲串“开始”和“结束”时的角度，两者的中间值就是目标的方向。

最大信号法测角的优点一是简单，二是用天线方向图的最大值方向测角，此时回波最强，故信噪比最大，对检测发现目标有利。

其主要缺点是，直接测量时测量精度不高，大约为波束半功率宽度 $\theta_{0.5}$ 的 20%左右，这是因为方向图最大值附近比较平坦，最强点不易判别。另一个缺点是不能判别目标偏离波束轴线的方向，故不能用于自动测角。最大信号法测角广泛用于搜索和引导雷达中。

2. 等信号法

等信号法测角采用两个相同且彼此部分重叠的波束,其方向图如图 4.20(a)所示。如果目标出在两波束的交叠轴 OA 方向,则两波束接收到的信号强度相等,否则一个波束接收到的信号强度高于另一个[如图 4.20(b)所示]。故常常称 OA 为等信号轴。当两个波束接收到的回波信号相等时,等信号轴所指方向即为目标方向。如果目标处在 OB 方向,波束 2 的回波比波束 1 的强,处在 OC 方向时,波束 2 的回波比波束 1 的弱,因此,比较两个波束回波信号的强弱就可以判断目标偏离等信号轴的方向,并可用查表的办法估计出偏离等信号轴的大小。

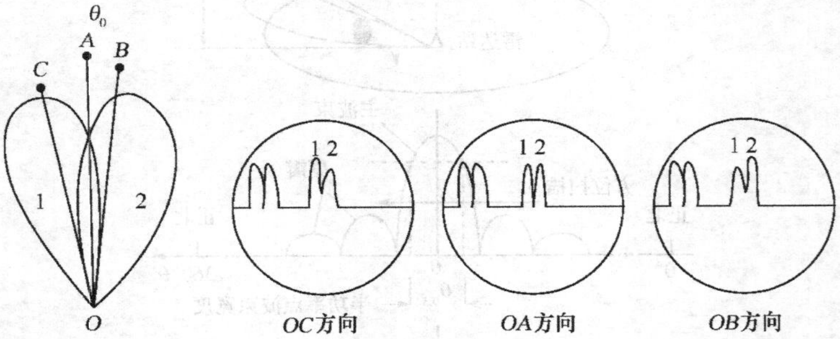

(a) 波束 (b) 波形

图 4.20 等信号法测角原理示意图

以等信号轴指向为参考建立直角坐标系,天线 1 和天线 2 的方向图分别为 $F_1(\theta)$ 和 $F_2(\theta)$,可以看作是天线波束 $F(\theta)$ 分别向右和向左偏移相等角度 θ_0 而形成。并且假定方向图 $F(\theta)$ 为偶函数,即 $F(-\theta)=F(\theta)$,因此波束 1 和波束 2 的方向性函数可分别写为

$$F_1(\theta)=F(\theta-\theta_0)$$

$$F_2(\theta)=F(\theta+\theta_0)]$$

目标位置靠近等信号轴方向,目标角度为 θ_t。仅考虑目标回波的接收过程,用等信号法测量时,波束 1 和波束 2 接收到的回波信号电压分别为

$$u_1=kF_1(\theta_t)=kF(\theta_t-\theta_0)$$

$$u_2=kF_2(\theta_t)=kF(\theta_t+\theta_0)$$

其中:k 为一未知参数,其包含了信号接收通道增益、相位等诸多因素。于是角度测量转化为如下问题:若测量出 u_1 和 u_2,并已知 $F(\theta)$,则如何求 θ_t? 处理方法主要有两种:比幅法及振幅和差法。

(1) 比幅法

求两信号幅度 u_1 和 u_2 的比值。首先在$[-\theta_0,\theta_0]$内作出 $F(\theta-\theta_0)/F(\theta+\theta_0)$ 出比值曲线,此曲线是关于 θ 的单调函数,又

$$\frac{u_1}{u_2}=\frac{F(\theta_t+\theta_0)}{F(\theta_t+\theta_0)}$$

因此,根据信号比值大小查找预先制定的曲线就可以估计出 θ_t 的数值。可以看出求比值的过程消除了未知参数 k 的影响。

(2) 振幅和差法

根据和、差波束的定义

$$F_{\Sigma}=F(\theta-\theta_0)+F(\theta+\theta_0)$$

$$F_{\Delta}(\theta)=F(\theta-\theta_0)-F(\theta+\theta_0)$$

和差波束方向图如图 4.21 所示。因此：接收和/差信号分别为

$$\Sigma=u_1+u_2=kF_{\Sigma}(\theta_t)$$

$$\Delta=u_1-u_2=kF_{\Delta}(\theta_t)$$

为了消除未知参数 k 的影响，用和信号归一化差信号

$$\frac{\Delta}{\Sigma}=\frac{F_{\Delta}(\theta_t)}{F_{\Sigma}(\theta_t)}$$

当目标角度较小时，利用一阶泰勒展开近似可得

$$F(\theta_t+\theta_0)\approx F(\theta_0)+F'(\theta_0)\theta_t$$

$$F(\theta_t-\theta_0)=F(\theta_0-\theta_t)\approx F(\theta_0)-F'(\theta_0)\theta_t$$

因此

$$F_{\Sigma}(\theta_t)=F(\theta_t-\theta_0)+F(\theta_t+\theta_0)\approx 2F(\theta_0)$$

$$F_{\Delta}(\theta_t)=F(\theta_t-\theta_0)-F(\theta_t+\theta_0)\approx -2F'(\theta_0)$$

进一步可得

$$\frac{\Delta}{\Sigma}=\frac{F'(\theta_0)}{F(\theta_0)}\theta_t$$

已知 Δ/Σ 和 $F'(\theta_0)/F(\theta_0)$ 就可以求出目标角度 θ_t。

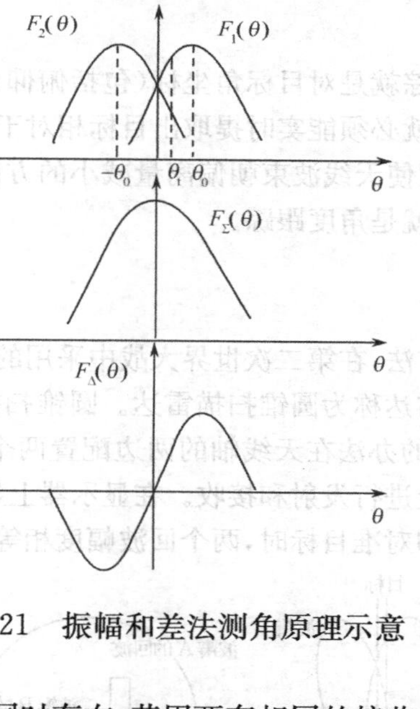

图 4.21　振幅和差法测角原理示意

等信号法中，两个波束可以同时存在，若用两套相同的接收系统同时工作，则称为同时波瓣法(见图 4.22)；两波束也可以交替出现，或只要其中一个波束，使它绕轴线旋转，波束便按时间顺序在 A、B 位置交替出现，只要用一套接收系统工作，则称为顺序波瓣法(见图 4.23)。

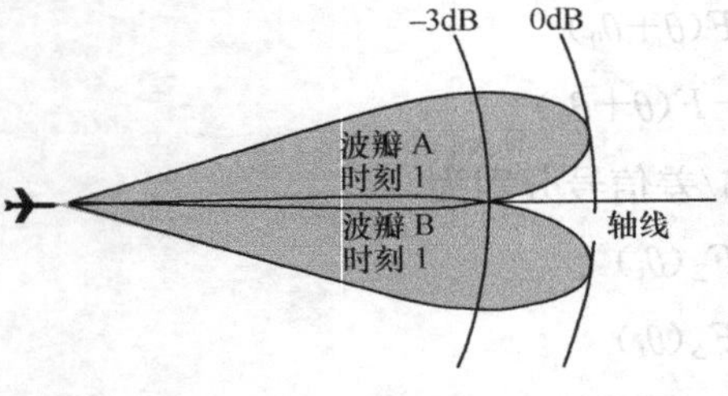

图 4.22 同时波瓣法

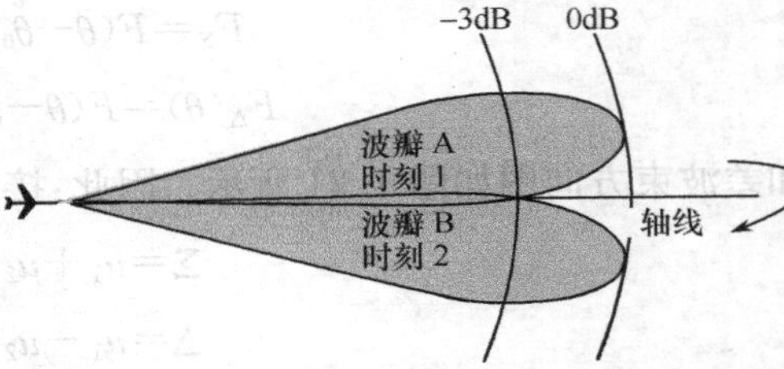

图 4.23 顺序波瓣法

等信号法的优点是:

① 测角精度比最大信号法高。因为等信号轴附近的方向图斜率比较大,目标略微偏离等信号轴,两信号强度变化就比较显著。由理论分析可知,对收发共用天线的雷达,精度约为波束半功率宽度的2%,比最大信号法高一个量级。

② 根据两个波束接收到的信号的强弱可判别目标偏离等信号轴的方向,便于自动测角。

等信号法的主要缺点是:

① 测角系统比较复杂。

② 等信号轴方向不是方向图的最大值方向,所以在发射功率相同的条件下,作用距离比最大信号法小些。但是,如果采用和波束进行探测,则探测性能与最大信号法相当。

等信号法通常用于自动测角,在精密跟踪雷达中有广泛应用。

4.2.3 角度跟踪原理

与距离跟踪类似,角度跟踪就是对目标角坐标(包括俯仰角与方位角)作连续的测量。雷达要对目标实施角跟踪,首先就必须能实时提取出目标相对于雷达天线波束中心的偏离量,然后根据偏离量的大小和方向驱使天线波束朝偏离量减小的方向运动,不断地对目标进行角度测量,连续地自动角度测量也就是角度跟踪。

1. 圆锥扫描自动测角

雷达天线提取角偏差的方法,在第二次世界大战中采用的是顺序波瓣和圆锥扫描技术,采用圆锥扫描自动测角技术的雷达称为圆锥扫描雷达。圆锥扫描雷达用偏置馈源(对反射面天线)或改变相位(对阵列天线)的办法在天线轴的两边配置两个波瓣,如图4.24所示。雷达不断地按顺序转换到两个波瓣上进行发射和接收。在显示器上显示出与两个波瓣对应的回波信号。当目标位于天线轴线上即对准目标时,两个回波幅度相等,否则就会有差异。差异表示目

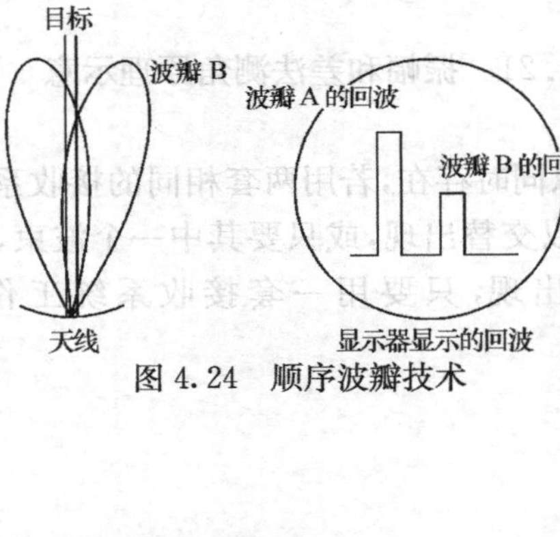

图 4.24 顺序波瓣技术

标相对于天线轴线偏差角的大小及方向，据此差异就可调整天线对目标的跟踪。

圆锥扫描雷达在天线处设置一个小型驱动电动机使偏置馈源绕天线轴线连续地旋转，这样就会在空中形成一个圆锥扫描波瓣，因此这种技术被称为圆锥扫描技术，如图 4.25 所示。

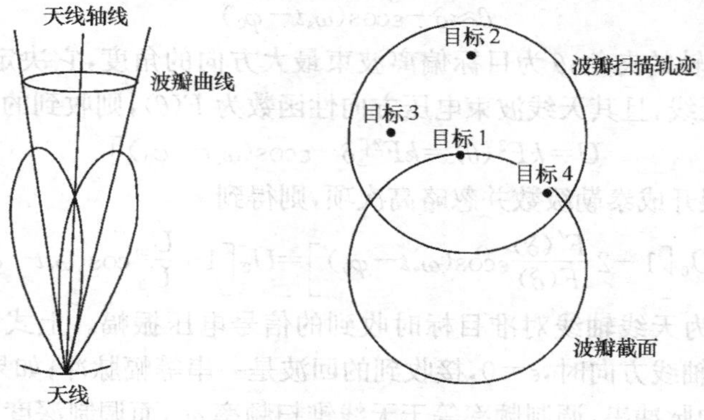

图 4.25　圆锥扫描技术

(1) 圆锥扫描基本原理

如图 4.26(a)所示的针状波束，它的最大辐射方向 $O'B$ 偏离等信号轴(天线旋转轴)$O'O$ 一个角度 δ，当波束以一定的角速度 ω_s 绕等信号轴 $O'O$ 旋转时，波束最大辐射方向 $O'B$ 就在空间画出一个圆锥。如果取一个垂直于等信号轴的平面，则波束截面及波束中心(最大辐射方向)的运动轨迹等如图 4.26(b)所示。

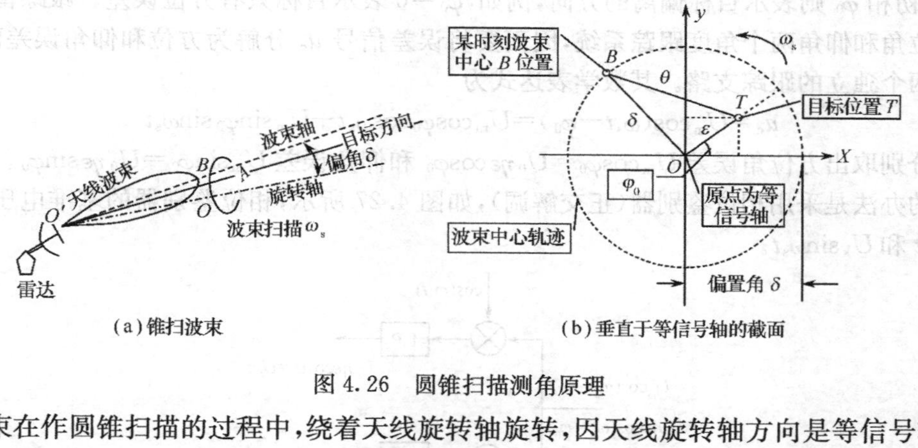

图 4.26　圆锥扫描测角原理

波束在作圆锥扫描的过程中，绕着天线旋转轴旋转，因天线旋转轴方向是等信号轴方向，故扫描过程中这个方向天线的增益始终不变。当天线对准目标时，接收机输出的回波信号为一串等幅脉冲。如果目标偏离等信号轴方向，则在扫描过程中波束最大值旋转在不同位置时，目标有时靠近有时远离天线最大辐射方向，这使得接收的回波信号幅度也产生相应的强弱变化。

下面要证明，输出信号近似为正弦波调制的脉冲串，其调制频率为天线的圆锥扫描频率 ω_s，调制深度取决于目标偏离等信号轴方向的大小，而调制波的起始相位 φ 则由目标偏离等信号轴的方向决定。

由垂直平面图 4.26(b)可看出，如目标 A 偏离等信号轴的角度为 ε，等信号轴偏离波束最大值的角度(波束偏角)为 δ，圆为波束最大值运动的轨迹，在 t 时刻，波束最大值位于 B 点，则此时波束最大值方向与目标方向之间的夹角为θ。如果目标距离为R,则可求得通过目标的垂直平面上各弧线的长度如图4.26(b)所示。

在跟踪状态时,通常误差ε很小且满足$\varepsilon \ll \delta$,由简单的几何关系可求得θ角的变化规律为

$$\theta \approx \delta - \varepsilon\cos(\omega_s t - \varphi_0)$$

式中,φ_0为OA与x轴的夹角;θ为目标偏离波束最大方向的角度,它决定了目标回波信号的强弱。设收发共用天线,且其天线波束电压方向性函数为$F(\theta)$,则收到的信号电压振幅为

$$U = kF^2(\theta) = kF^2[\delta - \varepsilon\cos(\omega_s t - \varphi_0)]$$

将上式在δ处展开成泰勒级数并忽略高次项,则得到

$$U = U_0\left[1 - 2\frac{F'(\delta)}{F(\delta)}\varepsilon\cos(\omega_s t - \varphi_0)\right] = U_0\left[1 + \frac{U_m}{U_0}\cos(\omega_s t - \varphi_0)\right]$$

式中,$U_0 = kF^2(\delta)$,为天线轴线对准目标时收到的信号电压振幅。上式表明,对脉冲雷达来讲,当目标处于天线轴线方向时,$\varepsilon=0$,接收到的回波是一串等幅脉冲;如果存在ε,则接收到的回波是振幅受调制的脉冲串,调制频率等于天线锥扫描频率ω_s,而调制深度

$$m = \eta\varepsilon = -\frac{2F'(\delta)}{F(\delta)}\varepsilon$$

正比于误差角度ε,式中η为测角率,表明角误差鉴别器的灵敏度,且

$$\eta = \frac{2F'(\delta)}{F(\delta)}$$

误差信号$u_c = U_m\cos(\omega_s t - \varphi_0) = U_0 m\cos(\omega_s t - \varphi_0)$的振幅$U_m$表示目标偏离等信号轴的大小,而初相$\varphi_0$则表示目标偏离的方向,例如,$\varphi_0=0$表示目标只有方位误差。跟踪雷达中通常有方位角和仰角两个角度跟踪系统,因而要将误差信号u_c分解为方位和仰角误差两部分,以控制两个独立的跟踪支路。其数学表达式为

$$u_c = U_m\cos(\omega_s t - \varphi_0) = U_m\cos\varphi_0\cos\omega_s t + U_m\sin\varphi_0\sin\omega_s t$$

即分别取出方位角误差$U_m\cos\varphi_0 = U_0\eta\varepsilon\cos\varphi_0$和仰角误差$U_m\sin\varphi_0 = U_0\eta\varepsilon\sin\varphi_0$。误差电压分解的办法是采用相位鉴别器(正交解调),如图4.27所示,相位鉴别器的基准电压分别为$U_k\cos\omega_s t$和$U_k\sin\omega_s t$。

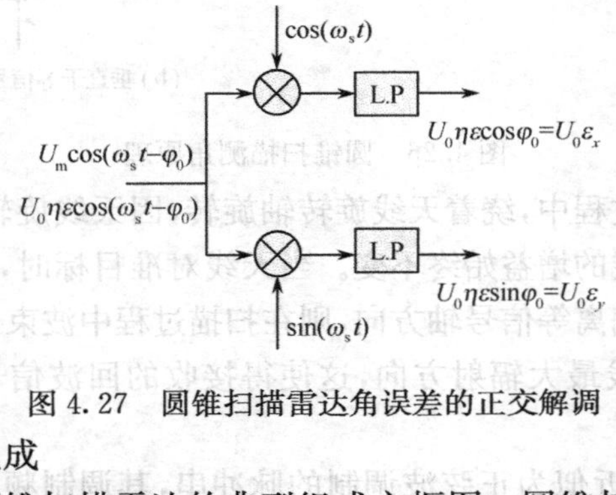

图4.27 圆锥扫描雷达角误差的正交解调

(2)圆锥扫描雷达的组成

图4.28给出了一个圆锥扫描雷达的典型组成方框图。圆锥扫描电动机带动天线馈源匀速旋转,使波束进行圆锥扫描。圆锥扫描雷达的接收机高频部分与普通雷达相似,但在主中放的末几级分为两路,一路称为距离支路中放,一路称为角跟踪支路中放。接收信号经过高频部分放大、变频后加到距离支路中放,放大后再经过检波、视放后加到显示器和自动距离跟踪系

统。在显示器上可对波束内空间所有目标进行观察。自动距离跟踪系统只对要进行自动跟踪的一个目标进行距离跟踪,并输出一个距离跟踪波门给角跟踪支路中放,作为角跟踪支路中放的开启电压(平时角跟踪支路中放关闭,只有跟踪波门来时才打开)。这样做的目的是避免多个目标同时进入角跟踪系统,造成角跟踪系统工作混乱。因此进行方向跟踪之前必须先进行距离跟踪,角跟踪支路中放只让被选择的目标通过。回波信号经过检波、视放、包络检波,取出脉冲串的包络;再经锥扫频率调谐放大器,滤去直流信号和其他干扰信号,得到交流误差电压;然后送至方位角相位鉴别器和高低角相位鉴别器。与此同时,与圆锥扫描电动机同步旋转的基准电压发电机产生的正弦电压和余弦电压也分别加到两个相位鉴别器上,作为基准信号与误差信号进行相位鉴别,分别取出方位角及高低角直流误差信号。直流误差信号经伺服放大、功率放大后,分别加于方位角及高低角驱动电动机上,使电动机带动天线向减小误差的方向转动,最后使天线轴对准目标。为了使伺服系统稳定工作,由驱动电动机引回一反馈电压,以限制天线过大幅度的振荡。图中还有自动增益控制电路。图中的自动增益控制电路,用来消除目标距离和目标截面积大小对输出误差电压幅度的影响,使输出误差电压只取决于误差角而与距离等因素无关。为此,要取出回波信号平均值去控制接收机增益,使输出电压的平均值保持不变。

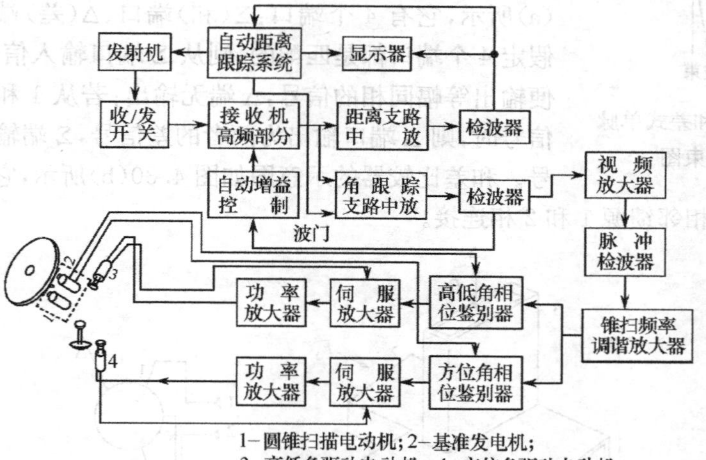

1—圆锥扫描电动机;2—基准发电机;
3—高低角驱动电动机;4—方位角驱动电动机

图 4.28 圆锥扫描雷达组成方框图

2. 单脉冲自动测角

单脉冲自动测角技术属于同时波瓣法,即在同一个角平面内,两个相同的波束部分重叠,其交叠方向即为等信号轴;将两个波束同时收到的回波信号进行比较,就可取得目标在这个平面上的角误差信息;然后将此误差信号放大变换,加到伺服机构,以控制天线朝着减小误差方向运动。天线所指方向即为目标方向。采用单脉冲测角技术的雷达也称为单脉冲雷达。由于两波束同时接收回波,故单脉冲雷达获得目标角误差信息的时间可以很短。理论上讲,只要分析一个回波脉冲就可以确定角误差的大小和方向。由于测角体制的优势,单脉冲雷达的测角精度、测角实时性、抗干扰性能等都比圆锥扫描雷达要高得多。由于提取角误差信号的方法不同,单脉冲雷达还分为比幅单脉冲雷达、振幅和差式单脉冲雷达、相位和差式单脉冲雷达,等等。下面重点介绍振幅和差式单脉冲雷达基本原理。

(1) 角误差信号的形成

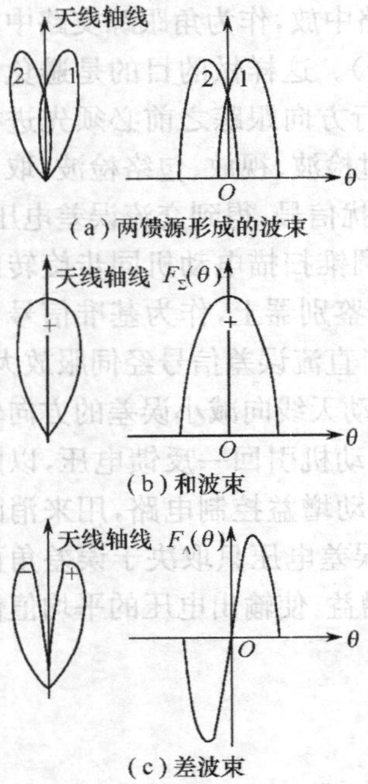

(a)两馈源形成的波束

(b)和波束

(c)差波束

图 4.29　振幅和差式单脉冲雷达波束图

雷达天线在一个角平面内有两个部分重叠的波束,即波束1、波束2,如图 4.29 所示。振幅和差单脉冲雷达取得角误差信号的基本方法是将这两个波束同时收到的回波信号进行和差处理,分别得到和信号与差信号,与和差信号相对应的和差波束如图 4.29 所示,其中差信号即为该平面的角误差信号。

如图 4.29 可见,若目标处在天线轴线方向(等信号轴),误差角 $\varepsilon=0$,则两波束收到的回波信号振幅相同,差信号等于零;若目标偏离等信号轴,误差角 ε 不为零,则两波束收到的回波信号振幅不同,输出信号的振幅与 ε 成正比,而符号(相位)由偏离方向决定。和信号除用作目标检测和测距跟踪外,还作为提取角误差信号的相位基准。

(2) 和差比较器与和差波束

和差比较器是单脉冲雷达的重要部件,由它完成和差处理,形成和差波束。和差比较器用得较多的是双 T 接头,如图 4.30(a)所示,它有 4 个端口:Σ(和)端口、Δ(差)端口、1 和 2 端口。假定 4 个端口都是匹配的,则从 Σ 端口输入信号时,1 和 2 端口便输出等幅同相的信号,Δ 端无输出;若从 1 和 2 端口输入同相信号时,则 Δ 端口输出为两者的差信号,Σ 端输出为两者的和信号。和差比较器的示意图如图 4.30(b)所示,它的 1 和 2 端口与形成两个波束的相邻馈源 1 和 2 相连接。

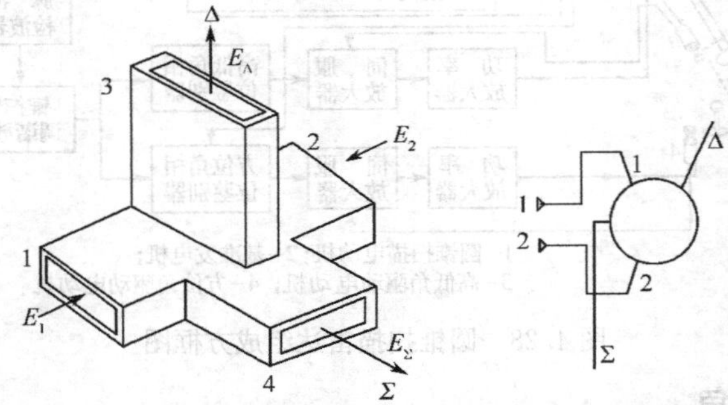

(a)双 T 接头　　(b)和差比较器示意图

图 4.30　双 T 接头及和差比较器示意图

发射时,从发射机来的信号加到和差比较器的端口,故 1 和 2 端口输出等幅同相信号,两个馈源同相激励,辐射功率相同,形成发射和波束 $F_{\Sigma}(\Sigma)$,如图 4.29 所示。

接收时,回波脉冲同时被两个波束的馈源所接收。两波束收到的信号振幅有差异(视目标偏离天线轴程度),但相位相同。这两个相位相同、振幅不同的信号分别加到和差器的 1 和 2 端口,这时,在 Σ(和)端口,完成两信号同相相加,输出和信号 E_{Σ},其振幅为两信号振幅之和,相位与到达和端口的两信号相同,且与目标偏离天线轴线的方向无关。

在 Δ(差)端口,完成两个信号相减,输出差信号 E_{Δ},差信号的振幅与误差角成正比,相位与 E_1 和 E_2 中强者相同。

振幅和差单脉冲雷达依靠和差比较器得到如图4.29所示的和差波束。差波束用于测角，和波束用于测距和作为相位比较的基准。

(3) 相位检波器和角误差信号变换

和差比较器输出的高频角误差信号 E_Δ 还不能用来控制天线运动，必须把它变换成直流，其大小应与 $|E_\Delta|$ 成正比，而极性由高频角误差相位决定。这个变换由相位检波器和包络检波器来完成，前者把高频信号变为视频，后者把视频变为直流。和差信号分别通过各自的接收通道，经混频、中放后，一起加到相位检波器进行相位检波，以和信号作为相位检波的基准信号。相位检波器的输出为

$$U=K_d U_\Delta \cos\varphi$$

式中，U_Δ 正比于 E_Δ，U 为中频差信号振幅，φ 为和差相位差。这里 $\varphi=0$ 或 $\varphi=\pi$，因此

$$U=\begin{cases}K_d U_\Delta, \varphi=0\\ -K_d U_\Delta, \varphi=\pi\end{cases}$$

相位检波器输出的视频脉冲，经包络检波后变成直流误差信号。该信号的大小与目标误差角 ε 成正比，其极性或正或负，视和差相位差 $\varphi=0$ 或 $\varphi=\pi$ 而定。直流误差信号加到伺服系统，控制天线朝着减小误差方向运动。

通常把相位检波器的视频脉冲幅度 U 与目标误差角 ε 的关系曲线称为角鉴别特性，这是单脉冲雷达调试中的重要检测项目。角鉴别特性如图4.31所示。

(4) 单平面振幅和差单脉冲雷达

单平面振幅和差单脉冲雷达基本组成方框图示于图4.32中。雷达工作过程为：发射信号加到和差比较器的 Σ 端口，分别由1和2端口输出激励两个馈源；接收时，两波束的馈源接收到的信号分别加到和差器1和2端口，Σ 端口输出和信号，Δ 端口输出差信号；Σ、Δ 两路信号分别经过各自的接收系统（混频、前中、主中等），其中频和差信号分别送入相位检波器的两个输入端；相位检波器的视频输出经包络检波变为直流误差信号加到伺服系统控制天线运动。和信号的另外两路作用是，一路经检波视频放大后，供测距、显示用；另一路作为和、差两支路自动增益控制的控制量用。在单脉冲雷达中，通常由距离跟踪来选通角度跟踪。

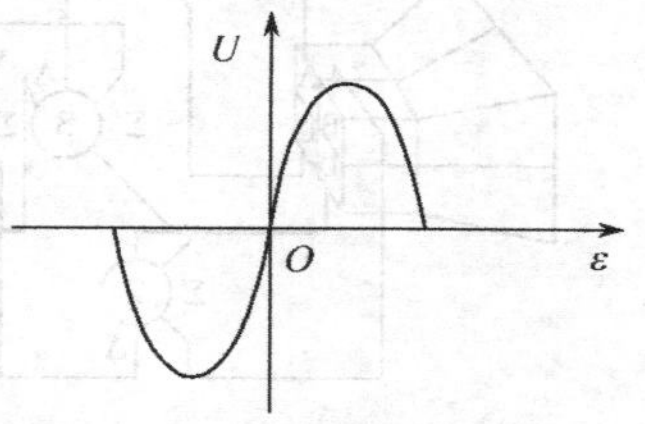

图4.31　角鉴别特性

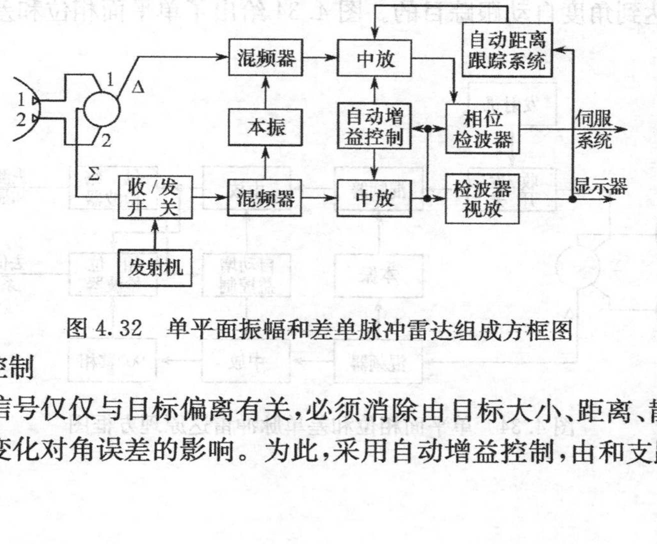

图4.32　单平面振幅和差单脉冲雷达组成方框图

(5) 自动增益控制

为了使角误差信号仅仅与目标偏离有关，必须消除由目标大小、距离、散射面积变化等因素引起的回波振幅变化对角误差的影响。为此，采用自动增益控制，由和支路输出的和信号作

为自动增益控制的控制电压。该电压还控制和差支路的中放增益，等效于用和信号对差信号进行归一化处理，而同时又保持和差通道的特性一致。

采用自动增益控制后，和支路输出保持常量；而其误差仅与目标偏离角 ε 有关，与回波幅度无关。

(6) 双平面振幅和差单脉冲雷达

双平面单脉冲雷达与单平面脉冲雷达的原理、结构基本相同，它只是增加了一些设备：

① 在接收系统中，由一个和差比较器增加为 4 个和差比较器，由两路接收机增加为三路接收机(由支路、方位支路和俯仰支路)；

② 天线馈源由两个馈源口增加到 4 个馈源口；

③ 控制系统由一个相检器和一路天线控制系统增加为两个相检器和两路天线控制系统。

双平面振幅和差单脉冲雷达原理框图如图 4.33 所示。

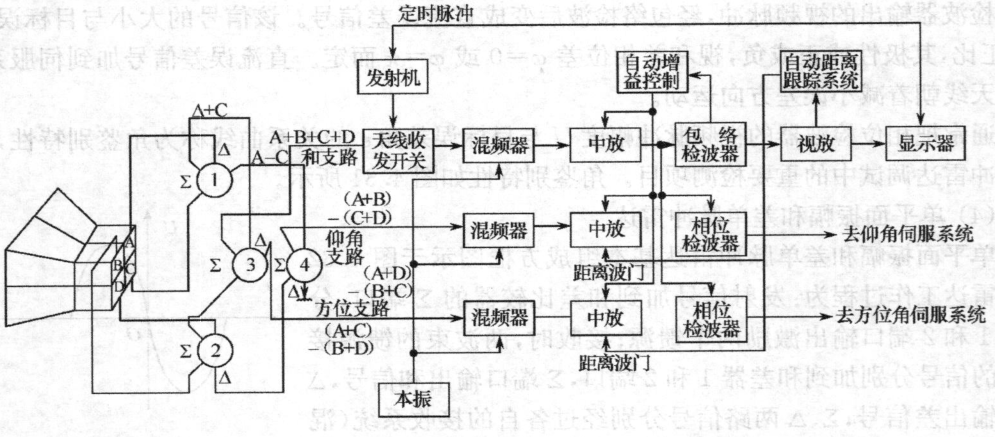

图 4.33　双平面振幅和差单脉冲雷达原理框图

(7) 相位和差单脉冲雷达基本原理

相位和差单脉冲雷达是基于相位法测角原理工作的。在前面章节中已介绍通过比较两天线接收信号的相位可以确定目标方向。若将比较器输出的误差信号经过变换、放大，加到天线控制系统，同样能达到角度自动跟踪目的。图 4.34 给出了单平面相位和差单脉冲雷达原理方框图。

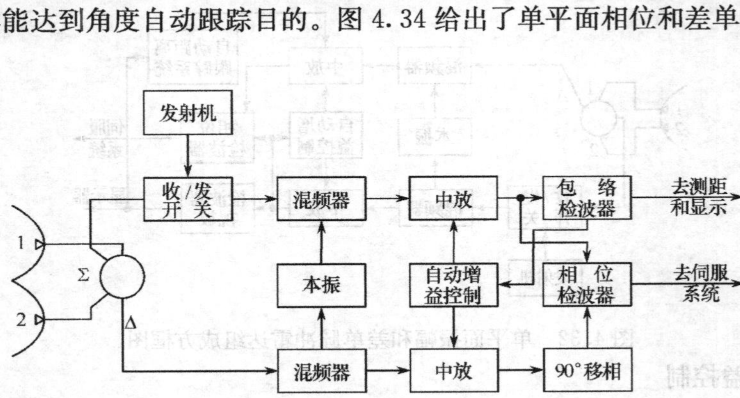

图 4.34　单平面相位和差单脉冲雷达原理方框图

相位和差单脉冲雷达的天线由两个相隔数个波长的天线孔径组成，每个天线孔径产生一个以天线轴为对称轴的波束。在远区，两波束可认为完全重合，对于波束内的目标，两波束所收到的信号振幅是相同的(见图 4.35)。

当目标偏离对称轴时，两天线接收信号由于波程差引起的相位差为

$$\varphi=\frac{2\pi}{\lambda}d\sin\theta$$

式中，d 为天线孔径间隔，θ 为目标对天线轴线的偏角。当 θ 很小时，$\varphi\approx\frac{2\pi}{\lambda}d\theta$。所以，两天线收到的回波在相位上差 φ，两幅度相同。然后经和差比较器取出和信号和差信号，利用图 4.36 的矢量图，可求得和信号 E_Σ 与差信号 E_Δ，且

$$E_\Delta=E_1-E_2=2E_1\sin\frac{\varphi}{2}=2E_1\sin\left(\frac{\pi}{\lambda}d\sin\theta\right)$$

$$E_\Sigma=E_1+E_2=2E_1\cos\frac{\varphi}{2}$$

当 θ 很小时

$$E_\Delta\approx E_1\frac{2\pi}{\lambda}d\theta$$

设目标偏在天线 1 一边，各信号的关系如图 4.36 所示；若目标偏在天线 2 一边，则差信号矢量方向与图 4.36 所示相反，其相位也反相；所以差信号的大小反映了目标偏离天线轴的程度，其相位反映了目标偏离天线轴的方向。由于和差信号相位差 90°，因而必须把其中一路(和或差)先移相 90°，再利用相位检波器检波。通常是把差信号先移相 90°，相位检波器输出电压即为误差电压。其余各部分的工作过程同振幅和差单脉冲雷达。单脉冲雷达需要三路接收机同时工作，将差信号与和信号进行比相后取得误差信号，因此，要求三路接收机工作特性严格一致。

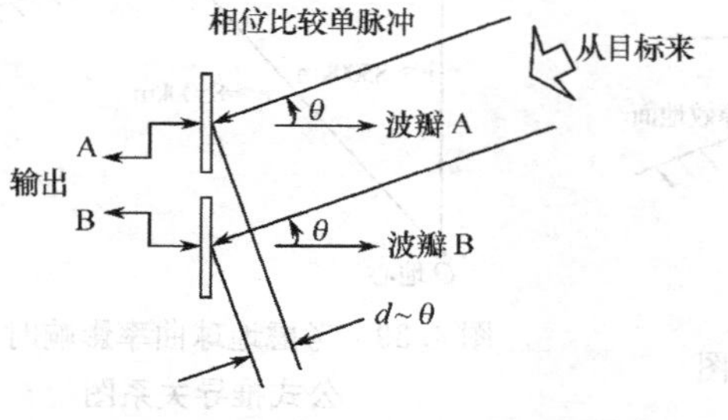

图 4.35　相位和差单脉冲测角原理

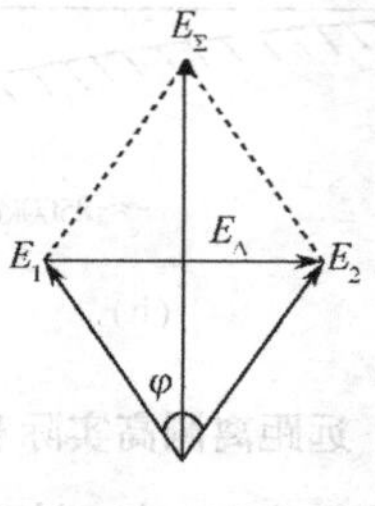

图 4.36　矢量图

4.3　目标高度的测量

目标高度测量与目标仰角测量是一致的，测高度就是测仰角。测量目标的高度是三坐标雷达的主要任务。在防空网中，三坐标雷达主要作为引导雷达。

目标高度测量分几种情况。一是在配高制三坐标雷达中，采用专门的具有扁平波束的雷达测高；二是采用具有针状波束的三坐标雷达测高，如堆积多波束雷达、电扫描雷达等。

专门的测高雷达，其波束常常是扁平形的，在仰角上较窄，例如可以达到 1°～2°；在方位上

比较宽。测高时,根据所指示的方位,上下摆动天线的波瓣,采用最大信号法测定目标的仰角,然后换算成高度(如图 2.33 的典型测高雷达)。

三坐标雷达采用针状波束,利用一定的扫描方法覆盖关心的空域,一般通过比幅的方式测量目标仰角,然后换算成高度。

对近距离目标而言,地面可看作一平面,这时,目标的高度 H 可以根据目标的斜距 R 和目标的俯仰角 θ 计算得出(如图 4.37 所示),即

$$H=R\sin\theta$$

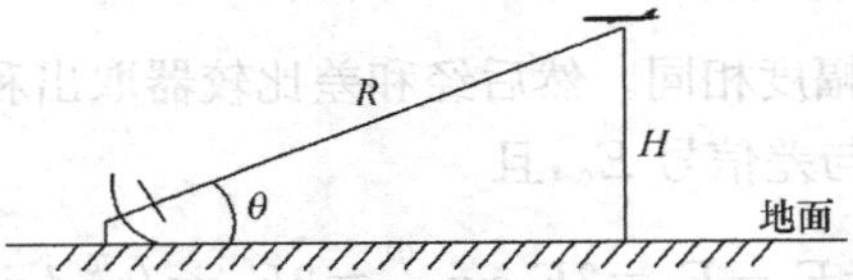

图 4.37 测高原理示意图

对于远距离目标而言,地面就不能看作是平面,电波传播也不能看作是直线。由于传播介质的不均匀性,致使电波传播发生了弯曲[如图 4.38(a)所示]。如果把地球看作是一个更大的球体,则可以将较远距离的电波传播等效地看作直线传播[如图 4.38(b)所示]。已知地球半径 $r=6370\text{km}$,可求得地球的等效半径 $r_e\approx8500\text{km}$。这时,根据图 4.39 所示几何关系求出测高计算公式。

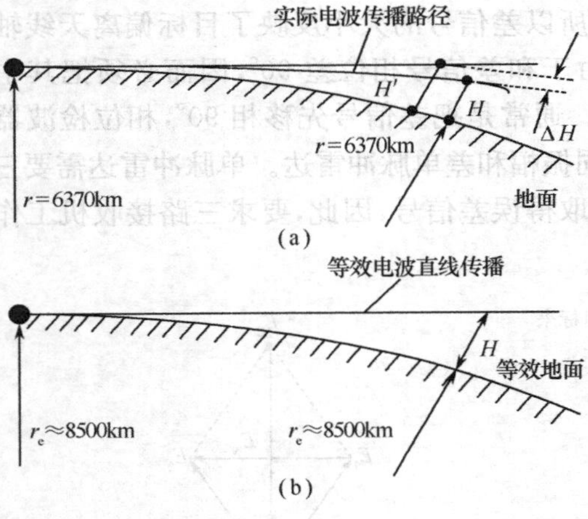

图 4.38 远距离测高实际和等效示意图

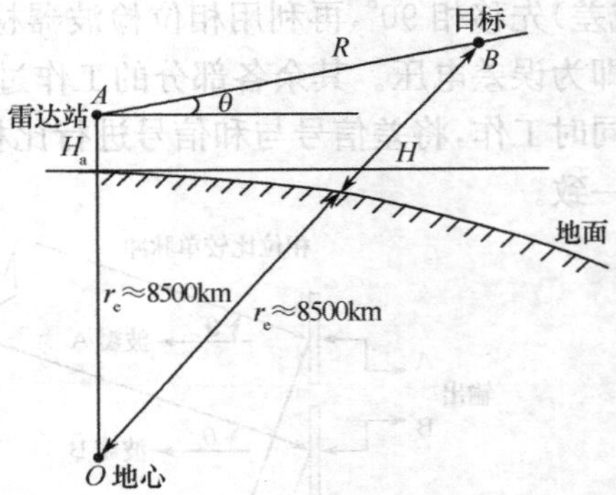

图 4.39 考虑地球曲率影响时测高公式推导关系图

在图 4.39 的△AOB 中,利用余弦定理不难得出

$$(r_e+H)^2=R^2+(r_e+H_a)^2-2R(r_e+H_a)\cos(90^\circ+\theta)$$

因为 $r_e>H_a$,省略小项可得

$$H\approx H_a+\frac{R^2}{2r_e}+R\sin\theta=H_a+\frac{R^2}{17\,000}+R\sin\theta$$

式中,H 为目标高度,H_a 为雷达天线架设高度,R 为目标斜距,θ 为目标俯仰角度,r_e 为等效地球曲率半径。

可见,只要雷达测出目标斜距 R 和俯仰角 θ,H_a 是已知的,利用公式就可以求出目标的高度 H。测量值 R 和 θ 的精度将直接影响测高精度。当前,雷达测距的精度还是比较高的,关键在测俯仰角的精度,目前能达到的测高精度为数百米。

4.4 目标速度的测量

4.4.1 速度测量原理

雷达探测的目标，通常是运动着的物体，比如空中的飞机、导弹，海上的舰船，地面的车辆等。对运动目标速度的测量也是雷达目标测量的一项重要内容，运动目标的速度是通过多普勒频率来测量的。需要注意到，雷达系统中，对目标在直角坐标系下各速度分量的测量不能直接完成，需要利用数据处理方法间接获得。此处所述的目标速度测量特指雷达对目标运动的径向速度测量，雷达能够直接测量的是目标的径向速度。

多普勒原理是指当发射源和接收者之间有相对径向运动时，接收到的信号频率将发生变化，根据信号频率的变化就能够测量出相对径向运动的大小。

下面研究当雷达与目标有相对运动时，雷达站接收信号的特征。假设目标为理想的点目标，即目标尺寸远小于雷达分辨单元。不失一般性，雷达发射信号为

$$s(t)=A\cos(\omega_0 t+\varphi_0)$$

式中，ω_0 为发射角频率，φ_0 为初相，A 为振幅。雷达到目标的距离为 R，则目标回波的延迟时间为

$$t_r=\frac{2R}{c}$$

式中，c 为光速。

雷达接收到的目标反射回波信号 $s_r(t)$ 为

$$s_r(t)=ks(t-t_r)=kA\cos[\omega_0(t-t_r)+\varphi_0]$$

式中，k 为回波的衰减系数。

如果目标不动，则距离 R 为常数。如果目标与雷达之间有相对运动，则距离 R 随时间变化。设目标以匀速相对雷达运动，则在 t 时刻目标与雷达之间的距离 $R(t)$ 为

$$R(t)=R_0+v_r t$$

式中，R_0 为 $t=0$ 时刻的距离，v_r 为目标相对于雷达的径向运动速度，目标接近雷达 v_r 为负值，目标远离雷达 v_r 为正。通常 v_r 远小于光速 c，所以延迟时间 t_r 近似为

$$t_r=\frac{2R(t)}{c}=\frac{2}{c}(R_0+v_r t)$$

回波信号与发射信号的相位差为

$$\varphi=-\omega_0 t_r=-\omega_0\frac{2}{c}(R_0+v_r t)=-2\pi\frac{2}{\lambda}(R_0+v_r t)$$

它是时间 t 的函数，在径向速度 v_r 为常数时，产生的频率差为

$$f_d=\frac{1}{2\pi}\frac{d\varphi}{dt}=-\frac{2v_r}{\lambda}$$

这就是多普勒频率，正比于相对运动的速度而反比于工作波长。当目标飞向雷达时，多普勒频率为正值，接收信号频率高于发射信号频率；当目标背离雷达飞行时，多普勒频率为负值，接收信号频率低于发射信号频率。

多普勒频率可以直观地解释为：振荡源发射的电磁波以恒速 c 传播，如果接收者相对于振荡源是不动的，则它在单位时间内收到的振荡数目与振荡源发出的相同，即两者频率相等；如果振荡源与接收者之间有相对接近的运动，则接收者在单位时间内接收到的振荡数目要比它不动时多一些，即接收频率增高；当两者做背向运动时，结果相反。

将上面的式子变形，得到

$$f_d=-\frac{2v_r}{\lambda}=-\frac{f_0}{c}2v_r$$

$$\frac{f_d}{f_0}=-2\frac{v_r}{c}$$

即多普勒频率的相对值正比于目标速度与光速之比，f_d 的正负取决于目标运动的方向。在多数情况下，多普勒频率处于音频范围。例如当 $\lambda=10\text{cm}$，$v_r=-300\text{m/s}$ 时，求得 $f_d=6\text{kHz}$。此时雷达工作频率为 $f_0=3000\text{MHz}$，目标回波信号频率为 $f_r=3000\text{MHz}\pm6\text{kHz}$，多普勒频率与雷达工作频率的相对比值非常小。因此需要采用差拍，即 f_0 与 f_r 的差值的方法求出多普勒频率。

4.4.2 连续波雷达测速

为了求出收/发信号频率的差频，可以在接收机检波器输入端引入发射信号作为基准电压，在检波器输出端就可以得到收发频率的差频电压，即多普勒频率电压。这里的基准电压通常称为相参(干)电压，而完成差频比较的检波器称为相参检波器。相参检波器是一种相位检波器，在其输入端除了加基准电压外，还有需要鉴别其差频或相对相位的信号电压。

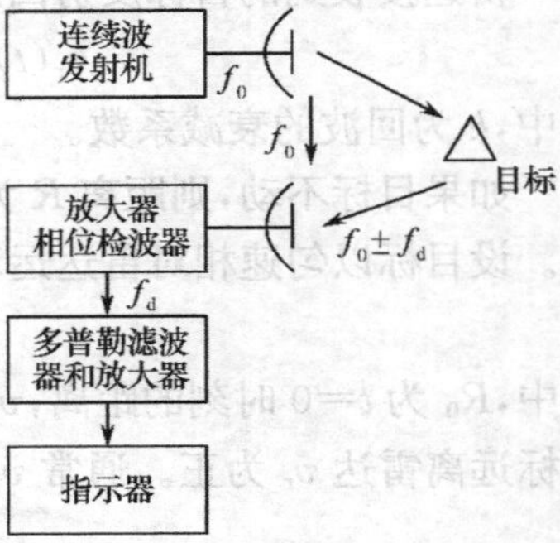

图 4.40 连续波多普勒雷达原理图

图 4.40 是连续波多普勒雷达原理图。发射机产生频率为 f_0 的等幅连续波高频振荡，其中绝大部分能量从发射天线辐射到空间，很少部分能量耦合到接收机输入端作为基准电压。混合的发射信号和接收信号经过放大后，在相位检波器的输出端取出其差拍电压，隔除其中的直流分量，得到多普勒信号送到终端指示器。

对于固定目标，由于回波信号与基准信号的相位差 $\varphi=\omega_0t_r$ 保持常数，故混合相加的合成电压幅度也不改变。当回波信号振幅 U_r 远小于基准信号振幅 U_0 时，从矢量图上可求得其合成电压为

$$U_\Sigma\approx U_0+U_r\cos\varphi$$

包络检波器输出正比于合成信号振幅。对于固定目标，合成矢量不随时间变化，检波器输出经隔直流后无输出。而运动目标回波与基准电压的相位差随时间按多普勒频率变化，即回波信号矢量围绕基准矢量端点以等角速度 ω_d 旋转，这时合成矢量的振幅为

$$U_\Sigma\approx U_0+U_r\cos(\omega_dt-\varphi_0)$$

经相位检波器取出两电压的差拍，通过隔直流电容器得到输出的多普勒频率信号为

$$U_r\cos(\omega_dt-\varphi_0)$$

在检波器中，还可能产生多种和差组合频率，可用带通滤波器取出所需要的多普勒频率 f_d 送

到终端显示器(例如频率计),即可测得目标的径向速度。

带通滤波器的通频带应为 $\Delta f \sim f_{\mathrm{dmax}}$,其低频截止端用来消除固定目标回波,同时应照顾到能通过最低多普勒频率信号,滤波器的高端 f_{dmax} 则应保证目标运动时的最高多普勒频率能够通过。连续波测量时,可以得到单值无模糊的多普勒频率值。

在实际使用中,这样宽的滤波器通频带是不合适的,因为每个运动目标回波只有一个谱线,其谱线宽度由信号有效长度(或信号观测时间)决定。滤波器的带宽应该和谱线宽度相匹配,带宽过宽只能增加噪声而降低测量精度。如果采用和谱线宽度相匹配的窄带滤波器,由于事先并不知道目标多普勒频率的位置,因而需要大量的窄带滤波器,依次排列并覆盖目标可能出现的多普勒范围,如图 4.41 所示。根据目标回波出现的滤波器序号,就可以判定多普勒频率。如果目标回波出现在两个滤波器内,则可以采用内插法求出多普勒频率。

图 4.40 是简单的连续波雷达的组成框图,灵敏度比较低,为了改善雷达的工作效能,一般均采用改进的超外差型的连续波多普勒雷达,组成框图如图 4.42 所示。

限制简单连续波雷达(零中频混频)灵敏度的主要因素是半导体的闪烁噪声,闪烁噪声的功率基本上和频率成反比。由于多普勒频率为低频频率,因此当雷达采用零中频混频时,相位

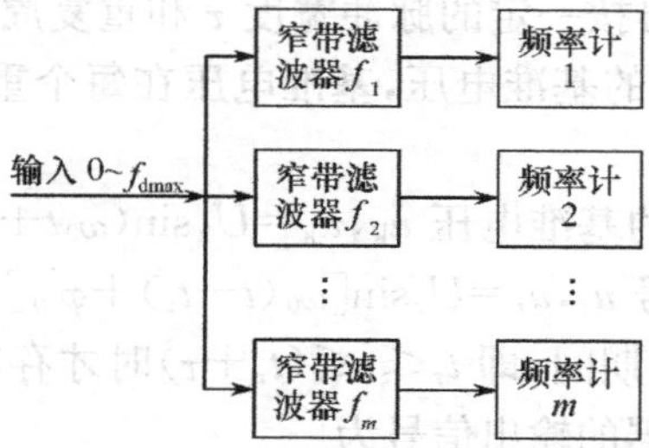

图 4.41　多普勒滤波器组

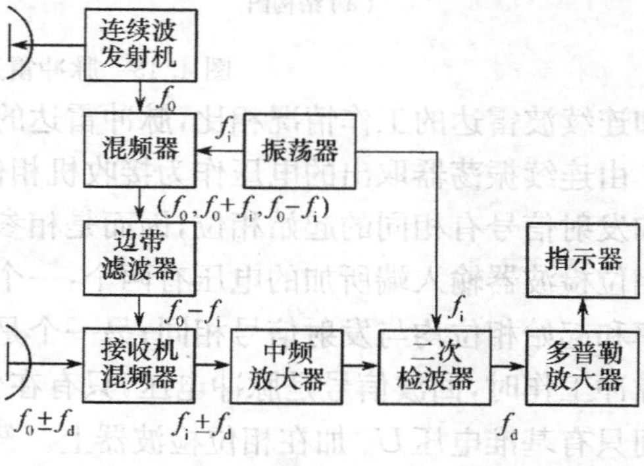

图 4.42　超外差式连续波多普勒雷达组成框图

检波器将引入明显的闪烁噪声,从而降低接收机灵敏度。而超外差式接收机在中频进行混频,如果将中频 f_i 选的足够高,就可以将闪烁噪声降低到普通接收机噪声功率的数量级以下。

如果要测量多普勒频率的正负值,则图 4.42 中的二次检波器应采用正交双通道处理,以避免单路检波产生的频谱折叠效应。

连续波多普勒雷达可用来发现运动目标并能单值地测定其径向速度。利用天线系统的方向性可以测定目标的角坐标,但是简单的连续波雷达不能测出目标的距离。这种系统的优点是:发射系统简单,接收信号频谱集中,因而滤波装置简单,从干扰背景中选择目标的性能好,可发现任一距离上的运动目标,故适用于强杂波背景条件(例如,在灌木丛中行走的人或缓慢行驶的车辆)。由于最小探测距离不受限制,故可用来测量飞机、炮弹等运动体的速度。

4.4.3　脉冲雷达测速

脉冲雷达是最常用的雷达工作方式。当雷达发射脉冲信号时,和连续发射时一样,运动目标回波信号中产生一个附加的多普勒频率分量。所不同的是目标回波仅在脉冲宽度时间内按重复周期出现。

图 4.43 画出了利用多普勒效应的脉冲雷达结构图及各主要点的波形图，图中所示为多普勒频率 f_d 小于脉冲重复频率的情况。

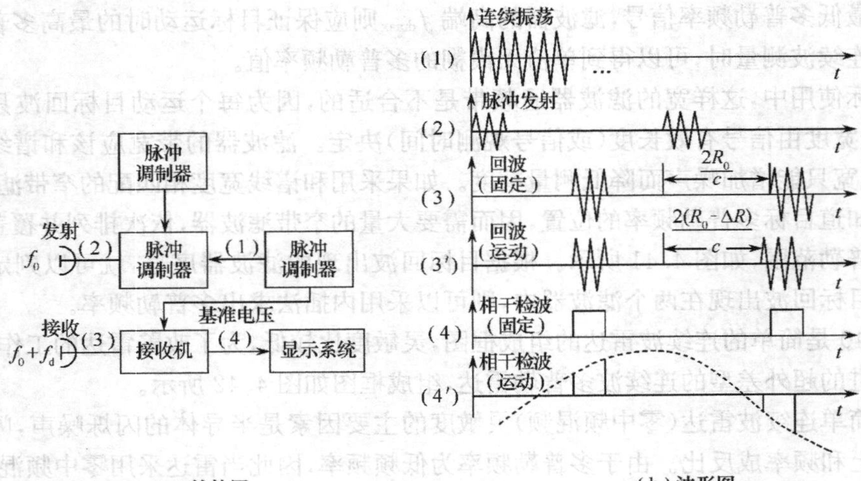

（a）结构图　　（b）波形图

图 4.43　脉冲雷达的多普勒效应

和连续波雷达的工作情况相比，脉冲雷达的发射信号按一定的脉冲宽度 τ 和重复周期 T_r 工作。由连续振荡器取出的电压作为接收机相位检波器的基准电压，基准电压在每个重复周期均和发射信号有相同的起始相位，因而是相参的。

相位检波器输入端所加的电压有两个：一个是连续的基准电压 u_k，$u_k=U_k\sin(\omega_0 t+\varphi'_0)$，其频率和起始相位均与发射信号相同；另一个是回波信号 u_r，$u_r=U_r\sin[\omega_0(t-t_r)+\varphi'_0]$，当雷达为脉冲工作时，回波信号是脉冲电压，只有在信号来到期间，即 $t_r\leqslant t\leqslant(t_r+\tau)$ 时才存在，其他时间只有基准电压 U_k 加在相位检波器上。经过检波器的输出信号为

$$u=K_dU_k(1+m\cos\varphi)=U_0(1+m\cos\varphi)$$

式中，U_0 为直流分量，为连续振荡的基准电压经检波后的输出，而 $U_0m\cos\varphi$ 则代表检波后的信号分量。在脉冲雷达中，由于回波信号为按一定的重复周期出现的脉冲，因此，$U_0m\cos\varphi$ 表示相位检波器输出回波信号的包络。

图 4.44 给出了相位检波器的波形图。对于固定目标来讲，相位差 φ 是常数，

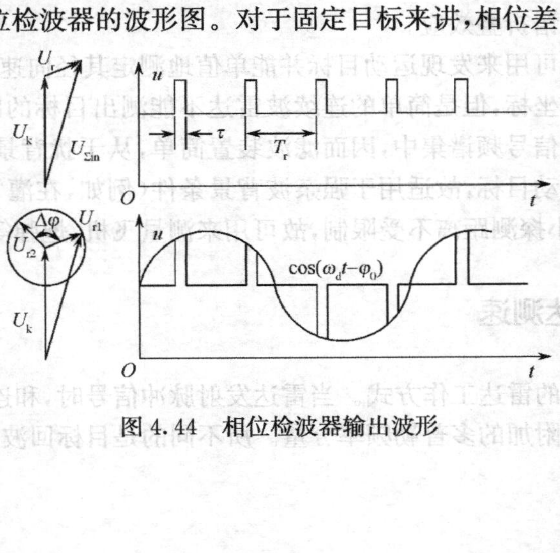

图 4.44　相位检波器输出波形

$$\varphi=\omega_0 t_r=\omega_0\frac{2R_0}{c}$$

合成矢量的幅度不变化，检波后隔去直流分量可得到一串等幅脉冲输出。对运动目标回波而言，相位差随时间 t 改变，其变化情况由目标径向运动速度 v_r 及雷达工作波长 λ 决定。

$$\varphi=\omega_0 t_r=\omega_0\frac{2R(t)}{c}=\frac{2\pi}{\lambda}2(R_0+v_r t)$$

合成矢量为基准电压 U_k 及回波信号相加，经检波及隔去直流分量后得到脉冲信号的包络为

$$U_0 m\cos\varphi=U_0 m\cos\left(\frac{2\omega_0}{c}R_0-\omega_d t\right)=U_0 m\cos(\omega_d t-\varphi_0)$$

即回波脉冲的包络调制频率为多普勒频率。这相当于连续波工作时的取样状态，在脉冲工作状态时，回波信号按脉冲重复周期依次出现，信号出现时对多普勒频率取样输出。

脉冲工作时，相邻重复周期运动目标回波与基准电压之间的相位差是变化的，其变化量为

$$\Delta\varphi=\omega_d T_r=\omega_0\frac{2v_r}{c}T_r=\omega_0\Delta t_r$$

式中，Δt_r 为相邻重复周期由于雷达和目标间距离的改变而引起两次信号延迟时间的差别。距离的变化是由雷达和目标之间的相对运动而产生的。

相邻重复周期延迟时间的变化量 $\Delta t_r=2\Delta R/c=2v_r T_r/c$ 是很小的数量，但当它反映到高频相位上时，$\Delta\varphi=\omega_0\Delta t_r$ 就会产生很灵敏的反应。相参脉冲雷达利用了相邻重复周期回波信号与基准信号之间相位差的变化来检测运动目标回波，相位检波器将高频的相位变化差转化为输出信号的幅度变化。脉冲雷达工作时，单个回波脉冲的中心频率亦有相应的多普勒频移，但在 $f_d\ll 1/\tau$ 的条件下(这是常遇到的情况)，这个多普勒频移仅使相位检波器输出脉冲的顶部产生畸变。这就表明要检测出多普勒频率需要多个脉冲信号。只有当 $f_d>1/\tau$ 时，才有可能利用单个脉冲测出其多普勒频率。对于运动目标回波，其重复周期的微小变化 $\Delta T_r=(2v_r/c)T_r$ 通常均可忽略。

脉冲雷达测速原理和连续波雷达测速相同(参见图 4.41)。一般在相位检波器后(或在杂波抑制滤波器后)串接并联多个窄带滤波器，滤波器的带宽应和回波信号谱线宽度相匹配，滤波器组相互交叠排列并覆盖全部多普勒频率测量范围。有了多个相互交叠的窄带滤波器，就可以根据出现目标回波的滤波器序号位置，直接或用内插法决定其多普勒频移和相应的目标径向速度。

脉冲雷达测速和连续波雷达测速的不同之处在于，取样工作后，信号频谱和对应的窄带滤波器的频率响应均是按雷达脉冲重复频率 f_r 周期地重复出现的，因而可能引起测速模糊。为保证不模糊测速，原则上应满足

$$|f_{d\max}|\leqslant\frac{1}{2}f_r$$

式中，$f_{d\max}$ 为目标回波的最大多普勒频移。必须选择足够大的脉冲重复频率 f_r 才能保证不模糊测速。有时雷达脉冲重复频率的选择不能满足不模糊测速的要求，即由窄带滤波器输出的数据是模糊速度值。要得到真实的速度值，就应在数据处理机中有相应的解速度模糊措施。解速度模糊和解距离模糊的原理相同。

第 5 章 典型雷达系统与技术

现代雷达技术具有很多重要的特点。一是全相参。现代雷达通常都是全相参雷达，采用主振放大式发射机，其发射信号、本振、相参振荡器、定时器等均来自同一基准信号。二是复杂的脉冲调制和信号处理。现代雷达为了具备强杂波、强干扰环境下探测目标、测量参数的能力，通常采用了线性调频信号、相位编码信号、相参脉冲串等复杂信号，并具备相应的信号处理能力。三是具有多目标探测能力。现代雷达为了实现多目标的搜索、跟踪，大量采用了电扫描技术，例如，相控阵雷达及机扫—电扫的三坐标雷达等。四是具有高分辨力成像能力。采用大带宽信号实现距离上高分辨力，利用合成孔径技术实现方位上高分辨力。此外，为了提高复杂电磁环境下的作战能力，雷达还采用了各种抗干扰技术。

现代雷达技术涉及多个方面内容，本章主要围绕上述几方面内容进行讨论。

5.1 脉冲压缩技术

脉冲压缩技术是为了解决雷达探测距离与距离分辨力之间的矛盾而提出的，在现代雷达系统中有广泛的应用。

由雷达作用距离方程可知，雷达的探测距离与雷达发射脉冲的能量（发射机峰值功率 P_t 与脉宽 τ 的乘积）的四次方根成正比。所以，如果要获得远的探测距离，就要增大信号脉冲宽度或者提高发射功率，以期得到尽量大的 $P_t\tau$。对于雷达发射机而言，极大地提高脉冲峰值功率存在诸多限制，因此，比较实际的方法是在发射机峰值功率不变的情况下增大脉冲宽度。

另外，按照第 4 章的讨论，雷达可以达到的距离分辨力为

$$\delta_r=\frac{c}{2B}$$

对于简单的恒载频矩形脉冲信号，信号的脉冲宽度 τ 与信号带宽 B 近似为倒数关系，换句话说，简单的恒载频矩形脉冲信号的时宽—带宽积 $B\tau\approx1$。脉冲越窄，带宽越大，距离分辨力越好。为了提高距离分辨力，应该减小脉冲宽度。因此，恒载频矩形脉冲信号无法解决作用距离与分辨力之间的矛盾。

解决这个矛盾的办法是采用脉冲压缩技术。简单地说，脉冲压缩技术是指雷达在发射时采用大时宽、带宽的脉冲信号，而在接收时对大时宽、带宽的信号进行压缩处理。根据雷达信号理论，宽带信号经过信号处理后脉冲宽度变为信号带宽的倒数，信号带宽越宽，经过信号处理后脉冲宽度越窄。这样一来，脉冲压缩技术就很好地解决了探测距离与分辨力之间的矛盾。在一部采用脉冲压缩技术的雷达中，可以用低脉冲峰值功率的宽脉冲，且脉冲内部进行一定调制，增大信号带宽，同时获得远的作用距离和高的距离分辨力。注意到，经过脉内调制的复杂矩形脉冲信号的时宽一带宽积 $B\tau\gg1$。

现代雷达大都采用脉冲压缩技术。本节考虑脉冲压缩雷达最常用的两种信号形式：线性调频脉冲和相位编码脉冲。

脉冲压缩的指标主要有脉冲压缩比和距离副瓣。

(1) 脉冲压缩比

发射脉冲宽度 τ 与压缩后脉冲宽度 τ_0 之比，称为脉冲压缩比，简称脉压比，表示为

$$D=\frac{\tau}{\tau_0}$$

因为压缩后的脉冲宽度 τ_0 是信号带宽 B 的倒数，即 $\tau_0=1/B$，所以有

$$D=\tau B$$

换句话说，脉冲压缩比等于时宽—带宽乘积。因此，通常多用时宽—带宽积来说明一个脉冲压缩系统的性能。

(2) 距离副瓣

将宽度为 τ 的脉冲压缩成宽度为 τ_0 的窄脉冲，是通过匹配滤波器实现的，如图5.1所示。一个时宽为 τ 的线性调频信号，通过脉冲压缩滤波器后，输出信号中除了有一个时宽为 τ_0 的主峰外，还有一串峰值较低的波形，称为距离副瓣。如果没有采取任何降低副瓣的措施，那么第一距离副瓣为－13.2dB，幅度近似等于主瓣峰值的1/5。距离副瓣的存在会引起错误的检测，所以要采取措施降低距离副瓣。通常用加权的办法来降低距离副瓣。

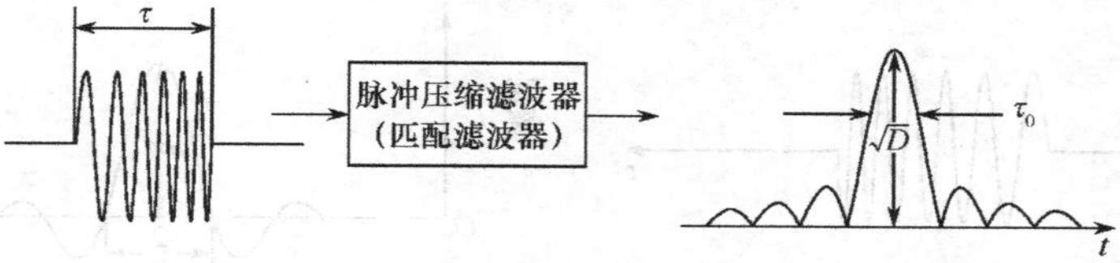

图5.1　脉冲压缩处理示意图

5.1.1　线性调频脉冲压缩

线性调频(LFM①)脉冲信号，又称“Chirp②”信号。线性调频脉冲压缩是最早发展起来的脉冲压缩技术，也是最成熟的技术。早在1945年，美国学者Dicke R. H.在其专利中，对线性调频脉冲压缩雷达的基本概念进行了讨论，并于1953年发表。

1. 线性调频信号脉冲压缩原理

线性调频信号的发射波形是一个幅度为 A、宽度为 τ 的矩形脉冲，在脉冲宽度内，载频呈线性增加，由 f_1 增加至 f_2。在接收时，回波信号经过脉冲压缩滤波器。滤波器的特性是，由其引入的时间延迟随频率的增加而线性减小，而且减小的速率与回波脉冲内频率增加的速率完全相同。由于在回波脉冲内频率是上升的，所以回波脉冲后到部分的延迟时间比先到部分

---

① LFM是“Linear Frequency Modulation”的缩略语。

② 鸟的“啁啾”声。

要短。这样一来,回波脉冲通过滤波器后,表现为由宽的发射脉冲“压缩”为窄脉冲。压缩后的脉冲宽度为 $1/B$,$B=f_2-f_1$,而且脉冲的幅度要高得多,脉冲功率增加的倍数等于脉冲压缩比。

各种脉冲压缩方法在本质上都是匹配滤波,所以脉冲压缩滤波器的输出包络是输入信号的自相关函数。线性调频脉冲压缩波形如图 5.2 所示。

线性调频信号的波形是一宽度为 τ 的矩形脉冲,载频 f 在脉冲宽度内进行线性扫频变化,其变化范围为 B,信号波形如图 5.2(c)所示。线性调频带宽为

$$B=f_2-f_1$$

如果载频中心角频率为 $\omega_0=2\pi f_0$,调频带宽对应的角频率 $\Delta\omega=2\pi B$,则带宽内的角频率变化率为

$$\mu=\frac{\Delta\omega}{T}=\frac{2\pi B}{T}$$

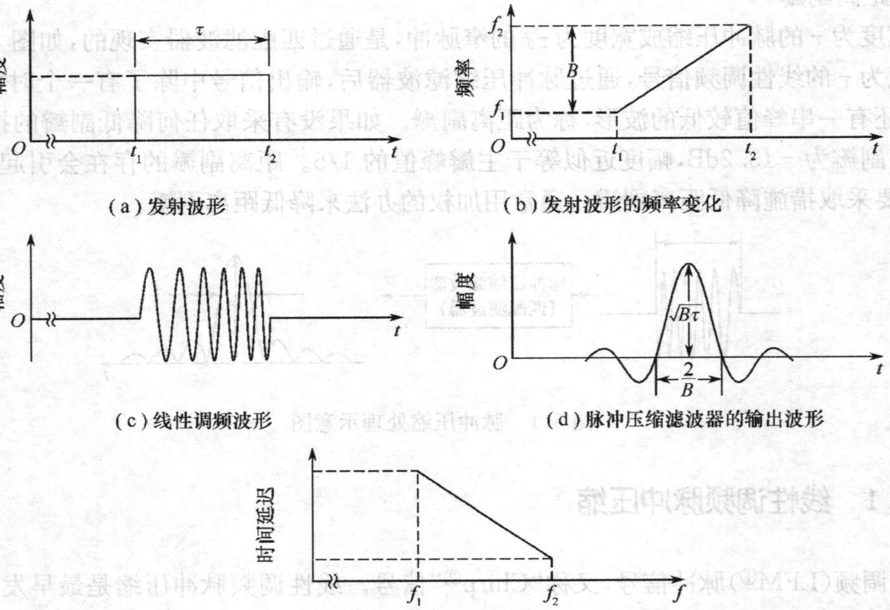

(a)发射波形 (b)发射波形的频率变化

(c)线性调频波形 (d)脉冲压缩滤波器的输出波形

(e)脉冲压缩滤波器的时间延迟特性

图 5.2 线性调频脉冲压缩波形示意图

在脉冲宽度 τ 内($|t|\leqslant\tau/2$),角频率的变化规律为

$$\omega(t)=\omega_0+\frac{2\pi B}{T}t=\omega_0+\mu t$$

信号的瞬时相位为

$$\varphi(t)=\int\omega(t)\mathrm{d}t=\int(\omega_0+\mu t)\mathrm{d}t=\omega_0 t+\frac{1}{2}\mu t^2$$

因此,线性调频信号的表达形式为

$$S(t)=\begin{cases}A\cos\left(\omega_0 t+\frac{1}{2}\mu t^2\right) & |t|\leqslant\frac{\tau}{2}\\ 0 & |t|>\frac{\tau}{2}\end{cases}$$

通过理论分析容易得到：当线性调频信号的时宽一带宽积 $B\tau$ 足够大的时候，线性调频信号的幅频特性近似为矩形（如图 5.3 所示），频带宽度近似为 B；而相频特性由平方项和一固定相位项组成。

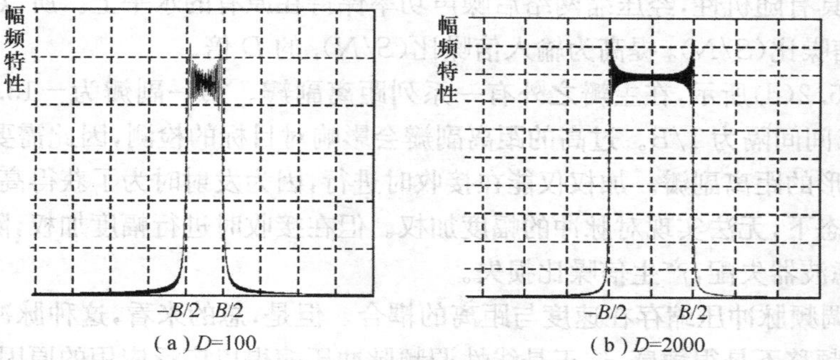

图 5.3　线性调频脉冲信号的幅频特性

2. 线性调频脉冲压缩的特点

线性调频信号是通过匹配滤波器实现脉冲压缩的，匹配滤波器的输出包络是输入信号的自相关函数。根据匹配滤波器理论，针对线性调频脉冲信号的匹配滤波器幅频特性也近似为矩形，而相频特性与线性调频脉冲信号相反。因此，线性调频信号经过匹配滤波器之后输出信号应具有矩形幅频特性和线性相位。线性调频脉冲压缩雷达的原理框图如图 5.4 所示。可以证明，线性调频信号匹配滤波后输出信号为

$$S_0(t)=A\sqrt{D}\frac{\sin(\pi Bt)}{\pi Bt}\cos\left(\omega_0 t+\frac{1}{2}\mu t^2+\frac{\pi}{4}\right)\tag{5.1.1}$$

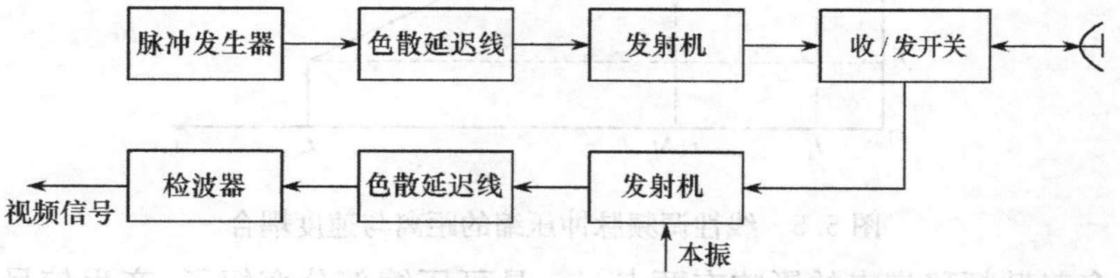

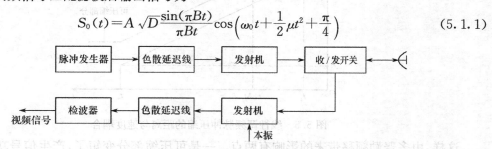

图 5.4　模拟式线性调频脉冲压缩雷达的原理框图

由式(5.1.1)可以看出，线性调频信号通过脉冲压缩滤波器后，输出信号的包络具有如下特点。

(1) 输出信号的包络为 $\sin(\pi Bt)/\pi Bt$ 的辛克函数形式，零点出现在

$$\pi Bt=\pm\pi$$

即

$$t=\pm\frac{1}{B}$$

零点到零点间的宽度为 $2/B$，压缩脉冲的宽度定义为 $\pi Bt=\pm\pi/2$，即 $t=\pm 1/(2B)$ 两点间的宽度。因此，压缩脉冲宽度为

$$\tau_0=2\frac{1}{2B}=\frac{1}{B}$$

即调频带宽的倒数。这就是说，同一角度上相邻两个目标，只要在距离上间隔 τ_0 就可以被分辨开。因此，采用线性调频信号的雷达只要信号带宽足够大，就可以获得高的距离分辨力。

(2) 压缩后脉冲的幅度是输入脉冲幅度的 $\sqrt{D}$ 倍，即脉冲的功率增大到原来的 D 倍。由于接收机噪声具有随机性，经压缩网络后噪声功率保持在原有的水平上。所以，经过脉冲压缩处理后，输出信噪比 $(S/N)_o$ 提高为输入信噪比 $(S/N)_i$ 的 D 倍。

(3) 如图 5.2(d)所示，在主瓣之外有一系列距离副瓣。第一副瓣为 -13.2dB，其余依次减小 4dB，零点间间隔为 $1/B$。过高的距离副瓣会影响对目标的检测，因此需要通过加权来降低脉冲压缩波形的距离副瓣。加权仅能在接收时进行，因为发射时为了获得高效率，发射机都工作在饱和状态下，无法实现对脉冲的幅度加权。但在接收时进行幅度加权，除了降低副瓣电平外，还会使滤波器失配，产生信噪比损失。

(4) 线性调频脉冲压缩存在速度与距离的耦合。但是，总的来看，这种脉冲压缩技术对动目标的多普勒频移不是很敏感，这正是线性调频脉冲压缩得以广泛应用的原因。

在图 5.5 中，下面的斜线表示固定目标的回波频率，上面的斜线表示同一距离的运动目标的回波频率，两者之间的差是由目标的径向速度产生的多普勒频移 f_d。因为脉冲压缩滤波器只对 f_1 和 f_2 之间的信号匹配，也就是说，只有对在 f_1 和 f_2 之间的信号才能进行有效地压缩。

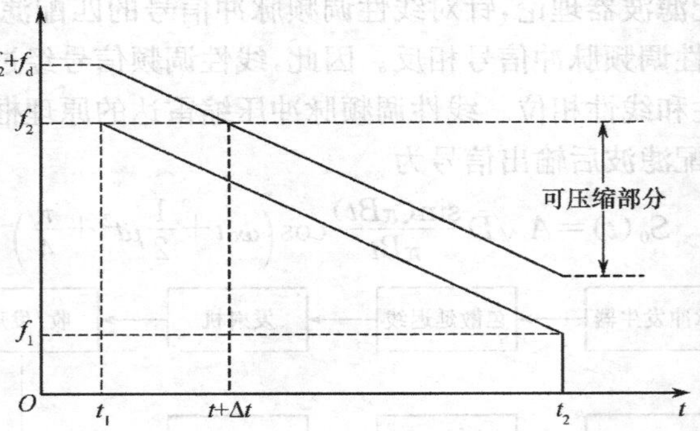

图 5.5 线性调频脉冲压缩的距离与速度耦合

这样，由多普勒频移带来的影响有两点。一是可压缩部分变短了，产生信号功率损失，损失大小用 $\Delta t/(t_2-t_1)=\Delta t/\tau$ 计算，脉冲能量变为原来的 $(1-\Delta t/\tau)$ 倍。二是产生时间延迟 Δt，表示为

$$\Delta t=\frac{f_d}{B}\tau$$

Δt 是由运动目标的多普勒频移 f_d 产生的时间延迟，它会形成目标距离误差，即所谓的距离—速度耦合。在设计线性调频脉冲压缩雷达时，测距误差的计算要把距离—速度耦合产生的距离误差包括在内。

3. 线性调频脉冲信号产生与信号处理实现

线性调频信号的产生有模拟方法和数字方法，模拟方法又分为有源法和无源法。有源法的过程是：利用电压控制振荡器在线性变化的电压控制下，得到一个频率线性变化的信号，再用一个宽度为 τ 的矩形脉冲去截取频率线性变化的信号，从而获得所需脉宽的线性调频信号，最后将此信号变换到射频，再经功率放大成为发射信号。无源法则是利用一个窄脉冲去激励色散延迟线（展宽网络），从而得到线性调频波形。

随着高速、大规模集成电路器件的发展，线性调频信号产生及脉冲压缩都可用数字方法实现，形成数字脉冲压缩系统。数字脉冲压缩系统较之模拟方法具有一系列优点：数字法可获得高稳定度、高质量的线性调频信号，脉冲压缩器件在实现匹配滤波同时，可以方便地实现旁瓣抑制加权处理，既可有效地缩小脉冲压缩的设备量，又具有高稳定性和可维护性，进一步提高了系统的可编程能力。因此，数字处理方法获得了广泛的重视和应用。

数字式产生雷达发射波形比模拟式方便、灵活，稳定、可靠，精确且设备量小。采用直读法，只需在波形量化后将各余弦和正弦单元存入 I 支路和 Q 支路中的只读存储器。如果要发射不同时宽和不同带宽的波形，只需将它们分别存入只读存储器的不同地址区域中，控制不同地址区域，就能获得不同的发射波形。若发射相反斜率的线性调频信号，将 I 支路和 Q 支路交换一下即可。图 5.6 是一种数字式线性调频信号产生器。

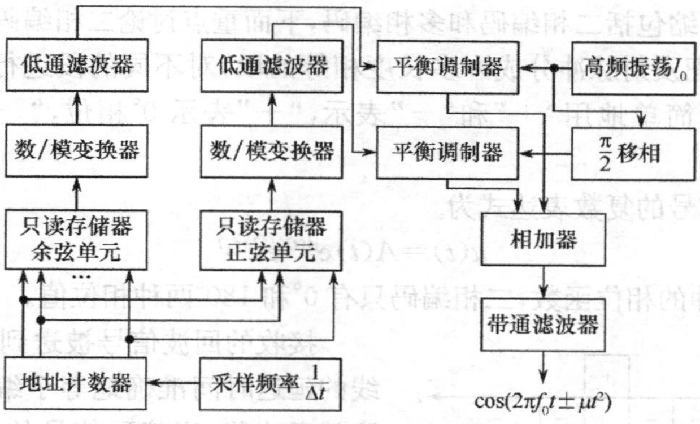

图 5.6　线性调频信号产生器框图

在接收时，脉冲压缩是通过脉冲压缩滤波器实现的。可以用做脉冲压缩器件的有声表面波（SAW）器件，铝带或钢带的体声波延迟器件等。在实际应用中，发射时的脉冲展宽和接收时的脉冲压缩，可以用同一个器件实现，只需要在接收时将信号进行边带倒置处理即可。例如，发射信号的频率是线性上升的，在接收时处理为频率是线性下降的，那么，用同一个网络即可实现发射时的展宽和接收时的压缩。这样既减少了设备量，又实现了对信号良好的匹配滤波。

同样地，可以用数字方法实现脉冲压缩处理。同数字法形成发射信号一样，数字脉冲压缩具有良好的灵活性和稳定性。线性调频信号的频域数字脉冲压缩处理通常在零中频进行，采用 I、Q 正交双通道处理方案。线性调频信号数字脉冲压缩处理框图如图 5.7 所示。图中，中频回波信号经正交相参检波，还原成零中频信号，经 A/D 变换成数字信号，进行数字脉冲压缩处理。I、Q 双路数字脉压按 FFT、加权相乘、IFFT 进行，输出经过求模处理、D/A 变换，输出模拟脉冲压缩信号。

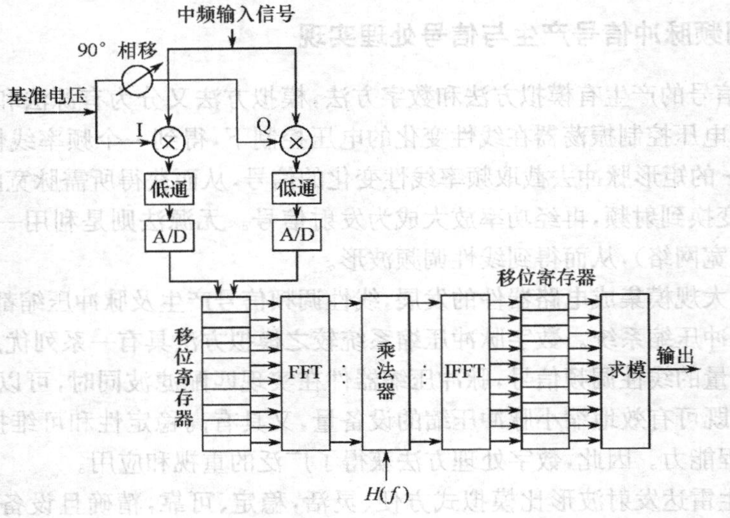

图 5.7　线性调频信号数字脉冲压缩处理框图

5.1.2　相位编码脉冲压缩

相位编码脉冲压缩包括二相编码和多相编码，下面重点讨论二相编码脉冲压缩。

二相编码是指，把发射脉冲分成许多长度相等的段，对不同的段进行 0°和 180°的相位调制。这种二相编码可简单地用"+"和"−"表示，"+"表示 0°相位，"−"表示 180°相位，如图 5.8所示。

一般相位编码信号的复数表达式为

$$u(t)=A(t)e^{j\phi(t)}e^{j2\pi f_0 t}$$

式中，$\phi(t)$为编码脉冲的相位函数，二相编码只有 0°和 180°两种相位值。

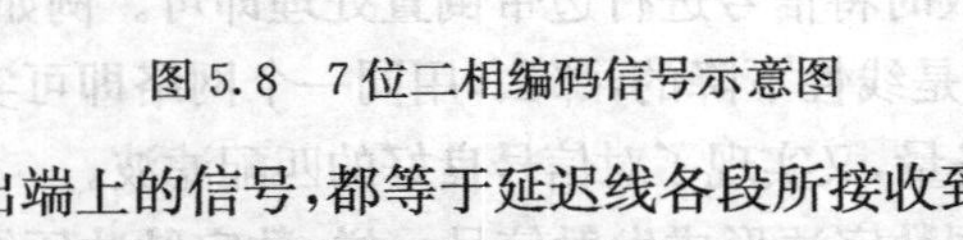

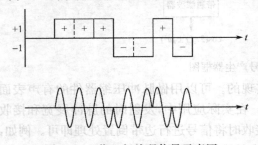

图 5.8　7位二相编码信号示意图

接收的回波信号被送到一条延迟线中，延迟线的延迟时间准确地等于编码信号的总宽度 τ。这就意味着，当编码信号的后沿进入延迟线时，其前沿刚好出现在延迟线的输出端。和编码信号一样，延迟线被分成若干段，每段的延迟时间准确地等于每个编码子脉冲的宽度，并且每段延迟线有一个抽头，这些抽头的输出加在一起，构成一个总的输出端。这样，延迟线任何时刻的输出端上的信号，都等于延迟线各段所接收到的子脉冲的总和。实质上，用于实现对二相编码信号进行脉冲压缩的匹配滤波器，就是一个抽头延迟线。

设二相编码脉冲信号由 N 个宽度为τ_0 的子脉冲组成，总宽度为 τ，通过匹配滤波器后，将会产生压缩脉冲，输出脉冲的峰值幅度是输入脉冲幅度的 N 倍，而宽度(距离分辨力)为 τ_0。因此，脉冲压缩比为

$$D=\frac{\tau}{\tau_0}=N=B\tau$$

式中，$B=1/\tau_0$，为子脉冲信号的带宽。

对于脉冲压缩处理，都希望在获得最大脉冲压缩信号幅度的同时，使距离副瓣尽量低。能最大限度地满足这种要求的二相编码信号为巴克码，它的特点是，距离副瓣中包含了理论上有可能的最小能量，而且此能量均匀地分布在副瓣结构中。图 5.8 所示的 7 位二相编码就是巴克码。图 5.9 所示为 7 位巴克码脉冲压缩处理器结构示意图，在其输入端加入 7 位巴克码 1，1，1，－1，－1，1，－1。处理过程如图 5.10 所示，圆圈"○"代表倒相操作。

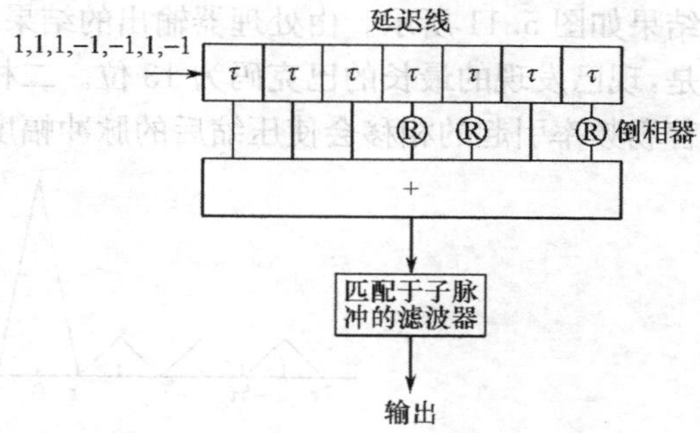

图 5.9　7 位巴克码脉冲压缩处理器结构示意图

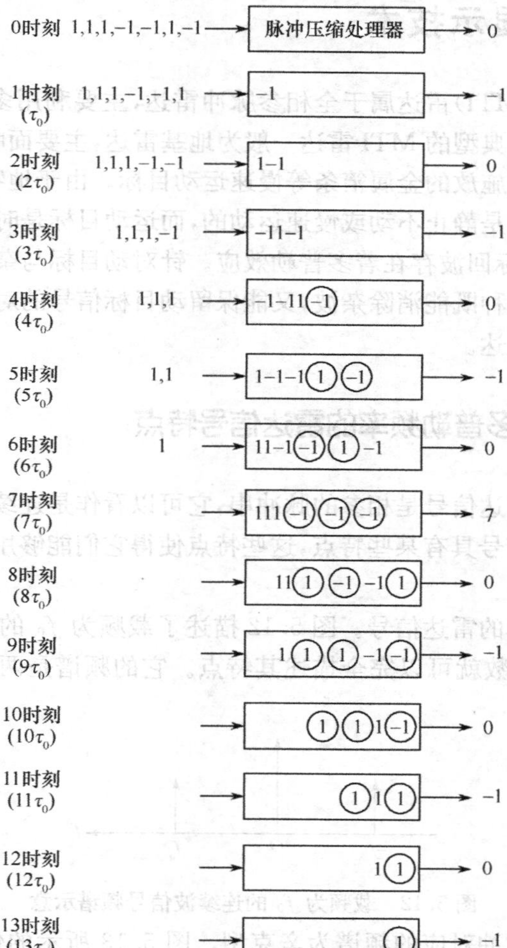

图 5.10　7 位巴克码的脉冲压缩处理过程

由上述过程可见,处理器输出脉冲的最大幅度为单个子脉冲的 7 倍,距离副瓣均为 1,处理结果如图 5.11 所示。由处理器输出的结果可以看出,巴克码是很理想的二相编码。但遗憾的是,现已发现的最长的巴克码为 13 位。二相编码脉冲压缩的缺点是,对多普勒频率敏感,由多普勒频率引起的相移会使压缩后的脉冲幅度下降。

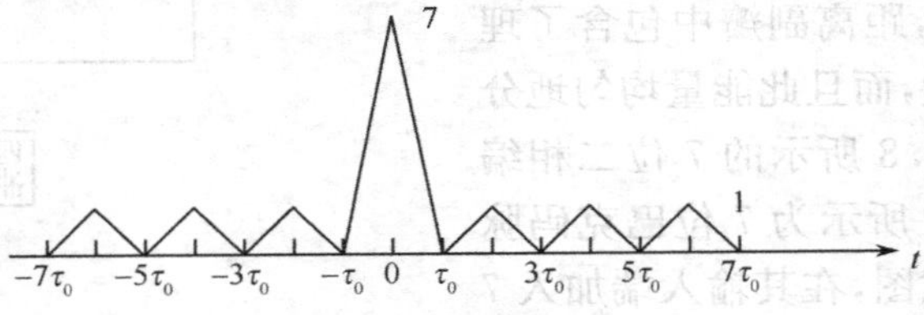

图 5.11 7 位巴克码的脉冲压缩处理器的结果

5.2 动目标显示技术

现代的动目标显示(MTI)雷达属于全相参脉冲雷达,主要利用多普勒效应在具有强杂波的环境中探测运动目标。典型的 MTI 雷达一般为地基雷达,主要面临的杂波包括地物等固定目标以及海浪、云雨、敌人施放的金属箔条等慢速运动目标。由于地物杂波、气象杂波、箔条干扰等相对于地基雷达来说是静止不动或慢速运动的,而运动目标是时刻在运动的,因此杂波不存在多普勒效应,而动目标回波存在着多普勒效应。针对动目标与杂波在频域上的不同特性,可以在信号处理时设计一种既能消除杂波,又能保留动目标信号的对消器,具有对消器的雷达称为动目标显示(MTI)雷达。

5.2.1 用于测量多普勒频率的雷达信号特点

用于动目标显示的雷达信号是相参的脉冲串,它可以看作是连续波信号周期性的“截取”。相参的脉冲串与连续波信号具有某些特点,这些特点使得它们能够用于运动目标信息的提取。下面进行进一步分析。

连续波信号是最简单的雷达信号。图 5.12 描述了载频为 f_0 的连续波信号频谱示意,它只需要载频 f_0 这一个参数就可以完全描述其特点。它的频谱是两个冲激函数,分别出现在 f_0 和 $-f_0$。

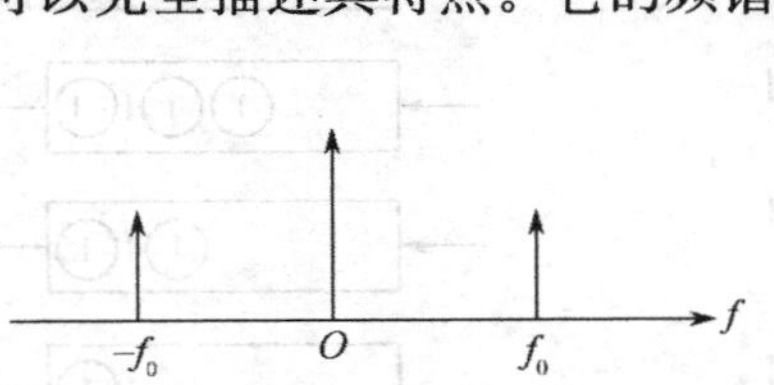

图 5.12 载频为 f_0 的连续波信号频谱示意

恒载频的单个矩形脉冲对应的频谱为辛克型。图 5.13 所示的信号载频为 f_0,脉冲宽度为 t_p,它的时域波形可以用上述两个参数描述。它的频谱是分别出现在 f_0 和 $-f_0$ 的两个辛克型包络。

无限长相参脉冲串频谱的正频率部分示意如图 5.14 所示。信号载频为 f_0,脉冲宽度为 t_p,脉冲重复频率(PRF)为 f_r。它的频谱可以由上述三个参数来描述,它的频谱是一系列离散的冲激函数谱线，分别出现在 f_0 和 $-f_0$ 附近，其包络为辛克型，谱线之间间隔为 f_r。

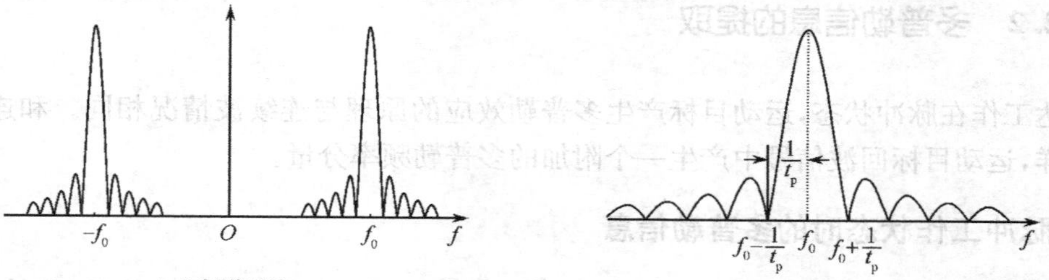

图 5.13　脉冲宽度为 t_p，载频为 f_0 的恒载频矩形脉冲频谱示意图

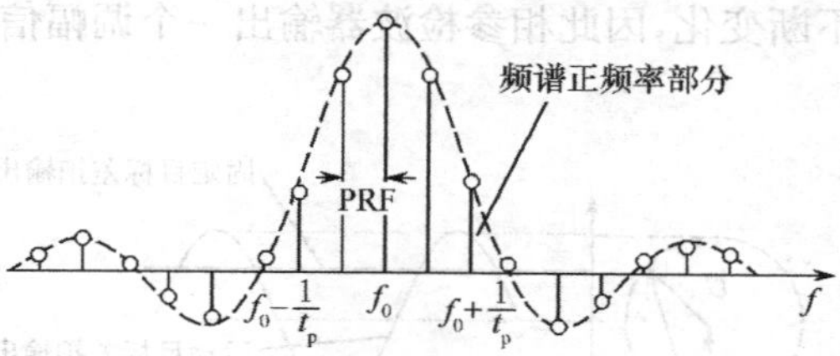

图 5.14　无限长相参脉冲串频谱的正频率部分示意图

图中：PRF 为 f_r，脉冲宽度为 t_p，载频为 f_0 的无限长相参脉冲串频谱示意（正频率部分）

通常雷达采用的相参脉冲串为有限长度的，其频谱示意图如图 5.15 所示。信号载频为 f_0，脉冲宽度为 t_p，脉冲重复频率(PRF)为 f_r，脉冲串个数为 N。它的频谱可以由上述 4 个参数来描述，频谱与图 5.14 相似，主要不同在于，不再是冲激函数谱线，而是“梳齿状”谱线，每个“梳齿”都是“辛克型”，有一定的宽度，该宽度由相参脉冲串长度 NT_r 决定。

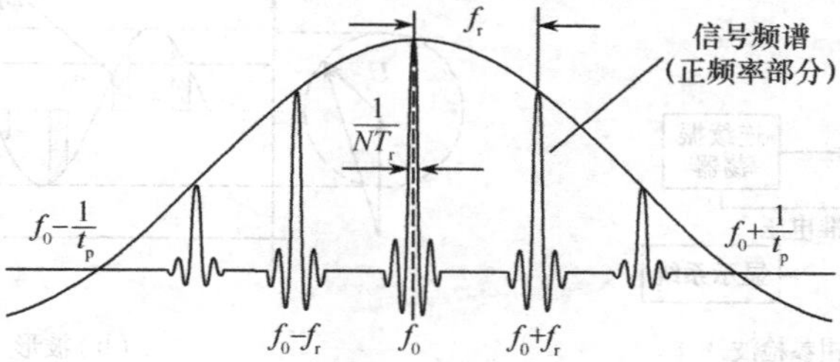

图 5.15　有限长度的相参脉冲串频谱示意图

图中：PRF 为 f_r，脉冲宽度为 t_p，载频为 f_0 的有限长相参脉冲串频谱示意（正频率部分）

如第 4 章所述，通常测速采用的是连续波信号或有限长的相参脉冲串信号。因为它们具备一些共同特点，使得速度测量成为可能。这个共同特点是，频谱都具有尖锐的谱线，其中，连续波信号谱线为冲激函数，而相参脉冲串的“梳齿状”谱线有宽度（信号持续时间越长，谱线越窄）。所以，采用连续波或者相参脉冲串探测目标时，时域上回波信号比发射信号多了一个时延，频域上回波频谱比发射信号多了一个多普勒频移，形状不变。所以，可以采用回波信号与参考信号取“差拍”的方式测多普勒频率，从而实现测速的目的。需要注意的是，相参脉冲串谱线以脉冲重复频率 f_r 为周期进行重复，显然，最大测频范围为 f_r，考虑到需要区分正负多普勒频率，因此实际测多普勒频率的范围为$[-f_r/2, f_r/2]$，超过这个范围即出现了所谓测速“模糊”，与测距模糊的基本原理相似。

5.2.2 多普勒信息的提取

雷达工作在脉冲状态,运动目标产生多普勒效应的原理与连续波情况相同。和连续波发射时一样,运动目标回波信号中产生一个附加的多普勒频率分量。

1. 脉冲工作状态时的多普勒信息

按照第4章所述。在连续波情况下,可以利用动目标回波信号与基准信号"差拍"进行相参检波。基准信号电压振幅为U_0,动目标回波信号电压振幅为U_r。注意到由于动目标回波信号与基准信号相位差在不断变化,因此相参检波器输出一个调幅信号,且调制频率为多普勒频率(如图5.16所示)。

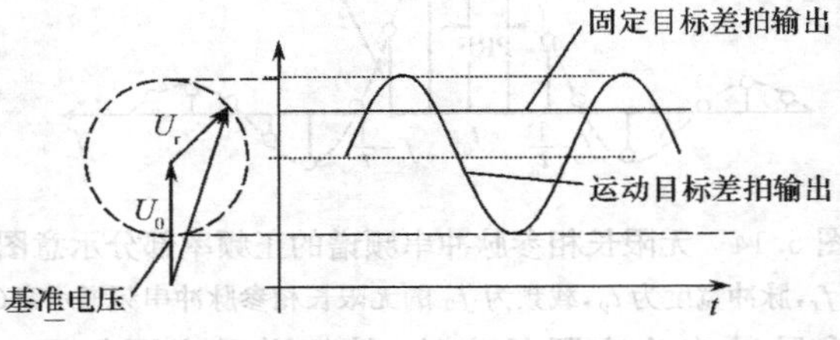

图5.16　连续波情况下动目标回波相参检波输出

在脉冲工作情况下,由于脉冲串之间是相参的,所以可以看作是连续波信号周期性的"截取"。因此,目标回波"差拍"输出相当于连续波雷达的周期性"截取"(采样),如图5.17所示。

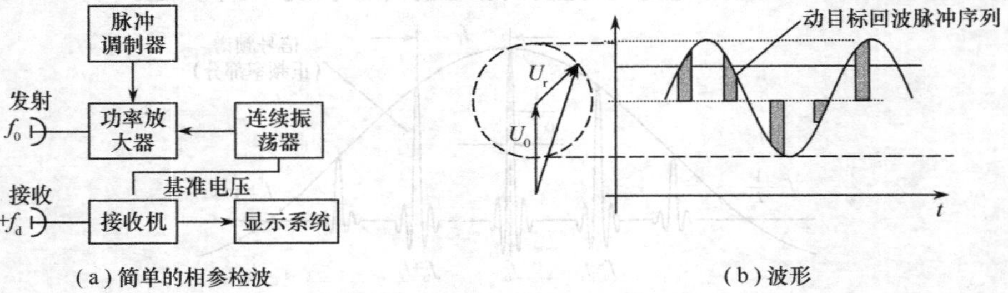

(a)简单的相参检波　　(b)波形

图5.17　脉冲情况下动目标回波相参检波器输出

现代的全相参雷达普遍采用的是正交双通道处理,一个典型的正交双通道相参检波器原理图如图5.18所示。脉冲雷达目标回波经过正交双通道相参检波器后输出波形如图5.19所示。图5.19(a)为固定目标相位检波器输出的等幅脉冲,图5.19(b)为运动目标相位检波器输出的调幅脉冲。因此,如果用A型显示器观察,则波形如图5.19(c)所示,固定目标回波信号为稳定的"钟形"脉冲,而运动目标的幅度和极性均是变化的,在A型显示器上观察到的是上下跳动的波形,这就是通常所说的运动目标产生的"蝴蝶效应"。

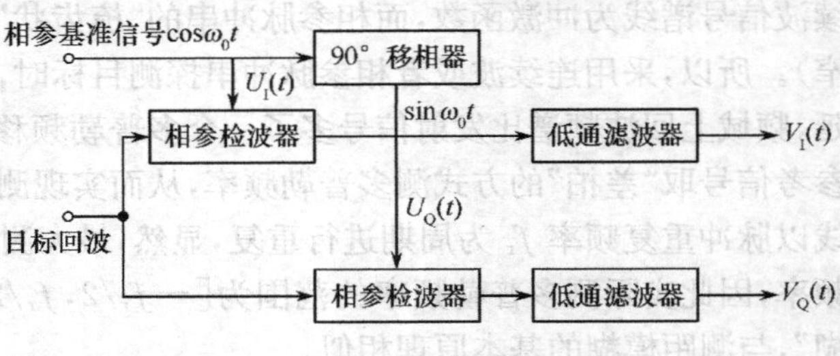

图5.18　正交双通道相参检波器原理图

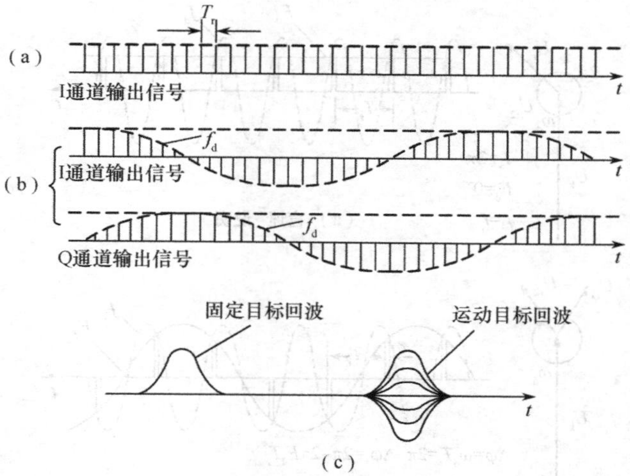

图 5.19 正交双通道相参检波器输出波形

2. 盲速与频闪

当雷达工作在脉冲状态时，将发生区别于连续工作状态的特殊问题，即“盲速”和“频闪”效应。

所谓盲速，是指目标虽然有一定的径向速度 v_r，但若其回波信号经过相位检波器后输出为等幅脉冲串，与固定目标的回波相同，此时的目标运动速度称为盲速。

对于运动目标，由于多普勒效应，相邻周期回波存在相位差，且易知该相位差为

$$\Delta\varphi = 2\pi f_d T_r$$

式中，f_d 为多普勒频率，T_r 是脉冲重复周期，对应的脉冲重复频率为 f_r。该相位差是通过相位检波器提取出来的。但是，相位检波器能敏感到的相位误差为$(-\pi, +\pi)$，一旦超出该范围，则会出现周期性模糊现象。例如，若真实相位差为 $\pi/2$，则相位检波器输出仍然为 $\pi/2$；若真实相位差为 $-3\pi/2$，则相位检波器输出也变成了 $\pi/2$。

因此，当回波多普勒频率太大导致相邻周期回波相位差 $\Delta\varphi$ 不在$(-\pi, +\pi)$范围之内，则相位检波器输出不正确，此现象称为“频闪”[见图 5.20(b)]。特别地，当

$$\Delta\varphi = 2n\pi \quad n = 1, 2, 3, \cdots$$

此时，相位检波器输出为 0，与固定目标回波经相位检波器输出一样，这就是“盲速”现象[见图 5.20(a)]。即出现“盲速”的条件是

$$f_d T_r = n$$

或

$$f_d = n f_r$$

对应的径向速度为

$$|v_r| = \frac{1}{2} n\lambda f_r \quad n = 1, 2, 3, \cdots$$

“盲速”和“频闪”现象本质上是测速模糊问题。如 5.2.1 节所述，采用相参脉冲串探测目标时，时域上回波信号比发射信号多了一个时延，频域上回波频谱比发射信号多了一个多普勒频移，形状不变。在频域上，考虑到需要区分正负多普勒频率，因此实际测多普勒频率的范围

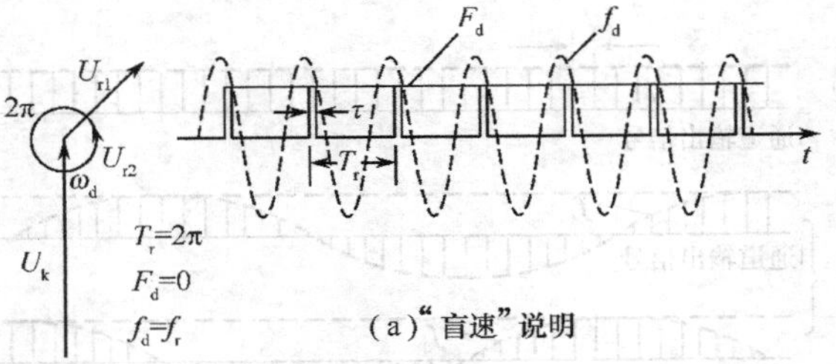

(a)“盲速”说明

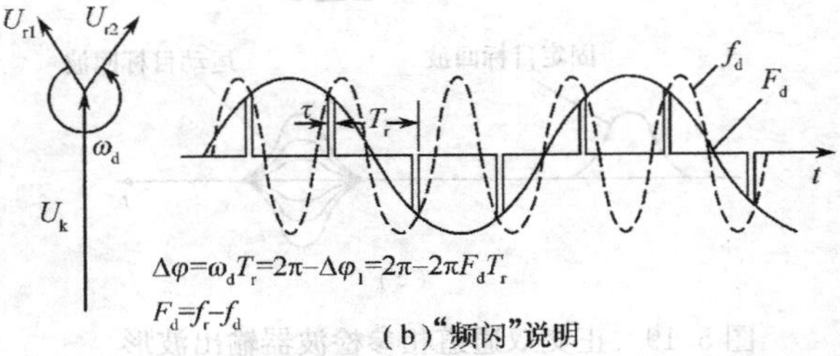

(b)“频闪”说明

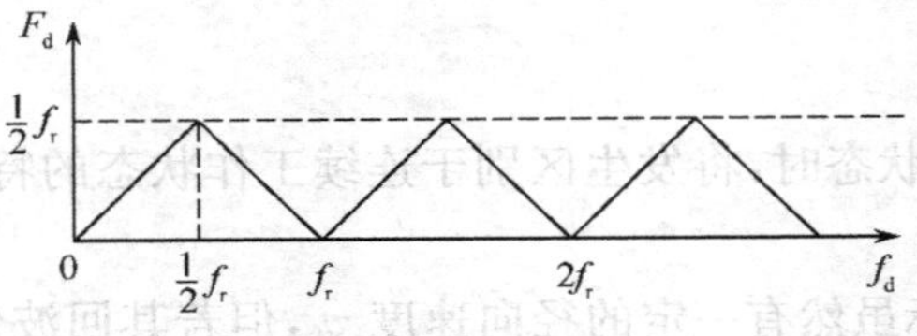

(c)F_d的变化规律

图 5.20 用矢量和波形图说明“盲速”和“频闪”

为$[-f_r/2, f_r/2]$,超过这个范围即出现了所谓测速“模糊”。最大不模糊径向速度对应的多普勒频率为$f_r/2$,因此,不出现“频闪”现象的条件是

$$|f_d|<f_r/2$$

即

$$\left|\frac{2v_r}{\lambda}\right|<\frac{f_r}{2}$$

或

$$|v_r|<\frac{1}{4}\lambda f_r$$

综合起来,“频闪”与“盲速”现象本质上就是雷达工作在脉冲状态下测量多普勒频率时的周期性模糊问题,出现“频闪”不一定出现“盲速”,“盲速”是“频闪”的特例。

因此,雷达采用相参脉冲串能够同时测量距离和速度,但存在“最大不模糊距离”和“最大不模糊速度”的限制。

5.2.3 动目标显示原理

前面分析了固定目标和运动目标回波经过相参检波器后输出信号的特点,固定目标为等幅脉冲串,运动目标为调幅脉冲串。相参检波器输出信号时域波形如图 5.21 所示,频谱示意图如图 5.22 所示。

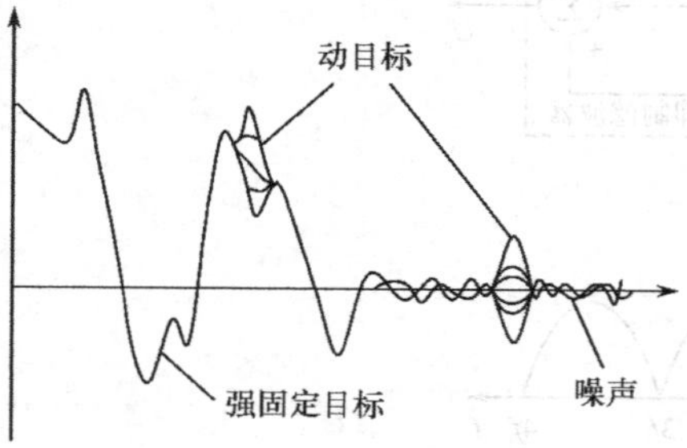

图 5.21 相参检波器输出信号时域波形(A 显画面,对消前)

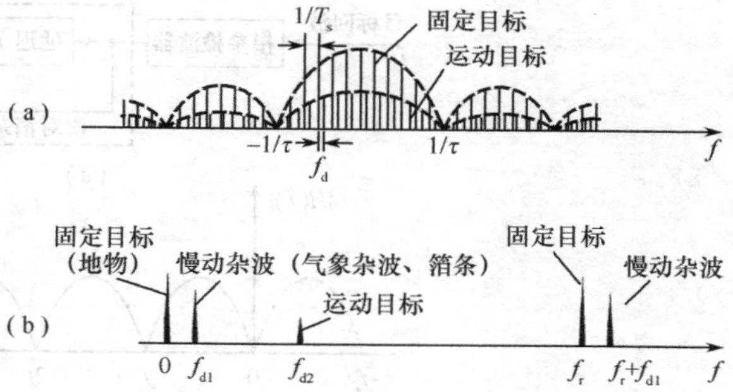

图 5.22 相参检波器输出信号频谱示意图

因此,动目标显示最直观的想法就是采用对消器,将相参检波器输出信号中相邻重复周期脉冲两两相减,固定目标回波脉冲由于振幅不变而相互抵消,运动目标回波相减后剩下相邻重复周期振幅变化的部分,这样就可以消去固定目标,留下运动目标,这就是 MTI 的基本原理。

对消器是 MTI 雷达的核心部件,图 5.23 是基本的一次对消器的结构图。从时域上来说,在相位检波器输出端,固定目标的回波是一串振幅不变的脉冲,延迟一个周期相减后就可以对消掉;而运动目标的回波是一串振幅调制的脉冲,相邻周期一般不相等,对消后仍然保留目标的信息。从频域上来说,对消器相当于一个梳状滤波器,其频率响应在 $f=nf_r$ 处均为零。因为固定目标回波的频谱位于 nf_r 处,因此经过对消器后输出为零。因此,需要设计一个如图 5.24所示的固定目标杂波抑制器。

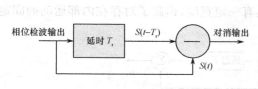

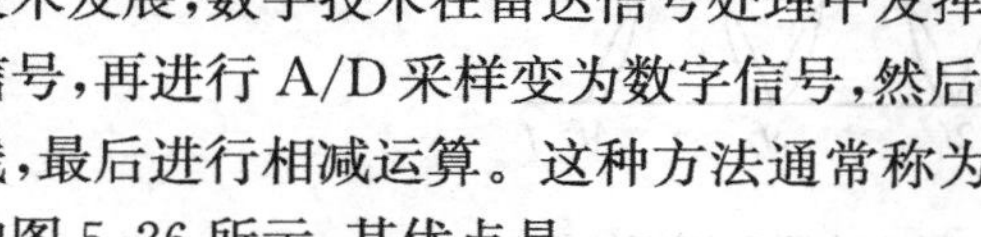

图 5.23 一次对消器结构

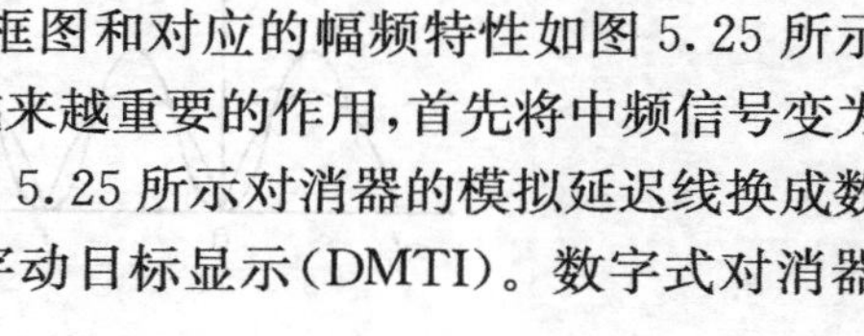

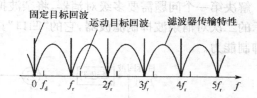

图 5.24 频域杂波抑制原理图

采用一次对消器的杂波抑制滤波器基本原理框图和对应的幅频特性如图 5.25 所示。随着技术发展,数字技术在雷达信号处理中发挥了越来越重要的作用,首先将中频信号变为零中频信号,再进行 A/D 采样变为数字信号,然后将图 5.25 所示对消器的模拟延迟线换成数字延迟线,最后进行相减运算。这种方法通常称为数字动目标显示(DMTI)。数字式对消器的框图如图 5.26 所示,其优点是:

① 容易得到长的延时,因而便于实现多脉冲对消,以改善滤波器频率特性;

② 容易实现重复周期参差跳变以消除盲速并改善速度响应特性;

③ 容易和其他数字式信号处理设备(如数字式信号积累器等)配合,以提高雷达性能;

④ 动态范围可做得较大。

在实际工作中,雷达所面临的杂波,包括地物、海浪、云、雨及敌人释放的金属箔条,除了孤立的建筑物等可以认为是固定点目标,大多数杂波均属于分布杂波,不仅包含内部运动(海浪、树林),还包括慢速的外部运动(云、箔条)。这样就带来两个问题:一是杂波功率谱不是单根谱线,存在一定频谱宽度,该宽度由内部运动决定;二是杂波功率谱不完全位于零频率处,而是具

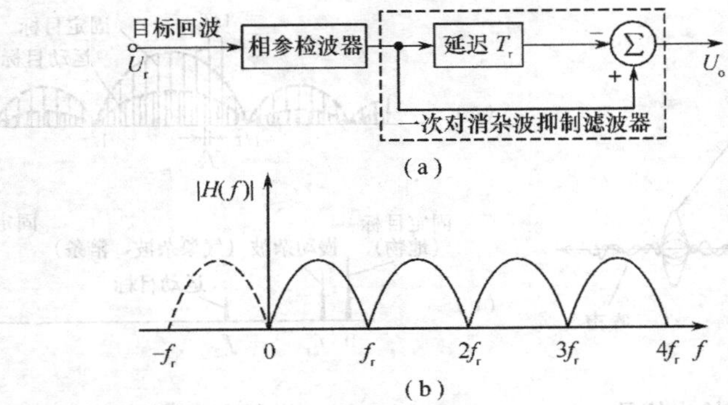

图 5.25　一次对消杂波抑制滤波器和幅频特性

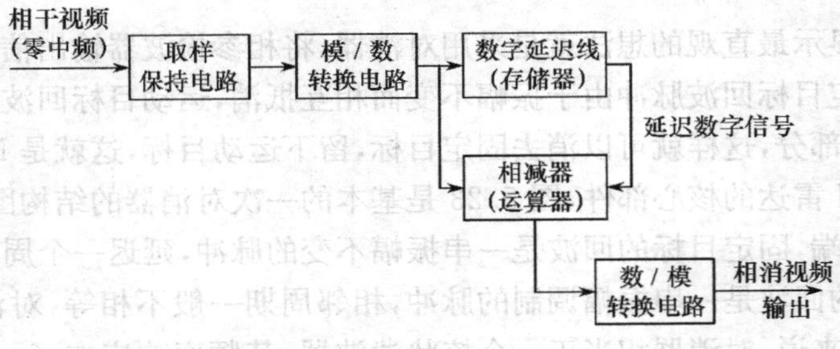

图 5.26　数字式对消器框图

有一个小的多普勒频率，该频率大小由外部运动(例如云的移动速度)决定。

解决第一个问题需要多级对消器，将杂波抑制滤波器的“凹口”加宽，例如，采用如图 5.27 所示的二次对消杂波抑制滤波器，它的“凹口”具有一定宽度，提高了对存在内部运动的固定杂波抑制能力。

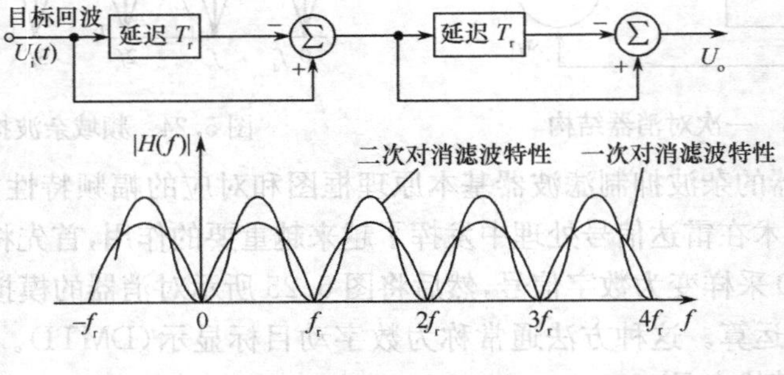

图 5.27　二次对消杂波抑制滤波器和幅频特性

解决第二个问题需要利用慢动目标杂波抑制滤波器。其基本方法是，设法通过试探或者实际测量，寻找到慢动杂波谱线位置，然后采用混频的方法进行频谱搬移，将慢动杂波移到零频率处，此时，再采用固定目标杂波抑制滤波器就可以了。

杂波对消也会带来问题。当运动目标的速度恰好是“盲速”时，运动目标会与固定杂波一样被对消掉，这样，MTI 雷达在检测“盲速”范围内运动目标时，将会产生丢失目标的现象。例如，雷达波长为 3cm，如果最大测距范围为 30km，则其重复频率应该小于 5kHz，由这个参数决定的最小的“盲速”值为 75m/s，这个速度远小于目前超音速目标的速度。因此，如果不采取措施，在目标运动的速度范围内，将多次碰到各个盲速点而发生丢失目标的危险。由于“盲速”现象本质是测速度模糊现象，因此，可以利用距离解模糊的思路来解决测速度模糊问题。通常，可以采用两个以上脉冲重复频率交替工作的方法，这些重复频率被称为“参差重复频率”。

现代全相参雷达普遍采用正交双通道处理和数字动目标显示技术。图5.28是中频全相参动目标显示方框图。如果采用数字对消器，则将相参视频（零中频）输出进行A/D采样变为数字信号，然后按照图5.26的数字式对消器框图进行处理即可。

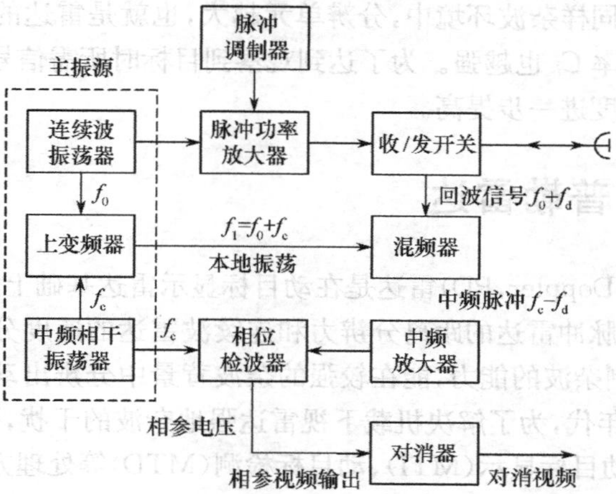

图5.28 中频全相参动目标显示雷达方框图

5.2.4 动目标显示雷达的质量指标

MTI雷达的质量指标包括改善因子、信杂比改善、杂波中的可见度等。这里主要介绍改善因子和杂波中的可见度。

(1) 改善因子(I)

改善因子的定义是，动目标显示系统输出的信号杂波功率比(S_o/C_o)和输入信号杂波功率比(S_i/C_i)之比值。即

$$I=\frac{S_o/C_o}{S_i/C_i}$$

(2) 杂波中的可见度(SCV[①])

SCV定义为在给定检测概率和虚警概率条件下，检测到重叠于杂波上的运动目标时，杂波功率和目标功率的比值。杂波中的可见度用来衡量雷达对于重叠在杂波上运动目标的检测能力。例如，杂波中的可见度为20dB时，说明在杂波比目标回波强20dB(功率大至100倍)的情况下，雷达可以检测出杂波中运动的目标。

杂波中可见度与改善因子的关系为

$$\text{SCV(dB)}=I\text{(dB)}-V_0\text{(dB)}$$

因为SCV是当雷达输出端的功率信杂比等于可见度系数V_0时雷达输入端的功率信杂比的数值。例如，当$V_0=6$dB时，如果改善因子$I=23$dB，则杂波中可见度SCV＝23dB－

① SCV是“Sub-Clutter Visibility”的缩略语。

6dB=17dB。

杂波中可见度和改善因子都是主要用来说明雷达的信号处理部分对杂波抑制的能力,但两部杂波中可见度相同的雷达在相同的杂波环境中,其工作性能可能有大的差别。因为除了信号处理的能力外,雷达在杂波中检测目标的能力还和其分辨单元大小有关。雷达工作时的分辨单元为$R^2\theta_\alpha\theta_\beta(1/2)c\tau$,其中$\theta_\alpha$和$\theta_\beta$为方位和仰角波束宽度,$\tau$为脉冲宽度,$R$为体分布杂波距雷达站的距离。在同样杂波环境中,分辨单元越大,也就是雷达的分辨能力越低,这时进入雷达接收机的杂波功率C_i也越强。为了达到观察到目标时所需信号杂波比,则要求雷达的改善因子或杂波中可见度进一步提高。

5.3 脉冲多普勒雷达

脉冲多普勒(Pulse Doppler,PD)雷达是在动目标显示雷达基础上发展起来的一种新型雷达体制。这种雷达具有脉冲雷达的距离分辨力和连续波雷达的速度分辨力,能进行频域的滤波与检测,有更强的抑制杂波的能力,能在较强的杂波背景中分辨出动目标回波,尤其适用于机载平台。20世纪60年代,为了解决机载下视雷达强地杂波的干扰,研制了脉冲多普勒体制雷达。PD雷达运用了动目标显示(MTI)、动目标检测(MTD)等处理方法,明显地提高了从运动杂波中检测目标的能力。

5.3.1 PD雷达基本概念

PD雷达是一种利用多普勒效应检测目标信息的脉冲雷达。关于PD雷达的精确定义,1970年M.I.斯科尔尼克有如下描述:PD雷达应具有如下三点特征:一是具有足够高的脉冲重复频率,以致不论杂波或所观测的目标都没有速度模糊;二是能实现对脉冲串频谱单根谱线的多普勒滤波,即频域滤波;三是由于PRF① 很高,通常对所观测的目标产生距离模糊。

近年来关于PD雷达的定义有所延伸,上述定义仅适用于高PRF的PD雷达,而不适用所有种类的PD雷达。20世纪70年代中期,中PRF的PD雷达体制研制成功,并迅速在机载雷达中得到广泛应用。这种PD雷达的PRF虽比普通脉冲雷达的PRF要高,但不足以消除速度模糊;其PRF虽比高PRF的PD雷达要低,但又不足以消除距离模糊。可以认为这种中PRF的PD雷达是既有距离模糊,又有速度模糊的双模糊雷达。但它同高PRF的PD雷达一样,依然在频域上进行多普勒滤波。

20世纪70年代发展起来的动目标检测雷达是由线性动目标显示对消电路加窄带多普勒滤波器组所组成。这种雷达通常采用低PRF,因而没有距离模糊,但又在频域上进行滤波,具有速度选择能力,因此也可以认为这样一类雷达属于低PRF的PD雷达。

显然无论是中PRF,还是低PRF的PD雷达都不能满足斯科尔尼克的PD雷达所规定的全部三个条件,但都能满足其中的第二个条件,即实现频域滤波。

一般来说,PD雷达分为低PRF、中PRF、高PRF三种类型。

低PRF的PD雷达为PRF足够低、可不模糊地测量距离的雷达。在下一个脉冲发射之

---

① PRF即脉冲重复频率。

前，发射脉冲要能传播到所需的最大距离并从那里返回。不模糊距离 R_u 为

$$R_u = \frac{c}{2f_r}$$

式中，c 为光速，f_r 为脉冲重复频率。低和中 PRF 之间的分界线，没有一个特定的数字，在某种程度上取决于应用场合。例如，一部典型的机载雷达的 PRF 可能为 1kHz，其不模糊距离为 150km。

高 PRF 的 PD 雷达其 PRF 足够高，对所有感兴趣的目标速度都能不模糊地测量。考虑分辨径向速度方向，可以不模糊测量的最大多普勒频移为

$$f_{d,max} = \frac{f_r}{2}$$

式中，λ 为发射信号波长。机载速度为 2 马赫的典型 X 波段(9GHz)雷达的 PRF 可能为 250kHz，以便确保对一个同样高速目标进行探测和不模糊地测量其速度，但对应的不模糊距离仅为 600m。因此，一个在 150km 距离上的目标是距离高度模糊的。最初服役的机载 PD 雷达采用的是高 PRF 波形，因而为作战飞机提供了有效的下视发现低空运动目标的能力。这种 PD 雷达对目标有非常好的速度分辨力，有一个很宽阔的无杂波检测区。凡是接近速度大于载机地速的目标都能在无杂波区检测，完全不受地、海杂波的影响，限制其检测能力的仅是接收机的内部噪声。由于这种波形对目标距离是模糊的，必须采用多 PRF 测距或线性调频法测距，增加了设备的复杂性。

中 PRF 的 PD 雷达为距离和多普勒两者都产生模糊的 PD 雷达。中 PRF 的 PD 雷达看起来像是综合了高和低 PRF 的 PD 雷达两者的缺点，但却是近年来得到实际应用的一种性能优越的 PD 雷达。它虽然没有低 PRF 的 PD 雷达那样低的旁瓣杂波，但却比高 PRF 的 PD 雷达的旁瓣杂波低得多。因此，中 PRF 的 PD 雷达在旁瓣杂波区内对目标的检测性能优于高 PRF 的 PD 雷达。虽然中 PRF 波形通常对目标的距离和速度都是模糊的，但目前对这两者解模糊的问题都已解决，因而，中 PRF 往往是机载雷达的最佳波形选择。

表 5.1 是低、中和高 PRF 的 PD 雷达波形的性能比较。

在通常被称为动目标显示(MTI)的低 PRF 雷达中，人们所关心的距离是不模糊的，但速度通常是模糊的。尽管 MTI 雷达与 PD 雷达的工作原理相似，但通常并不把 MTI 雷达列入 PD 雷达，事实上，PD 雷达信号处理比 MTI 雷达更加复杂，通常称为动目标检测(MTD)。表 5.2给出了 MTI 雷达与 PD 雷达的比较。

表 5.1　低、中、高 PRF 的 PD 雷达波形的性能比较

	低 PRF	中 PRF	高 PRF
测　　距	清晰	模糊	模糊
测　　速	模糊	模糊	清晰
测距设备	简单	复杂	复杂
信号处理	简单	复杂	复杂
测速精度	很低	高	最高
旁瓣杂波电平	低	中	高
主瓣杂波抑制	差	良	优
允许方位扫描角	小	中	大
分辨地面动目标和空中目标的能力	差	良	优

表 5.2　MTI雷达和PD雷达的比较

	优　点	缺　点
MTI雷达低PRF	1. 根据距离可区分目标和杂波 2. 无距离模糊 3. 前端STC抑制了旁瓣检测和降低对动态范围的要求	1. 由于多重盲速,多普勒能见度低 2. 对慢目标抑制能力低 3. 不能测量目标的径向速度
PD雷达中PRF	1. 在目标的各个视角都有良好的性能 2. 有良好的慢速目标抑制能力 3. 可以测量目标的径向速度 4. 距离遮挡比高PRF时小	1. 旁瓣杂波抑制了雷达性能 2. 由于有距离重叠,导致稳定性要求高
PD雷达高PRF	1. 在目标的某些视角上可以无旁瓣杂波干扰 2. 唯一的多普勒盲区在零速 3. 有良好的慢速目标抑制能力 4. 可以测量目标的径向速度 5. 仅检测速度可以提高探测距离	1. 旁瓣杂波限制了雷达性能 2. 有距离遮挡 3. 由于有距离重叠,导致稳定性要求高

5.3.2　脉冲多普勒雷达的杂波

多普勒雷达的基本特点之一,是在频域—时域分布相当宽广,且功率相当强的背景杂波中检测出有用的信号。这种背景杂波通常被称为脉冲多普勒杂波,其杂波频谱是多普勒频率—距离的函数。由于杂波频率的形状和强度决定着雷达对具有不同多普勒频率的目标的检测能力,因此,研究PD雷达的杂波具有十分重要的意义。

对于理想的固定不运动的PD雷达而言,它的地面杂波谱在零多普勒频率附近极窄的范围内,其回波功率的计算与脉冲雷达相似。在PD雷达处于运动的情况下,例如,下视的机载PD雷达,当该雷达相对地面运动时,其杂波频谱就被这种相对运动的速度所展宽。

机载下视PD雷达与地面之间存在相对运动,再加上雷达天线方向图的影响,使PD雷达地面杂波的频谱发生了显著的变化。这种显著变化,就是地面杂波被分为主瓣杂波区、旁瓣杂波区和高度线杂波区。图5.29给出了机载下视PD雷达的典型情况。图中,v_R 为载机地速,φ 为地速矢量与地面一小块杂波 A 之间的夹角,φ_0 为地速矢量与主波束方向之间的夹角,v_T 为目标飞行速度,φ_T 为目标飞行方向与雷达和目标间视线夹角。

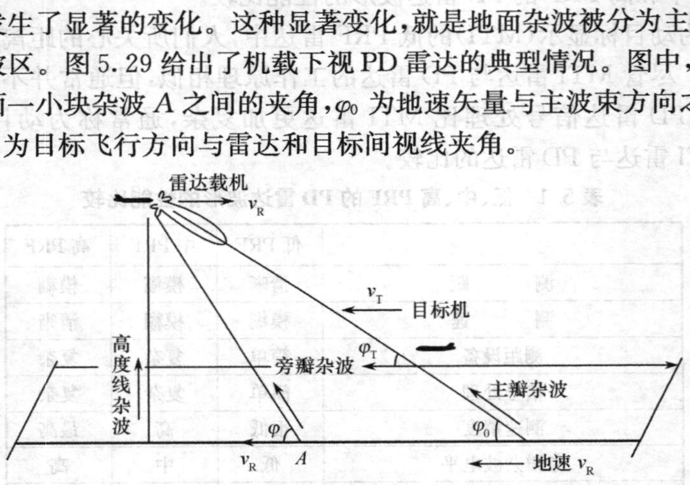

图 5.29　机载雷达下视情况

通常,机载PD雷达可以观测到飞机、汽车、坦克、轮船等离散目标和地物、海浪、云雨等连续目标。按照 5.2.1 节分析，假若雷达发射信号形式为相参脉冲串信号，则该矩形脉冲串信号的频谱是由它的载频频率 f_0 和边频频率 $f_0 \pm nf_r$ 上的若干条离散谱线所组成（n 是整数），其频谱包络为 $\sin x/x$ 形式。接收信号频谱如图 5.30(a)所示。

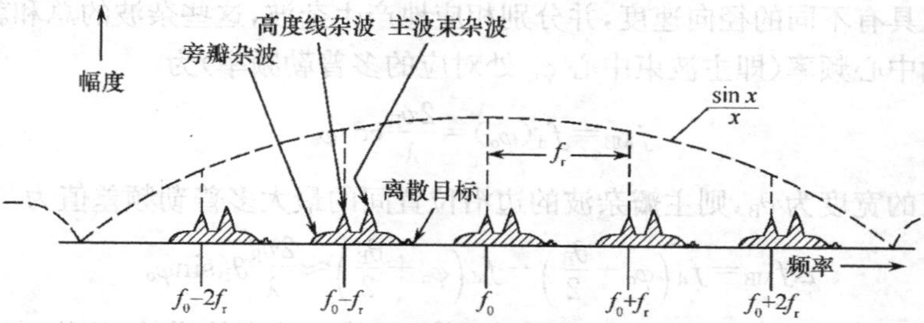

(a)接收信号频谱

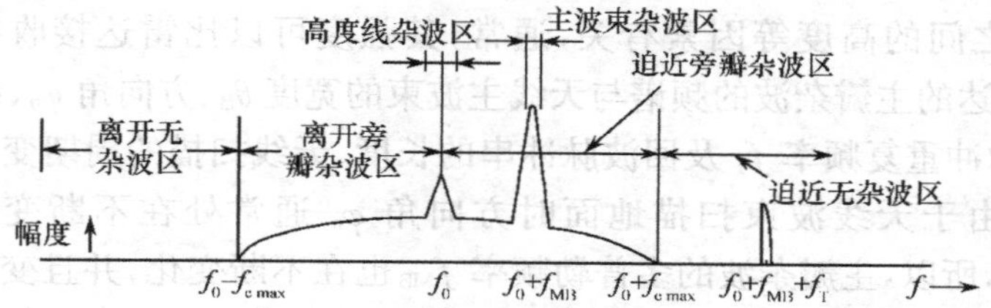

$f_0=\frac{2v_R}{\lambda}\cos\varphi$　$f_{MB}=\frac{2v_R}{\lambda}\cos\varphi_0$

$f_{c\max}=\frac{2v_R}{\lambda}$　$f_T=\frac{2v_R}{\lambda}\cos\varphi_T$

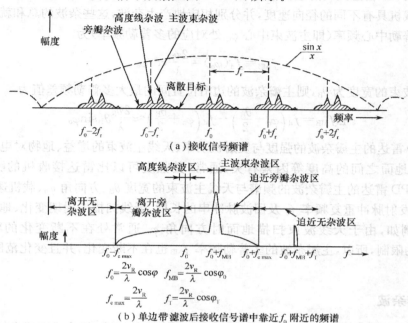

(b)单边带滤波后接收信号谱中靠近 f_0 附近的频谱

图 5.30　机载下视 PD 雷达的地面杂波频谱

根据雷达方程，对于给定的发射机平均功率 P_{avg}，从面积为 A_g 的地面接收到的回波功率为

$$P_r \propto \frac{P_{avg} \cdot G^2 \cdot \sigma^0 A_g}{R^4}$$

式中，G^2 是双程天线增益，σ^0 是地面的雷达截面积“密度”（也称后向散射系数），A_g 是地块面积，R 是雷达到地块的距离。显然，增加发射机功率、增大天线增益、地面的后向散射系数 σ^0 增大、波束照射地面面积增大、雷达到地块的距离 R 减小，这些变化都会导致接收到的回波功率增加。需要注意的是 σ^0 参数，σ^0 无量纲，由地面散射特性决定。此外，同样一块地面的 σ^0 还会按照入射角 θ 的余弦成反比例缩小，即 $\sigma^0 \propto \cos\theta$，入射角 θ 定义为入射方向与地面法线夹角，因此，垂直入射时 σ^0 最大。

由于一个孤立的目标对雷达发射信号的散射（调制）作用所产生的回波信号的多普勒频移，正比于雷达与运动目标之间的径向速度 v，所以当雷达的地速为 v_R，地速矢量与地面一小块地面（面积为 A_g）之间的夹角为 φ 时，其多普勒频移为

$$f_{dA} = \frac{2v_R}{\lambda}\cos\varphi$$

显然，随着地块位置不同，φ 不同，多普勒频移也不相同，且多普勒频移有一个范围，理论上，$f_{dA} \in [-2v_R/\lambda, 2v_R/\lambda]$。

图 5.30(a)即表示一个水平运动的雷达所产生的地面杂波与目标回波的无折叠频谱分布。PD 雷达只利用各种回波信号频谱中某一根谱线，通常是图 5.30(b)中 f_0 附近信号能量最强的那根，即利用回波信号通过接收机单边带滤波后的频谱，如图 5.30(b)所示。

1. 主瓣杂波

机载下视PD雷达天线的主波束,在某一时刻照射地面时是照射一个地面区域,该区域内的地面相对载机具有不同的径向速度,并分别相应地产生杂波,这些杂波的总和就构成了主瓣杂波。其多普勒中心频率(即主波束中心 φ_o 处对应的多普勒频率)为

$$f_{MB}=f_d(\varphi_o)=\frac{2v_R}{\lambda}\cos\varphi_o \tag{5.3.1}$$

假设天线主波束的宽度为 θ_B,则主瓣杂波的边沿位置间的最大多普勒频差值为

$$\Delta f_{MB}=f_d\left(\varphi_o-\frac{\theta_B}{2}\right)-f_d\left(\varphi_o+\frac{\theta_B}{2}\right)\approx\frac{2v_R}{\lambda}\theta_B\sin\varphi_o \tag{5.3.2}$$

机载PD雷达的主瓣杂波的强度与发射机功率、天线主波束的增益、地物对电磁波的反射能力、载机与地面之间的高度等因素有关,通常,其强度可以比雷达接收机的噪声强70～90dB。机载PD雷达的主瓣杂波的频谱与天线主波束的宽度 θ_B、方向角 φ_o、载机速度 v_R、发射信号波长 λ、发射脉冲重复频率 f_r 及回波脉冲串的长度、天线扫描的周期变化、地物的变化等因素有关。例如,由于天线波束扫描地面时方向角 φ_o 通常处在不断变化的状态并且受 $|\cos\varphi_o|\leqslant1$ 的限制,所以,主瓣杂波的多普勒频率 f_{MB} 也在不断变化,并且变化范围在 $\pm2v_R/\lambda$ 之内。

2. 旁瓣杂波

PD雷达天线的若干个旁瓣波束照射到地面上时产生的回波,就构成旁瓣杂波,如图5.30所示。副瓣杂波不像主瓣杂波功率那么集中,覆盖的频带很宽。原因在于,天线旁瓣几乎覆盖了所有的空间立体角,所以无论天线视角如何,几乎前向和后向所有角度都受到天线旁瓣照射。设旁瓣波束照射到的地面某点与地速 v_R 的夹角为 φ,其多普勒频率则为 $f_d=\frac{2v_R}{\lambda}\cos\varphi$,由于 φ 的变化范围大,若设旁瓣杂波区的多普勒频率范围为 $\pm f_{c\max}$,则

$$f_{c\max}=\frac{2v_R}{\lambda} \tag{5.3.3}$$

当PD雷达不运动时,旁瓣杂波与主瓣杂波在频域上相重合;当PD雷达运动时,旁瓣杂波与主瓣杂波就分布在不同的频域上。因为主波束的方向角与旁瓣波束的方向角是不等值的,所以在频域上的主瓣杂波和旁瓣杂波是不同的。此外,因为在某一时刻主波束的方位角与旁瓣波束的方向角数值不相等,往往使它们所探测到的地物也不相同,回波也就不相同;即使地物相同,由于主波束增益与旁瓣波束增益不相同,它们的回波强度也有显著的差别。

3. 高度线杂波

当机载下视PD雷达平行于地面运动时,与速度矢量成 φ 角的地面回波多普勒频率为 $\frac{2v_R}{\lambda}\cos\varphi$。当天线方向图中的某个旁瓣垂直照射地面时,是属于 $\varphi=90°$ 和 $f_d=0$ 的情况。通常,把机载下视PD雷达的地面杂波中 $f_d=0$ 位置上的杂波称为高度线杂波,高度线杂波也是旁瓣杂波的一种特例。高度线杂波与发射机泄漏相重合(发射机泄漏不存在多普勒频移),且高度线杂波离雷达距离近,加之垂直反射强,所以在任何时候,在零多普勒处总有一

个较强的“杂波”。

4. 无杂波区

上述情况表明，机载下视 PD 雷达的地面杂波是由主瓣杂波、旁瓣杂波和高度线杂波所组成。通过适当选择雷达发射信号的脉冲重复频率 f_r 使得其地面杂波既不重叠也不连接，从而出现了无杂波区。也就是，在无杂波区中，其频谱中不可能有地面杂波，只有接收机内部热噪声的部分。

在图 5.30 和图 5.31 中，当目标处于主波束照射之下，具有速度 v_T，v_T 与雷达和目标间视线的夹角为 φ_T，则其回波多普勒频率为

$$f_{MB}+f_T=f_{MB}+\frac{2v_T}{\lambda}\cos\varphi_T$$

是否出现无杂波区，不但取决于脉冲重复频率 f_r，而且与载机速度 v_R 和发射信号的波长 λ 有关。通常，PD 雷达的发射信号总是矩形脉冲，回波脉冲信号总是受到天线方向图的调制，地物回波形成的杂波在频率轴上总是以 $\sin x/x$ 函数为包络，以发射脉冲重复频率 f_r 为间隔而重复出现的离散谱线系列所构成。其中每条谱线的形状受天线照射时间（与脉冲重复频率一起决定回波脉冲串长度）及天线方向图扫描两者双重调制，并与地面上物体的反射特征有关。PD 雷达回波信号的频谱中既有目标的多普勒信号频谱，又有目标环境中产生的脉冲多普勒杂波频谱，它们两者均与相应的多普勒频率及其距离因素有关。

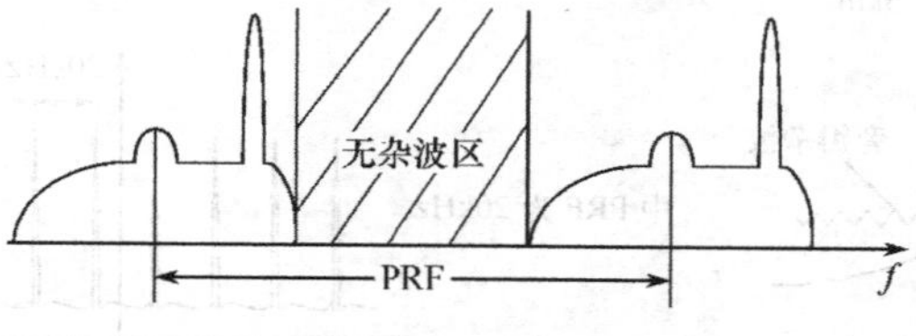

图 5.31 无杂波区示意图

5.3.3 脉冲重复频率的选择

前面已经提到，PD 雷达与目标相对静止时，其地面杂波频谱分布在零频附近很窄的范围内，PD 雷达与目标相对运动时，其地面杂波频谱被展宽。除了目标及其环境因素外，选择 PD 雷达发射脉冲重复频率 f_r，可以改变其地面杂波频谱的分布情况。

PD 雷达脉冲重复频率的选择是一个很重要的问题，主要讨论根据不同的战术应用如何选取高、中、低脉冲重复频率。高、中、低脉冲重复频率各有优缺点，分别适应不同的情况，一般按照雷达是做仰视、尾随还是拦截目标，分别作不同的选择。

机载雷达在没有地杂波背景干扰的仰视情况下通常采用低脉冲重复频率加脉冲压缩（作用距离较远时脉冲压缩的作用是为了使峰值功率不太高，易于在机载雷达中实现）。在机载下视 PD 雷达中，由于有地杂波的干扰，因而低、中、高脉冲重复频率的使用各有优缺点，应按使用条件和要求进行脉冲重复频率的选择。下面我们以一个具体例子来说明，在低、中、高脉冲重复频率下，目标回波信号强度与杂波强度随距离变化的关系及旁瓣杂波谱的分布特性。

假如一个 3cm 波长工作的机载雷达，若天线主波束宽度 $\theta_B=3°$，载机速度 $v_R=500\text{m/s}$，波

束瞄准线与雷达载机速度矢量之间的夹角 $\varphi_o=30°$，则旁瓣杂波分布的频率范围可以由式(5.3.3)得出

$$\pm f_{c\max}=\pm\frac{2v_R}{\lambda}\approx\pm 33\text{kHz}$$

根据式(5.3.1)可得出主瓣杂波中心频率是

$$f_{MB}=\frac{2v_R}{\lambda}\cos\varphi_o\approx 29\text{kHz}$$

主瓣杂波分布的频率范围由式(5.3.2)给出

$$\Delta f_{MB}\approx\frac{2v_R}{\lambda}\theta_B\sin\varphi_o=0.87\text{kHz}$$

对于脉冲重复频率分别为 2kHz、20kHz 和 200kHz 这三种情况，回波信号强度随距离变化的关系及旁瓣杂波的频谱分布如图 5.32 所示。

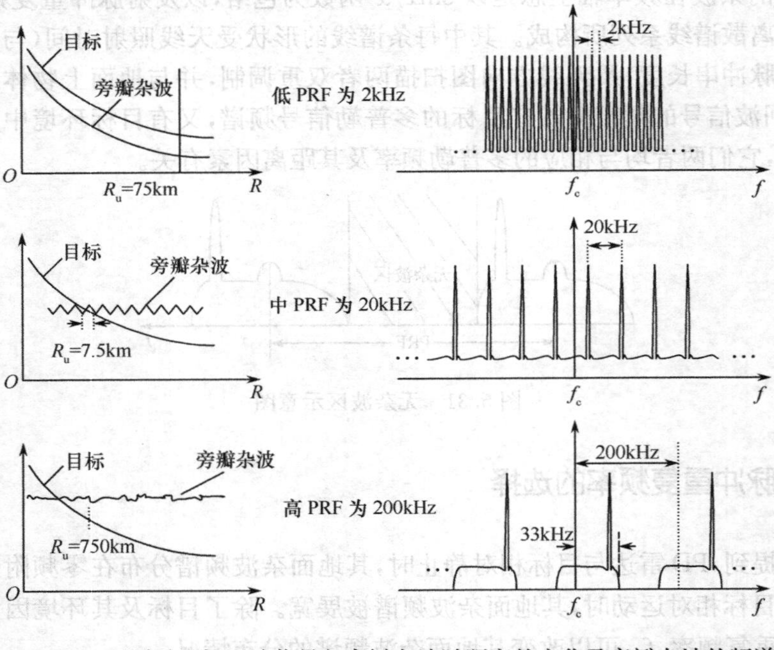

图 5.32 PRF 不同时目标回波信号与旁瓣杂波随距离的变化及旁瓣杂波的频谱分布

(1) 低 PRF 情况

旁瓣杂波在距离上重叠很少，但在频域上高度重叠。在此例中，旁瓣杂波范围在 ±33kHz，而重复间隔只有 2kHz，不但根本不存在无杂波区，而且主瓣杂波分布范围都占了重复间隔很大一部分，此时测速是呈现高度模糊的。一般对远距离(100km 以上)低速机载下视雷达可考虑采用低脉冲重复频率的机载动目标显示雷达(AMTI)。它采用偏置相位中心天线技术以后，主瓣杂波谱宽被压窄，可得到较好的 MTI 性能。目前美国海军以用的低空预警飞机 E—2C 以及以色列战斗机上的 Volvo 雷达都采用低脉冲重复频率的 AMTI 体制。

(2) 中 PRF 情况

此时旁瓣杂波随距离的变化关系呈锯齿形曲线。由于地面旁瓣杂波按重复周期在时域是

重叠的，结果使远距离目标回波可能出现在近距离的旁瓣杂波中。并且旁瓣杂波谱有一定的重叠，因而测距、测速都存在一定的模糊。

(3) 高 PRF 情况

此时旁瓣杂波重叠次数增多，旁瓣杂波的强度几乎是均匀的，测距呈高度模糊。此例中所对应的无模糊距离只有 750m。但在频域上旁瓣杂波谱不会重叠。本例中旁瓣杂波分布频率范围在±33kHz，重复频率间隔在 200kHz，中间还有很宽的无杂波区，但由于旁瓣杂波在距离上高度重叠，故使旁瓣杂波区中的杂波功率密度也相应增高。

图 5.33 给出了中、高脉冲重复频率时作用距离随载机高度的变化。纵坐标表示载机的高度，横坐标表示检测概率为 85%时的作用距离 R_{85}。从图中可看出，迎面攻击时高脉冲重复频率优于中脉冲重复频率。尾随时，在低空，中脉冲重复频率优于高脉冲重复频率；在高空，高脉冲重复频率优于中脉冲重复频率。

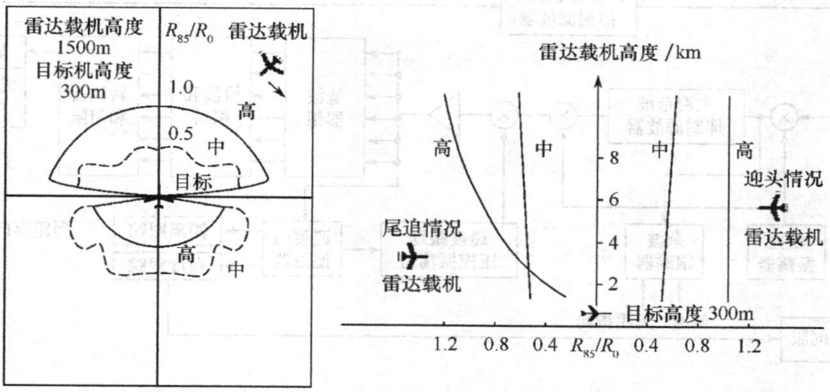

(a) 探测性能与进入角的关系图　　(b) 作用距离与载机高度的关系图

图 5.33　中、高 PRF 时作用距离随载机高度的变化
(R_0 为单位信噪比的距离，目标高度为 300m)

美国 F－15、F－16 和 F－18 战斗机的 PD 雷达兼有中、高两种脉冲重复频率。高空预警飞机 AWACS 上的 E－3 雷达只有高脉冲重复频率。如果允许采用几种参数的话，那么交替使用中、高 PRF 的方法，或者再加上在上视时采用低 PRF 的方法，并在低、中 PRF 时配合采用脉冲压缩技术，将是在所有工作条件下得到远距离探测性能的最有效的方法。

5.3.4　脉冲多普勒雷达信号处理

PD 雷达同常规脉冲雷达的主要区别在于 PD 雷达利用了目标回波中携带的多普勒信息，在频域实现目标和杂波的分离，它可从很强的地物杂波背景中检测出运动目标回波，并能精确地测速。

PD 雷达可以把位于特定距离上，具有特定多普勒频移的目标回波检测出来，而把其他的杂波和干扰滤除。PD 雷达的主要滤波方法是采用邻接的窄带滤波器组或窄带跟踪滤波器，把所关心的运动目标过滤出来。并且窄带滤波器的频率响应应当设计为尽量与目标回波谱相匹配，以使接收机工作在最佳状态。因此，PD 雷达信号处理部分比常规脉冲雷达和动目标显示雷达的信号处理要复杂得多。由此可见，PD 雷达信号处理在 MTI 雷达的基础上更进一步，

PD雷达的信号处理样式被称为动目标检测(MTD①)。

图5.34所示为典型机载PD雷达的原理框图,以此图为例来说明PD雷达的信号处理中抑制各种杂波和检测出所关心的运动目标回波的基本方法。

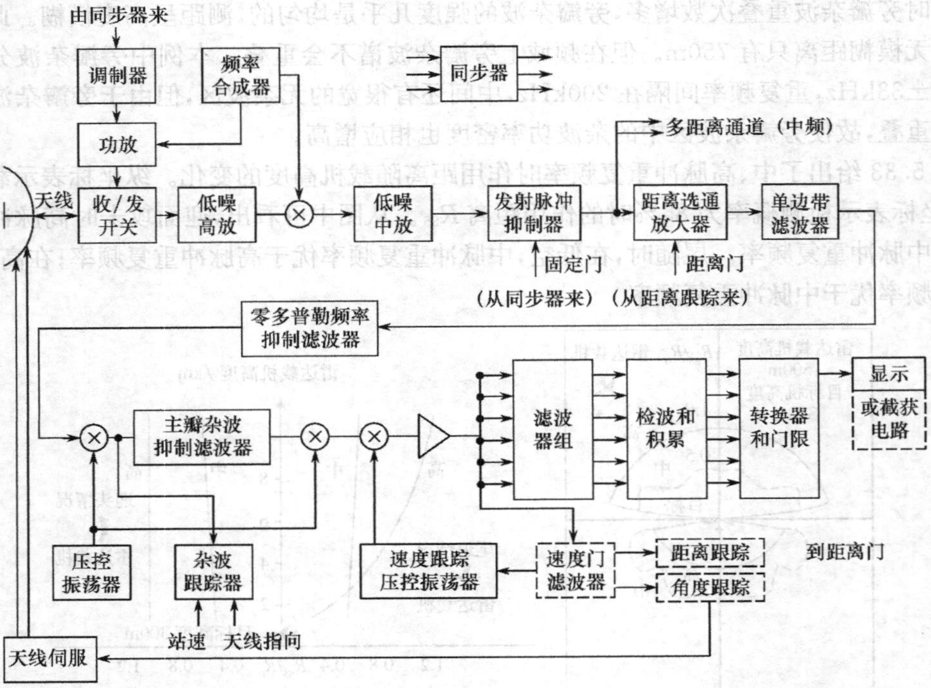

图5.34 典型机载PD雷达的原理框图

(1) 单边带滤波器

单边带滤波器是一个带宽近似等于脉冲重复频率 f_r 的带通滤波器,其主要作用是从回波频谱中只滤出单根谱线,从而使得后面的各种滤波处理在单根谱线上进行。这比在整个频谱范围上进行信号与杂波的分离要容易实现。使用单边带滤波器还可以避免目标多普勒频率 $f_d=f_r/2$ 时出现的模糊,同时也避免了后面信号处理过程中可能产生的频谱折叠效应。

为了使选通的单根谱线具有最大的信号功率,并且当 f_r 改变时不必改变单边带滤波器通带的位置,通常单边带滤波器是选取回波谱的中心谱线。单边带滤波器一般设置在中频,由于中频信号经过单边带滤波器后只剩下一根谱线,成为连续波,因此距离选通波门必须设在单边带滤波器之前。另外,由于单边带滤波器仅取出回波信号的单根谱线,因而使信号功率下降了 d^2 倍(d 为发射脉冲占空系数),但因其输出的杂波和噪声功率也同样减小,所以单边带滤波器并不降低接收机的信杂比。

(2) 主瓣杂波抑制滤波器

主瓣杂波的干扰最强,常常比目标回波能量要高60~80dB。为了减轻后面多普勒滤波器的负担,尤其是采用数字滤波技术时,为了减小数字部分的动态范围,同时保证对主瓣杂波有足够的抑制能力,必须采用主瓣杂波抑制滤波器先对主瓣杂波进行抑制。由于主瓣杂波的位

① MTD是"moving target detection"的缩略语。

置是随着天线指向和载机速度的不同而变化的。抑制主瓣杂波常用的方法是首先确定它的频率 f_{MB}，用一个混频器先消除变化的 f_{MB} 后，就可以用一个固定频率的滤波器将其滤除，如图5.35(a)所示。

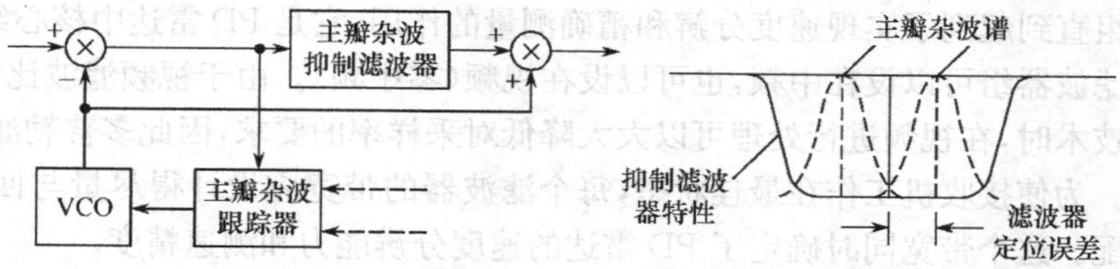

(a)主瓣杂波抑制滤波器组成框图　　(b)主瓣杂波抑制滤波器的频率特性

图5.35　主瓣杂波的滤除

确定主瓣杂波中心频率 f_{MB} 有两种方法：一种方法是利用频率跟踪，将杂波跟踪器中鉴频器的零点和主瓣杂波滤波器阻带中心频率都固定在 $f_I - f_0$ 频率上，其中 f_I 是中频频谱中对应于发射中心谱线的频率，f_0 是压控振荡器(VCO)的中心频率。经过闭环调整，压控振荡器的振荡频率跟随 f_{MB} 变化，使混频后主瓣杂波中心频率沿频率轴向左移动 $f_0 + f_{MB}$，正好落在抑制滤波器的阻带中心 $f_I - f_0$ 处。输出端第二个混频器的作用是将滤除了主瓣杂波后的回波频谱再恢复到原来的频率位置，以便不影响后面的多普勒滤波。另一种方法则不用频率跟踪，而是由天线指向和载机飞行速度计算出主瓣杂波应有的多普勒频移 f_{MB}，直接控制压控振荡器去 $f_0 + f_{MB}$ 的振荡频率。

主瓣杂波抑制滤波器的幅—频特性应是主瓣杂波频谱包络的倒数，以使通过滤波器后输出的杂波频谱可近似为平坦的特性。考虑到抑制滤波器总会有一定的定位误差，因此抑制带应取得稍宽一些，如图5.35(b)所示。

在有些PD雷达中，往往同时采用高、中脉冲重复频率。高重复频率主要用于检测无杂波区中的目标，而当目标处于旁瓣杂波区时，则采用中重复频率。这样的PD雷达，当它工作于高重复频率时，可将单边带滤波器和主瓣杂波抑制滤波器的作用合并，而用一个无杂波区滤波器来完成，其频率响应如图5.36所示。而当此PD雷达工作于中重复频率时，由于存在速度模糊，不能使用单边带滤波器，在这种情况下，一般利用上面提到的后一种方法计算出主瓣杂波中心频率 f_{MB}，然后采用类似MTI雷达中杂波对消的方法来抑制主瓣杂波。

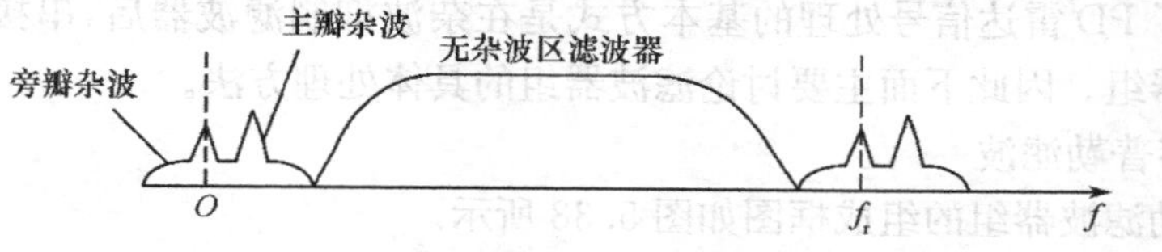

图5.36　无杂波区域滤波器的频率特性

(3) 高度杂波的滤除

高度杂波是由地面的垂直反射所形成的杂波，它比漫反射所形成的旁瓣杂波要强得多。当载机水平飞行时，高度杂波的多普勒频移为零，通常可以采用一个单独的固定频率抑制滤波器—零多普勒频率滤波器来滤除它。这个滤波器所获得的附加好处是它可以进一步抑制由发射机直接进入到接收机的泄漏。如果后面的多普勒滤波器组有足够的动态范围，则可以不必单独设置这个滤波器，只须断开滤波器组中落入高度杂波区的那些子滤波器的输出，即可方便地达到滤除高度杂波的目的。

(4) 多普勒滤波器组

多普勒滤波器组是覆盖预期的目标多普勒频率范围的一组邻接的窄带滤波器。当目标相对于雷达的径向速度不同,即多普勒频移不同时,它将落入不同的窄带滤波器。因此,窄带多普勒滤波器组直到起到了实现速度分辨和精确测量的作用,它是PD雷达中核心组成部分。

多普勒滤波器组可以设在中频,也可以设在视频(零中频)。由于视频滤波比较简便,尤其是采用数字技术时,在视频进行处理可以大大降低对采样率的要求,因此多普勒滤波器组一般多设在视频。为使接收机工作在最佳状态,每个滤波器的带宽应设计得尽量与回波信号的谱线宽度相匹配。这个带宽同时确定了PD雷达的速度分辨能力和测速精度。

实现多普勒滤波器组可采用模拟和数字滤波技术,两种方法各有优缺点。采用模拟滤波器,由于体积、重量、精度及插入损耗等因素的限制,很难满足PD雷达高性能的技术要求。目前,由于数字技术的发展,多普勒滤波器组基本上都是采用数字滤波方法来实现。随着数字器件工作速度的不断提高,集成规模不断扩大,数字处理所具有的体积小、重量轻以及高精度、可靠性、低功耗、适应性强等优点越来越突出。特别是近年来可编程的数字信号处理机的出现,使得一部数字信号处理机可以完成包括多普勒滤波在内的多种任务,并能满足PD雷达采用多种脉冲重复频率以及实现多种功能的要求。

(5) 恒虚警率处理

由于PD雷达的杂波分布情况比较复杂,目标回波可能落入杂波区也可能落入无杂波区,两种区域中干扰的强度差别很大。经过以上各种滤波处理之后,信号的背景干扰仍具有很宽的幅度范围。因此,PD雷达必须采用CFAR处理,根据背景干扰电平来自动调节检测门限,以达到使虚警概率恒定的目的。

综上所述,PD雷达接收机及信号处理系统非常复杂。在这一系统中包括对发射机泄漏和高度杂波的抑制、单边带滤波器和主杂波抑制、窄带滤波器组、视频积累和恒虚警检测,而且接收机是多路的,这就更增加了它的复杂性。

单边带滤波器、主杂波滤波器及窄带滤波器组相对信号与杂波谱的关系如图5.37所示。图5.37(a)表示信号与杂波的中频频谱;图5.37(b)表示单边带滤波器;图5.37(c)表示主杂波滤波器,该滤波器凹口设置在固定频率f_0上;图5.37(d)表示窄带滤波器组,它的中心频率可设置在某一个便于处理的中频f_I上。若采用零中频处理,则f_I也可为零。

上面分析了PD雷达信号处理的基本方式是在杂波抑制滤波器后,串接和信号谱线相匹配的窄带滤波器组。因此下面主要讨论滤波器组的具体处理方法。

(1) 中频多普勒滤波

中频多普勒滤波器组的组成框图如图5.38所示。

在搜索雷达中一般应有m个并联的距离门通道(图5.38中仅画出了一路),相邻距离门在距离上相差ΔR,距离门的作用为:

① 距离量化,并由此提取距离信息;

② 消除本距离单元以外的杂波,首先从时间上进行分辨。

在跟踪雷达中,处于跟踪状态时所需并联的距离通道数目可以大为减少,一般等于2,取前波门和后波门两路。

每一距离门对应一个距离单元和相应的一条距离通道,每一通道有一单边带滤波器,用它来选取中心频率目标可能出现的频率范围,然后送到滤波器去提取速度信息。

脉冲多普勒雷达无模糊的测速范围为 $-f_r/2 \sim f_r/2$，故单边带滤波器的带宽为一个脉冲重复周期 f_r。

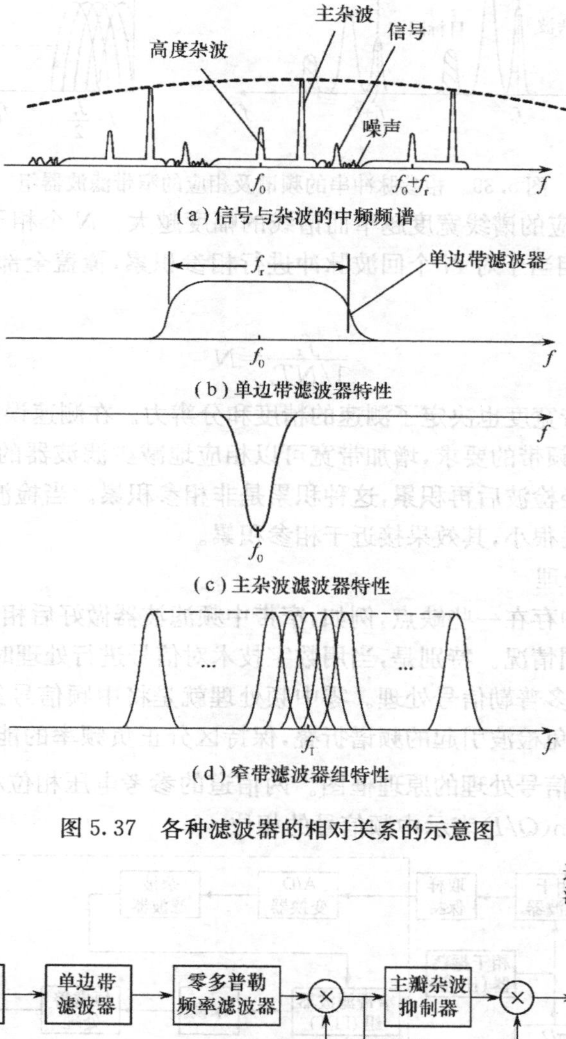

图 5.37　各种滤波器的相对关系的示意图

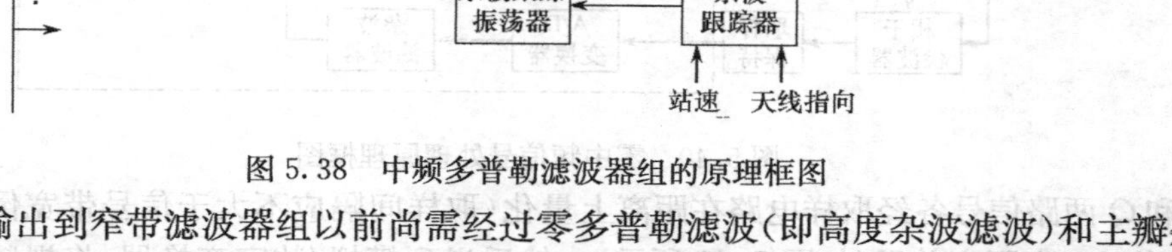

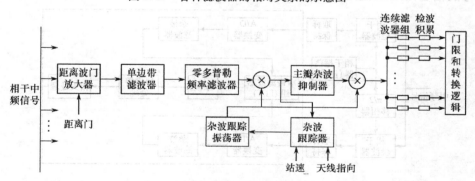

图 5.38　中频多普勒滤波器组的原理框图

单边带输出到窄带滤波器组以前尚需经过零多普勒滤波(即高度杂波滤波)和主瓣杂波滤波。信号经主瓣杂波滤波器后，其输出再次和杂波跟踪振荡器混频，使信号的频谱位置复原到原来的位置上，便于下面继续在中频范围内进行多普勒信号处理，如图 5.39 所示。

窄带滤波器的宽度、形状和信号谱线相匹配。当天线扫过目标得到 N 个回波脉冲时，则此 N 个脉冲串包络的傅里叶变换决定了每根谱线的形状和宽度。通常这一频谱宽度为 $1/NT_r$。

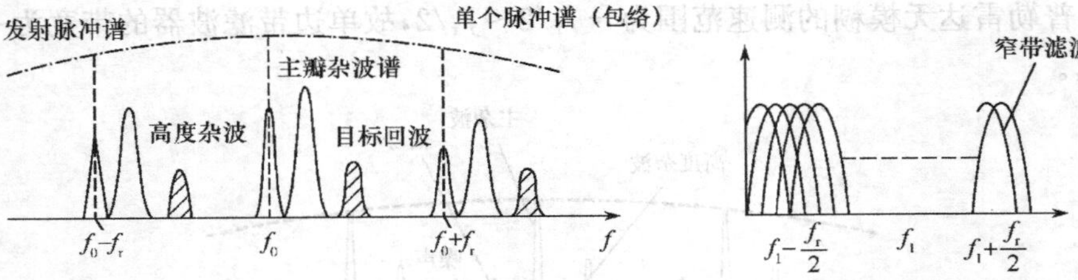

图 5.39 相参脉冲串的频谱及相应的窄带滤波器组

脉冲数目越多，对应的谱线宽度越窄而谱线的幅度越大。N 个相干脉冲通过通带宽度为 $1/NT_r$ 的窄带滤波器相当于对 N 个回波脉冲进行相参积累，覆盖全部测速范围 f_r 所需要的滤波器数目为

$$\frac{f_r}{1/NT_r}=N$$

窄带滤波器的频带宽度也决定了测速的精度和分辨力。在测速误差和分辨力允许的条件下，可以放宽对滤波器频带的要求，增加带宽可以相应地减少滤波器的数目和设备的复杂性。这时滤波器输出可以经检波后再积累，这种积累是非相参积累。当检波前信噪比≫1 时，由于非相参积累引起的损失很小，其效果接近于相参积累。

(2) 零中频信号处理

中频多普勒处理中存在一些缺点，例如，窄带中频滤波器做好后相干积累的时间就已经确定而不能适应各种不同情况。特别是，当用数字技术对信号进行处理时，在中频进行是不适当的，这就导致了零中频多普勒信号处理。零中频处理就是将中频信号经相干检波器后变成视频信号进行滤波，为避免检波引起的频谱折叠，保持区分正负频率的能力，采用正交双通道处理。图 5.40 为零中频信号处理的原理框图。两信道的参考电压相位相差 90°，$\sqrt{I^2+Q^2}$ 表示中频信号的幅度，$\arctan(Q/I)$ 表示中频信号的相位。

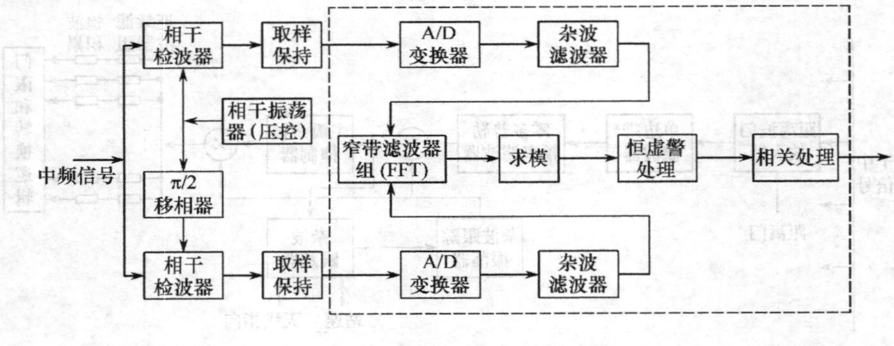

图 5.40 零中频信号处理原理框图

I 和 Q 两路信号各经取样电路在距离上量化（取样间隔应不大于信号带宽倒数的一半为好），相当于一个距离单元（如图 5.41 所示）。然后送到模拟/数字变换器，将视频模拟信号幅度分层后转换成数字信号，一般采用二进制码。二进制码的位数应考虑到杂波幅度的变化范围。由于主瓣杂波要求大的动态范围，二进制码的位数增加，会明显加大信号处理设备的设备量。因此数字信号处理的第一步就是用主瓣杂波滤波器将主瓣杂波尽可能地减弱。主瓣杂波滤波器根据情况可采用递归或非递归的梳齿滤波器。当雷达放在飞机上时，主瓣杂波位置随

飞机速度及天线扫描的情况发生变化，这时应在滤波器上加自适应的频率补偿。经过主瓣杂波滤波器后，处理杂波剩余及信号所需的二进制位数大为减少，处理设备的设备量亦相应下降。杂波滤波器用的梳齿滤波器（一次或二次延迟对消），其凹口形状应尽量和杂波谱相"匹配"，即接近杂波功率谱特性的倒数。杂波滤波器后串接窄带滤波器组，在数字处理是用快速傅里叶变换来实时计算出各距离单元信号的频谱数据，它等效于多个距离单元的窄带滤波器组，如图 5.42 所示。

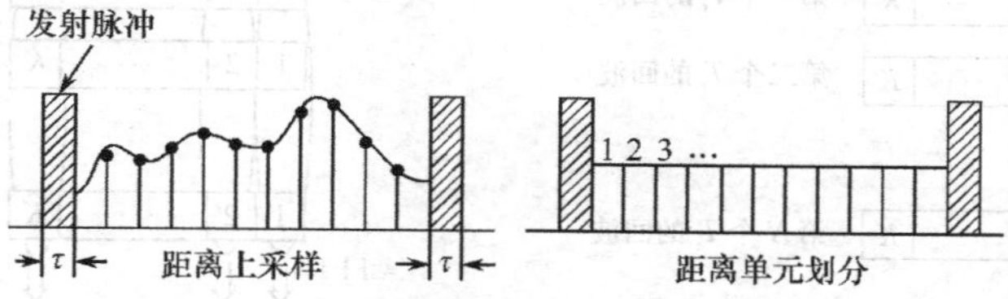

图 5.41　距离上的采样和量化

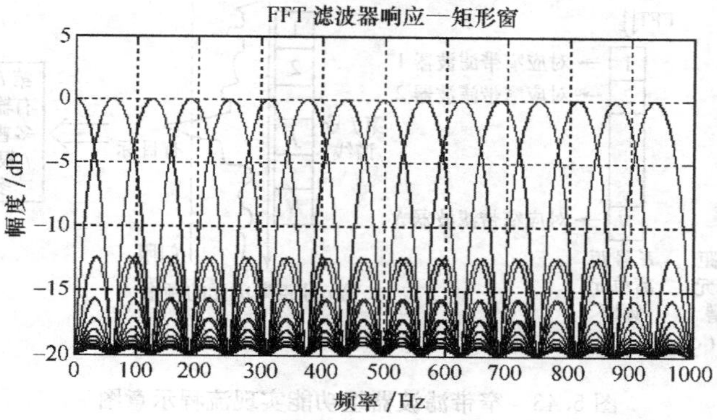

图 5.42　FFT 等效于窄带滤波器组

FFT 输出的信号再用求模和恒虚警电路加以处理。恒虚警电路应根据剩余杂波的强度自动调节检测门限，使虚警概率保持一定，超过门限的信号被送到相关信息处理机，对相继超过门限的信号进行积累和判决，以确定是否是目标。如果判定是目标，将目标的距离、方位、速度等数据送到显示器或数据处理计算机。

(3) 窄带滤波器组的实现

要实现频域上对回波信号的准匹配滤波，必须在杂波滤波器后串接和信号相匹配的窄带滤波器。当目标速度未知时，应采用邻接的窄带多普勒滤波器组来覆盖目标可能出现的全部多普勒频率范围。其实现方法有：模拟式、数字式（快速傅里叶变换）和近代模拟式三种，这里主要介绍数字式。

若距离扫描全程的距离单元数为 M，每一距离门所需滤波器数为 N，则总的窄带滤波器数目为 $M\times N$。以低重复频率 $f_r=2\text{kHz}$ 为例，设距离分辨单元（距离门宽度）$\tau=1\mu\text{s}$，频率分辨单元（窄带滤波器带宽）$B=200\text{Hz}$，则所需滤波器数目为

$$M=\frac{T_r}{\tau}=500$$

$$N=\frac{f_r}{B}=100$$

$$M\times N=50000$$

数字滤波方法无论在体积、重量、精度、可靠性方面以及灵活改变脉冲间距与进行加权和带宽处理等方面都具有明显的优点。数字式方法形成多普勒滤波器的实质是用数字方法计算离散信号的频谱,每个固定频率分量的输出就相当于中心频率在此固定频率上的窄带滤波器的输出。目前使用的计算方法是采用快速傅里叶变换(FFT),利用FFT实现MTD功能流程如图5.43所示。

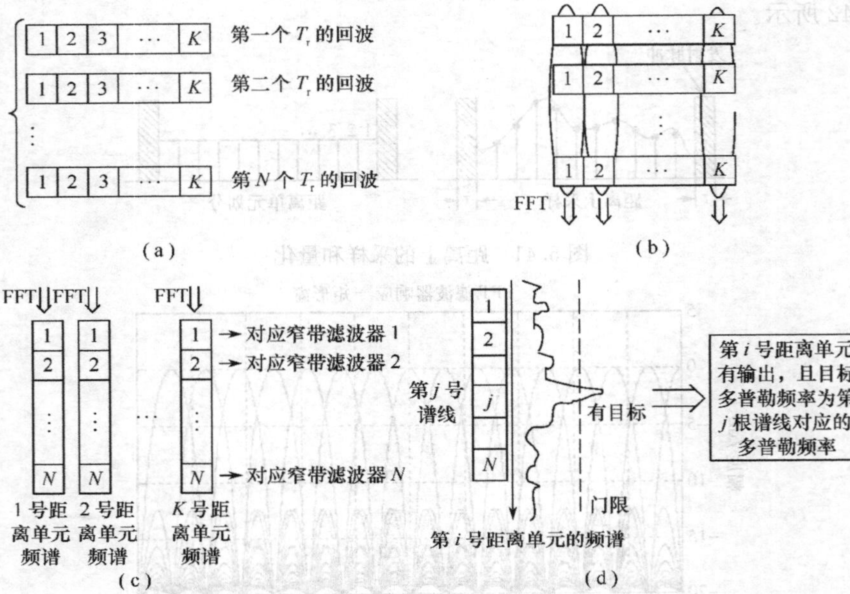

图5.43 窄带滤波器组功能实现流程示意图

5.4 相控阵雷达

"相控阵"是"相位控制阵列(Phased Array)"的简称。相控阵天线是由许多辐射单元组成的天线阵列,每个单元的馈电相位由计算机灵活控制,从而实现波束的电扫描。因此,相控阵雷达具有波束捷变(包括波束空间位置捷变和波束方向图捷变)的独特优点,可以满足多目标跟踪、远距离探测、高数据率、自适应抗干扰以及同时完成目标搜索、识别、捕获和跟踪等多种功能。

5.4.1 相控阵天线基本原理

相控阵天线的辐射元少的有几百,多的则可达成千上万。每个阵元(或一组阵元)后面接有一个可控移相器,利用控制这些移相器相移量的方法来改变各阵元间的相对馈电相位,从而改变天线阵面上电磁波的相位分布,使得波束在空间按一定规律扫描。

阵列天线有两种基本的形式:一种叫做线阵列,所有单元都排列在一条直线上;另一种叫做面阵列,辐射单元排列在一个面上,通常是一个平面。以线阵为例说明相控阵天线实现电扫描的原理。

为了说明相位扫描原理,首先讨论图5.44所示 N 个阵元的线性阵列的扫描情况,它由 N

个相距为 d 的阵元组成。假设各辐射元为无方向性的点辐射源，而且同相等幅馈电（以零号阵元为相位基准）。在相对于阵列轴线法线的 θ 角方向上，两个阵元之间波程差引起的相位差为

$$\psi=\frac{2\pi}{\lambda}d\sin\theta$$

则 N 个阵元在 θ 方向远区某一点辐射场的矢量和为

$$E(\theta)=\sum_{k=0}^{N-1}E_k e^{jk\psi}=E\sum_{k=0}^{N-1}e^{jk\psi} \tag{5.4.1}$$

式中，E_k 为各阵元在远区的辐射场，当 E_k 都相等时后一等式才成立。因为各阵元的馈电一般要加权，实际上远区 E_k 不一定都相等。为讨论方便起见，假设等幅馈电，且忽略因波程差引起的场强差别，所以可认为远区各阵元的辐射场强近似相等，用 E 表示。显然，当 $\theta=0$ 时，电场同相叠加而获得最大值。

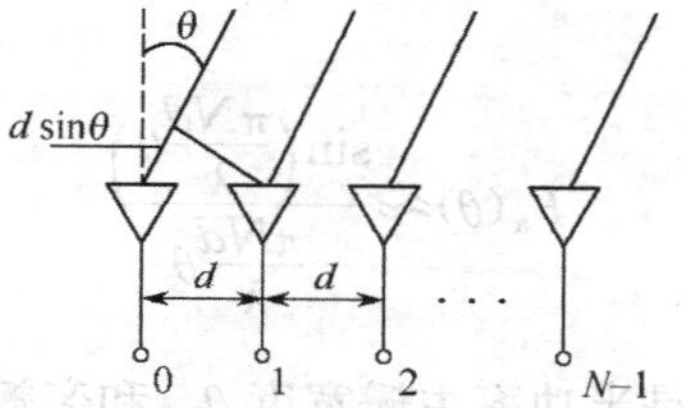

图 5.44　线阵天线示意图

根据等比级数求和公式及欧拉公式，式(5.4.1)可写成

$$E(\theta)=E\frac{e^{jN\varphi}-1}{e^{j\varphi}-1}=E\frac{e^{j\frac{N}{2}\varphi}(e^{j\frac{N}{2}\varphi}-e^{-j\frac{N}{2}\varphi})}{e^{j\frac{\varphi}{2}}(e^{j\frac{\varphi}{2}}-e^{-j\frac{\varphi}{2}})}=E\frac{\sin\left(\frac{N}{2}\varphi\right)}{\sin\frac{\varphi}{2}}e^{j\frac{N-1}{2}\varphi} \tag{5.4.2}$$

将式(5.4.2)取绝对值并归一化后，得到阵列的归一化方向函数 $F_a(\theta)$ 为

$$F_a(\theta)=\frac{|E(\theta)|}{|E_{max}(\theta)|}=\frac{\sin\left(\frac{N}{2}\varphi\right)}{N\sin\frac{\varphi}{2}}=\frac{\sin\left(\frac{\pi Nd}{\lambda}\sin\theta\right)}{N\sin\left(\frac{\pi d}{\lambda}\sin\theta\right)} \tag{5.4.3}$$

如图 5.45 所示。当各个阵元不是无方向性时，假设其辐射方向图为 $F_e(\theta)$，则阵列的方向图变为

$$F(\theta)=F_a(\theta)F_e(\theta)$$

式中，$F_a(\theta)$ 称为阵列因子，有时简称阵因子，而 $F_e(\theta)$ 称为阵元因子。

在式(5.4.3)中，当 $\frac{\pi Nd}{\lambda}\sin\theta=0,=\pm\pi,=\pm2\pi\ \cdots,=\pm n\pi$（$n$ 为整数）时，$F_a(\theta)$ 的分子式为 0。而当 $\frac{\pi d}{\lambda}\sin\theta=0,=\pm\pi,=\pm2\pi,\cdots,=\pm n\pi$ 时，由于分子和分母均为 0，所以 $F_a(\theta)$ 值不确定。利用罗比塔法则，当 $\sin\theta=\pm n\lambda/d$（$n$ 为整数）时 $F_a(\theta)$ 为最大值，这些最大值都等于 1。在 $n=0$ 时的最大值称为主瓣，n 为其他时的最大值均称为栅瓣，如图 5.45 所示。栅瓣的间隔是阵元间距的函数。栅瓣出现的角度为

$$\theta_{GL}=\sin^{-1}\left(\pm\frac{n\lambda}{d}\right)$$

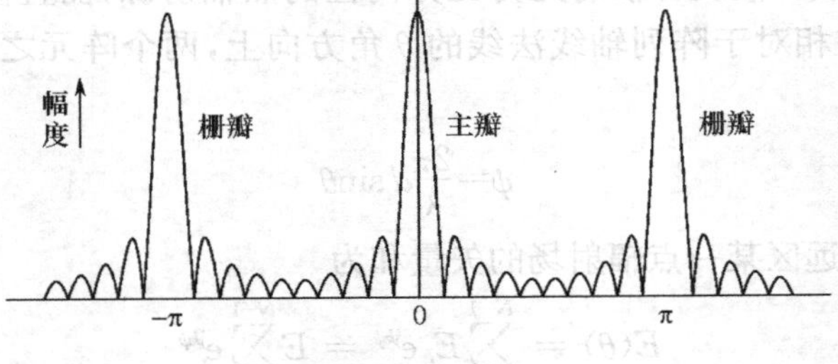

图 5.45　阵列因子

式中，n 是整数。当 $d=\lambda$ 时，$\theta_{GL}=90°$。当 $d/\lambda=0.5$ 时，由于 $\sin\theta_{GL}>1$ 不可能成立，所以空间不会出现第一栅瓣。

当 θ 很小时，$\sin\left(\frac{\pi d}{\lambda}\sin\theta\right)\approx\frac{\pi d}{\lambda}\sin\theta\approx\frac{\pi d}{\lambda}\theta$，式(5.4.3)近似为图 5.46 所示的 sinc 函数形状，即

$$F_a(\theta)\approx\frac{\sin\left(\frac{\pi Nd}{\lambda}\theta\right)}{\frac{\pi Nd}{\lambda}\theta} \tag{5.4.4}$$

在天线方向图中，两个关键参数是半功率主瓣宽度 $\theta_{0.5}$ 和旁瓣电平。令 $F_a\left(\frac{1}{2}\theta_{0.5}\right)=\frac{1}{\sqrt{2}}$，查表可得 $\frac{\pi Nd}{\lambda}\frac{\theta_{0.5}}{2}=0.443\pi$，因此半功率主瓣宽度为

$$\theta_{0.5}=0.886\,\frac{\lambda}{Nd}(\text{rad})=50.8\,\frac{\lambda}{Nd}(°) \tag{5.4.5}$$

当 $d=\lambda/2$ 时，$\theta_{0.5}\approx100/N$。因此，如果要在一个平面上产生波瓣宽度为 1°的波束，就需要用 100 个辐射元组成的线阵。若在水平、垂直两个平面内都采用阵列天线，设 n_1 和 n_2 分别为水平方向和垂直方向所要求的辐射元数目，则此二维阵列天线辐射元的总数目就等于 $N=n_1n_2$，若 $n_1=n_2$，则在水平面和垂直面产生 1°的针状波束，需用 $N=10\,000$ 个辐射元。

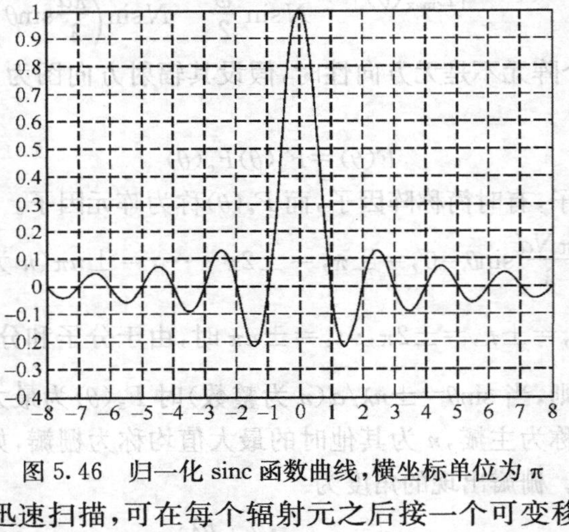

图 5.46　归一化 sinc 函数曲线，横坐标单位为 π

为了使波束在空间迅速扫描，可在每个辐射元之后接一个可变移相器，如图 5.47 所示。设各单元移相器的相移量分别为 $0,\varphi,2\varphi,\cdots(N-1)\varphi$。由于单元之间相对的相位差不为 0，所

以在天线阵的法线方向上各单元的辐射场不能同相相加，因而不是最大辐射方向。当移相器引入的相移 φ 抵消了由于单元间波程差引起的相位差，即 $\varphi=\phi=\frac{2\pi d}{\lambda}\sin\theta_0$ 时，则在偏离法线的 θ_0 角度方向上，由于电场同相叠加而获得最大值。这时，波束指向由阵列法线方向($\theta=0$)变到 θ_0 方向。简单地说，在图 5.47 中，MM'线上各阵元激发的电磁波的相位是同相的，称同相波前，波束最大值方向与其同相波前垂直。可见，控制各移相器的相移可改变同相波前的位置，从而改变波束指向，达到扫描的目的。

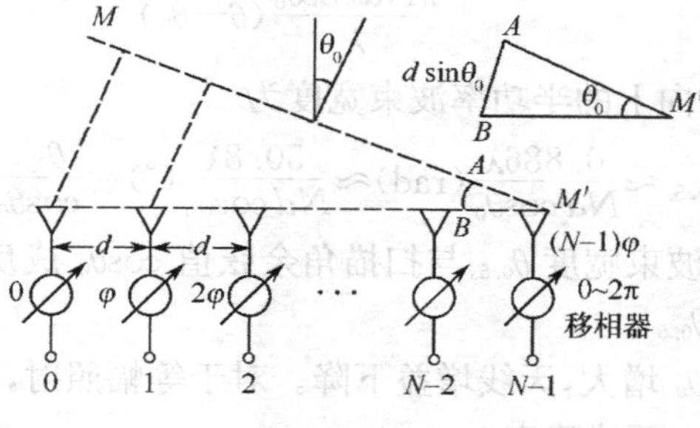

图 5.47　相位扫描原理

此时，式(5.4.1)变成

$$E(\theta)=E\sum_{k=0}^{N-1}e^{jk(\psi-\varphi)} \tag{5.4.6}$$

式中，ψ 为相邻单元间的波程差引入的相位差，φ 为移相器的相移量。令

$$\varphi=\frac{2\pi}{\lambda}d\sin\theta_0$$

则由式(5.4.6)可以得到扫描时的方向性函数为

$$F_a(\theta)=\frac{\sin\left[\frac{\pi Nd}{\lambda}(\sin\theta-\sin\theta_0)\right]}{N\sin\left[\frac{\pi d}{\lambda}(\sin\theta-\sin\theta_0)\right]} \tag{5.4.7}$$

由式(5.4.7)可以看出：

(1) 在 $\theta=\theta_0$ 方向上 $F_a(\theta)=1$，有主瓣存在，且主瓣的方向由 $\varphi=\frac{2\pi d}{\lambda}\sin\theta_0$ 决定，只要控制移相器的相移量 φ 就可控制最大辐射方向 θ_0，从而形成波束扫描。

(2) 在$\frac{\pi d}{\lambda}(\sin\theta-\sin\theta_0)=\pm m\pi$ 的 θ 方向，$m=1,2,\cdots$，有与主瓣等幅度的栅瓣存在。栅瓣的出现使测角存在了多值性，这是不希望的。为了不出现栅瓣，必须使

$$\frac{\pi d}{\lambda}|\sin\theta-\sin\theta_0|<\pi$$

因为

$$|\sin\theta-\sin\theta_0|\leqslant|\sin\theta|+|\sin\theta_0|\leqslant1+|\sin\theta_0|$$

所以只要

$$\frac{d}{\lambda}<\frac{1}{1+|\sin\theta_0|}$$

就保证不出现栅瓣。

(3) 波束扫描时，随着 θ_0 的增大，波束会展宽。阵列天线方向图的峰值在 θ_0 方向，在 θ_0 附近的方向，$\theta-\theta_0$ 很小，因此有

$$\sin\theta-\sin\theta_0=2\sin\frac{\theta-\theta_0}{2}\cos\frac{\theta+\theta_0}{2}\approx(\theta-\theta_0)\cos\theta_0$$

代入式(5.4.7)可以得到

$$F_a(\theta)\approx\frac{\sin\left[\frac{\pi Nd\cos\theta_0}{\lambda}(\theta-\theta_0)\right]}{\frac{\pi Nd\cos\theta_0}{\lambda}(\theta-\theta_0)}$$

根据辛克函数性质，在 θ_0 方向上的半功率波束宽度为

$$\theta_{0.5s}\approx\frac{0.886\lambda}{Nd\cos\theta_0}(\mathrm{rad})\approx\frac{50.8\lambda}{Nd\cos\theta_0}(°)=\frac{\theta_{0.5}}{\cos\theta_0}$$

可见，θ_0 方向的半功率波束宽度 $\theta_{0.5s}$ 与扫描角余弦值 $\cos\theta_0$ 成反比。θ_0 愈大，波束展宽愈厉害，当 $\theta_0=60°$ 时，$\theta_{0.5s}\approx2\theta_{0.5}$。

(4) 波束扫描时，随着 θ_0 增大，天线增益下降。对于等幅照射，面积为 A 的无损耗孔径天线，其法线方向波束的增益由下式确定：

$$G_0=4\pi\frac{A}{\lambda^2} \tag{5.4.8}$$

而相控阵天线的总面积定义为

$$A=Na$$

式中，N 为相控阵天线的阵元总数，a 为每个阵元所占的面积。假设 N 个阵元在水平面和垂直面上是等间距均匀分布的，间距 $d=\lambda/2$，则相控阵天线的总面积就为

$$A=Nd^2=\frac{N\lambda^2}{4} \tag{5.4.9}$$

将式(5.4.9)代入式(5.4.8)，可以得到法线方向的增益为

$$G_0=N\pi$$

在任意的扫描方向 θ_0，天线口径在扫描方向垂直面的投影为 $A_{\theta_0}=A\cos\theta_0$。如果将天线考虑为匹配接收天线，则扫描波束所收集的能量总和正比于天线口径的投影面积 A_{θ_0}，所以增益为

$$G_{0s}=\frac{4\pi A_{\theta_0}}{\lambda^2}=N\pi\cos\theta_0$$

可见，增益随扫描角的增大而减小。

因此，在波束扫描时，扫描的偏角 θ_0 愈大，波束就愈宽，天线增益就愈小，天线波束的性能就愈差。一般将天线波束的扫描角限制在60°之内。

以上所述的是等间距等幅值阵列，这种阵列的方向图旁瓣电平较高(第一旁瓣为－13.2dB)，不利于雷达的抗干扰。为了降低旁瓣电平，常采用等间距振幅加权阵列或密度加权阵列。所谓等间距振幅加权，就是使各辐射元馈电振幅的大小不相等，一般馈给阵列中间的辐射元功率大些，周围的辐射元功率小些，最常用的加权函数为泰勒分布。所谓密度加权，指天线的阵元按一定疏密程度排列，天线阵中心附近阵元数密些，周围阵元数稀些，而每个阵元的幅度均相等。

在有源相控阵雷达中，为了简化结构，减少发射机种类，提高互换性，通常以采用等幅阵元的密度加权阵列天线为主。

5.4.2 相控阵雷达的基本组成

相控阵雷达的组成方案很多，目前典型的相控阵雷达用移相器控制波束的发射和接收，共有两种组成形式：一种称为有源相控阵列，每个天线阵元有一个发射/接收装置，称为 T/R 组件；另一种称为无源相控阵列，共用一个或几个发射机和接收机。有源相控阵雷达和无源相控阵雷达除了发射和接收部分的功能不同外，其他部分的功能是相似的。

1. 无源相控阵雷达的基本组成

首先介绍无源相控阵雷达的基本组成，如图 5.48 所示。其中，发射机、接收机和显示器的功能和一般雷达一样。中心计算机用于相控阵雷达的数据/信号处理。波束控制计算机用于计算和控制移相器的相移量。相控阵雷达的数据/信号处理系统常常是由一台通用计算机组成，称为中心计算机。中心计算机通过程序控制相控阵雷达，进行数据/信号处理，对关心的目标进行相关，并响应用户的请求。一般说来，数据处理依赖的是雷达多次扫过目标时得到的回波数据；相比之下，信号处理所依赖的是雷达单次扫描获得的回波数据。例如，数据处理是根据雷达多次扫过目标得出目标的航迹，而信号处理则是在一次扫描时间内从信号和噪声中进行目标检测。中心计算机根据数据处理后的有关目标的位置坐标，发出指令给波束控制计算机，使其计算并控制天线阵中各移相器的相移量，使天线波束按指定空域搜索或跟踪目标。目标回波经过天线阵列接收后传输到接收机，接收机输出的是模拟信号，经模/数转换后在数字信号处理机中进行处理，然后送入数据处理机中，中心计算机对目标参数（坐标、速度和航向等）进行平滑，从而得出目标位置和速度等的外推数据。根据外推数据，中心计算机再进一步判断目标的轨迹和威胁程度，确定对各目标搜索或跟踪的程序。由此控制全机各系统，从而使雷达工作状态自动地适应空间目标的情况。

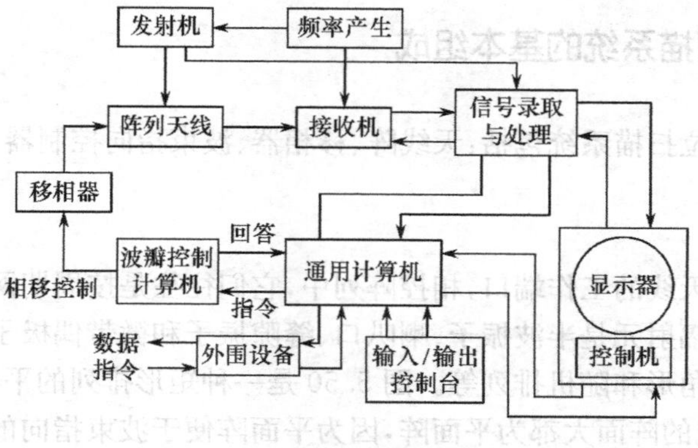

图 5.48　一种无源相控阵雷达的结构图

2. 有源相控阵雷达的基本组成

有源相控阵雷达与无源相控阵雷达的主要区别是其射频功率的发射和接收是通过阵元或子阵列中的发射/接收（T/R）组件实现的。采用 T/R 组件，使有源（或称固态）相控阵雷达具有如下优点：

(1) 平均功率高,作用距离远。这是因为每个阵元都有自己的功率源,虽然功率不大,但由于天线阵元的数目很多,因此很容易就能获得很大的总平均功率。例如,美国雷声公司研制的 AN/FPS—115 弹道导弹预警雷达,每个阵面有 2677 个辐射单元(其中有源单元为 1792 个),每个阵元的固态发射机可输出的功率达 350W,其总功率可达 600kW,对导弹的搜索距离可达 4800km。

(2) 效率高。固态相控阵由于消除了馈线系统的损耗,大大提高了发射机功率的有效性。典型的大功率发射机馈线系统的损耗大约为 5dB,即有 2/3 的功率消耗在馈线的各环节上,只有 1/3 的功率辐射到空间。雷达发射机是最大的电力消耗者。采用固态相控阵后,由于发射机功率的有效性显著提高,促使电源消耗大大下降。

(3) 可靠性高。因为大功率器件是雷达可靠性的薄弱环节,现在改为数千个小功率的固态组件,故障率低,所以有极高的可靠性。一般当阵面 50%的阵元失效时雷达仍能正常工作,10%的阵元失效时系统性能只是略有下降,平均无故障时间(MTBF)≥10 万小时。

(4) 移相器成本低精度高。由于相移是在发射机的低电平上进行的,而且馈线和移相器的损耗对性能没有影响,可使用成本低又精确的低功率移相器。

(5) 组合馈电既轻又便宜。因为功率分配是低电平的,在馈线输入端的功率和电压分别只有数十瓦和数十伏,而且有源阵列中的功率分配和组合有可能采用光纤。

(6) 容易实现数字波束形成。因此能够实现多目标跟踪和自适应阵列处理,具有多种工作状态瞬时自动转换、快速识别目标和自适应抗干扰的能力。

图 5.49 为有源相控阵雷达的功能结构图,系统的组成主要分为三个部分:有源电扫描阵列,接收机—激励器组合部分和处理器组合部分。有源电扫描阵列(AESA)的作用是调整信号,控制波束的指向和形状、辐射和接收能量。这一部分通常包括 T/R 组件阵列及其支撑结构、将直流电源和射频信号与所有组件连接起来的连接器、热控制设备、阵列的低噪声电源和数字式波束控制器。

5.4.3 相位扫描系统的基本组成

相控阵雷达的相位扫描系统包括:天线阵、移相器、波束指向控制器、波束形成网络等。

1. 阵列的组态

辐射结构是任何天线的工作端口,相控阵列中,它们往往是按周期网格排列的众多离散辐射元的集合。常见的辐射元是半波振子、喇叭口、缝隙振子和微带偶极子等。常见的排列方式有矩形、正三角形、六角形和随机排列等。图 5.50 是一种矩形排列的平面相控阵天线结构。

目前,相控阵天线的阵面大都为平面阵,因为平面阵便于波束指向的配相计算和控制。当然,还有各种不同的阵列组态,如图 5.51 所示。其中图(a)为一种透镜式的阵列组态;图(b)为一种偏馈反射的阵列组态;图(c)为一种反射阵列组态;图(d)为一种有源阵列组态;图(e)为一种与飞机共形的阵列组态;图(f)为一种圆柱形阵列组态;图(g)为一种阵元分布在球体上的阵列组态。

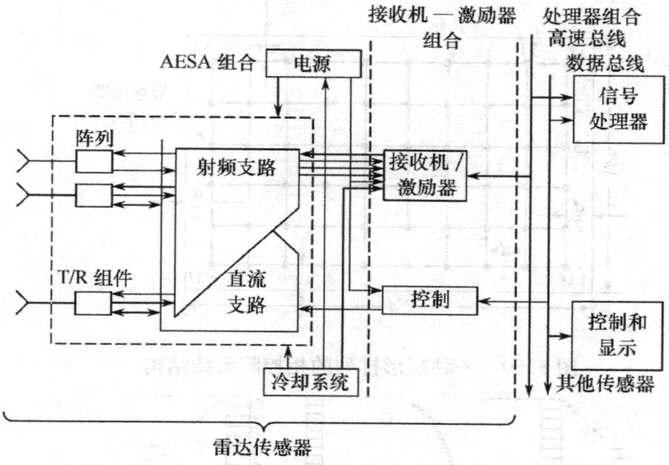

(a) 固态相控阵雷达的功能框图

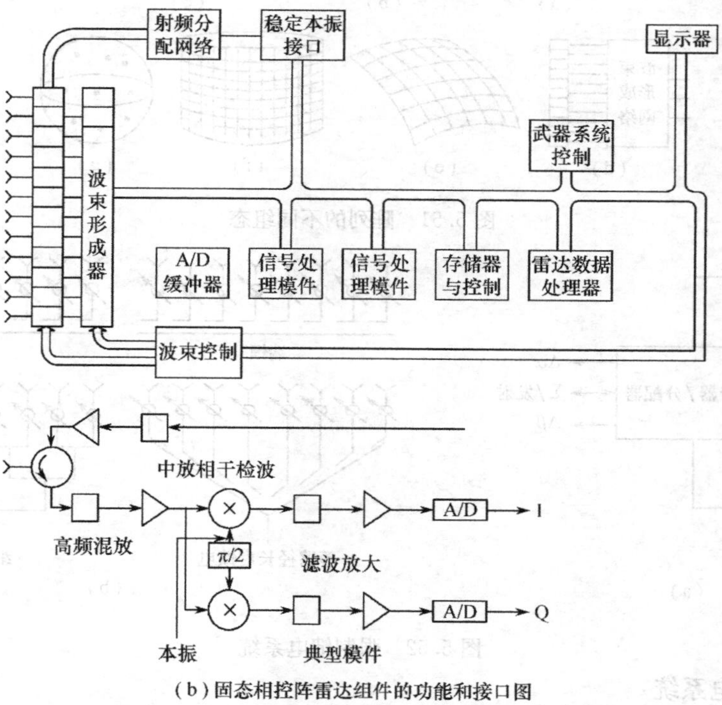

(b) 固态相控阵雷达组件的功能和接口图

图 5.49　有源相控阵雷达的功能结构图

2. 阵列的馈电方式

相控阵列的馈电方式主要分为强制馈电和光学馈电两种。

(1) 强制馈电系统

强制馈电系统如图 5.52 所示，其中图(a)为一个由公共源经过功率分配器/组合器强制馈电到各个阵元的阵列；图(b)为几种常见的强制馈电方式，即端馈、中心馈电、等路径长度馈电和组合馈电。

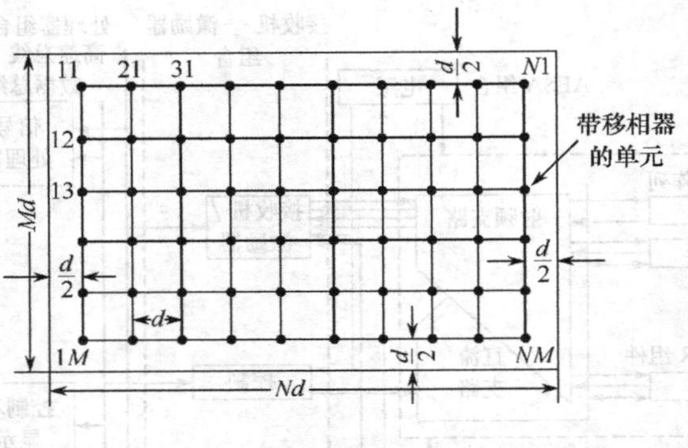

图 5.50　一种矩形排列的相控阵天线结构

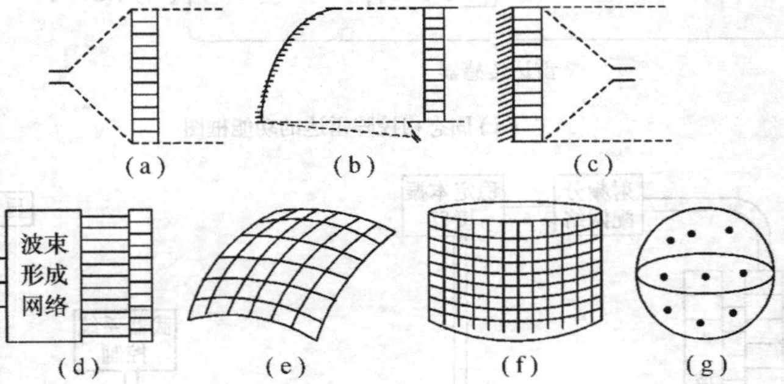

图 5.51　阵列的不同组态

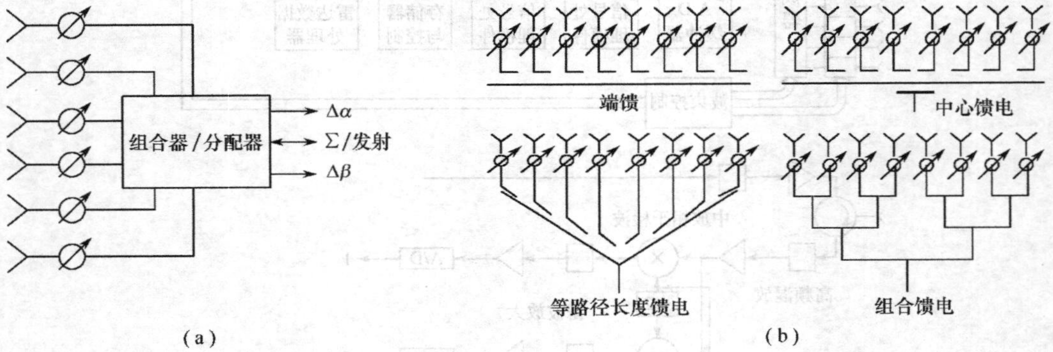

图 5.52　强制馈电系统

(2)光学馈电系统

光学馈电系统又称为空间馈电,它分为透镜式馈电和反射镜式馈电两种,如图 5.53 所示。光学馈电很像几何光学中由抛物反射镜或光学透镜聚焦平行光线的过程,不过在此处的反射面及透镜中装的是大量移相器,电波照射到反射面或透镜孔面时,由各连接移相器的辐射元接收并移相,然后反射或透射,再由辐射元将电波辐射出去。由于孔面上有众多的辐射元,它们各自辐射的电场在空间矢量相加,就可将波束"聚焦"成窄波束。当以适当的规律改变各移相器的相对相移量时,可以实现波束扫描。图 5.53(a)为空馈透镜式馈电阵列,图中 Σ、$\Delta\alpha$ 和 $\Delta\beta$ 分别表示和信号、方位差信号和俯仰角差信号。每个阵元均为中间一个移相器前后各接一个辐射元,即有两个阵面,一个接收,另一个发射。图 5.53(b)为反射镜式馈电阵列。它只有一个阵面，与移相器连接的辐射元先接收电波，经移相器移相后，到短路端反射回来，再移相一次，经同一个辐射元再辐射出去。

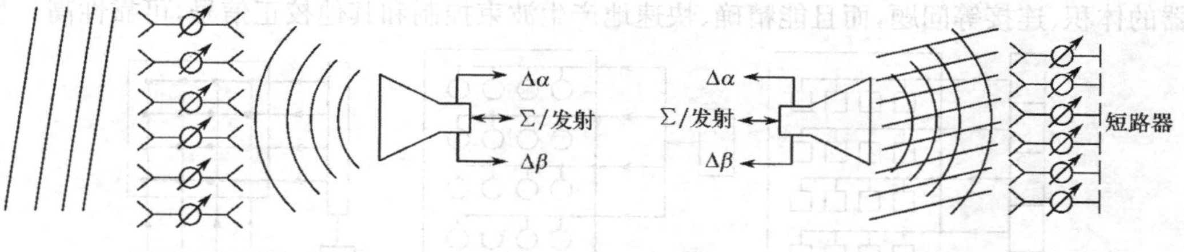

图 5.53 空间馈电的两种方式

采用光学馈电时，雷达本身结构可大体不变，只需要做一个带移相器的阵列天线，因此相对比较简单。爱国者雷达 AN/MPQ—53 采用的是透镜式馈电方式，其天线由主天线和几个小天线组成，馈电系统在阵面的背后，这些天线可执行目标搜索和跟踪、对导弹的控制和导引，以及敌我识别和电子战等功能。

3. 移相器

相控阵天线实施电扫描的关键器件之一是移相器。对移相器的要求是，有足够的移相精度，性能稳定，插入损耗要小，用于发射阵时要有足够的功率容量，频带要足够宽，开关时间短(惯性小)，激励功率小(易于控制)等。移相器种类很多，从材料上讲有 PIN 二极管移相器、铁氧体移相器、场效应管移相器、铁电陶瓷移相器和分子极化控制移相器等；从功率电平上讲有高功率移相器、低功率移相器；从传输形式上讲有波导移相器、同轴线移相器、集中参数移相器和分布参数移相器等。移相器有模拟式、数字式和模拟一数字控制式等。一般情况下，常用数字式移相器，因为它便于波束控制且性能稳定。而模拟一数字控制式移相器的移相精度高，也可以用数字信号进行控制。

4. 波束指向控制器

平面相控阵天线需要一个能二维控制波前的高流量控制系统。该波束指向控制器由配相计算机和移相器的激励器组成。阵列控制大致有三种通用的控制结构，如图 5.54 所示。

第一种形式是一种集中式的阵列控制系统，由一个中央波束控制计算机对阵列中的每一单元产生一连串的相移指令。在这种方案中，无论是相移指令的计算，还是相移指令的传送都是按严格的先后顺序来完成的，也就是说按计算一传送一计算这样的周期来完成。图 5.54(a)是传统的集中控制方案的一种改进，它引入了某种并行机制。虽然同一行中的不同单元仍然按照严格的时间顺序传递数据，但在同一列上的相应单元可以同时接收到各自相应的数据。图 5.54(b)可称为半分布控制方案，它将原来由单一中央波束控制计算机所承担的任务转为由多个处理器共同承担。图 5.54(c)是分布控制方案，它是一种基于单元级的阵列控制方案。阵列中的每个单元都拥有一个具有独立计算能力的控制器，它根据广播方式传送的相位梯度计算出相应单元的相位值，这种方案的特点是所有的单元可以共享同一指令源。对于整个阵列中的各个单元而言，它们都具有相同的相位梯度，因此相位梯度可以用广播方式并行地传送到所有的单元，从而可以将所有的控制总线减少到只用一个公用的串行传送总线。

从长远来看,分布式阵列控制方案有较大的吸引力。随着单片集成电路技术的发展,可望将相移存储器、计算单元、驱动单元集成在一块单片集成电路上,还可用光纤传输,解决单元控制器的体积、连接等问题,而且能精确、快速地产生波束控制和其他校正信号,可靠性高。

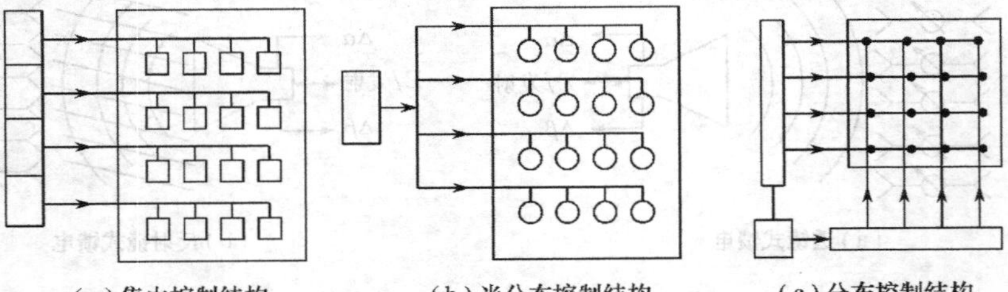

(a)集中控制结构　(b)半分布控制结构　(c)分布控制结构

图 5.54　三种通用的波束控制结构

5. 波束形成网络

波束形成网络汇集天线孔径上接收的信号,其过程是将这些信号在幅度和相位上加权,然后将加权的样本求和;发射波束形成是上述过程的颠倒。波束形成可以在 RF 上完成,也可以转换成在 IF 或基带上完成。

(1) RF 波束形成

在空间形成单一波束这类最简单的波束形成网络是一种同相组合网络,如图 5.55(a)所示。这类网络显然是可逆工作的,它适合于发射和接收应用。对于相控阵雷达,常规方法是在每个阵元上加一个移相器实现相位控制,如图 5.55(b)所示。此外,一种能同时实现相位和幅度控制的器件是图 5.56 所示的矢量调制器,它由一个 3dB 同相耦合器、两个可控衰减器和一个 3dB 正交耦合器组成。输入信号由正交耦合器分成一对正交的分量,每个分量分别用衰减器控制衰减,然后将所得的矢量用一个同相组合器相加。在理论上它能在 0°~90°的相位范围以及在一定衰减范围内调整矢量。

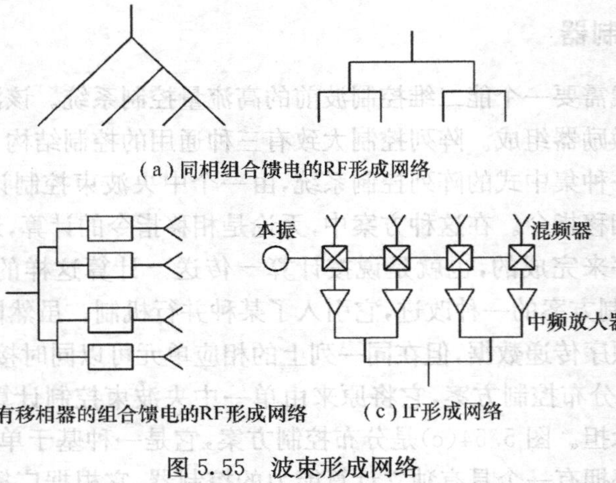

(a)同相组合馈电的RF形成网络

(b)具有移相器的组合馈电的RF形成网络　(c)IF形成网络

图 5.55　波束形成网络

(2) IF 波束形成

为在接收阵列中实现 IF 波束形成,首先将每个阵元接收的 RF 信号经相参下变频产生 IF 信号。这需要将一个相干的 RF 本振信号分配到每个阵元的混频器上。由于下变频处理有损耗(5

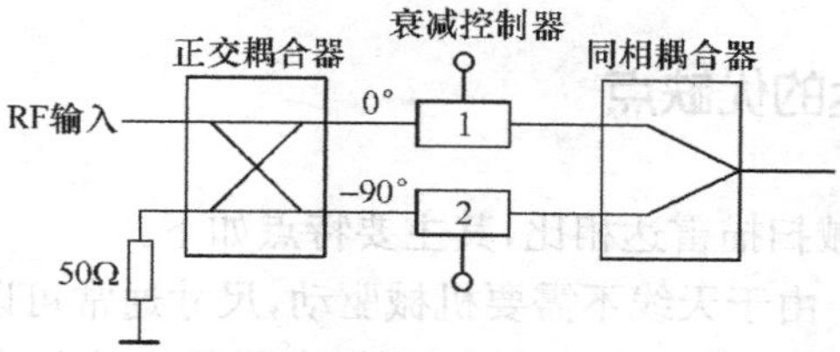

图 5.56 矢量调制器

～6dB),所以要求高灵敏度时,需在每个混频器后加一个低噪声放大器,如图 5.55(c)所示。

对于一个发射模式工作的阵列,来自波束形成器的 IF 信号需要在每个阵元上相参地变换成 RF 信号。由于上变频工作在相当低的功率电平上,所以在每个阵元上需要 RF 功率放大。此外,由于放大器、下变频和上变频具有不可逆性,因此,在许多场合下,发射采用 RF 波束形成,接收则采用 IF 波束形成。

(3) 自适应数字波束形成

数字波束形成(接收时)也可在基带上完成。目前数字波束形成(DBF)逐渐在雷达系统中得到应用。在数字波束形成系统中,信号的信息必须以数字形式来表示。由于信号的幅度和相位都必须表示成数字形式,所以为表示来自每一接收通道的复信号,必须要用两个实数。其过程如下:天线阵的 N 个接收单元对目标和干扰在阵列孔径上产生的场分布进行空间采样,得到 N 个复信号;接收机将信号下变频至零中频,得到表示信号实部和虚部的 $2N$ 个视频信号;然后通过同时工作的 $2N$ 个 A/D 变换器转换成同相和正交的数字信号,代表空间采样值的幅度和相位;$2N$ 个数字信号组合成 N 个复数字信号,用 x_n 表示,存储在存储器内;最后,专用处理器对这些信号进行加权叠加形成波束,改变复加权系数就可以得到满足不同要求的波束。这种方法保持了相应天线孔径上的全部信息,即 N 个单元信号$\{x_n\}$,它与数字处理一起提供了很大的灵活性。数字波束形成的原理如图 5.57 所示。

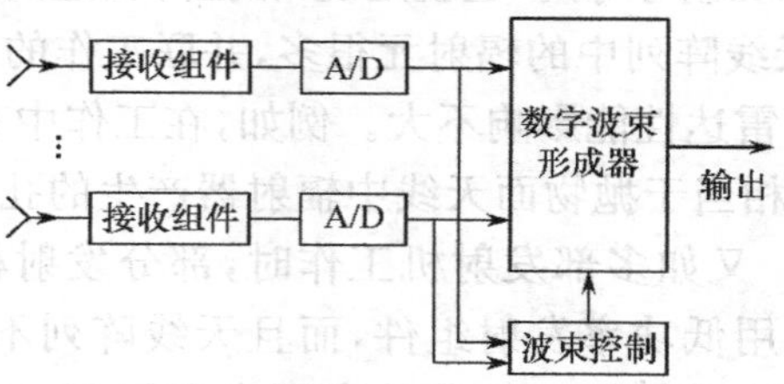

图 5.57 数字波束形成原理图

(4)多波束形成

为了要同时满足定位精度高,搜索和跟踪时数据率高,以及对旁瓣和方向图能进行控制等要求,就需要形成多波束。多波束形成(MBF)网络种类很多,这里仅介绍两种。

① 移相法多波束形成网络。相控阵的特性之一是可以在单个孔径天线阵中同时形成独立的多波束。原则上,N 个辐射元可产生约 N 个独立的波束。只要在形成单波束的线阵列天线的每个单元的输出端装上附加的移相器就可构成多波束。

② 数字多波束形成。用模拟技术形成多波束的缺点主要是旁瓣电平高,稳定性差,更重要的是对付有源干扰无自适应能力。在某些应用中只要求接收状态构成多波束,此时可以采用数字多波束形成(DMBF)技术。

5.4.4 相控阵雷达的优缺点

相控阵雷达与常规机械扫描雷达相比,其主要特点如下:

(1) 电扫描天线固定。由于天线不需要机械驱动,尺寸通常可以做得很大,目前地面预警相控阵雷达的天线阵长达百米、宽达几十米,因而提高了雷达威力,增大了雷达探测距离,不存在机械扫描误差,角跟踪和距离跟踪精度高,天线可以做得很牢固,具有较好的抗爆能力。

(2) 波束理想灵活。天线阵列可同时形成多波束,各个波束又具有不同的功率、波束宽度、驻留时间、重复频率和重复照射次数等,并且这些波束可以分别控制和统一控制。这样,其中有些波束可用作一般搜索,有的作重点搜索,有些波束可用来跟踪目标等,因而具有多功能和对付多目标的能力。根据目前的技术水平,大型相控阵雷达一般能同时搜索1000个以上的目标或同时跟踪100~200个以上的目标。此外,波束扫描不受机械惯性的限制,波束移动很快,可以在几微秒内指向预定的方向,比一般机械扫描要快100万倍。因此,对相控阵雷达来说,即使波束很窄,由于波束移动的很快,在不降低测量精度的条件下,也可保持一定的数据率。

(3) 辐射功率大。由于相控阵雷达可以使用与天线辐射单元一样多的发射源,因此总发射功率可以大大提高。通常情况下,成千上万个发射源合成的总功率可达十几兆瓦至几十兆瓦,加上大尺寸的天线,使得相控阵雷达能够比较方便地把探测目标的作用距离提高到1000km以上。

(4) 自适应能力强。电子计算机已成为相控阵雷达的"大脑",它能根据变化多端的空情实时确定雷达的最佳工作方案,以满足各种复杂要求。例如,它能"记忆"空中原有目标的批量及其所在轨道的参数,在发现新目标后,能够同原有"记忆"数据对照及时加以识别,并按其需要进行分类处理(监视、跟踪和制导等)。也就是说,相控阵雷达具有高度的自适应能力。

(5) 可靠性高。由于天线阵列中的辐射元很多,并联工作的发射源和电路也很多,即使其中的部分组件损坏时,对雷达性能影响不大。例如,在工作中有10%的阵列元件损坏时,天线增益只不过降低1dB,相当于抛物面天线中辐射器产生的孔面阴影一样,对天线方向图和方向系数的影响都不大。又如多部发射机工作时,部分发射机失效,也不会严重影响雷达工作。此外,由于大量采用低功率发射组件,而且天线阵列不需要使用故障率较高的机械转动装置,可以有效地解决高频馈电部分的高压击穿问题。这样一来,相控阵雷达的可靠性就大大提高了。

(6) 抗干扰性能好。由于波束的形状和扫描方式可以改变,脉冲重复频率和宽度也可以改变,在一定范围内工作频率和调制方式也可以改变。显然,这种方便的信号处理和灵活的控制,便于综合运用抗干扰技术。例如综合运用单脉冲、脉冲压缩、频率分集、频率捷变和旁瓣抑制等技术,既提高了测定目标参数的精度又提高了抗干扰性能。可以说,相控阵雷达是目前最具有抗干扰潜在性能的一种雷达体制。

(7) 扫描范围有限。目前平面天线阵产生的波束通常在俯仰角±45°和方位角±60°范围内扫描。为了在半球空域内监视目标,往往需要采用3个或4个平面阵。

(8) 体积庞大,结构复杂。洲际弹道导弹预警系统的相控阵雷达通常有上万部发射机和接收机,雷达高达十几层楼房,占地面积10 000m^2以上,可见体积庞大,结构复杂,因而造价高，维护费用也很大，但与达到同样性能的超远程机械扫描雷达相比，后者造价更高，并且这些雷达彼此不易控制，难以协调工作。因此，相控阵雷达仍是优选的方案，并得到快速发展。

5.5 合成孔径雷达

合成孔径雷达(Synthetic Aperture Radar，SAR)是主动式微波成像雷达，是利用信号处理技术(合成孔径和脉冲压缩)以小的真实孔径天线达到高分辨力成像的雷达系统。

根据雷达信号和天线理论，距离分辨力是由发射信号的带宽决定的，采用短脉冲的冲击信号或大时宽——带宽积的调制信号就能获得很高的距离分辨力。方位分辨力和雷达波长 λ、天线孔径 D 以及斜距 R 有关，且

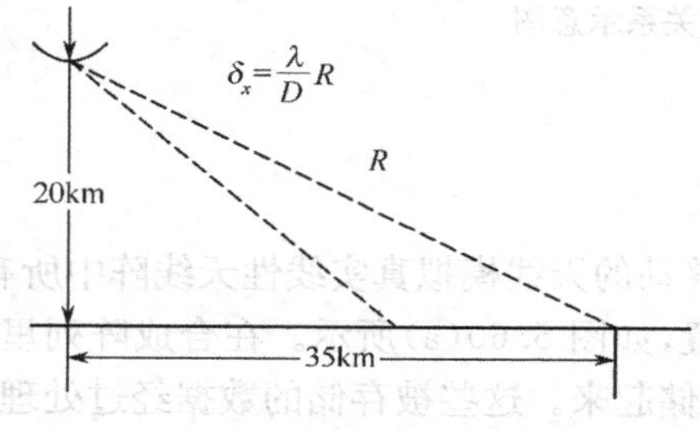

图 5.58 侧视雷达侦察、测绘的示意图

例如，高空侦察飞机的飞行高度为 20km，用一 X 波段($\lambda=3$cm)侧视雷达探测(如图 5.58 所示)。设其方位向孔径 $D=4$m，则在离航迹 35km 处(此外 $R\approx40$km)的方位分辨力约为

$$\delta_x=\frac{\lambda}{D}R=\frac{0.03}{4}\times 40\ 000=300\text{m}$$

在实际情况下，300m 的空间分辨力不能满足军事侦察要求。

对于特定的探测距离，提高方位分辨力的常规方法有两种：一是采用更短的波长；二是采用孔径更大的天线。但是这两种方法都有很大的局限性，例如，对于机载雷达，由于受空间尺寸的限制，天线的孔径不可能很大，假设为 3m，雷达波长为 3cm，那么 100km 处的方位分辨力大约为 3000m，远远不能满足军事需要。如果要达到 1m 的方位分辨力，那么天线的孔径就应该增加到 3000m，这是很难做到的。

为了克服天线孔径的限制，获得方位向的高分辨力，人们从直线阵列波束合成的角度出发提出了合成孔径的概念。一个很长的线阵天线的发射窄波束是在发射时每个阵元同时发射相参信号，然后在空间叠加形成的；接收窄波束是在接收时每个阵元同时接收相参信号，然后在馈线系统中叠加形成的。理论分析证明，阵元的同时发射和同时接收并非必须，可以先在第一个阵元发射和接收，然后依次在其他阵元上发射和接收，并把每个阵元上接收到的回波信号全部存储起来，然后再将所有接收信号进行叠加处理，其效果就类似于线阵的同时发射和接收。因此，只要用一个小天线做直线运动，在运动轨迹的不同位置发射相参信号，记录接收信号，然后将记录的所有信号进行合成处理，就相当于获得一个孔径很大的天线，能够得到很高的方位分辨力。人们称这种技术为合成孔径技术，采用合成孔径技术的雷达称为合成孔径雷达(SAR)。

不难看出，上述合成的重要条件是雷达与目标之间的相对运动。如果让雷达不动而目标移动，那么同样存在相对运动。根据这一事实，同 SAR 一样可对目标进行方位向高分辨合成处理，这就是逆合成孔径雷达(ISAR)成像。在本质上，SAR 和 ISAR 的基本原理是一致的，都是利用雷达和目标的相对运动，用信号处理的手段，等效地形成一个很大的天线孔径，从而提高雷达的方位分辨力。区别在于 SAR 是雷达动，目标不动；ISAR 是目标动，雷达不动。图 5.59给出了 ISAR 和 SAR 的几何关系。

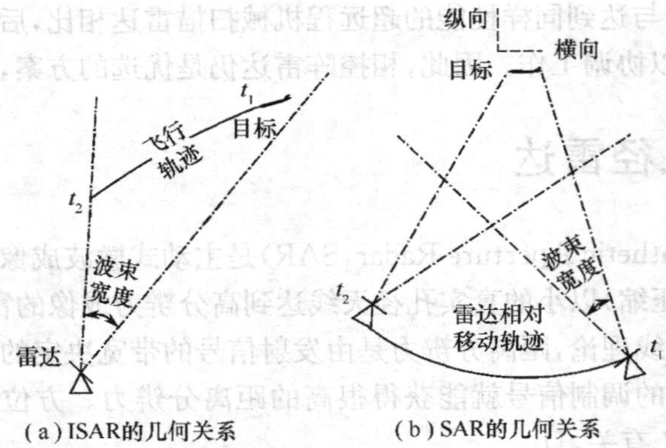

图 5.59 ISAR 和 SAR 的几何关系示意图

5.5.1 合成孔径基本原理

合成孔径雷达的概念是采用相干雷达系统和单个移动的天线模拟真实线性天线阵中所有天线的功能。单个的天线依次占据合成阵列空间的位置，如图 5.60(a)所示。在合成阵列里，在每个天线位置上所接收的信号，其幅度和相位都被存储起来。这些被存储的数据经过处理，再成像为被雷达所照射区域的图像。

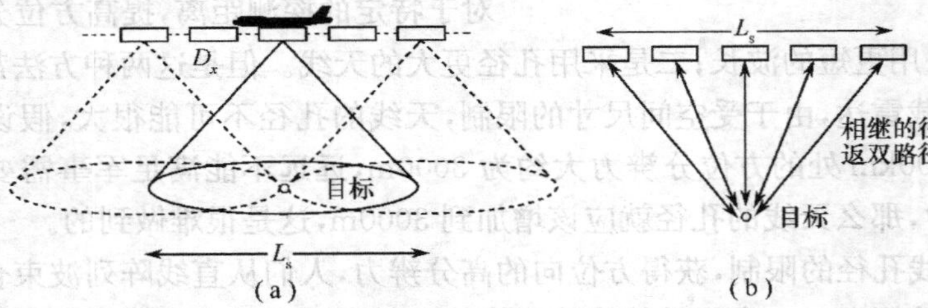

图 5.60 合成阵列的结构示意图

典型的合成孔径雷达结构是侧视，其雷达天线同飞机航线相垂直，并向下俯视适当角度，横向距离分辨力被定义为飞行航线上的分辨力。图 5.60(b)为合成阵列的结构示意图。

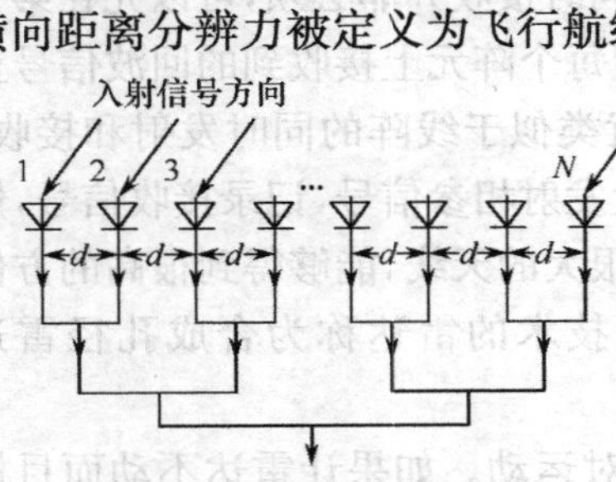

图 5.61 N个阵元的线性阵列天线示意图

如图 5.61 所示的线性阵列为例，此线性阵列的辐射方向图，可定义为单个阵元辐射方向图和阵列因子的乘积。阵列因子是阵列里天线阵元均为全向阵元时的总辐射方向图。若忽略空间损失和阵元的方向图，则阵列的输出可表示为

$$V_R = \sum_{n=1}^{N} A_n \exp[-j(2\pi/\lambda)d]$$

式中，V_R 为实际阵列的电压之和，A_n 是第 n 个阵元的幅值，d 表示阵元间距，N 是阵列中阵元的总数。因此，阵列的半功率点波瓣宽度为

$$\theta_{0.5} = \frac{\lambda}{L}(\text{rad}) \tag{5.5.1}$$

式中，L 为实际阵列的总长度。若阵列对目标的斜距为 R，则其横向距离分辨力为

$$\delta_x=\frac{\lambda R}{L}(\mathrm{m})$$

假如我们不用这么多的实际天线，而是用一个小天线，让这个小天线在一条直线上移动，如图 5.60(b)所示。小天线发出第一个脉冲并接收从目标散射回来的第一个回波脉冲，把它存储起来后，就按理想的直线移动一定距离到第二个位置。小天线在第二个位置上再发一个同样的脉冲波(这个脉冲与第一个脉冲之间有一个由时延而引起的相位差)，并把第二个脉冲回波接收后也存储起来。依此类推，一直到这个小天线移动的直线长度相当于阵列大天线的长度时为止。这时候把存储起来的所有回波(也是 N 个)都取出来，同样按矢量相加。在忽略空间损失和阵元方向图情况下，其输出为

$$V_s=\sum_{n=1}^{N}A_n\{\exp[-\mathrm{j}(2\pi/\lambda)d]\}^2$$

式中，V_s 为合成阵列的输出电压。其区别在于每个阵元所接收的回波信号是由同一个阵元的照射产生的。

所得的实际阵列和合成阵列的双路径方向图不同点示于图 5.62 中。合成阵列的有效半功率点波瓣宽度近似等于相同长度的实际阵列的一半，即

$$\theta_s=\frac{\lambda}{2L_s} \tag{5.5.2}$$

式中，L_s 为合成孔径的有效长度，它是当目标仍在天线波瓣宽度之内时飞机飞过的距离，如图 5.63所示；分母中的因子“2”代表合成阵列系统的特征，出现的原因是往返的相移确定合成阵列的有效辐射方向图，而实际阵列系统只是在接收时才有相移。从图 5.62 中还可以看到合成阵列的旁瓣比实际阵列稍高一点。

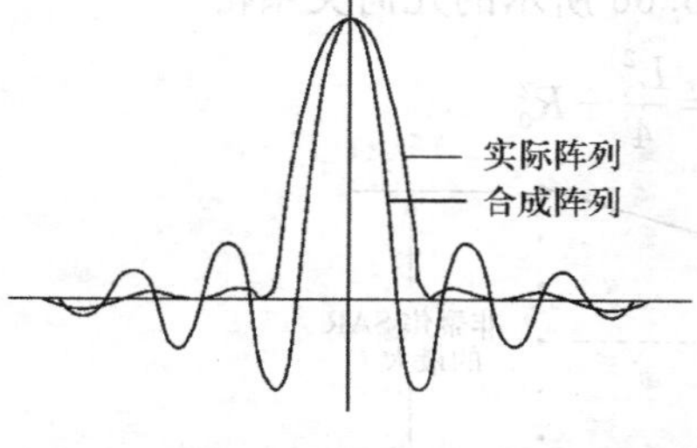

图 5.62 实际阵列和合成阵列的双路径波束的示意图

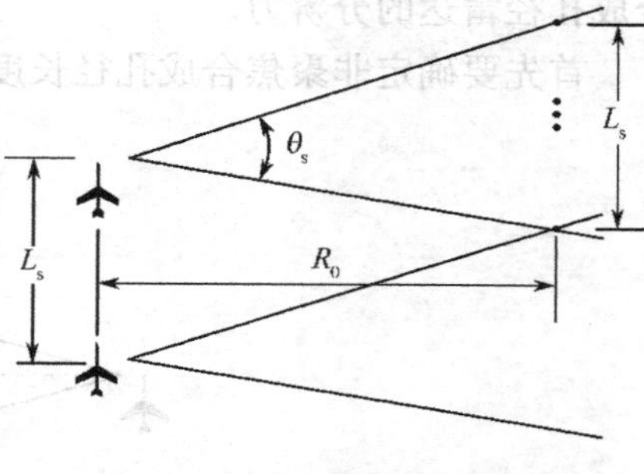

图 5.63 侧视 SAR 几何图示意

用 D_x 作为单个天线的水平孔径，合成孔径的长度为

$$L_s=\frac{\lambda R}{D_x}$$

则合成孔径阵列的横向距离分辨力为

$$\delta_s=\theta_s R \tag{5.5.3}$$

将前面两式带入有

$$\delta_s=\frac{\lambda}{2L_s}R=\frac{\lambda R}{2}\frac{D_x}{\lambda R}=\frac{1}{2}D_x \tag{5.5.4}$$

式(5.5.4)有几点值得注意，首先，其横向距离分辨力与距离无关。这是由于合成天线的

长度 L_s 与距离成线性关系，因而远距离目标比近距离目标的合成孔径更大，如图 5.64 所示。

其次，横向距离分辨力和合成天线的“波束宽度”不随波长而改变。虽然式(5.5.2)所表示的合成波束宽度随波长的加长而展宽，但是由于长的波长比短的波长的合成天线长度更长，从而抵消了合成波束的展宽。

最后，如果将单个天线做得更小些，则分辨力就会更好些，这正好与实际天线的横向距离分辨力的关系相反，这可参照图 5.65 来解释。因为单个天线做得越小，则其波束就越宽，因而合成天线的长度就更长。当然，单个天线小到什么程度有其限制，因为它需要足够的增益和孔径，以确保合适的信号/噪声功率比。

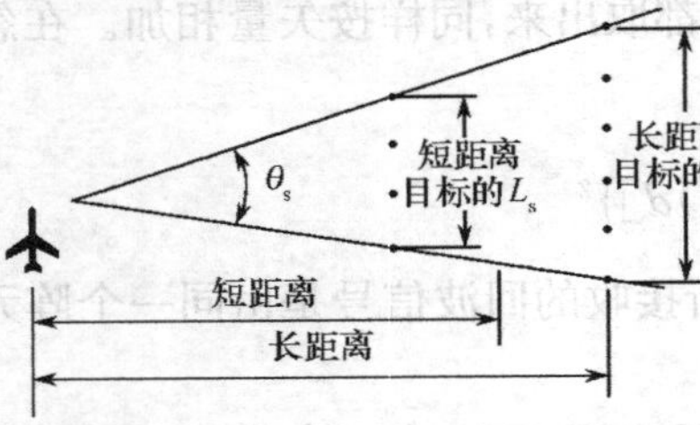

图 5.64　目标距离对侧视 SAR 的影响示意图

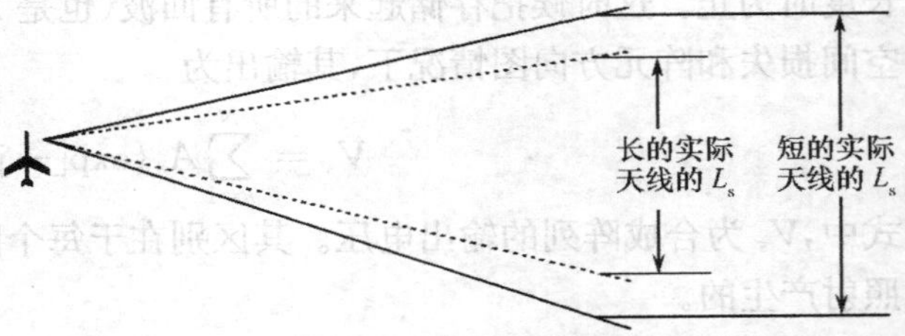

图 5.65　单个天线尺寸对侧视 SAR 的影响示意

合成孔径可分为聚焦式和非聚焦式。所谓非聚焦式就是指不用改变孔径内从各种不同位置来的信号的相移，就完成被存储信号的积累。可以想到，既然对各种不同位置来的回波信号不进行相位调整，则相应的合成孔径长度一定受到限制。设 L_s 为非聚焦合成孔径长度，超过这个长度范围的回波信号由于其相对相位差太大，如果让它与 L_s 范围内的回波信号相加，其结果反而会使能量减弱而不是增强，这是很容易用两个矢量相加的概念来理解的。如果两个矢量的相位差超过 $\pi/2$，则它们的和矢量幅度可能小于原来矢量的幅度。下面计算非聚焦式合成孔径雷达的分辨力。

首先要确定非聚焦合成孔径长度 L_s。由图 5.66 所示的几何关系得

$$\left(R_0+\frac{\lambda}{8}\right)^2=\frac{L_s^2}{4}+R_0^2 \tag{5.5.5}$$

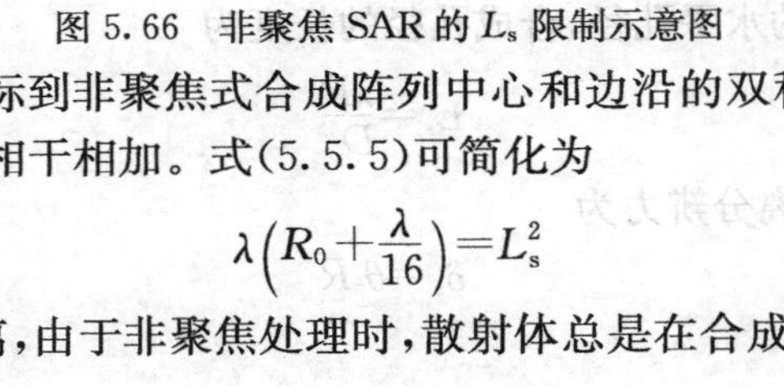

图 5.66　非聚焦 SAR 的 L_s 限制示意图

图 5.66 表明，一个目标到非聚焦式合成阵列中心和边沿的双程距离差应等于 $\lambda/4$，以保证合成孔径范围内的回波相干相加。式(5.5.5)可简化为

$$\lambda\left(R_0+\frac{\lambda}{16}\right)=L_s^2$$

式中 R_0 为航线的垂直距离，由于非聚焦处理时，散射体总是在合成天线的远场区，所以 $R_0\gg\lambda/16$。上式就变成

$$L_s\approx(\lambda R_0)^{1/2}$$

将上式代入式(5.5.2)得

$$\theta_s \approx \frac{\lambda}{2}(\lambda R_0)^{-1/2} = \frac{1}{2}\left(\frac{\lambda}{R_0}\right)^{1/2} \tag{5.5.6}$$

将式(5.5.6)代入式(5.5.3)得

$$\delta_s \approx \frac{1}{2}(\lambda R_0)^{1/2}(\text{rad}) \tag{5.5.7}$$

图 5.67 为非聚焦 SAR 处理的示意图。首先，在飞行路径每个位置上接收各距离单元上的信号，然后，对不合规格的方位角作校正并加以存储。当各距离单元存储到所需的信号数之后，将来自不同天线位置的信号相干地叠加。每个距离单元有一个求和处理。最后将所得结果送入显示阵列。为产生连续的移动显示，显示阵列对每个求和处理是移动的。

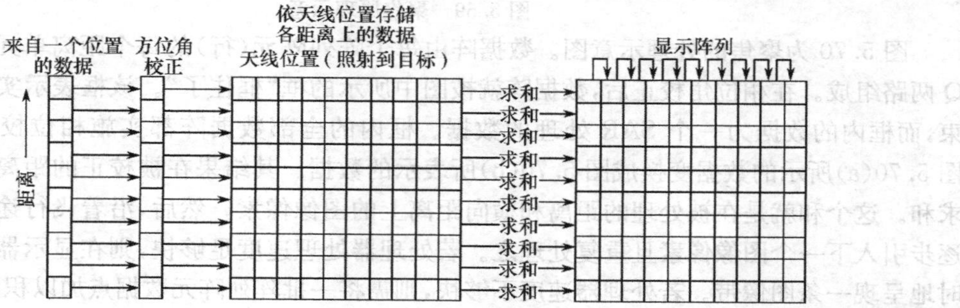

图 5.67　非聚焦式 SAR 处理示意图

在聚焦式中，给阵列中每个位置来的信号都加上适当的相移，并使同一目标的信号都位于同一距离门之内。于是，同目标的距离无关，D_x 的全部横向距离分辨力潜力都可以实现。图 5.68示出距离有差别的一组样本的数据，图 5.68(a)为一组原始样本数据，图 5.68(b)为一组聚焦校正后的样本数据。

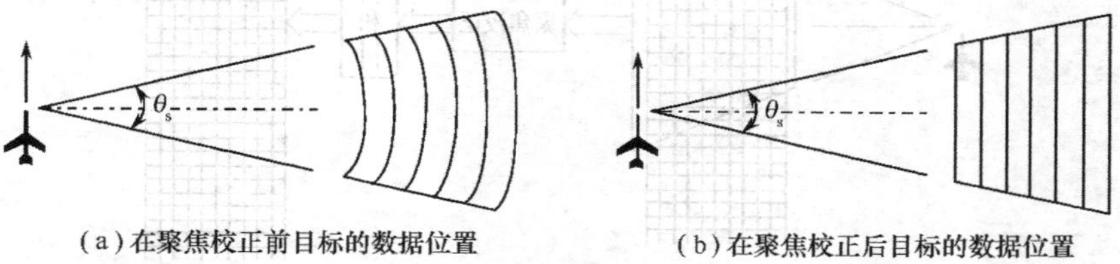

(a) 在聚焦校正前目标的数据位置　(b) 在聚焦校正后目标的数据位置

图 5.68　聚焦前、后的数据示意图

相位校正采用图 5.69 所示的原理。对于第 n 个阵元位置的相位校正，根据所示的图形可列出方程如下

$$(\Delta R_n + R_0)^2 = R_0^2 + (ns)^2$$

式中，R_0 为从垂直的 SAR 阵元到被校正的散射体的距离，ΔR_n 为垂直的 SAR 阵元和第 n 个阵元之间的距离差，n 为被校正阵元的序号，s 为阵元之间的飞行路径间距。

假设 $\Delta R_n/2R_0 \ll 1$，则由上述方程解出 ΔR_n 为

$$\Delta R_n = \frac{n^2 s^2}{2R_0}$$

与聚焦距离误差有关的相位误差为

$$\Delta\varphi_n = \frac{2\pi(2\Delta R_n)}{\lambda} = \frac{2\pi n^2 s^2}{\lambda R_0}$$

式中，$2\Delta R_n$ 是考虑来回双程之故。

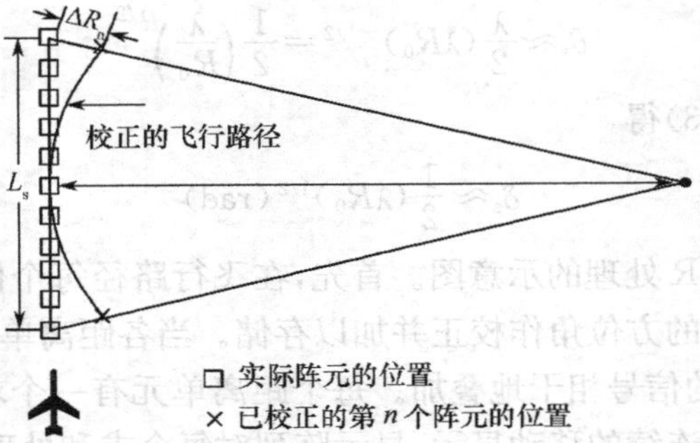

图 5.69　聚焦原理示意

图 5.70 为聚焦的处理示意图。数据阵由每个阵列阵元(行)的每个距离单元(列)的 I 和 Q 两路组成。在相位角校正后,数据阵就被图中所示的框“框住了”。该框表示实际天线的波束,而框内的数据为一个 SAR 处理的数据。框内的全部数据阵都实施相位校正,于是,由图 5.70(a)所示的数据变换成图 5.70(b)所表示的数据。其结果在被校正的距离单元范围内求和。这个和就是在被处理的距离和横向距离上的图像像素。然后,沿着飞行途径数据阵列逐步引入下一个图像像素且重复处理之。若处理器处理速度足够快,则在显示器上将基本实时地呈现一条图像带。若处理器速度不够快,则需将一批阵列阵元数据点加以积累、存储以及事后处理,以便得到一个图像。

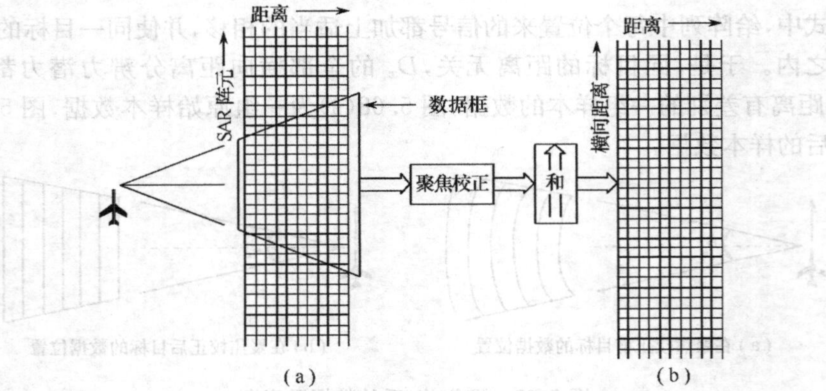

图 5.70　聚焦处理示意图

综上所述,可由图 5.71 示出 SAR 数据处理图像的示意图。因为在方位向合成的合成孔径必须在一个时间周期内建立,所以来自所谓“距离线”的相继发射脉冲的雷达回波必须存储在存储器中,直到获得足够产生目标图像的方位向样本数为止。因此,所得 SAR“行数据”具有一种矩形格式,沿距离维对应于“距离时间”t_g,另一维则对应于“方位时间”t_A。

5.5.2　合成孔径原理的另一种解释

前面从天线角度对合成孔径雷达原理作了说明,本部分从回波信号的特性、匹配滤波的角度来说明合成孔径原理。

机载合成孔径雷达在应用过程中的几何关系如图 5.72 和图 5.73 所示,飞机以 v_a 的速度

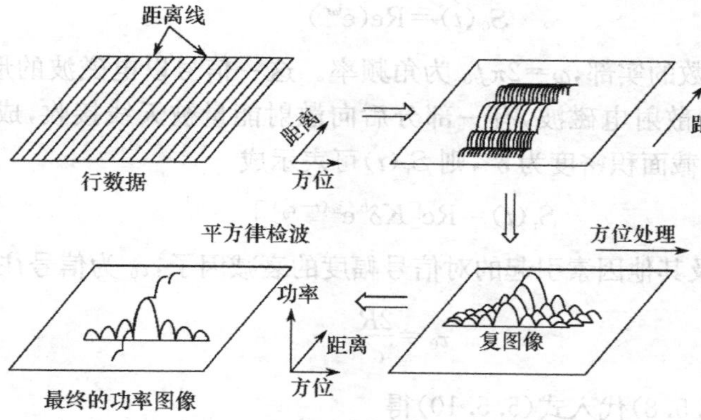

图 5.71　SAR 数据处理图像的示意图

沿 x 方向作匀速直线飞行，飞行高度为 h，机载雷达的天线以规定的俯仰角向航线正侧方向地面发射无线电波。设其垂直波束角为 θ_r，航向波束角为 θ_a，测绘带宽为 W，最大合成孔径长度为 L_{max}，最小合成孔径长度为 L_{min}。

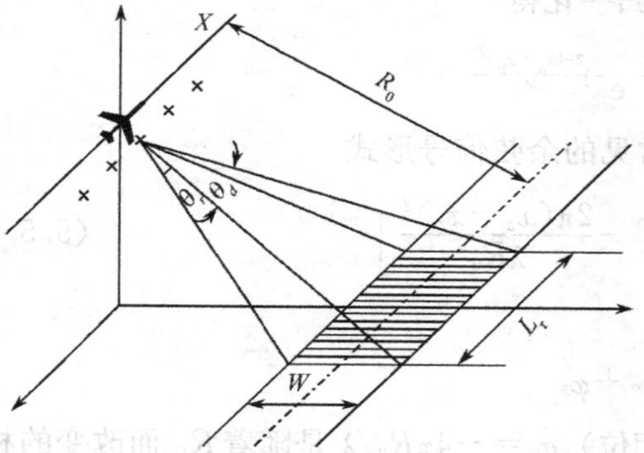

图 5.72　机载合成孔径运用示意图

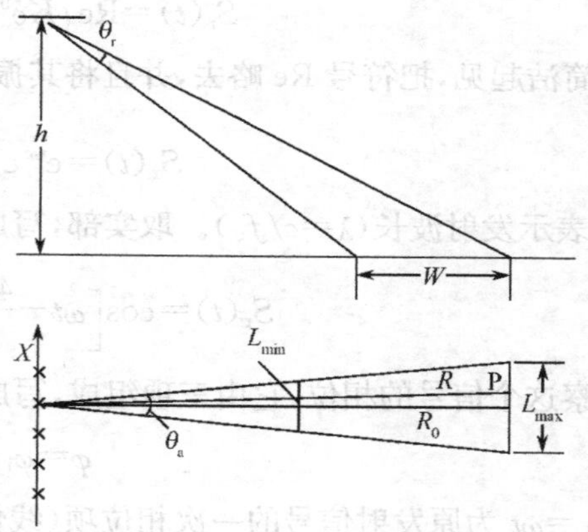

图 5.73　机载合成孔径雷达几何关系示意

假设被测目标为一理想点目标 p，p 点与航线 x 的垂直斜距为 R_0。把航线 x 和 R_0 所构成的平面作为坐标平面。设飞机在 $t=0$ 时处在坐标原点。在某一瞬时 t，飞机的位置在 $x_a=v_a t$。点目标 p 的位置在这个坐标系里是固定的，其坐标为 (x_p, R_0)。在 t 时刻，p 点与飞机上雷达天线的斜距 R 为

$$R=\sqrt{R_0^2+(x_a-x_p)^2}$$

一般情况下，$R_0 \gg (x_a-x_p)$，上式可近似为

$$R=R_0\sqrt{1+\frac{(x_a-x_p)^2}{R_0^2}} \approx R_0+\frac{(x_a-x_p)^2}{2R_0} \tag{5.5.8}$$

天线发出的是周期性的相参等幅高频脉冲波，设其频率为 f_0，振幅为 A，脉冲重复频率为 f_r，重复周期 $T_r=1/f_r$。脉冲宽度为 τ。作为分析的第一步，此处先假设天线发射的为一连续波余弦信号，而把实际发射的周期性脉冲信号看成是对连续波信号的抽样，其抽样频率即脉冲重复频率为 f_r。并且假定余弦信号的振幅归一化为 1，起始相位为 0，于是用复指数函数表示为

$$S_0(t)=\mathrm{Re}(\mathrm{e}^{\mathrm{j}\omega t})$$

式中,符号 Re 表示取复数的实部,$\omega=2\pi f_0$ 为角频率。这一信号以电磁波的形式从天线发出后,到达点目标 p,p 开始散射电磁波,有一部分后向散射能量被天线接收,成为回波信号 $S_r(t)$。设点目标 p 的散射截面积密度为 δ^0,则 $S_r(t)$可表示成

$$S_r(t)=\mathrm{Re}[K\delta^0\mathrm{e}^{\mathrm{j}\omega(t-\tau_0)}] \tag{5.5.9}$$

式中,K 表示由距离 R 及其他因素引起的对信号幅度的衰减因子,τ_0 为信号往返的时延,即

$$\tau_0=\frac{2R}{c} \tag{5.5.10}$$

式中,c 为光速。将式(5.5.8)代入式(5.5.10)得

$$\tau_0=\frac{2}{c}\left[R_0+\frac{(x_z-x_p)^2}{2R_0}\right]=\frac{2R_0}{c}+\frac{(x_a-x_p)^2}{cR_0} \tag{5.5.11}$$

把式(5.5.11)代入式(5.5.9),回波信号为

$$S_r(t)=\mathrm{Re}\left\{K\delta^0\mathrm{e}^{\mathrm{j}\omega\left[t-\frac{2R_0}{c}-\frac{(x_a-x_p)^2}{cR_0}\right]}\right\}$$

为简洁起见,把符号 Re 略去,并且将其振幅归一化得

$$S_r(t)=\mathrm{e}^{\mathrm{j}\omega t}\mathrm{e}^{-\mathrm{j}\frac{4\pi R_0}{\lambda}}\mathrm{e}^{-\mathrm{j}\frac{2\pi(x_a-x_p)^2}{\lambda R_0}}$$

式中,λ 表示发射波长($\lambda=c/f_0$)。取实部,写成常见的余弦信号形式

$$S_r(t)=\cos\left[\omega t-\frac{4\pi R_0}{\lambda}-\frac{2\pi(x_a-x_p)^2}{\lambda R_0}\right] \tag{5.5.12}$$

考察这个信号的相位,它由三项组成,写成

$$\varphi=\varphi_1+\varphi_2+\varphi_3$$

式中,$\varphi_1=\omega t$ 为原发射信号的一次相位项(线性相位),$\varphi_2=-4\pi R_0/\lambda$ 是随着 R_0 而改变的相位项,但与时间无关。对在同一垂直斜距的目标来说,R_0 是常数,φ_2 是常数相位,在考察相位变化特性时,可忽略不计,$\varphi_3=-2\pi(x_a-x_p)^2/\lambda R_0$,这是最重要的相位项,是合成孔径技术中信号处理的关键,其中 $x_a=v_at$,$x_p=v_at_0$,t_0 表示飞机到达目标 p 所在坐标位置 x_p 所需的时间,于是 φ_3 也可写成

$$\varphi_3=-\frac{2\pi v_a^2(t-t_0)^2}{\lambda R_0}$$

这是随时间呈平方律变化的二次相位项,式中 v_a 为飞机飞行速度。将相位对时间求导数,再除以 2π,即得回波信号的瞬时频率为

$$f_t=\frac{1}{2\pi}\frac{\mathrm{d}}{\mathrm{d}t}\left[\omega t-\frac{4\pi R_0}{\lambda}-\frac{2\pi v_a^2(t-t_0)^2}{\lambda R_0}\right]=f_0-\frac{v_a^2}{\lambda R_0}(t-t_0)$$

式中,f_0 是发射信号的载频。第二项就是因天线与目标有相对运动而引起的多普勒频移,通常用 f_d 表示,且

$$f_d=-\frac{2v_a^2}{\lambda R_0}(t-t_0)$$

它随时间呈线性变化，可见回波信号是一种线性调频信号，其调频斜率为

$$k_a = -\frac{2v_a^2}{\lambda R_0}$$

由于天线扫过 p 点的时间为

$$T_s = \frac{\theta_a R_0}{v_a}$$

T_s 称为合成孔径时间。因此，式(5.5.12)所示线性调频信号调制带宽为

$$\Delta f_d = \frac{2v_a^2}{\lambda R_0} \cdot \frac{\theta_a R_0}{v_a} = \frac{2v_a}{\lambda}\theta_a$$

式(5.5.12)所示线性调频信号如图 5.74 所示。

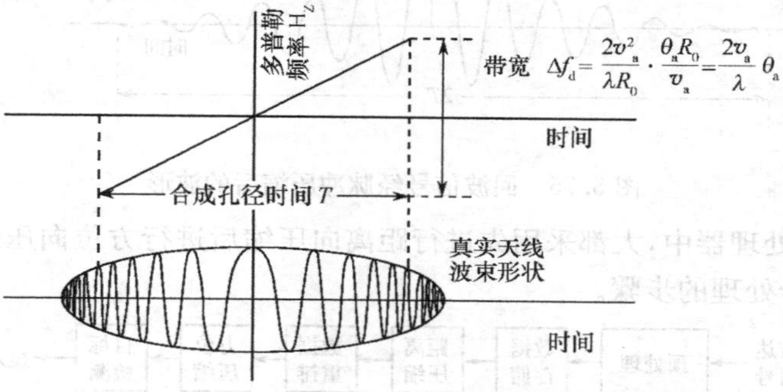

图 5.74 回波信号示意

根据脉冲压缩相关知识，显然，可以在方位向对线性调频信号进行脉冲压缩处理(如图 5.75所示)，且脉冲压缩后脉冲宽度为调制带宽的倒数，方位分辨力得到了提高，有

$$\frac{1}{\Delta f_d} = \frac{\lambda}{2\theta_a v_a}$$

将方位向分辨力换算为长度，并利用式(5.5.1)有

$$\frac{\lambda}{2\theta_a v_a} \cdot v_a = \frac{\lambda}{2\theta_a} = \frac{\lambda}{2} \cdot \frac{1}{\lambda / D_x} = \frac{D_x}{2} \tag{5.5.13}$$

式中，D_x 是单个天线的水平孔径，显然，其(5.4.13)与式(5.4.4)结果一致。

实际的 SAR 系统常常考虑发射线性调频信号等高分辨力信号，根据脉冲压缩雷达有关知识，在距离上采用线性调频信号可以获得高距离分辨力；又根据 SAR 有关分析，由于目标运动使得方位向上目标回波也是线性调频信号，可以在方位向上通过信号处理也获得高分辨力。因此，SAR 是一个二维系统，数字信号处理的任务就是完成二维的脉冲压缩。从信号处理的理论上讲，二维脉冲压缩可以用二维傅里叶变换的方法同时完成，但是由于二维信号处理在实现上比较困难，因此应用较少。SAR 系统的二维脉冲压缩可以分解成两个一维脉冲压缩顺序完成。

由于距离向脉冲压缩的相关函数是确知的，与方位向无关，而方位向多普勒信号的调频斜率与斜距 R 成反比，因此一般将距离向的脉冲压缩放在方位向脉冲压缩之前。除此之外，先进行距离向压缩后进行方位向压缩还便于几何失真和距离迁移的校正。因此，在目前合成孔

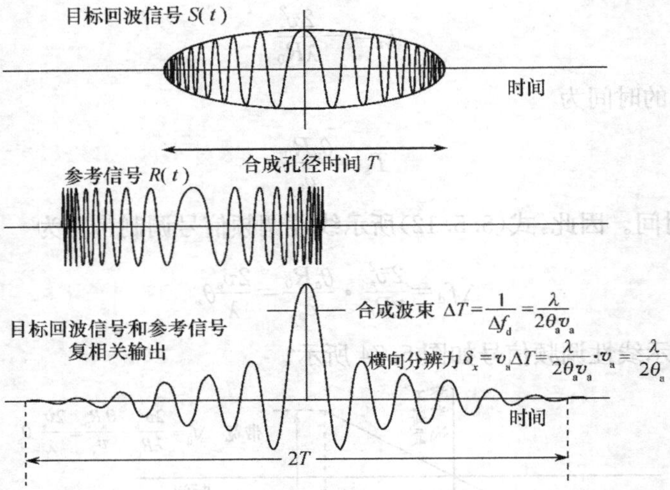

图 5.75　回波信号经脉冲压缩后的波形

径雷达的数字信号处理器中，大都采用先进行距离向压缩后进行方位向压缩的方式。图 5.76 就是 SAR 数字信号处理的步骤。

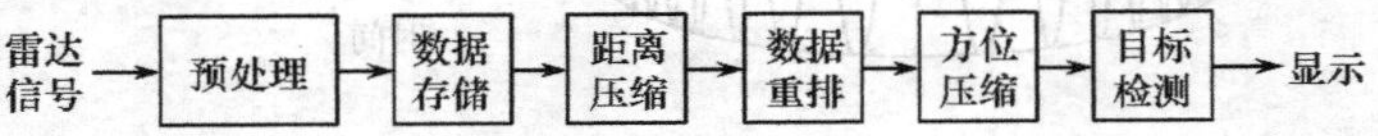

图 5.76　SAR 数字信号处理步骤

5.6　雷达抗干扰技术

有雷达的存在就有雷达对抗，雷达电子战作为现代战争中重要的作战手段随着技术的发展愈演愈烈。相应地，雷达自身也必然需要采用抗干扰技术和措施。

5.6.1　雷达抗干扰基本思想

雷达抗干扰技术可以分为两大类：一类是使干扰不进入或少进入雷达接收系统；另一类是当干扰进入雷达接收系统后，利用目标回波和干扰各自的特性，从干扰背景中提出目标回波信息。目前，比较有效的雷达抗干扰技术包括以下几个方面：

(1) 设计理想的抗干扰雷达信号

雷达信号的设计，将直接影响雷达系统的战术技术性能，尤其是在复杂的干扰环境下，还要有利于提高雷达的抗干扰性能。通常，具有大时宽、大带宽和复杂内部结构的雷达信号比较理想。

(2) 频域对抗

频域对抗是争夺电磁频谱优势的重要手段，它的基本思想是利用目标回波信号与干扰信号在频域上的差异，采用特定的滤波器滤除干扰信号并提取目标回波信号的，即尽量避开干扰或使干扰少进入雷达。常用的技术措施是频率分集、捷变频、自适应捷变频及开辟新的雷达工作频段。

(3) 空域对抗

空域对抗是利用干扰源和目标空间位置的差异，来选择目标回波信号的抗干扰方法，也就是要使干扰尽量少地进入雷达。空域对抗要求雷达窄波束、窄脉冲工作，减少雷达的空间分辨单元，从而减少干扰信号从目标临近方位进入雷达接收机的概率，以提高信干比。空域对抗通常采用低旁瓣天线或旁瓣抑制技术，旁瓣抑制技术包括旁瓣消隐、旁瓣相消和自适应旁瓣相消等。

(4) 极化对抗

极化对抗是利用雷达信号和干扰信号极化差异来抗干扰的，也就是要使干扰少进入雷达。理论上，如果雷达信号和干扰信号的极化正交，则可以完全将干扰信号抑制掉。例如，可以使用收发相同的圆极化的天线抑制雨滴干扰。常用的极化抗干扰措施有极化分集、极化捷变和自适应极化捷变技术等。

(5) 采用抗干扰电路

干扰强度总是比目标回波信号强得多，雷达还必须依靠接收机抗干扰电路和信号处理技术，来提高雷达的抗干扰能力。

在强干扰背景条件下，通过信号处理提取目标回波信号的首要条件，是经接收处理后不能丢失信息。因此，要求雷达接收机具有足够带宽和足够的动态范围。常见的接收机抗干扰电路有自动增益控制(AGC)电路、瞬时自动增益控制(IAGC)电路、近程增益控制(STC)电路、对数中放和宽一限一窄电路、恒虚警率(CFAR)处理、抗距离波门拖引电路等。

在抗无源杂波干扰方面，全相参雷达数字信号处理有很大的潜力。它利用多普勒滤波技术。使动目标回波信号的频谱和杂波频谱产生分离，在信号处理机中，应用 MTI 技术可以有效地抑制杂波。全相参脉冲多普勒雷达通过杂波抑制滤波器和窄带多普勒滤波，其改善因子可达 80dB，是目前抗无源杂波干扰最有效的技术。

(6) 综合对抗

所谓综合抗干扰是指采用技术的和战术的方法进行抗干扰。综合抗干扰包括下列三个方面：

① 多种抗干扰技术相结合。单一的抗干扰措施只能对付某种单一的干扰，比如，捷变频率技术只能抗积极干扰，但不能抗消极干扰；单脉冲雷达只能抗角度欺骗干扰，但不能抗距离欺骗干扰等。所以，综合采用多种抗干扰措施，才能有效地提高雷达的抗干扰能力。

② 多制式雷达组网。单一雷达的抗干扰能力总是有限的，采用多种抗干扰技术可能使雷达变得很复杂。所以，采用多制式雷达组网能获得很强的抗干扰能力。多制式雷达组网形成一个十分复杂的雷达信号空间，占据很宽频段，而且通过数据和情报综合联成一个有机的整体，其抗干扰能力不仅仅是各部雷达抗干扰能力的代数和，而且有质的变化。

③ 灵活的战术动作。除提高雷达抗干扰技术外，采取灵活多变的战术动作，往往能发挥相当有效的抗干扰效果。比如，把握开关机时机、配置雷达诱饵、屏蔽、伪装和提高指挥/操作人员的素质等。

综上所述，雷达可能采用的比较有效的抗干扰技术归纳在表 5.3 中。下面主要讨论抗干扰雷达信号设计、频域对抗、空域对抗三方面技术。

表5.3 雷达抗干扰技术

技术措施	具体内容
波形设计	大时宽/大带宽/复杂内部结构信号,包括线性和非线性调频信号、编码信号、低截获概率信号、扩谱信号、冲激信号、谐波信号、噪声信号等
空域对抗	旁瓣相消、旁瓣消隐、自适应天线阵技术等
极化对抗	变极化器、极化相消、自适应极化滤波等
频率对抗	频率分集、频率捷变(脉间或脉内)、自适应频率捷变、目标特性自适应等
抗干扰电路	抗过载电路、对数中放、灵敏度时间控制、宽－限－窄电路、抗拖电路、噪声恒虚警处理、杂波恒虚警处理、固定杂波抑制、慢动杂波抑制、干扰源定位等
雷达新体制	无源雷达、单脉冲雷达、脉冲多普勒雷达、MTI、MTD、相控阵雷达、双/多基地雷达、毫米波雷达、成像雷达、超视距雷达、星载雷达、稀布阵雷达、冲激雷达等

5.6.2 抗干扰雷达信号设计

雷达信号形式的选择应以目标测量要求、目标环境和抗干扰要求为依据。对地面监视雷达来说,它应在较低的虚警概率条件下,以一定的发现概率检测较远距离的目标,而对目标参量的测量精度要求不高。对精密跟踪雷达来说,它应在检测目标的基础上,要求有较高的目标参量测量精度和分辨力。此外,雷达目标的背景十分复杂,它包括地海杂波、气象杂波、人为的消极干扰和积极干扰,以及雷达接收机内部噪声等,因此,选择的雷达信号也应能适应如此复杂的环境,并能有效地提取出目标信息。同时,又能使敌侦察干扰系统极难截获和复制。从抗干扰的基本概念出发,理想的抗干扰信号应具备如下基本特征。

(1) 大带宽

增大雷达信号的带宽能有效地改善目标距离测量精度。大带宽信号经处理后具有较窄的脉冲宽度,因而能有效提高雷达的距离分辨能力。从抗干扰角度来看,增大信号的带宽将迫使敌方施放宽带干扰,干扰功率谱密度的下降可提高雷达输出信干比,从而可提高雷达的自卫距离。此外,较窄的脉冲将使雷达分辨单元面积和体积有所下降,从而提高分布式杂波干扰作用下的信干比。

(2) 大时宽

增大信号的时宽,能有效地改善目标速度的测量精度。根据雷达信号理论,大时宽信号具有良好的速度分辨力,从而可以提高在频域上的抗干扰能力。另外,大时宽信号的能量较高,相当于提高雷达输出信号的信干比,继而提高了雷达的自卫距离。

(3) 复杂的信号内部结构

就敌方来讲,侦察掌握雷达信号的特征和参数是施放干扰的前提,只有准确侦察到雷达的性能参数,才能施放最有效的干扰。显然,雷达信号的内部结构越复杂,比如,脉内线性或非线性调频、脉内编码、脉内捷变频、纯噪声调制等,敌方侦察截获雷达信号的可能性就越小,模拟复制的可能性也愈小,因此,施放干扰的效果也将变差。

综合起来,同时具备上述三方面特征的雷达信号是比较理想的抗干扰信号。

1. 典型雷达信号的抗干扰性能

根据上述分析，现将典型雷达信号的抗干扰能力性能概述如下。

（1）恒载频矩形脉冲信号

恒载频矩形脉冲信号的产生和处理比较容易，它是目前雷达最常用的一种信号。利用脉宽鉴别电路，雷达能对付较宽或较窄的脉冲干扰。如果雷达发射较窄的脉冲，对分布式杂波干扰也有一定的对抗能力。但是，这种信号内部结构简单，易被敌方侦破和复制，抗模拟应答式干扰能力差。

（2）连续波信号

连续波信号频谱是单根谱线，具有窄的频谱宽度。利用选频接收机，对分布式干扰和脉冲干扰有较好的对抗能力。

（3）线性调频矩形脉冲信号

线性调频脉冲信号属大时宽一带宽积信号，它不仅具有良好的距离分辨能力和测量精度，而且大带宽（从频域）和大时宽（从能量）能改善雷达的抗干扰能力。通过改变线性调频极性和斜率，能较好地适应干扰环境。另外，这种信号内部结构较为复杂，不易被敌人侦破和复制，因此具有较好的抗干扰能力。

（4）伪随机相位编码信号

伪随机相位编码信号也属大时宽带一宽积信号，因此它也具有与线性调频矩形脉冲信号类似的抗干扰性能。

（5）噪声信号

噪声信号的产生和处理都十分困难，但是它所表现出的优良的抗干扰性能，仍引起人们普遍的重视。所谓噪声雷达，就是雷达发射噪声信号，然后将噪声回波信号与存储的噪声发射信号进行相关处理，来检测目标的。显然，由于噪声信号的幅度和相位都是随机的，敌方几乎不可能侦察和模拟；加之噪声信号的频谱极宽，干扰的效果也是极差的。所以噪声信号具有很好的抗干扰性能。

（6）冲激信号

冲激信号纳秒级的极窄的脉冲信号，有着极宽的频带，包含着丰富的目标信息。即使敌人使用宽带干扰，也不能覆盖如此宽的信号频带，而且宽带干扰功率谱密度也大为降低。因此，冲激信号不仅能改善雷达的性能，而且抗有源干扰的能力也较强。冲激信号在雷达中的应用，包括信号产生、检测和处理等，目前尚在研究中。这种信号已被用在探地和车辆防撞雷达中。

2. 低截获概率与雷达信号设计

所谓低截获概率，从反侦察和抗反辐射导弹的要求出发，就是希望所选用的雷达信号使敌侦察系统和反辐射导弹跟踪系统以极低的概率截获。对应的雷达信号称之为低截获概率雷达信号。显然，具有低截获概率的雷达信号也就是抗干扰能力好的信号。

低截获概率方程是衡量低截获概率性能和设计低截获概率雷达信号的基础。考虑极化损失和接收失配损失，雷达距离方程和侦察距离方程可以另写为

$$R_{\max}^4=\frac{P_tG_tG_r\lambda^2\sigma}{(4\pi)^3KT_{0r}B_rF_{sr}(S/N_0)_{1r}L_r}$$

$$R_i^2=\frac{P_tG_tG_i\lambda^2}{(4\pi)^2KT_{0i}B_iF_{si}(S/N_0)_{1i}L_i}\cdot\upsilon_i\eta_i$$

式中，R_{max}为雷达最大探测距离，P_t 为雷达发射机发射脉冲功率，G_t 和 G_r 为雷达天线发射和接收增益，λ 为雷达工作波长，σ 为目标雷达截面积，$KT_{0r}B_rF_{sr}(S/N_0)_{1r}$为雷达接收机相应的参量，$L_r$ 为雷达系统损耗，$KT_{0i}B_iF_{si}(S/N_0)_{1i}$为侦察接收机相应的参量，$L_i$ 为侦察接收系统损耗，υ_i 为侦察接收极化损失系数，η_i 为侦察接收系统带宽与信号带宽失配损失系数。

如果雷达接收机和侦察接收机都处在最大灵敏度情况下，且 $R_{max}=R_i$，这时，如果雷达接收机工作在检测门限之上，而侦察接收机工作在检测门限之下，则可以实现低截获概率，即雷达可以检测到目标回波，而侦察接收机却接收不到雷达的发射信号。因此有

$$\frac{S_i}{S_r}=\frac{KT_{0i}B_iF_{si}(S/N_0)_{1i}}{KT_{0r}B_rF_{sr}(S/N_0)_{1r}}\leqslant 1$$

可以推导出低截获概率方程为

$$\frac{4\pi}{\sigma}R_{max}^2\left(\frac{G_i}{G_r}\right)\left(\frac{B_r}{B_i}\right)\left(\frac{F_{si}}{F_{sr}}\right)\left(\frac{T_{0r}}{T_{0i}}\right)\left(\frac{(S/N_0)_{1r}}{(S/N_0)_{1i}}\right)\left(\frac{L_r}{L_i}\right)\upsilon_i\eta_i\leqslant 1$$

为了简化，假定 $T_{0r}=T_{0i}$、$F_{0r}=F_{0i}$、$L_r=L_i$，υ_i 和 η_i 的影响不计，$\sigma=1\text{m}^2$，则上式可简写为

$$R_{max}^2\leqslant\frac{1}{4\pi}\left(\frac{G_r}{G_i}\right)\left(\frac{B_i}{B_r}\right)\left(\frac{(S/N_0)_{1i}}{(S/N_0)_{1r}}\right)$$

由上式可见，雷达的低截获性能仅仅与雷达和侦察系统的天线增益之比、接收机带宽之比和所需最小检测信噪比有关。

根据低截获概率方程，可以导出实现低截获概率的技术措施如下：

(1) 降低发射功率，实行功率管理

由低截获概率方程可知，一旦 R_{max} 值确定，就意味着目标在 R_{max} 范围内，雷达可以检测出目标，而目标上的侦察接收机系统却检测不出雷达发射信号。这就是“寂静”雷达或“隐身”雷达条件。由此可知，对应 R_{max} 有一定的探测功率要求，即临界功率 P_{tc}。如果雷达要实现低截获概率或隐身，则雷达发射功率 P_t 必须小于 R_{tc}。但是，降低发射功率又会影响对目标的检测，为此提出了功率管理的设想，即在雷达重点防御方向全功率工作，而在其他方向可降低功率工作或关机。功率管理可以通过控制发射脉冲信号的重复周期和时宽来实现。

(2) 高增益低旁瓣天线

由低截获概率方程可知，雷达天线增益与侦察接收天线增益之比，是实现低截获概率的重要因子。可以通过增大天线孔径、缩短工作波长、精密设计和加工，来实现雷达高增益和低旁瓣要求。雷达天线主瓣增益越高，波束宽度越窄，则侦察系统截获的概率就越低。而且，高增益有利于远距离目标的探测。极低的天线旁瓣，可以做到除主波束之外辐射极小的功率，使侦察系统从天线旁瓣截获雷达信号的可能性极小，基本上可以做到全“寂静”。另外，通过旁瓣相消和自适应零点控制技术，还可以获得更低的天线旁瓣，使在确知的侦察方向上产生零点辐射，产生全雷达隐身。总之，因为天线旁瓣范围较大，极低的旁瓣电平对雷达隐身是十分有利的。

(3) 复杂的信号形式和处理

对侦察系统来说，雷达信号形式和调制方式越复杂，被侦破的可能性越小。比如线性调频或调相信号、伪随机编码信号和变极化等，这些信号使得侦察截获十分困难。

但是，对雷达来说，信号的参数是确知的，采用大带宽和用匹配滤波器进行脉冲压缩，可以

大大提高雷达的“寂静”距离。另外，通过N个脉冲的相参积累（侦察接收机只能实现N个脉冲的非相参积累），又可以使雷达的“寂静”距离得到改善。

总之，复杂的雷达信号形式是获得低截获率性能的重要手段，特别是随着冲激信号和噪声信号的应用，雷达“隐身”效果将更为突出。

（4）双/多基地雷达

获得低截获概率最根本的技术途径是采用双/多基地雷达。这时，雷达接收机可以做到完全“寂静”，雷达照射器可置于后方安全地带，致使雷达干扰系统处于盲目状态，大大提高了雷达的抗干扰性能。

5.6.3 频域对抗

频域对抗是雷达抗干扰最有效和最重要的一个领域，频率捷变（也称捷变频）是雷达行之有效的频域对抗措施。频率捷变技术的发展大致经历了三个阶段。

第一阶段集中表现在变频速率的对抗。早期，雷达为了避开敌方施放的瞄准式有源干扰，常采用机械调谐的方式将雷达发射机的工作频率从受干扰的频率改变到没有干扰的频率上。另一方面，敌方为了有效地干扰机械调谐式雷达，干扰机的频率也必须能够改变，而且调频速率应该比雷达还要高，这就形成了变频速率的对抗。变频速率的极限是实现无惯性电子调谐系统。它可以在侦察到雷达的工作频率后，仅用数微秒到数十微秒的时间就可以将干扰机的干扰频率调谐到雷达工作频率上来。为了对付这种瞄准式有源干扰，20世纪60年代初研制出频率捷变雷达。这是一种能使雷达工作频率在相邻发射脉冲之间做出很大跃变的雷达，由于雷达每个发射脉冲载频均不相同，即使敌方使用电子调谐也难以对频率捷变雷达构成威胁。

第二阶段集中表现在功率密度对抗方面。为了有效干扰频率捷变雷达，出现了宽带阻塞干扰，它能在相当宽的频带范围内发射一定功率的干扰信号。干扰的频率范围越宽，干扰的功率谱密度越低，对雷达的干扰效果越差。因此，此阶段的斗争中，干扰方处于劣势。由于受机载设备功耗、体积和重量等因素的限制，实现宽频带大功率干扰是困难的。另一方面，对地面雷达来说，可以在阵地上配备从米波到厘米波多种频段的雷达，占据相当宽的频带，干扰机要想在如此宽的频带内发射具有相当大功率的干扰信号是很困难的。

第三阶段集中表现在自适应能力对抗方面。对干扰方来说，可根据侦察接收到的雷达信号，自动地把有限的干扰功率集中到威胁最大的雷达工作频段上去，以增强干扰的针对性，提高干扰效果。对频率捷变雷达来说，不再用盲目的随机频率捷变，而是在每次发射信号之前，根据全频段（即在雷达可能工作的频率上）干扰信号分析的结果，自动选定受干扰最弱的雷达工作频率。到目前为止，自适应能力的对抗正在向更广的领域发展。

实践证明，频率捷变技术不仅可以提高雷达的抗干扰能力，而且还可以大大改善雷达的性能，因此，在军用雷达中被广泛应用。

1. 频率分集技术

在雷达中，采用频率分集技术能有效地抗瞄准式有源干扰；对于宽带阻塞干扰，加大雷达频率分集带宽将迫使干扰机加大干扰带宽，从而降低了干扰的功率谱密度，改善了雷达的抗干扰性能。因此，频率分集雷达具有较好的抗干扰能力，属频域对抗的一种有效的抗干扰措施。

图5.77给出了一种典型的频率分集雷达简化框图。所谓频率分集就是一种能够同时或相继地产生、发射、接收和处理 $n(n\geqslant 2)$ 种不同工作频率,对目标进行探测定位的雷达。如图5.77所示,在定时器所产生的同步脉冲的作用下,n 部发射机产生 n 种不同载频的大功率脉冲信号,然后经高通滤波器,大功率合成器和天线向空间发射。不同频率的目标回波信号经各自的接收机放大处理后,将不同频率的目标回波视频信号送至信号处理机。图5.78给出了一种相加进行的分集处理的波形图。在信号处理分机中,根据检测概率和虚警概率的不同要求,可采用求和、取两和之积、两积之和和求积分等分集处理运算。最后经分集处理后的目标回波信号送到终端显示分机,完成对目标的检测定位。

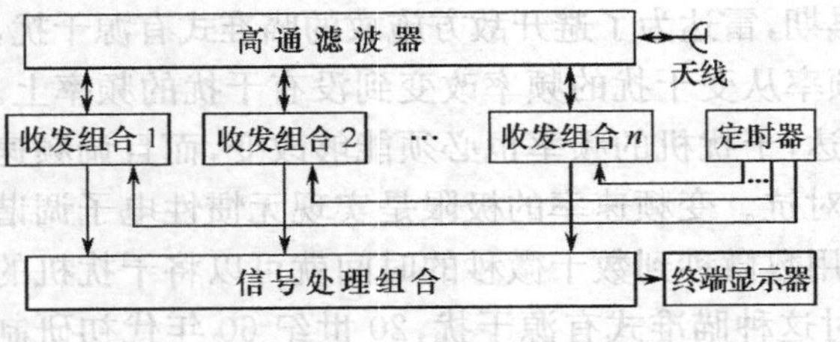

图5.77　频率分集雷达简化框图

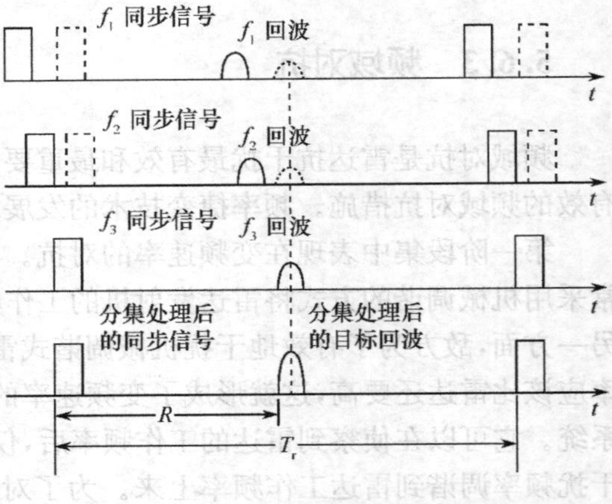

图5.78　三种频率分集雷达波形图

分析表明,求和分集处理的检测概率最高,但虚警概率也最高;反之,求积分集处理的检测概率最低,且虚警概率也最低。

研究表明,只要频率分集各频率之间的间隔大于某个临界频率 Δf_c,则多种频率同时照射目标的回波起伏完全去相关,此时,采用频率分集可以有效克服目标回波起伏对探测性能的影响。

综上所述,频率分集雷达具有如下优点。

(1) 提高了雷达的检测性能

在频率分集雷达中,经过分集处理(比如求和处理),目标回波信号同相叠加,而噪声各通道互相独立,不能叠加,因此改善了信噪比,提高了分集雷达的检测性能。

对单频雷达而言,由于目标回波起伏,影响了雷达的检测性能。对频率分集雷达而言,多种不同的信号照射目标,通过分集处理,大大降低了目标回波的起伏,提高了分集雷达的检测性能。

(2) 提高了雷达的测量精度

雷达测角误差主要由目标闪烁、回波起伏和系统惯性等因素造成。当采用频率分集雷达时克服了目标回波信号的幅度起伏。另外,由于多种频率的信号同时照射目标,目标视在反射中心闪烁(即角闪烁)也可以得到改善,从而提高了雷达的测量精度。

(3) 增加了雷达的总发射功率

频率分集雷达采用 n 部发射机,其合成功率是单部发射机的 n 倍。如果在总功率相同的条件下,频率分集雷达每部发射机的功率是总功率的 $1/n$,较低的发射功率给馈线系统设计带来方便(包括功率容限和冷却系统)。

(4) 克服了地面反射产生的波瓣分裂

对水平极化波而言,由于地面或海面反射导致雷达发射波束产生分裂,出现探测目标盲区。对频率分集雷达而言,多种频率多种通道同时工作,使各种频率产生的盲区互相错开,大大减少了丢失目标的概率。

(5) 增强了抗干扰能力

频率分集所占有的频带越宽,将迫使敌方施放宽带阻塞干扰,以降低干扰的功率谱密度。对于瞄准式干扰,只要分集的带宽大于瞄准干扰带宽,除受干扰的通道外,其他通道仍可正常工作。另外,频率分集雷达信号也属较复杂的雷达信号,与单频雷达信号相比较,降低了被侦察的概率,侦察的准确度也较低,因此,受干扰概率也较低。

2. 频率捷变技术

采用频率捷变技术的雷达称为频率捷变雷达或者捷变频雷达,它属于脉冲雷达,与典型脉冲雷达的主要不同之处在于,频率捷变雷达能使每个发射脉冲的载频以随机方式或按预定的方式在较宽的频率带内作较大范围的捷变。频率捷变雷达是当前实现频域抗干扰最有效的技术措施,现代雷达几乎都具备频率捷变能力。

频率捷变对雷达性能的改善主要表现在如下几个方面。

(1) 抗窄带瞄准式干扰性能

早期的有源干扰多采用窄带瞄准式干扰。首先用电子侦察系统测出雷达的工作频率,然后将干扰机的工作频率调谐到这个频率上。这样干扰机能最大限度地把干扰功率集中在雷达工作频率上,干扰效果十分明显。

但是,对具有宽频段捷变能力的雷达而言,窄带瞄准式干扰的效果就大大降低了。因为雷达受到干扰时能迅速调谐到新的工作频率上,从而避开干扰信号频率。为此,干扰机配有全频段侦察系统,它能够迅速捕获雷达工作频率,并施放干扰。且不说频率捷变雷达工作频率被侦察的难度,即使能够瞬时侦察出雷达的工作频率,要想用窄带瞄准式干扰也几乎是无效的。因为窄带瞄准式干扰机只有在收到雷达发射信号后才能进行干扰,也就是说,只能干扰从干扰机至雷达站连线以外到雷达最大探测距离之间的范围,由于频率捷变雷达下一个周期的工作频率已经改变了,这一新的频率在侦察系统没有接收到此雷达信号之前是无法确知的,因而也就无法施放针对性干扰。结果,在雷达显示器画面上,从扫描原点开始一直到干扰机距离为止的广大区域都是不受干扰的,干扰效果大大降低,甚至可以很容易测出干扰机的距离。因此,频率捷变雷达完全可以对抗具有全频段瞬时侦察、跟踪和施放窄带瞄准式干扰的干扰机。

(2) 抗宽带阻塞式干扰性能

为了能有效干扰频率捷变雷达,必须施放宽带阻塞干扰。这种干扰机可以在数百兆赫兹至几吉赫兹频带范围内产生数十瓦至数千瓦的干扰功率。通常,干扰信号的频带越宽,干扰信号的功率越小。干扰机的干扰能力通常用单位频带内的功率(即功率谱密度)来表示。显然,宽带阻塞式干扰的功率谱密度要比窄带瞄准式干扰的功率谱密度低得多。因此,宽带阻塞干扰机虽然能有效干扰频率捷变雷达,但干扰功率谱密度却低得多,因此在同样大小干扰机功率的情况下干扰效果不如窄带瞄准式干扰。

例如,假定目标机自带干扰机,且宽带阻塞干扰从雷达天线主瓣进入。根据干扰条件下的雷达方程可知，干扰带宽越宽，信干比越大。这就表明宽带阻塞干扰的干扰效果较差。由雷达自卫距离方程也可以看出，雷达的自卫距离 R_{J0} 与干扰机雷达接收机带宽比值 B_j/B 的平方根成正比。假定雷达固定载频工作且受到窄带瞄准式干扰时的自卫距离为 10km，如果雷达采用了频率捷变技术，迫使干扰机采用宽带阻塞干扰，在其他条件不变的情况下，若干扰带宽增加到 100 倍，则此时雷达的自卫距离将提高到 100km。

如果想保持同样的干扰效果，对窄带瞄准式干扰来说，在 X 波段使用 5MHz 带宽、20W 的干扰功率，其功率谱密度为 4W/MHz；而对带宽阻塞式干扰来说，假定频率捷变带宽为 500MHz，想要全频段干扰并达到 4W/MHz 的干扰功率谱密度，则干扰机的输出功率必须大于 2kW。实际上，机载干扰设备的输出功率提高是有很大限制的。

(3) 提高雷达的反侦察性能

频率捷变雷达可以增强反侦察能力，因为它多数时间是以固定载频工作，而到关键时刻(比如战时)则转变为频率捷变方式工作。即便干扰机带有侦察系统，但由于雷达频率捷变的带宽较宽且是随机的，因而被侦察的概率也很低。

(4) 提高雷达测角性能

影响雷达测角精度的因素很多，这里主要分析目标回波信号起伏和目标角闪烁。

目标回波信号的起伏导致测角误差，采用频率捷变技术后，可以使目标回波信号去相关，从而减少了测角误差。

目标角闪烁就是目标视在反射相位中心的闪烁，它会导致测量角误差。复杂目标可看作由若干个散射单元组成的反射体，每一个散射单元都产生回波信号，其合成的回波信号是各散射单元回波信号的矢量和。由于目标的运动，各散射单元相对雷达的视角也将发生变化，结果，合成后的回波信号的幅度和相位也跟着变化，这就使雷达天线接收到的目标回波信号相位波前发生畸变。这种畸变表现为目标视在中心的变化，导致雷达天线接收到的回波信号波前发生畸变，使测出的目标角度与实际的角度发生误差。对固定载频的雷达来说，目标视在中心的变化为慢变化，角闪烁频谱正好落在伺服带宽之内，难以消除测角误差。但是对于频率捷变雷达来说，不同的发射频率提高了目标视在中心变化的频率，使角闪烁频谱转移到角伺服带宽以外，因而大大减少了由角闪烁而引起的测角误差。

(5) 提高雷达抑制海浪杂波的性能

海浪杂波干扰的主要特点是杂波干扰强度大、相关性强和有多普勒频移。在固定载频雷达中，由于海浪杂波具有较强的相关性，虽然采用了视频积累等技术，但对信杂比的改善并不明显。而采用频率捷变技术后，可以使海浪杂波去相关，这时回波信号的概率密度曲线变得更尖锐。因此，则在同样检测门限条件下，虚警概率将大大减小；而杂波抑制技术的采用可有效抑制海浪杂波干扰，亦使海浪杂波干扰的强度大大减弱。

全相参雷达比较容易实现频率捷变。如前所述，全相参雷达指发射信号、本振信号和相参基准信号，都是由一个高稳定度的信号源同步产生的，它们之间保持着严格的、固定的相位关系。通过相参和信号处理，可以利用目标回波的相位信息实现在频域上对目标信号的检测，例如 MTI 雷达和 PD 雷达。

全相参频率捷变雷达简化原理框图见图 5.79。首先，由采取恒温防震措施的晶体振荡器作为主振源，由它产生高稳定度、高纯度的基准信号，送至各个分机。在频率合成器(频综器)中，由主振源提供的基准信号首先经倍频器产生相参基准信号送至相参检波器。然后，再经过频率综合产生发射激励信号送至主振放大式发射机，产生本振信号送至接收机，二者之差正好等于雷达的中频。频率捷变也在频综器中完成。这时，在频率捷变指令的作用下，根据变频指令实现相应的频率捷变。但不管频率如何捷变，经过频综器输出的发射激励信号频率与本振信号频率之差始终等于雷达中频。

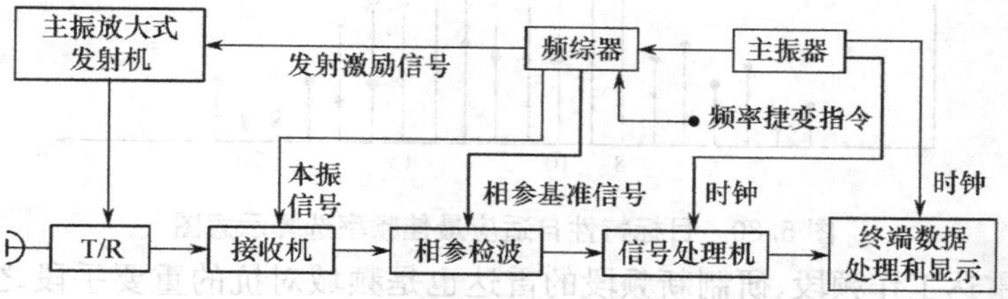

图 5.79　全相参频率捷变雷达简化原理框图

现代雷达具备一个重要特点：很多参数都是可变的。比如雷达的工作频率、发射功率、脉冲宽度、脉冲重复频率、接收机带宽等。自适应雷达就是利用现代技术实时地对环境进行监测，并能自动的根据监测结果给出雷达最佳技术参数的雷达体制。通常，频率捷变雷达的工作频率是按某种预定的规律进行有规律或无规律地变化的，并没有考虑到实际的目标情况。实际上，在某种特定的目标环境中，雷达可能有一最佳的工作频率，雷达若以此最佳频率单频工作，雷达的探测性能反而比频率捷变时要好。因为，目标环境的千变万化使得最佳频率也是不确定的，而频率捷变雷达能提供改变雷达工作频率的可能性。所谓自适应频率捷变雷达，就是根据目标环境和干扰自动确定雷达最佳工作频率或频段的雷达。常见的自适应频率捷变雷达有干扰自适应频率捷变雷达和目标特性自适应频率捷变雷达。

(1) 干扰频率自适应频率捷变技术。

采用该技术的雷达可以根据干扰谱分析结果，找出干扰强度最弱的频段，然后控制雷达发射信号的载频跳变到干扰弱区所对应的频率点上去。这是目前公认的最有效的抗宽带阻塞干扰措施之一。由于种种原因，比如干扰发射机的缺陷、干扰发射天线频响不均匀、电波传输路径效应、雷达天线频率特性等，将使干扰信号呈现不均匀频谱，即在某些频率点或区域上出现凹口区，而且这一凹口位置还是变化的。显然，从抗干扰的角度来说，把雷达的载频选在干扰最弱的区域可以提高雷达的自卫距离。采用干扰频率自适应频率捷变技术的雷达系统包括宽频带干扰侦察接收机、干扰谱实时分析器和最佳频率代码产生器等部分。

(2) 目标特性自适应频率捷变技术。

根据目标特性研究可知，目标的雷达截面积与工作频率有关，改变雷达的工作频率可获得最大的目标雷达截面积。显然，这一点对雷达的检测十分有利，但这一关系是时变的，即当目标视角变化时，对应最大目标雷达截面积的频率也不同。因此，必须根据目标特性实时地选定雷达最佳工作频率。具备这种功能的雷达称之为目标特性自适应频率捷变雷达。对天线作圆周扫描的搜索雷达来说，目标回波个数较少，没有足够的时间去寻找雷达最佳工作频率。此外，目标运动引起的视角变化和机内噪声等因素，会使目标特性自适应问题变得比较复杂。通常，采用设置门限 V_0，通过计算机程序判别来确定最佳工作频率的方法，如图 5.80 所示。图中 V_0 为设置的门限电平，黑点表示采用脉间随机频率捷变时的目标回波信号，圆圈表示采用固定频率时的目标回波信号。一旦某个目标回波信号幅度超过 V_0（图中第 8 个目标回波），则雷达以该频率工作，不再进行频率捷变。此时，如果连续出现的 N 个目标回波均超过门限电

平 V_0，则表明该频率是最佳的，雷达就以此频率继续工作。如果不能满足上述条件，则雷达仍转为随机频率捷变工作，通过程序继续寻找。这里，V_0 和 N 可以通过实验来设定。

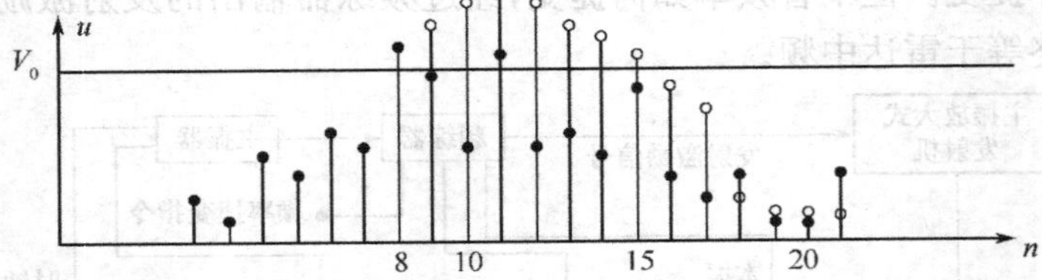

图 5.80 目标特性自适应最佳频率选择示意图

此外，扩展雷达工作频段、研制新频段的雷达也是频域对抗的重要手段之一。当前，雷达使用的频率范围主要包括 100MHz～18GHz。在这个频带范围内，侦察干扰装备比较完善，对雷达威胁较大。如果秘密装备新频段的雷达，比如毫米波雷达和更长的米波段雷达，将会给侦察干扰带来很多困难。

毫米波雷达(工作频率 40～200GHz)由于其被侦察距离近、被截获概率低、面分布或体分布杂波强度低(因为毫米波雷达波束窄，雷达分辨单位面积小)等优良的抗干扰性以及其跟踪精度、分辨力和识别力高等优良的性能，受到普遍的重视，尤其是在精密跟踪雷达、导弹末制导雷达中有着广泛的应用前景。

5.6.4 空域对抗

在现代战争中，雷达工作的空域环境十分复杂，存在着各种有源干扰和无源干扰。所谓雷达空域对抗，是指尽可能减少雷达在空域上遭受敌方侦察干扰的机会，或者说使雷达天线波束工作在干扰较弱的空域的对抗措施，以便能更好地发挥雷达的性能。

雷达受干扰空域是指在干扰条件下，雷达不能正常检测目标回波信号的空域。因为干扰信号只能从雷达天线波束的主瓣或旁瓣进入，即使在空间存在若干个干扰源，也只有雷达天线波束(包括主、旁瓣)照射到的有限空域中的干扰源才能起干扰作用。这是空域对抗的出发点和依据。

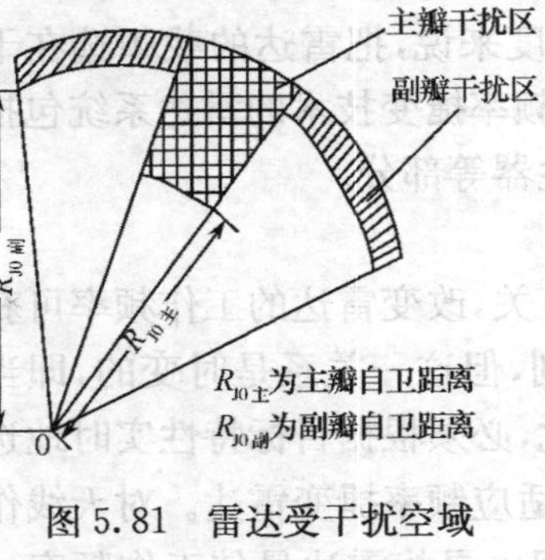

图 5.81 雷达受干扰空域

在干扰条件下，雷达自卫距离与雷达天线主、旁瓣增益之比和主波束宽度等因素有关，即雷达天线主瓣增益越高、主波束宽度越窄，干扰从主波束进入时的雷达自卫距离越远；雷达天线旁瓣电平越低，干扰从旁瓣进入时的雷达自卫距离越远。通常，雷达天线主波束越窄，旁瓣电平越低，照射的空域就越广。雷达受干扰的空域如图 5.81 所示。

1. 空域滤波概念

与频域信号滤波特性相比，雷达天线波束也可以看作一种空域滤波器。目标回波信号只能从雷达天线的主瓣或旁瓣进入而被雷达接收，这就相当于频域滤波器的通带，而其他则属阻带。换句话说，分布在空域的各种信号，只有落在空域滤波器的通带中才能被雷达接收，否则被抑制。

根据干扰空域分布的特点，通常选用峰值空域滤波器（类似于带通滤波器）和零值空域滤波器（类似于带阻滤波器）两种类型，如图5.82所示。

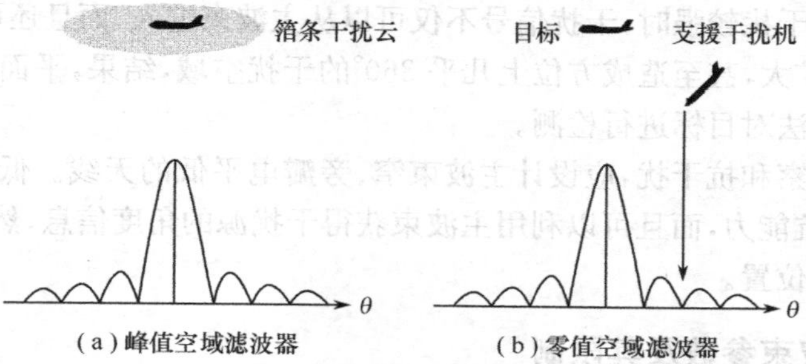

图5.82 两种类型空域滤波器特性

对于分布式干扰来说，比如箔条干扰云，参见图5.82(a)，只要雷达天线主波束宽度足够窄（类似于窄带滤波器）且旁瓣电平足够低，目标回波信号能被主瓣接收，而箔条干扰被有效地抑制。如果主波束张角在目标处的线尺寸正好与目标的线尺寸相当的话，则分布式干扰被最大限度地抑制。这种设计被称为空域波束匹配，类似于频域的匹配滤波器。

对于点式干扰来说[比如伴随战斗轰炸机的支援干扰飞机，参见图5.82(b)]，假定干扰信号从雷达天线旁瓣进入，这时，在干扰进入方向使旁瓣电平接近为零，即设计零值空域滤波器，来抑制点式干扰。当点式干扰源在空域的位置变化时，则零值空域滤波器零值位置也应作相应的变化，即自适应空域对抗。

2. 雷达空域对抗能力与天线波束参数

综上所述，雷达的空域对抗能力与雷达天线波束参数有着密切的关系，即雷达天线主波束越窄、旁瓣电平越低，雷达的空域对抗能力越强。

(1) 减小雷达天线主波束宽度的作用

减小雷达天线主波束宽度，即减小雷达信号分辨单元体积（信号的空间体积），是表征雷达空域抗干扰能力的重要因素。根据上面的分析，减小雷达天线主波束宽度有如下优势。

① 增大雷达自卫距离。根据雷达受干扰时的雷达方程式和天线理论有

$$R_{JO}^2 \propto 1/\theta_A\theta_E$$

式中，θ_A、θ_E 是天线方位和俯仰方向主波束宽度。因此，若减小雷达天线波束宽度，则从主波束进入的杂波干扰强度就会大大降低，尤其对分布式干扰最为明显，信干比的提高，必然使雷达的自卫距离提高。

② 提高雷达角分辨力。很明显，减小雷达天线主波束宽度，可以提高雷达的角分辨力和角跟踪精度。尤其是当雷达天线波束张角和目标的线性尺寸相匹配时，雷达具有极高的分辨力，它能够分辨编队机群、舰艇等级等。

③ 提高雷达反侦察性能。减小雷达天线主波束宽度，即减小了雷达辐射信号的空间，使对方侦察更加困难，被侦察的概率降低，或者说增加了对方的侦察时间。因此，要想提高雷达的空域对抗能力，应尽可能地设计主波束宽度更窄的天线。

(2) 减小雷达天线旁瓣电平的作用

对反侦察来说，由于雷达天线旁瓣的存在并占有相当宽的空间，这就给侦察提供了有利条

件,即对方可以从很宽的空间完成对雷达参数的侦察。

就抗干扰而言,当干扰较弱时,只有雷达天线主波束照射的空域才能受到干扰,即受到干扰空域为 $\theta_A \times \theta_E$;当干扰较强时,干扰信号不仅可以从主波束进入,而且还可以从旁瓣进入,使雷达受干扰的空域扩大,甚至造成方位上几乎 360°的干扰空域,结果,平面位置显示器上出现一大片亮区,根本无法对目标进行检测。

总之,为了反侦察和抗干扰,应设计主波束窄、旁瓣电平低的天线。低旁瓣天线不仅可以提高雷达的空域对抗能力,而且可以利用主波束获得干扰源的角度信息,然后利用多站交叉定位,可确定干扰机的位置。

3. 雷达天线波束参数及其限制

如上所述,固然减小雷达天线主波束宽度和降低旁瓣电平可以提高雷达的空域对抗能力,但在实际中往往受到很多因素的限制。下面分别加以讨论。

(1) 雷达天线主波束宽度与搜索周期

对于给定的雷达搜索空域,其立体角为 Ω,雷达天线主波束照射目标的时间为 T_1(定义为:在天线扫描时,从主波束前沿照射到目标至后沿脱离目标时所用的时间)、雷达天线主波束照射空域立体角为 Ω_m、雷达天线搜索周期为 T_s(定义为:雷达天线主波束扫描整个搜索空域所用的时间),则它们之间的关系为

$$T_s = \Omega T_1 / \Omega_m$$

根据上式,当给定 Ω 和 T_s 参数时,雷达天线主波束宽度越小,即 Ω_m 越小,则雷达天线搜索周期越长。例如,某雷达搜索空域方位为 360°,俯仰为 20°,照射目标时间为 10ms,主波束方位和俯仰均为 1°,则雷达天线搜索周期为 72s。

雷达天线搜索周期是一个相当重要的战术参数,它直接影响目标检测数据率(它定义为搜索周期的倒数)。显然,雷达天线主波束宽度越窄,搜索周期越长,空域对抗性能越好,但是靠牺牲数据率换取的。一旦搜索周期、搜索空域和照射目标时间确定,主波束宽度的最小极限也就确定了。

(2) 雷达天线主波束宽度与目标回波数

当雷达搜索空域和天线扫描周期确定后,雷达主波束照射目标的时间与主波束立体角成正比关系。实际上,在探测目标时,当雷达天线主波束扫过目标时(即在主波束照射时间之内),至少应接收到一个目标回波信号,即

$$T_1 \geqslant T_r$$

式中,T_r 为雷达发射脉冲信号的重复周期。因此,主波束照射空间立体角的极限值为

$$\Omega_{mmin} = \Omega T_r / T_s$$

(3) 雷达天线主波束宽度与天线扫描速度

在雷达搜索空域、搜索周期和主波束空间立体角一定的情况下,天线完成全空域扫描的速度也就确定了。要减小主波束宽度,则必须提高天线扫描速度。实际上,对于机械扫描雷达而言,要实现高速扫描将受到天线机械强度、天线载荷和驱动功率的限制。为此,只有采用电扫描技术,才能打破天线扫描速度的限制,使雷达天线主波束减小到理论上的极限值 Ω_{mmin}。

(4) 减小雷达天线主波束宽度受天线反射面尺寸的限制

根据天线理论,减小天线主波束宽度的一个措施是增大雷达天线反射面的尺寸。实际上,

增大天线反射面的尺寸将受到机械设计、抗风能力、驱动系统、阵地条件、机动性和隐蔽性等方面的限制。

(5) 减小雷达天线主波束宽度将受到工作波长的限制

根据电波传播和天线理论，减小雷达的工作波长，可以减小天线主波束宽度。它可以用较小的天线尺寸实现较窄的主波束。实际上，减小雷达工作波长将受到大气或各种气象条件等因素的限制。较短的工作波长不仅不能提高天线的增益和获得较窄的主波束性能，反而会因大气或气象对电磁波的吸收衰减，大大降低雷达的探测能力。

(6) 雷达天线低旁瓣设计及其限制

根据天线理论，雷达天线的旁瓣电平主要取决于口面上的电场强度和相位分布。可以通过选择理想的照射函数达到控制口面电场的分布，以满足降低旁瓣电平的要求。

总之，要实现低旁瓣电平，则主波束必然加宽，这是相互制约的一对矛盾。那么，要想在保证窄主波束的前提下，减小旁瓣干扰的影响，常常采用旁瓣相消和消隐技术。

4. 旁瓣相消技术

在设计天线低旁瓣电平受限的情况下，为了获得比较理想的低旁瓣，消除从旁瓣进入的干扰，常常采用旁瓣相消技术，它能在不影响雷达天线主波束探测性能的前提下，消除从旁瓣进入的干扰，尤其是点状干扰（如干扰支援飞机干扰）。因此，它是一种比较有效的空域对抗措施。

旁瓣相消系统原理方框图如图 5.83 所示，它由一个接收通道和一个辅助接收通道组成。主天线（即原雷达天线）接主接收通道，辅助天线接辅助接收通道。理想情况下，主、辅天线的方向图如图 5.84(a)所示。辅助天线的方向图在主天线主波束方向为零，而在其他方向则与主天线的旁瓣相同，即

$$F_a(\theta)=\begin{cases}0, & |\theta|\leqslant\theta_0/2\\ F_m(\theta), & |\theta|>\theta_0/2\end{cases}$$

式中，$F_a(\theta)$为辅助天线的方向图函数，$F_m(\theta)$为主天线方向图函数，θ_0 为主天线主波束角宽度。

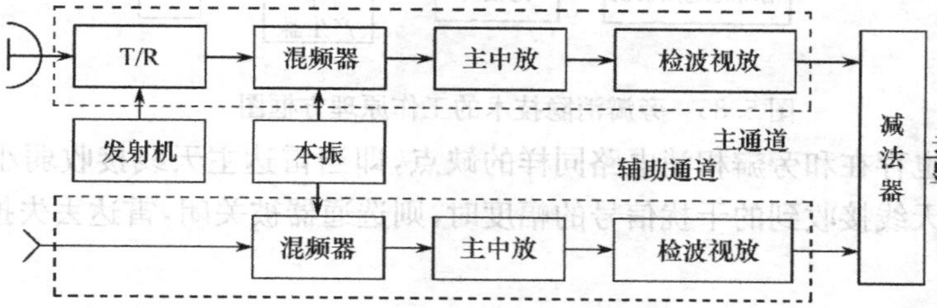

图 5.83　旁瓣相消原理方框图

实际上，要做到如图 5.84(a)所示的理想辅助天线方向图是很困难的，通常用比主天线第一旁瓣电平稍高一些的全向天线作辅助天线，如图 5.84(b)所示。在理想情况下，经主天线旁瓣进入的干扰信号和被辅助天线接收的干扰信号，只要主、辅接收通道传输增益平衡，经减法器即能完成旁瓣相消。结果，从旁瓣进入的干扰将被有效抑制，也不会对雷达天线主波束的探测性能造成很大的影响。注意到，这种旁瓣相消方法的缺点是，当雷达主天线主波束接收到弱

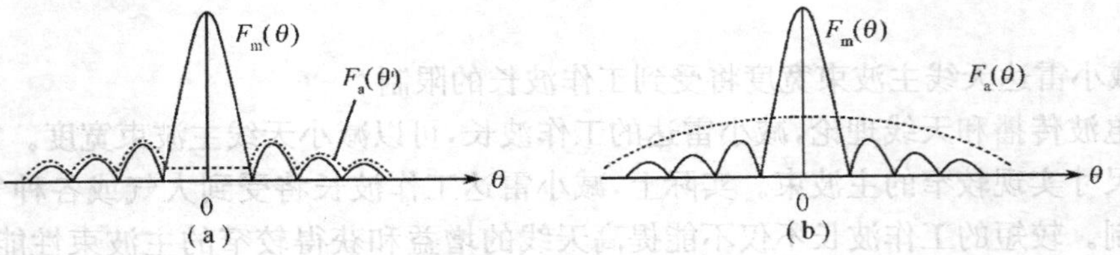

图 5.84 旁瓣相消主/辅天线方向图

小目标的回波信号小于辅助通道接收到的信号时,则弱目标的信号将被相消掉。

5. 旁瓣消隐技术

与旁瓣相消技术相类似,旁瓣消隐技术的工作原理方框图如图 5.85 所示。它也由两个独立的接收通道组成,只是信号处理的方式不同。旁瓣相消采用主、辅通道回波信号相减的原理来消除旁瓣干扰;而旁瓣消隐采用主、辅通道回波信号进行比幅,然后再选通的原理来消除干扰。旁瓣消隐系统主、辅天线的方向图如图 5.84(b)所示,辅助天线的方向图与主天线旁瓣方向图的覆盖空间相匹配。主、辅通道接收到的回波信号同时送给比较器。在比较器中,如果辅助通道输出的回波信号的视频幅度超过主通道输出回波信号的视频幅度,则产生一个消隐触发脉冲加到消隐脉冲产生器,并由消隐脉冲产生器产生一个具有适当宽度的旁瓣消隐脉冲加到选通器,当消隐脉冲出现时,即表示雷达受到从旁瓣进入的干扰,这时选通器被关闭,则旁瓣干扰被消隐掉,否则,消隐脉冲则不出现,则选通器始终被打开,主通道接收到的回波信号被送给终端显示器,进行正常的检测和显示。主通道延迟线的作用是为了补偿比较器和消隐脉冲产生器延迟而接入的。

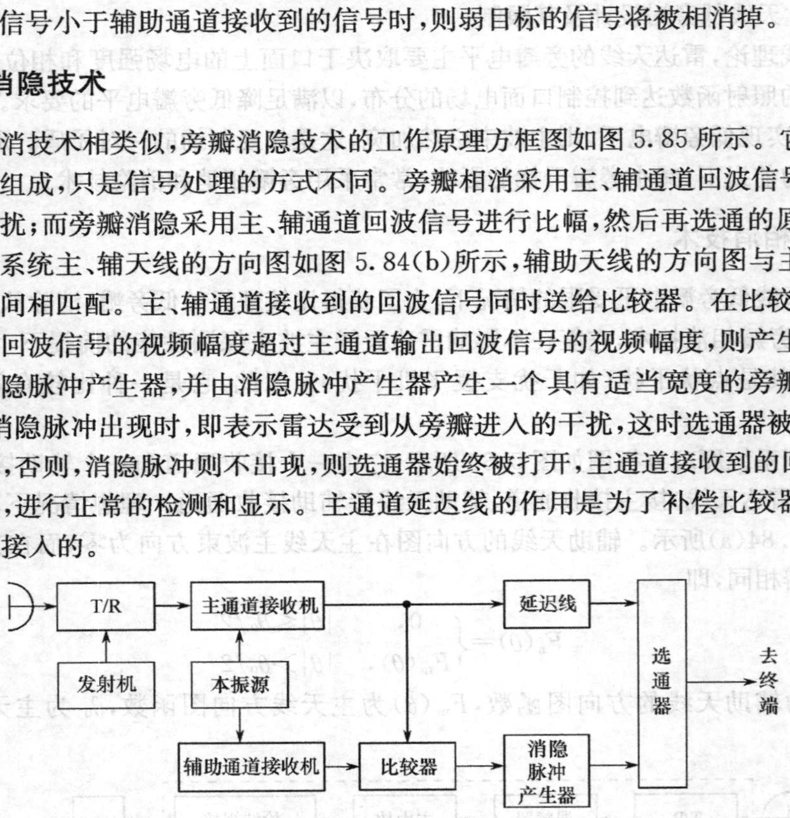

图 5.85 旁瓣消隐技术的工作原理方框图

旁瓣消隐电路也存在和旁瓣相消电路同样的缺点,即当雷达主天线接收弱小回波信号的幅度可能小于辅助天线接收到的干扰信号的幅度时,则选通器被关闭,雷达丢失掉对小目标检测显示的机会。

6. 自适应旁瓣相消

旁瓣相消和旁瓣消隐均是通过视频处理实现旁瓣干扰相消的,而自适应旁瓣相消则是通过高频或中频处理来消除旁瓣干扰的。

自适应旁瓣相消也是由两个独立的接收通道(主/副通道)组成,其原理方框图如图 5.86 所示。所谓自适应旁瓣相消,就是通过相关的处理自动产生最佳权系数 W_i,使加权合成后的辅助通道输出干扰信号与主通道输出的信号幅度相等、相位相反,最后在加法器 2 中将干扰信号消除。因为自适应旁瓣相消是在高频或中频进行，避开了检波器的非线性影响，所以可获得较好的旁瓣干扰相消性能。

见图 5.86，主通道接收到的干扰信号 $u_{Jm}(t)$ 被直接加到加法器 2；辅助通道接收到的干扰信号被分为相互正交的两路信号 $u_{JaI}(t)$ 和 $u_{JaQ}(t)$，分别加到各自的乘法器与各自的权系数 W_1 和 W_2 相乘。加权系数 W_1 和 W_2 是根据加法器 2 的输出信号和辅助通道的正交分量分别进行相关处理而自动产生的。只要设计正确，由两个乘法器输出的两个正交分量，经加法器 1 合成，其幅度与主通道干扰信号幅度相等，相位正好相反；最后在加法器 2 中将从旁瓣进入的干扰信号相消掉。上述自适应旁瓣相消矢量关系如图 5.87 所示。

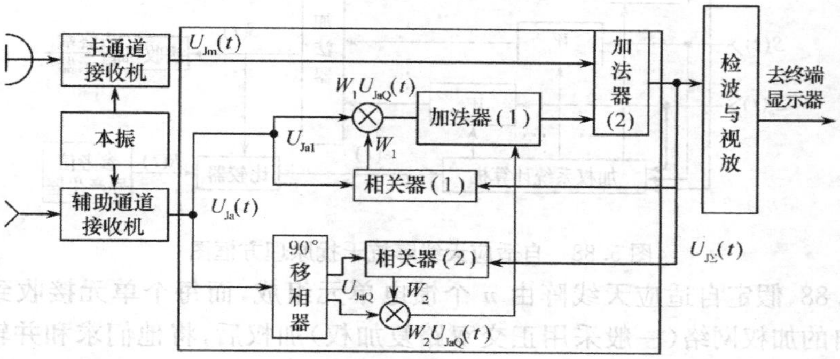

图 5.86 自适应中频旁瓣相消原理方框图

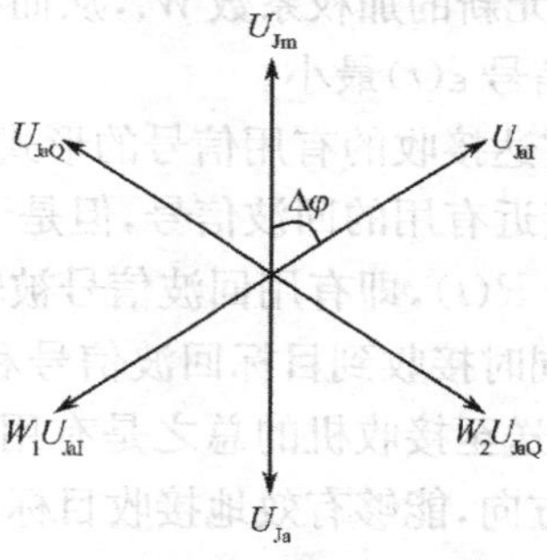

图 5.87 自适应旁瓣相消矢量图

综上所述，旁瓣相消和旁瓣消隐都是在视频进行的处理，由于检波器的非线性作用，将会产生新的干扰成分(即干扰和目标回波信号在非线性电路的相互作用)，其幅度和相位都是随机的，会直接影响旁瓣相消性能，有时还可能将目标回波相消掉。而自适应旁瓣相消则是在中频或高频进行处理，这对主/副通道的相位一致性、辅助天线配置等因素有严格的要求，也难以实现高性能的旁瓣干扰相消。不管怎么说，上述方法对抑制从旁瓣进入的干扰是有效的，是实现空域对抗的有效措施。

7. 自适应天线阵抗干扰

如上所述，虽然极低的天线旁瓣具有良好的空域对抗性能，但是实现极低旁瓣电平不仅要受主波束变宽的限制，而且还要付出昂贵的代价，实际上，对于抗有源干扰来说，并不需要在全方向(除天线主波束方向外)都实现极低的旁瓣电平，而只需要在有源干扰出现的方向上实现极低的旁瓣。比如，低于－60dB 则能有效地抑制有源干扰，而且付出的代价也是可以接受的。

这就是前述的零值空域滤波器设计，将空域滤波器的"阻带"指向干扰源方向。

实际中，干扰方向是随机出现的，雷达天线主波束在进行搜索时，不可能确定干扰出现方向和主波束指向之间的关系。而自适应天线阵抗干扰却是根据有源干扰出现的方向自动修正天线阵口径场分布，使天线零值始终指向干扰源的空域对抗措施。天线的方向性函数和口径场分布函数是一个傅里叶变换对，天线的主波束和零点由天线阵各馈电单元的幅度和相位来决定，也即由各单元的加权值所确定，因此，想要获得所要求的方向性函数，关键是如何选择加权值的问题。图5.88是自适应天线阵抗干扰原理方框图。

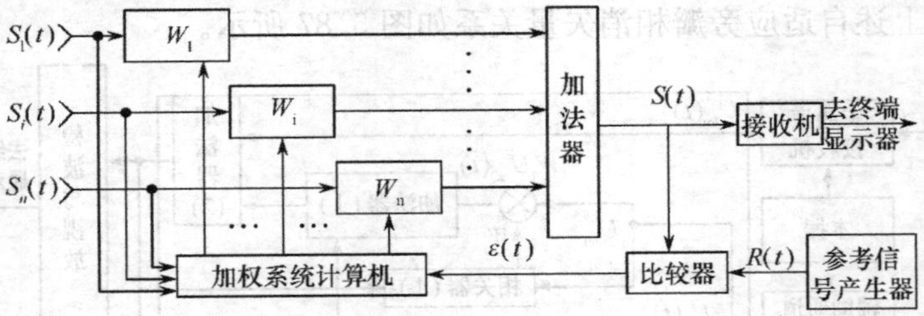

图5.88　自适应天线阵抗干扰原理方框图

参见图5.88，假定自适应天线阵由 n 个馈电单元组成，而每个单元接收到的回波信号 $S_i(t)$ 经过各自的加权网络(一般采用正交双路复加权)加权后，将他们求和并输出回波信号 $S(t)$。为了能够自适应，将回波信号 $S(t)$ 与参考信号 $R(t)$ 进行比较，并把产生的误差信号 $\varepsilon(t)$ 送给加权系数计算机，产生出各单元新的加权系数 W_i，从而得到调整后的输出信号 $S(t)$。此时 $S(t)$ 和 $R(t)$ 趋于一致，且误差信号 $\varepsilon(t)$ 最小。

通常，要求参考信号 $R(t)$ 与雷达接收的有用信号的形式一致。因为雷达发射信号形式是确知的，总可以做到使 $R(t)$ 比较接近有用的回波信号，但是干扰信号形式很难做到接近 $R(t)$。但经过自动调整，可使 $S(t)$ 趋向于 $R(t)$，即有用回波信号被输出，干扰信号被抑制掉。总而言之，在雷达探测空域，虽然雷达将同时接收到目标回波信号和强干扰信号(从旁瓣进入的有源干扰信号)，但经过自适应处理后，送至接收机的总之是有用的信号，而干扰信号则被抑制了，也即目标方向为天线主波束照射方向，能够有效地接收目标回波信号，而有源干扰方向却呈现为极低的旁瓣电平(理想情况为零电平)。

第6章 典型雷达装备

6.1 监视雷达

监视雷达(Surveillance Radar)也称为搜索雷达，主要作用是搜索、监视、识别空中(或海面)目标，并确定其坐标和运动参数。本章主要涉及对空监视雷达。对空监视雷达所提供的情报，主要用于对空警戒、引导歼击机截击敌方航空兵器和为防空武器系统指示目标，同时也用于保证飞行训练和飞行管制。

现代监视雷达分为对飞机目标探测和对导弹目标探测两大类工作模式。对飞机目标探测的雷达包括用于发现、粗略探测飞机目标坐标的警戒雷达和用于发现、精确探测飞机目标坐标，担负对战机引导作用的引导雷达。警戒雷达与引导雷达又分为远程、中程和近程雷达。警戒雷达区分的标准是对典型歼击机发现概率50%时，探测距离大于400km、高度覆盖大于35 000m为远程；探测距离大于250km，高度覆盖大于25km为中程；探测距离大于150km，高度覆盖大于10 000m为近程。引导雷达区分的标准是对典型歼击机发现概率80%时，探测距离大于350km、高度覆盖大于25km为远程；探测距离大于250km，高度覆盖大于20km为中程；低于上述指标者为近程。

地基常规对飞机目标探测的雷达包括：能同时测量目标距离、方位、高度的三坐标雷达，它适用于大批量飞机目标的引导和监视；只能测距离和方位的两坐标雷达，它主要担负警戒任务；用于加强低空探测和补盲的中低空雷达。对导弹探测的地面雷达包括：对中远程导弹探测的战略预警雷达、对战术导弹探测的相控阵雷达、为地面拦截武器提供信息的目标指示雷达等。

6.1.1 两坐标监视雷达

两坐标监视雷达的主要用途是监视、发现空中(或海面)目标，并测量目标的距离和方位。两坐标监视雷达的历史最长，早期的雷达系统都是两坐标雷达，如今这种雷达仍是各国装备种类和数量最多的雷达。目前，低空与超低空突防、隐身技术、反辐射导弹等对雷达的威胁日趋严重，各国在研制新型三坐标雷达的同时，也在寻求通过高性能的低空两坐标雷达和米波、分米波雷达来实现远程警戒和低空补盲，综合提高雷达防空网的生存能力。

两坐标监视雷达与三坐标雷达相比，造价低廉，操作方便，适合大批量装备部队，以担负日常空中监视任务。为了探测各类低空目标，需要将多部低空两坐标雷达组成观察网。另一类两坐标雷达是测高雷达，测量目标的距离和高度。它接受目标指示雷达提供的目标位置引导数据，然后将天线转至该方向，在目标所在方位上通过机械抬头扫描或电扫描测量目标所在仰角，计算出目标高度。测高雷达与普通两坐标雷达相结合可获得目标三坐标位置信息。

1. 两坐标监视雷达的主要战术性能

两坐标雷达的主要战术性能如下。

(1) 雷达观察空域(威力图)

雷达观察空域包括雷达最大作用距离、方位角观察空域和仰角观察空域。大部分担任警戒任务的两坐标雷达,其方位角观察空域都是0°～360°,而仰角观察空域多在0°～30°范围,最大观察高度20～30km。

对于两坐标监视雷达,可用其威力图来描述雷达观察空域。图6.1所示为典型远距离两坐标监视雷达的威力图。图中波束在垂直方向上按余割平方($\csc^2\theta$)方向图设计,能覆盖较大的空域。一般两坐标远程监视雷达的最大作用距离为300～400km,中程监视雷达的最大作用距离为100～200km,而用于低空补盲、海岸防御、陆军战术防空等近程两坐标监视雷达的作用距离则多在40～100km范围内。

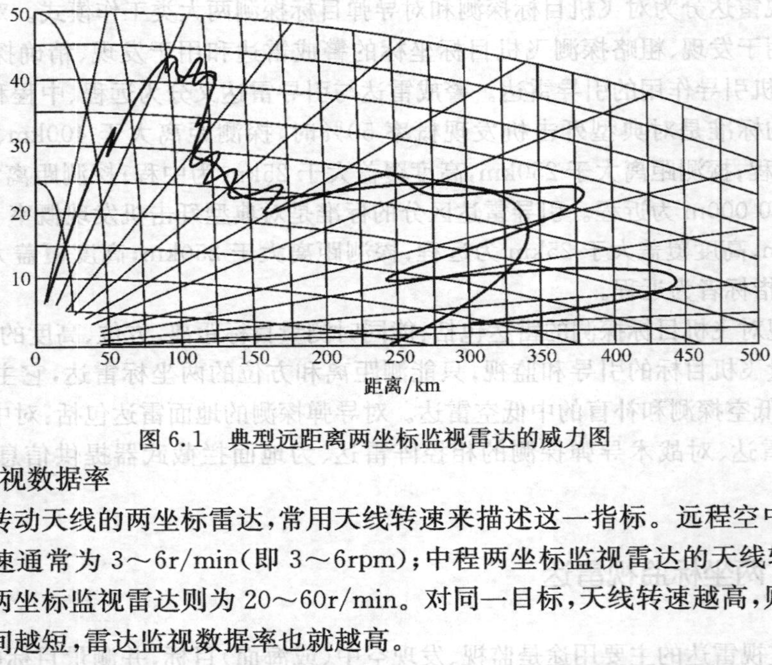

图6.1 典型远距离两坐标监视雷达的威力图

(2)雷达监视数据率

具有机械转动天线的两坐标雷达,常用天线转速来描述这一指标。远程空中监视(警戒)雷达的天线转速通常为3～6r/min(即3～6rpm);中程两坐标监视雷达的天线转速多为6～12r/min,近程两坐标监视雷达则为20～60r/min。对同一目标,天线转速越高,则相邻两次监视采样间隔时间越短,雷达监视数据率也就越高。

若天线转速为Ω(单位为°/s),则监视间隔时间$T_{si}=360°/\Omega$,监视数据率为

$$D_s=1/T_{si}=\Omega/360°$$

(3) 雷达分辨力与测量精度

雷达的方位分辨力与测量精度取决于天线波束宽度,距离分辨力与测量精度取决于信号带宽。

(4) 雷达生存能力

雷达的生存能力主要指雷达抗有源和无源干扰、抗反辐射导弹和抗轰炸的能力,详见第1章中的1.5节介绍。

2. 两坐标雷达的主要技术性能

两坐标雷达的主要技术性能如下。

(1) 工作频段与信号波形

远程两坐标监视雷达的工作频率一般选得较低(如VHF及UHF频段),这样容易取得优良的动目标显示和动目标检测性能,可更好地抑制强地杂波。低工作频率受云、雨等气象干扰也小,适合于担负全天候警戒任务。为了取得较远的作用距离,波形设计上多采用脉冲压缩技术,并用发射长短脉冲相结合的方式克服长脉冲信号距离分辨力差的缺点。

中程两坐标监视雷达则多选用L波段及S波段,而近程监视雷达通常选用S、C甚至X波段。中、近程两坐标监视雷达在信号波形选择上,目前已普遍采用脉冲压缩信号和频率捷变信号。

(2) 发射机型式及功率要求

常规的发射机,大部分都采用四极管、行波管、速调管和磁控管。目前两坐标搜索雷达已开始采用固态发射机,以便获得更高的可靠性和快速开关机能力。根据雷达的威力和数据率的要求,大多数监视雷达的平均功率都在10kW以下。

(3) 天线性能

两坐标监视雷达广泛采用仰角上具有余割平方形状的天线波瓣。对于远程两坐标雷达,特别是VHF、UHF波段的两坐标雷达,为了保证雷达的作用距离,天线尺寸要大一些。

(4) 抑制杂波能力

由于两坐标监视雷达的主波束下边缘照射地面、海面、地物和海浪时会在目标回波中产生极强的杂波干扰,它们比飞机的回波信号可能强40～50dB。云、雨等气象因素也会产生杂波干扰。这些杂波干扰会影响雷达正常工作。解决两坐标监视雷达杂波干扰的主要技术手段有动目标显示和动目标检测方法。

为了更好地消除杂波影响,当今先进的两坐标监视雷达还采用了自适应杂波图控制技术。这种技术的关键是要能全方位、自适应地建立起各单元的杂波强度图,通过数字控制,在杂波过强时预先使其衰减,保证系统不阻塞,在没有杂波的区域里不使用动目标检测或动目标显示技术,以减小信号损失。

6.1.2 三坐标监视引导雷达

三坐标(3D)雷达顾名思义就是指能在天线旋转一周的时间内同时获得多个目标的方位、距离、仰角这三个坐标参数的雷达。

在防空网中,三坐标雷达主要配置在引导拦击网内,作为引导雷达引导我机拦击敌机。一般来说,这种雷达配置在第二线上。大型远程三坐标雷达往往作为要塞防空或区域防空中的骨干警戒引导雷达;机动型中程三坐标雷达可以快速转移、快速布防,使防空网中引导雷达重组的能力加强;近程高机动三坐标雷达,可以作为武器系统的目标指示雷达、大型骨干雷达的补盲雷达和在防空网中快速反应的应急补缺雷达。后一种雷达可采用多种运输手段,具有越野能力强和对道路、阵地要求低等特点。

三坐标雷达为了获得第三个坐标和高度数据,仰角上常用窄波束堆积邻接排列来布满仰角空域,通常需采取6个、9个或12个窄波束。这样一来,为获得高度数据就要用6路、9路或12路接收机,于是就增加了设备的复杂性和造价。另一种办法是用窄波束在仰角空域以频扫天线和相扫天线进行电扫描。三坐标雷达的优点也是非常突出的,它能同时发现、录取和跟踪多批目标。配高制雷达一帧一般只能配三批目标,老式的V波束雷达也只有十批左右,而三坐标雷达一帧可以跟踪36批、72批、128批、200甚至400批目标。这就是各国明知费用昂贵还要竞相发展三坐标雷达的原因,况且随着器件小型化、微电子化,以及雷达技术的不断发展,雷达设备的复杂性和成本都会有所下降。

1. 三坐标雷达的要求

(1) 抗干扰、反杂波

飞机在空中交战时,一方要想方设法地避开另一方雷达的搜索和探测,其主要手段就是施放干扰,让你无法观察,或者施放假目标进行欺骗,例如撒下箔条使你看不清真实目标的所在位置,即使看见也不能精确定位。在空战中飞机还要受到气象干扰和强地面反射产生的地面杂波的影响。三坐标雷达的重要性决定它必须具有抗干扰和反杂波能力。

(2) 大容量

三坐标雷达的容量要大。敌机往往是从高、低空以多方向、多层次、多批次入侵的,为了及时掌握空情,雷达要能在大空域内发现目标,大容量处理目标,既要看到远距离敌方目标,又要看到近距离我机出航情况,还要能同时观察高空和中低空目标。

(3) 精度和分辨力高

因为要引导飞机进入空中战区的有利位置,所以就要求有较高的定位精度和较高的分辨力。

(4) 数据率高

引导雷达要不断地掌握敌我飞机的飞行情况和航迹,以便实施对空引导。获得目标每一点坐标参数的间隔时间要短,一般是5s或10s获得一次同一目标的数据。这间隔时间的倒数就是数据率。当然,数据率越高,表示天线旋转愈快,在同样时间内获得的目标点数愈多,这样,对目标动态、目标机动特性也就掌握得愈好,更有利于判断敌方的企图和引导我机完成拦击任务。

(5) 自动化程度高

雷达要能在大空域内发现、处理和跟踪多批目标,就需具有较高的自动化程度,即能自动适应战场环境变化,对目标回波进行自动处理、自动录取、自动跟踪和自动上报。

(6) 多批次

从现代战争对防空雷达的要求来看,三坐标雷达只有在能同时获得多批目标的三坐标数据且具备上述特点时,才能担负起引导作战任务。

2. 三坐标雷达的目标高度数据

由第4章的讨论可知,目标高度并非一个直接测量量,而是一个导出量。雷达只能测量目标的距离及其回波的到达角。地基三坐标雷达就是根据这两个实测数据导出目标高度的。舰船、飞机或卫星上的三坐标雷达必须将与天线有关的三个坐标的实测数据转换到惯性坐标系统。为了根据雷达实测的距离和仰角数据来精确地计算目标高度,必须确定诸如雷达天线在理想坐标系中的位置和方向、地球曲率、大气折射特性，以及地表面反射性质等因素的影响。如果目标高度涉及当地的地形，那么必须考虑目标下方地形起伏的影响。另外，还应部分地补偿某些系统其设备内部误差的影响，补偿方法是对内部校正测量数据引入距离和角度估值算法。下面就几种常见情况来分别叙述目标高度的计算方法。

（1）平坦地面近似法

对很近的目标，用平坦地面近似法可以获得目标高度的足够好的估值：

$$h_{\mathrm{T}}=h_{\mathrm{a}}+R_{\mathrm{T}}\sin\theta_{\mathrm{T}}$$

式中，h_{a} 为雷达天线的架高高度；R_{T} 为实测的目标距离；θ_{T} 为实测或估计的目标仰角。

（2）球形地面：抛物面近似法

用抛物面来模拟地球曲率是一个较好的近似法。对于地基雷达，按照余弦定律，目标高度的计算公式（按首次近似）为

$$h_{\mathrm{T}}=h_{\mathrm{a}}+R_{\mathrm{T}}\sin\theta_{\mathrm{T}}+R_{\mathrm{T}}^{2}/2\rho$$

式中，ρ 为地球曲率半径。按此式计算的目标高度会大于按平坦地面近似法得出的高度，且其差值随实测距离呈二次方递增。例如，若目标距离为 10nmile，则两种方法的计算差值约为 26.4m。

此外，若考虑球形地面且考虑对大气折射误差的矫正，则可以参见第 4 章 4.3 节的有关内容。

影响雷达系统测高精度的其他实际因素还有波束指向误差、方向图误差、信道失配误差和雷达抗干扰后的剩余干扰信号和杂波误差等。

3. 配高制三坐标雷达

这种体制由一部两坐标监视雷达（俗称平面雷达）加上一部（或两部）测高雷达组成。它利用距离高度显示器（RHI）观察目标。两种雷达配合使用获得目标的三个坐标数据，故称为配高制三坐标雷达。

平面雷达的方位波束是窄波束，垂直波束是宽波束。雷达天线在方位上机械旋转，使波束在方位上作 360°扫描，从而搜索全空域。由于仰角上是宽波束，不能分辨不同高度的目标，自然就测不出高度，在平面位置显示器（PPI）上只能测出飞机的方位和距离。

测高雷达的波束一般是方位上为 2°～4°、仰角上约为 1°的窄波束。

测高雷达天线在某一方位上俯仰摆动时，其扁平波束也随之俯仰，由于仰角上是窄波束，故可在仰角上测角，分辨不同仰角的目标，在距离高度显示器上可测出目标的距离和高度。

下面我们来描述这样的两部雷达是怎么配合测出目标三个坐标和如何测出目标高度的。

目前，配高制雷达已由人工配高转变为自动配高。平面雷达录取器在自动录取目标后，将需要测高的飞机目标的方位、距离送入测高分机，测高分机把方位值输至测高雷达的驱动伺服系统，伺服系统自动地将天线拖到该方位上进行点头测高。测高分机同时将该目标的距离值输入测高雷达录取器。录取器测出相应距离上的飞机高度，并将该批目标的距离、高度数据送到平面位置雷达录取器里配对，配对是根据距离相关原理进行的，实际上方位也进行了相关。有时，为了提高同时测高的能力，测高分机输出三批目标的方位，距离值，这样，平面雷达天线旋转一周，测高雷达天线就要在三个位置上快速变换点头测高。如果一部平面雷达带动两部测高雷达，那么目标输出批数还可再增加，但被带动的测高雷达不能太多，否则太复杂了，而且

容易出错。

这种体制虽然用了两部雷达,但它们都比较简单,经济,且测高精度较高,一般可达100~300m。但这种体制的缺点也是明显的,即处理目标批数受限制,以及两部雷达存在配合问题。这些缺点使其不能满足现代战争需同时处理多批目标三个坐标的要求。而从建立低成本防空网的经济角度来看,作为补充,这种配高制雷达在一定时期内还是有用的。

4. 多波束体制三坐标雷达

这种雷达体制其仰角上是窄波束(1°~2°)。用多个仰角上固定的窄波束经部分重叠后堆积起来布满所要求的仰角空域。一般,为了满足引导雷达分辨力和测高精度要求,波束数应在6~12个之间(如美国TPS-43是6个波束)。多个堆积波束作为一个整体,随天线共同在方位上转动。用一部(或几部)发射机通过功分器向天线馈源馈电,馈源是由多个喇叭组成的馈源阵列,通常,一个喇叭对应地形成空间一个波束。发射时多个喇叭以同相不等功率方式馈电,这样多个堆积波束就在空间形成余割平方型发射波瓣(见图6.2)。接收时,空间一个波束对应于一路接收机。回波信号经过多路接收机接收,经信号变换和检测后进入终端录取器,通过对多个波束同时进行幅度比较来测高,并形成目标点迹数据和进行航迹相关处理。另外,多路信号合成后送入平面位置显示器以显示目标的方位、距离,目标的高度数据由录取器送入平面位置显示器。平面位置显示器还起空情监视、雷达状态操作和显示人工干预的作用。图6.2是多波束雷达示意图。

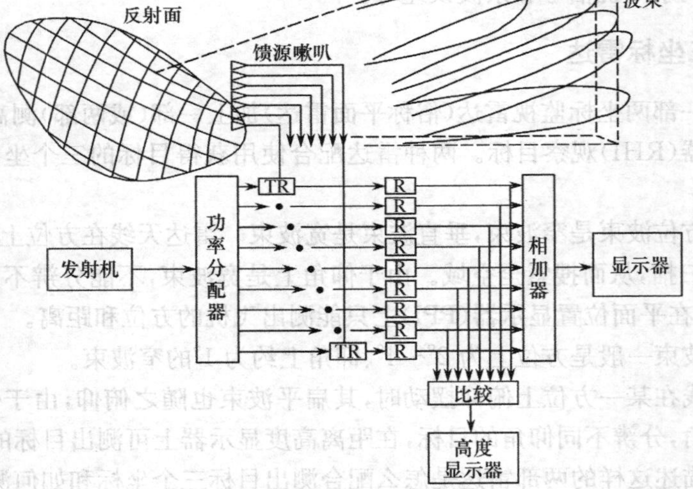

图6.2 多波束雷达示意图

图6.2的雷达称为偏焦多波束三坐标雷达,天线的馈源为多个喇叭,在抛物面反射体的焦平面上垂直排列,由于各喇叭相继偏离焦点,故在仰角平面上可以形成彼此部分重叠的多个波束。发射时,功率分配器将发射机的输出功率按一定比例分配给多个馈源通道,并同相激励所有馈源喇叭,使在仰角平面上形成一个覆盖多个波束范围的,形状近似为余割平方形的合成发射波束。接收时处在不同仰角上的目标所反射的信号,分别被相应的馈源喇叭所接收,进入各自的接收通道,其输出回波信号代表目标在该仰角波束中的响应。将相邻通道的输出信号进行比较,就可测量目标的仰角;将各通道的输出相加后,即可得到所监视全仰角空域的目标回

波(如图 6.3 所示)。采用这种方法测量目标仰角时,若信噪比为 20dB,精度可达 $\theta_{0.5\beta}$的十分之一左右。

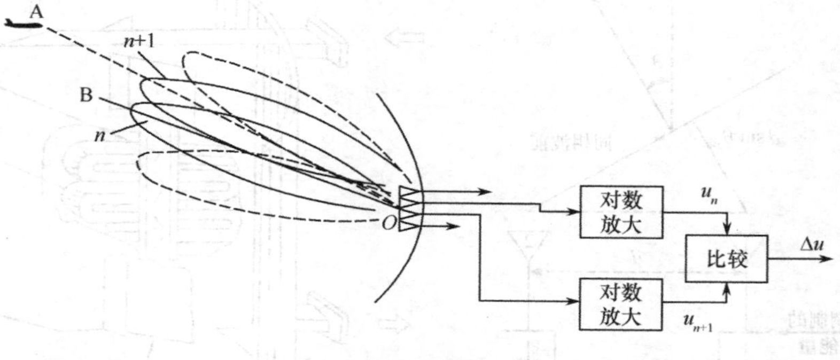

图 6.3　比较信号法测角原理图

多波束体制的优缺点如下:多波束体制允许系统以宽频带、捷变频方式工作。一般,对面天线来讲,多波束馈源采用垂直偏馈来减小阻挡,合理的初级波束设计和高的反射面天线加工精度可以使最大副瓣电平达到－35～－40dB。因为多波束体制的波束形成及扫描与信号形式无关,两者是独立可控的,所以发射波形灵活多变。抗干扰性能好是这种体制的优点之一。

由于仰角上由多个针状波束叠加而成,只要允许加大天线垂直孔径,仰角波束就会变得很窄。堆积的针状波束可用内插比幅测角法测定仰角,内插分层可做得很细。所以,这种体制的分辨力和精度都很高。当然,这是以增加设备和提高复杂性为代价的。

与平面雷达一样,多波束雷达的数据率在时间上没有损失,如天线 10s 转一周,则其数据率为十分之一秒。这解决了既可测高,又能保持高数据率的矛盾。它的缺点是设备复杂,波束不灵活,发射的是宽波瓣波束,对反杂波不利,而且各路接收机的增益、噪声电平、动态范围一致性等都是这种体制的关键问题。但随着模块化、电子化、数字化技术的发展,设备的一致性会越来越高,体积能不断缩小,重量可进一步减轻,所以各国多采用这种体制作为防空引导雷达。

5. 频率扫描三坐标雷达

频率扫描(简称频扫)三坐标雷达是早期的三坐标雷达技术之一,它适用于防空监视。通常这种雷达方位上用机械旋转扫描,仰角上则通过改变射频频率使波束在垂直平面内扫描。这属于一种电扫描方法,这种方法能使波束不受惯性限制作高速移动。

频扫的工作原理可以用图 6.4 来简单地加以说明。假定只有两个辐射天线阵元。高频电波从阵元 1 传输到同相波前的距离为 $d\sin\theta_0$,它应与电波经过长度为 S 的蛇形传输线后的相位相同,即

$$(2\pi/\lambda)d\sin\theta_0=2\pi S/\lambda_g$$
$$\theta_0=\arcsin(S\lambda/d\lambda_g)$$

式中,λ 为自由空间中的电波波长,λ_g 为蛇形线中的电波波长。上式表明 θ_0 为 λ 的函数,亦即频率的函数。S/d 愈大,因频率改变所导致的 θ_0 的变化也就愈大。蛇形线长度 S 一般较 d 大得多,通常,它采用慢波结构,或折叠绕制,或螺旋绕制,或内充介质。图 6.5 是一种频扫天线结构示意图。

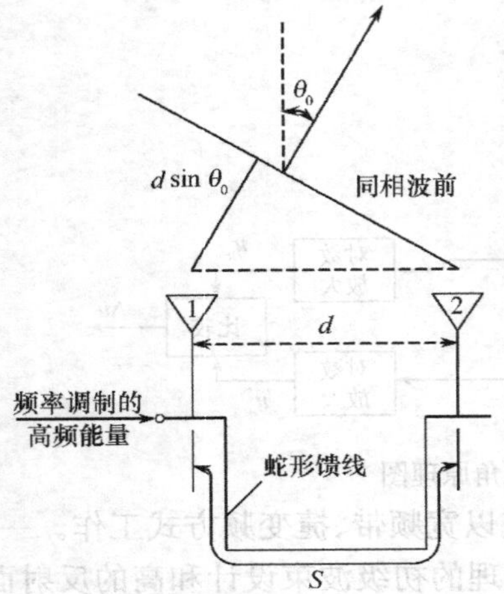

图 6.4 频率调制产生波束方向 θ_0 的示意图

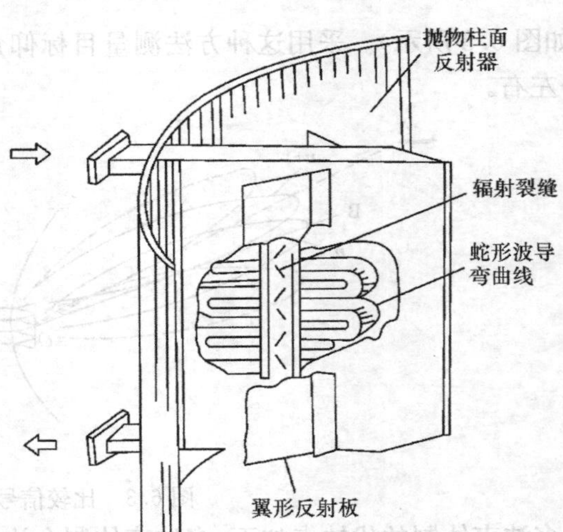

图 6.5 频扫天线结构示意图

频扫三坐标雷达有两种主要工作方式:一是单波束扫描方式,二是接收多路频率扫描方式。前者一般采用脉间频扫,后者一般采用脉内频扫或脉内频扫与脉间频扫相结合的方式;两者在数据率上差异甚大。脉间频扫是指以逐个脉冲方式改变发射机和接收机的频率,在空间形成单个波束扫描,而脉内频扫是指脉内改变发射频率,发射线性调频脉冲或一串不同频率的子脉冲,使其扫过整个仰角覆盖范围,用多路接收通道来测出仰角。美国的 AN/SPS－39/52 系列是单波束频扫三坐标雷达的典型代表。这种雷达是在 20 世纪 50 年代中期研制的,60 年代广泛应用于舰艇,其频扫天线的结构如图 6.5 所示,在蛇形波导窄边上开隙缝状辐射孔,并与翼状反射板组成辐射阵。频率扫描用 18 个晶体管组成的振荡源(可以组合成 200 多个频率),用计算机控制频率的组成,实现脉冲间波束阶梯扫描。此扫描方式的严重问题是数据率低。70 年代,人们为了解决这个问题而采用了多路接收频率扫描方式,并将脉间频扫改成脉内频扫,或采用这两者的组合方式。英国的 S 波段监视雷达 AR－3D 采用的就是脉内变频方式(见图 6.6),它发射线性调频脉冲,通过在接收机中进行频率鉴别来提取目标高度信息。

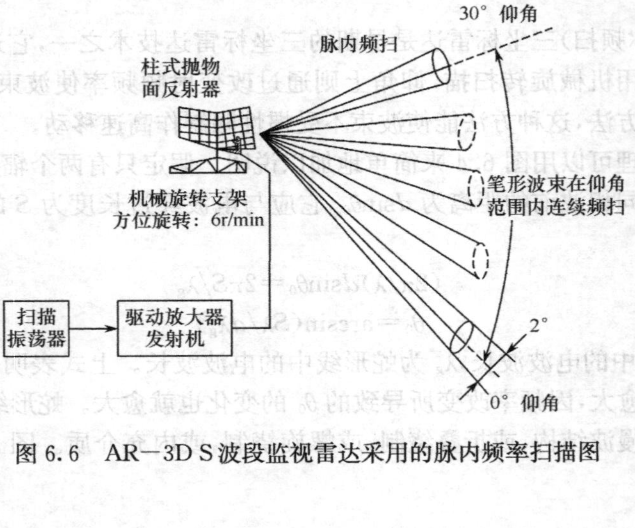

图 6.6 AR－3D S 波段监视雷达采用的脉内频率扫描图

仰角频扫体制三坐标雷达，往往可以通过对按顺序形成的相邻波束幅度的比较来估测目标的仰角。但是，其仰角测量精度不如堆积多波束雷达或相扫单脉冲雷达高，主要原因在于：首先，频率扫描可能在目标回波中引入幅度起伏，这会降低测量目标仰角信息的质量。不过，如果对每一波束中的多频率分集子脉冲作非相干积累，那就可以减小这种影响。其次，顺序波束扫描测角技术较难对付时变或幅度调制干扰（例如闪烁干扰）。另外，在频率扫描雷达中，射频频率与仰角这种一一对应的关系会限制雷达为反干扰而采用频率捷变技术，同时也会限制这种雷达在波形、时间和能量管理方面的灵活性。不过，电子扫描的相控阵雷达技术将使设计者可能摆脱这些桎梏。

与机械扫描的堆积多波束和相控阵相比，频扫体制三坐标雷达的两大特点是：①设备简单，特别是天馈系统和接收系统，这奠定了高机动性、可靠性和维修性的良好基础，对车载雷达或设备量受到很大限制的舰载雷达，频扫雷达方案尤其适合；②成本较低，其研制成本与机械扫描堆积多波束雷达相比节省1/3左右，比相控阵雷达省一半多。这种优势决定频扫体制仍将具有较强的生命力。

6. 相扫三坐标雷达

众所周知，“相扫”意为利用移相器来控制天线辐射单元的相位，从而改变波束指向的一种雷达波束扫描机制。此处所讲的“相扫三坐标雷达”就是指以相扫原理实现波束在仰角平面上的扫描，而方位上往往则是机械旋转扫描，这是人们通常称之为“机电混合扫描”的那种三坐标雷达体制，亦称为一维相扫体制或者“机—相扫”。

相扫方式是指依靠直接改变各移相器馈电单元的相移量来实现笔形波束在空间的扫描；接收系统形成和差波束，凭此对目标回波进行单脉冲测高。此处的波束形成网络与堆积多波束的馈线网络不同，它包含移相器，由中央计算机通过实时控制形成相应的波束指向。铁氧体和二极管移相器的研制成功，奠定了一维相扫的物质基础。仰角波束宽度为1°的典型一维相扫三坐标雷达，其阵列单元数 N 为100左右。

一维相扫方式能合理地分配扫描时间和有效地利用发射能量，使得雷达工作灵活，并有较强的自适应能力，而且还能实时地进行搜索、引导，以及边搜索边跟踪；同时也能部分地对雷达参数加以管理，如改变扫描周期、脉宽、扫描空域、扫描时间、发射波形并采用序列法检测等，以便最大限度地发挥雷达效能，获得最佳检测效果，使雷达具备较强的抗干扰能力。

7. 频相扫三坐标雷达

顾名思义，频相扫体制内含频扫方式和相扫方式，二者有两种组合方式。第一种是在方位上采用相扫（或频扫）方式，而仰角上采用频扫（或相扫）方式。这种组合体制的三坐标雷达比起全相控阵雷达来可以大大节省成本。例如，假设相控阵的辐射阵元为50×50个单元，那就需要2500只移相器，而采用频相组合体制则仅需100只（即50＋50）移相器。美国的AN/SPS—32/33海军舰载三坐标雷达采用的就是这种体制。

另一种组合方式是在方位上用机械扫描，而在仰角上采用频相扫描。对于这种组合工作方式，频扫是为了形成多波束，如可以通过在发射脉冲宽度内占用多个离散频率的办法在空中瞬间形成多个波束来覆盖一个小的仰角区域，而给定仰角空域的覆盖则可用相扫的办法来实现。图6.7和图6.8分别为频相扫描组合的阵列天线原理图和发射脉冲波形。这样，它就综合利用了脉内变频和脉间相控优点,也就是说它可以发挥频扫数据率高、相扫波束灵活,以及自适应抗干扰能力强等优点,从而克服了单纯频扫或单纯相扫各自的缺陷。日本NPM—510雷达采用的就是这种体制。

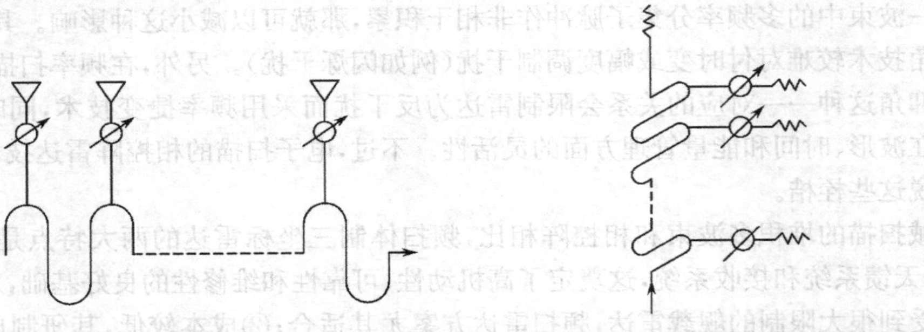

(a)频相扫描阵列天线原理　　(b)一维频相扫裂缝波导平面阵列天线原理

图6.7　频相扫描组合阵列天线原理图

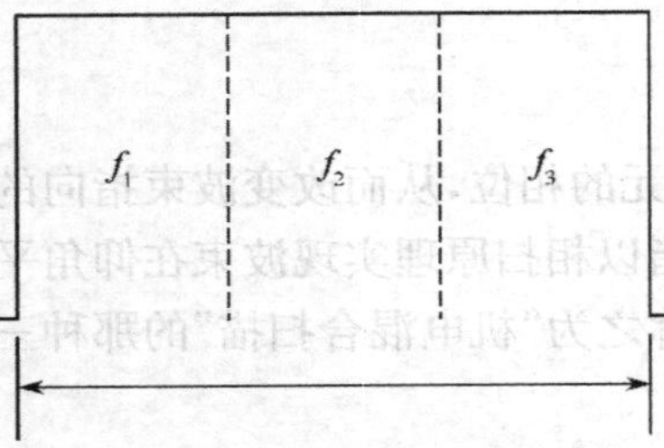

图6.8　频相扫描发射脉冲波形

特别引人注意的是,这种频相扫描方式与平面阵列天线相结合是中、小型(中、近程)三坐标雷达的一个重要发展趋向。这是因为平面阵列天线的副瓣电平能降得很低(一般可以达到−50dB,有的甚至更低)。这样的阵面结构简单、紧凑,阵面的纵向尺寸很小,并能做成段块形式,灵活性大,可以按需拼凑(如美国的AN/TPS—32自动战术三坐标雷达的平面阵由6段拼成),便于天线的系列化设计和生产,以满足不同雷达对天线的要求。平面阵列还特别适合做成有源固态发射阵,以较低的峰值功率获得较高的平均功率。美国的L波段AN/TPS—59全固态战术三坐标雷达采用的就是有源平面阵列。

8. 相控阵三坐标雷达

所有全相扫(即方位和仰角方向都依靠相位控制来实现波束扫描)的相控阵雷达,都具有测量目标三个坐标数据的能力,但一般称为多功能雷达,而不冠以三坐标雷达的称号。

9. 数字波束形成体制三坐标雷达

数字波束形成(Digital Beam Forming,DBF)技术早于20世纪60年代就已在声呐领域中得到了广泛应用,随着高速集成电路和超大规模集成电路技术的迅速发展,在80年代它进入了雷达领域。其基本原理是:天线由许多单元组成,但波束不是靠射频移相器形成的,而是各单元接收到的信号通过各自接收机下混频,再经A/D采样形成数字信号后,在数字电路中通过加权求和来实现的。

图6.9为数字波束形成雷达原理框图。设空间有N个间距为d的阵元,空间信号在入射到阵元后,经阵元各自的接收机输出正交数字信号I、Q,$X_i=I_i+jQ_i(i=1,2,3,\cdots,N)$,数字波束形成处理器对这些信号实施加权运算,起类似于移相器的作用(因为复数加权的实质就是幅度加权和相位移相),得到的输出为

$$Y_j = \sum_{i=1}^{N} X_i W_{ij} \quad (j = 1,2,\cdots,M \text{为波束号})$$

显然，采用不同的加权系数 W_{ij} 就得到了不同的输出波束，改变波束的实质就是改变数字波束形成的加权系数，因而在波束形成上有极大的灵活性。

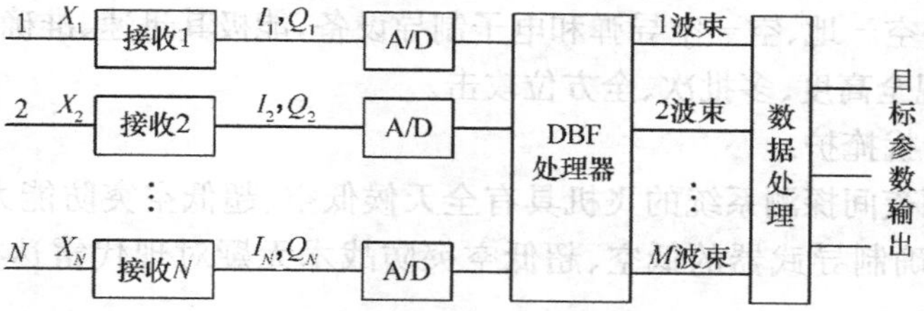

图 6.9 数字波束形成雷达原理框图

数字波束形成技术在三坐标雷达中的最直接的应用就是在数字处理机内形成多波束，以取代在射频上实现的经典多波束体制，其主要特点如下：

① 数据率高，可以同时形成多波束；

② 易实现自适应零点；

③ 易实现低副瓣；

④ 易实现单脉冲测角；

⑤ 故障弱化（当某一通道出现故障时，数字波束形成技术可通过改变加权系数的办法，使故障通路不参与波束形成）；

⑥ 易实现通道之间的幅相平衡；

⑦ 系统容易进行模块化设计。

6.1.3 低空补盲雷达

雷达探测低空目标时，由于各种背景杂波的反射信号很强，使得入侵目标的反射信号淹没在杂波中而难以发现，加上地球曲率的影响，雷达的低空探测距离大大缩短，由于预警时间很短，低空突防武器入侵的威胁就非常大。

自第二次世界大战以来，低空、超低空突防一直是战争中进攻方的主要手段之一。中东战争中以色列轰炸苏伊士运河大桥、叙利亚导弹基地，英阿马岛之战中阿根廷用飞鱼导弹击沉英国现代化驱逐舰和大型运输船等，都是低空、超低空突防成功的战例。因此，为提高雷达网和防空系统对低空、超低空目标的探测、跟踪、识别和反击能力，各国都在积极研究和发展低空补盲雷达。

1. 雷达的低空探测

低空、超低空突防的主要武器是轻型、中型战略和战斗轰炸机、歼击机、攻击型直升飞机以及飞航式导弹。低空、超低空突防是利用地形遮挡和雷达盲区来避开雷达监视的。一般来说突防高度在海上可低达 15m、平原为 30m、山地为 120m。例如：美国 B－1 轰炸机的突防高度为 30m，速度为 1Ma；先进战斗机 F－16、苏－29 等都可以采用“掠海”或“擦树梢”式低空飞行，速度也都在 1Ma 左右。世界上近年来的几次战例证明，用这类作战飞机进行闪电式低空、超低空突防使防御方造成了惨重的损失。

在现代战争中,低空、超低空突防的主要特点如下:

① 采用隐身技术,增强了低空突防能力。

② 采用低空起飞、低空出航、低空接近目标的"三低"突防技术。

③ 配有先进的空一地、空一空导弹和电子制导设备,能极其迅速、准确和有效地攻击地面或海上目标,并实现全高度、多批次、全方位攻击。

④ 采用电子干扰掩护。

⑤ 装载有无源夜间探测系统的飞机具有全天候低空、超低空突防能力。这种伴随隐身、电子干扰并携带精确制导武器的低空、超低空突防战术无疑对现代雷达构成了更为严重的威胁。

为了有效地对付低空、超低空突防武器的突然入侵,各国多年来投入大量人力和物力研制成功了各种先进的地面低空监视雷达,即低空补盲雷达系统。图6.10是正在工作的某低空补盲雷达。

图6.10 低空补盲雷达

低空补盲雷达的主要特点如下:

① 反地杂波性能强。一般都采用先进的动目标检测技术。

② 机动能力强。可以用多种方式快速机动部署。

③ 抗干扰性能强。采用包括宽带、捷变频、低副瓣等多种技术来提高抗干扰能力。

④ 高可靠性、可维护性。保证雷达能在各种环境下可靠地工作。

⑤ 具有组网能力。低空补盲雷达有较强的通信传输能力,可将获取的目标数据及时传输给友邻雷达及指挥控制系统。

西方各国近年来在原有低空补盲雷达基础上又相继派生、发展和研制了多种新的低空补盲雷达。法国THMSON－CSF公司首先在Tiger低空补盲雷达基础上,派生研制了

TRS2105 和 TRS2106 机动式雷达；目前又新研制成了三坐标低空补盲雷达 RAC 和 FLAIR。美国 Westinghouse 公司目前新研制成了机动式雷达 MRSR，而 ITT－Gilfillan 公司正在研制全固态战术相控阵低空补盲雷达 STAR。德国 AEG－Telefunken 公司研制了 TRM－3D 和 TRM－L 低空补盲雷达。表 6.1 列出了上述雷达的主要性能。

表 6.1　国外正在研制中的低空补盲雷达的主要性能

研究国家	型号	天线形式	天线副瓣	架设高度/m	架设时间/min	发射形式	运输形式
法国 THMSON－CSF 公司	TRS2106	平面	低副瓣	8	20		可运输式
法国 THMSON－CSF 公司	RAC	平面	极低副瓣	6～15	5		可运输式
德国 AEG－Telefunken 公司	TRM－3D	平面	低副瓣	12	30		可运输式
法国 THMSON－CSF 公司	FLAR	相控阵	低副瓣			T/R 组件	可运输式
美国 Westingh－ouse 公司	MRSR	相控阵	极低副瓣	可架高	几分钟		可运输式
美国 ITT Gilfillan 公司	STAR	四面相控阵	宽带低副瓣		几分钟	固体倍频合成	可运输式

从这些雷达的研制过程中可以看出低空补盲雷达正在朝着以下方向发展：

① 雷达的架设时间越来越短，即由原来的半小时左右缩短到了几分钟或边行进边工作；采用各种架高天线技术以使雷达可在公路上、树林中或建筑物群内工作。

② 随着作战环境的日益恶化，低空补盲雷达已由原来主要采用两坐标体制朝三坐标体制发展，并将平面阵列天线、相控阵等复杂技术用于低空补盲雷达。

2. 低空补盲雷达在防空系统中的作用

(1) 国土防空预警系统

国土防空预警系统通常由低空补盲雷达、机载预警雷达和地基预警雷达共同组成。低空补盲雷达承担的主要任务是：

① 对空/对海监视，通过采用一系列包括固定和机动的低空监视、补盲雷达站并配合远距离预警雷达完成对空、对海监视。

② 高机动补盲，迅速接近突发战区进行低空补盲，或填补由于故障或雷达站被毁而出现的盲区。

(2) 区域、点/站防御系统

低空补盲雷达在区域、点/站防御系统中主要用于重要军事设施（如指挥控制中心、机场等）的防御或地区防御。

(3) 陆军防空系统

低空补盲雷达在陆军防空系统中主要用于战场监视，为地面部队部署和转移提供防空警戒，并对防空武器进行目标分配与控制。

3. 低空补盲雷达设计

(1) 威力设计

对于单一用途的低空补盲雷达，一般在垂直方向上设计成余割平方形的威力覆盖，高度在 3000～7000m。对于高低空兼顾的低空雷达，高度覆盖可设计在 10 000m 以上。设计低空补盲雷达的难度在于降低打地的能量，这可用加大天线垂直面的尺寸来提高波束下边沿的斜率，但又与空域和机动性有矛盾，因此要折中选取。

(2) 反杂波性能

低空探测的主要问题是地杂波干扰,要抑制这种干扰,除提高垂直波束下边沿的斜率来减小打地能量外,较先进的办法是采用先进的动目标显示(AMTI)和动目标检测技术来提高反地杂波性能。为减少杂波的进入,采用大压缩倍数的脉冲压缩技术将回波脉冲压成窄脉冲,也是很好的技术途径。

(3) 阵地选择

雷达波束打地会形成栅瓣,会影响观测目标的连续性。为了克服这个缺点,无论是哪种低空雷达,都要精心选择阵地,减少周围的漫反射,使其能获得最好的低空性能。

6.1.4 目标指示雷达

1. 地空导弹目标指示雷达

地空导弹是国土防空的重要兵器,主要用来对付从中高空、中低空入侵的飞机和战术导弹。为提高国土防空和地—空导弹的作战效能,国内外都在研制指挥自动化防空系统。这种指挥系统由三坐标雷达、低空补盲雷达、制导雷达、通信及指挥控制设备等组成。它自动地将主战雷达、低空补盲雷达获取的信息及远方情报进行综合,实时地进行动态优化、目标和火力分配,并将分配结果通过无线电传到导弹营,指挥导弹营进行作战。

全固态三坐标目标指示雷达用于防空混成旅、地—空导弹旅(团),作为战术级指挥自动化系统的主战雷达。它能在敌机多架次、多批次、多层次、多方向的空袭中,全面掌握雷达监视范围内的空中目标。它具有远程警戒、多目标跟踪、情报综合和对多个导弹营进行动态优化、火力分配的功能。它还能对来袭的战术导弹提供预警,为反导武器系统提供可靠的目标指示信息。

一个高效能的防空自动化系统,对其导弹系统、目标指示雷达、低空补盲雷达、指挥控制中心和通信等要进行一体化设计。

图 6.11 YCL—7 目标指示雷达天线

机动的指挥控制系统其主战雷达(目标指示雷达)可以和指挥控制中心合一。低空补盲雷达的信息,直接用外置显示器送到主战雷达,可以为指挥员提供更多的空情,便于指挥员决策。同时,各系统要有很强的机动性。防空系统中的制导雷达应作静默跟踪,自动拖带导弹系统,这可大幅度提高其作战效能。

YLC—7 是一种典型的目标指示雷达。图 6.11 为 YLC—7 目标指示雷达的天线照片。

先进的目标指示雷达一般均采用全固态有源阵列体制,方位上机械扫描,仰角上电扫描。雷达最大作用距离为数百千米,能同时跟踪 100 批以上目标。除了本站雷达获取的 100 批以上目标数据外,这种雷达还能综合多部低空补盲雷达提供的多批目标数据和上级提供的情报数据,具有航迹融合、联结、自动编批、校批等功能,可完成火力分配、射击诸元计算等任务,并能同时指挥若干导弹营。系统还能提供完备的模拟训练功能。

雷达的终端显示和空情处理包括三部分：

(1) 平面位置显示器，能显示雷达原始视频信息和已跟踪目标的批号、敌我属性及高度，并可在任意位置开设窗口显示已跟踪目标的批号、敌我属性、高度、航速和航向。

(2) 表格彩色显示器，显示目标批号、斜距、方位、仰角、高度和敌我属性。

(3) 综合空情显控台，采用图形终端显示，可显示综合后的目标点迹或航迹、目标批号和视频地图等，并能在任意位置开设窗口，以表格形式显示指定目标的批号、斜距、方位、仰角、高度、速度、回波强度、敌我属性、火力分配结果和射击诸元等，还可显示有源干扰的中心位置(距离、方位)。

2. 高炮射击指挥雷达

高射炮是防空系统的主要兵器，与地—空导弹、歼击机相比，价格便宜，装备量大。高射炮分为自行高射炮、牵引高射炮及弹炮结合系统，主要用来对付低空、超低空入侵的歼击轰炸机和武装直升飞机。要使这些武器形成较强的战斗力，必须配备目标指示雷达和指挥控制系统。将雷达与指挥控制设备集成在一部装甲履带车或轮式车上，这就是所谓的高炮射击指挥雷达(简称防空指挥车)。它对自行高射炮部队在进攻、防御、结集行军中的机械化、摩托化步兵实施统一的作战指挥。它具有涉水、爬坡、穿越丛林和山地，以及边行军边工作的能力。它也是具有高机动野战能力的情报收集、综合处理和作战指挥中心。

通常的防空作战方式如下：

(1) 阵地防空。这是指对部队战斗行动有重大影响的固定目标和军事要地的防空。

(2) 行军纵队防空。在跟进掩护时，与行军纵队一起前进，在接收到各种空情后，根据空中走廊目标的分布及询问——应答信息，进行敌我判断，组织对空射击。

(3) 进攻战斗对空掩护。防空指挥车短距离跟进、转移，通过位置报告系统随时了解各高射炮系统所处的位置，根据预设方案指挥各炮进行对空掩护射击。

由于高射炮系统主要用来对付低空或超低空目标，应能在恶劣工作环境下可靠地工作，故需要采用先进的全固态、全相参脉冲多普勒两坐标体制雷达。为了适应战场上的各种干扰环境，雷达应具有多种反积极干扰措施和极好的反地杂波能力，要有功能齐全的自检、故障诊断、指示及性能模拟测试设备和良好的维修性。系统需反应速度快，自动化程度高，能对付高机动、多批目标。要使用彩色高分辨力光栅显示器，做到能直观地显示战场态势，显示内容丰富，人工干预方便，指挥决策灵活。为了便于作战协调起见，将雷达与指挥集于一体，使野战机动性能好，具有边行军边工作的能力。整个系统必须具有良好的防轰炸、反干扰、反隐身和低空探测能力。

通常由 3～4 个高射炮防空指挥车组成一个防御系统。每一个防空指挥车可以指挥 8 门高射炮或弹炮结合系统。这些防空指挥车的雷达探测范围彼此覆盖，互为备份。在任一指挥车发生故障时，可由邻近的防空指挥车来替代，通过通信系统构成一个有效的整体防空系统。

防空指挥车接收来自各方的情报信息及指挥车本身的目标指示雷达数据，经综合处理后，对目标进行跟踪、敌我识别，判为敌情后向各高射炮车发出空袭警报。指挥控制计算机应用车体航向信息将雷达的坐标数据变换成大地坐标数据，进行航迹滤波、威胁度判断、射击诸元计算和火力分配，把被分配的目标信息由通信系统用时分方式发送至各炮车。一般指挥雷达的最大作用距离可达 60km，高度覆盖为 50～5000m。各炮车接收到所分配的目标后，由显示器显示出来,单炮搜索雷达以60r/min的速度快速进行旋转搜索,一旦在11km距离内2000m以下高度发现目标,若经过询问判为敌机,则立即调转载有跟踪设备(全天候工作时,跟踪设备为跟踪雷达,在良好气候条件下工作时为光学设备)的炮塔,跟踪设备根据单炮监视雷达指示的目标在方位、仰角上进行搜索,截获目标后,便开始转入自动跟踪,进行拦截计算;根据防空指挥车的作战方案及命令,进行单炮或多炮、单发或连发集中对空射击,并观察射击效果。各炮车要向防空指挥车传送发现、跟踪目标标志、火力状态和射击效果。指挥员通过空情表格显示器可实时、直观地了解整个战场的态势,从而指挥作战。

6.2 跟踪雷达

跟踪雷达通常是指能够连续跟踪特定目标,不断地精确测量并输出目标坐标位置(如目标方位角、目标俯仰角、目标斜距和径向速度等参数)的雷达。连续跟踪、高精度测量和高数据率输出是跟踪雷达的主要特点。跟踪雷达一般采用高增益笔形波束天线来实现在角度(方位角和俯仰角)上对目标进行高精度跟踪和测量。

雷达不仅要探测目标是否存在(发现目标),而且还要在距离上或一两个角坐标上确定目标的位置。另外,当雷达在时间上不断观察一个目标时,还可以提供目标的运动轨迹(航迹),并预测其未来的位置。人们常常把这种对目标的不断观察叫做"跟踪"。目前,雷达至少有扫描跟踪和连续跟踪两类对目标进行"跟踪"的方式。

(1) 扫描跟踪

"扫描跟踪"形式是指雷达波束在搜索扫描情况下,对目标进行跟踪。例如,边扫描边跟踪(TWS,即 Rrack While Scan)方式、扫描加跟踪(TAS,即 Track and Search)方式、自动检测和跟踪(ADT,即 Automatic Detection and Track)方式等。现代军用对空监视雷达、民用空中交通管制雷达几乎都采用ADT方式。在该方式下,雷达天线俯仰不动,在方位上以每分钟若干转的速度连续旋转,通过多次扫描观测,可以形成目标的"航迹",即实现了对目标的"跟踪"。这种跟踪方式是"开环"的,是搜索雷达实现对目标"跟踪"的方式。这种方式的优点是可以同时"跟踪"几百批、甚至上千批目标,缺点是数据率低且测量精度差。

按照斯科尔尼克的定义,TWS方式是指应用于角度上有限扇扫的雷达的"跟踪"方式,主要应用于精密进场雷达或地面控制进场系统,以及某些地空导弹制导雷达系统和机载武器控制雷达系统。扇扫可以在方位上、也可以在仰角上,或者两者同时。该方式的数据率中等,其测量精度比ADT略高。

TAS方式主要用于相控阵雷达对目标的搜索和"开环跟踪"。

以上几种"扫描跟踪"方式一般用于搜索雷达波束在扫描状态下对目标实施开环跟踪。这种雷达通常仍然称之为搜索雷达或监视雷达。

(2) 连续跟踪

所谓"连续跟踪"是指雷达天线波束连续跟随目标。在连续跟踪系统中,为了实现对目标的连续随动跟踪,通常都采用"闭环跟踪"方式,即将天线指向与目标位置之差形成角误差信号,送入闭环的角伺服系统,驱动天线波束指向随目标运动而运动。而在扫描跟踪系统中,其角误差输出则直接送至数据处理而不去控制天线对目标的随动。因而"闭环"还是"开环"是连续跟踪和扫描跟踪的最大区别。

"连续跟踪"与"扫描跟踪"的另一个不同是,"扫描跟踪"可同时跟踪多批目标,而连续地闭环跟踪通常只能跟踪一批目标。

第三个不同点是"连续跟踪"的数据率要高得多。

第四个不同点是连续跟踪的雷达,其能量集中于一批目标的方向,而扫描跟踪将雷达能量分散在整个扫描空域内。

第五个不同点是连续跟踪雷达对目标的测量精度远高于"扫描跟踪"。

本书把采用扫描开环跟踪的雷达称为"搜索雷达"。它的主要任务是目标搜索探测和精度要求不高的测量。把采用连续闭环跟踪的雷达称为"跟踪雷达",其主要任务是实现对目标高精度的测量。这也符合人们通常的习惯叫法。本节主要讨论能对目标实施连续跟踪的跟踪雷达。

6.2.1　跟踪雷达的特点和组成

如前所述,跟踪雷达通常是指那些能够连续自动跟踪目标、不断地对目标进行精确测量并输出其坐标位置参数(如方位角 A、俯仰角 E、斜距 R、径向速度 R 等)的雷达。连续闭环自动跟踪、高精度的目标坐标参数测量及高数据率的数据输出是跟踪雷达的主要特点。典型跟踪雷达的基本组成框图如图 6.12 所示。

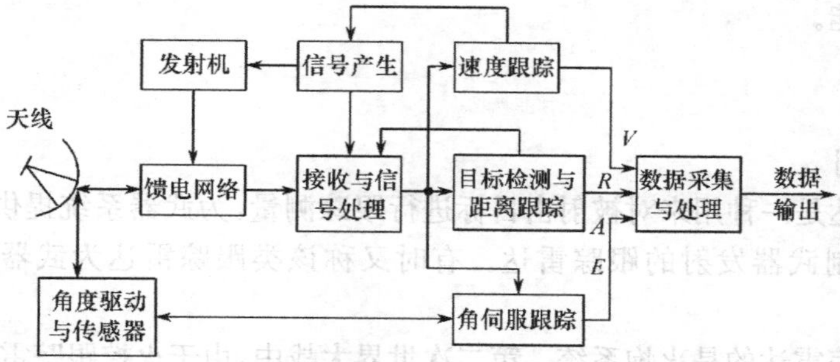

图 6.12　典型跟踪雷达基本组成框图

跟踪雷达的天线一般采用高增益笔形波束天线来实现在角度(方位角和仰角)上对目标进行的高精度跟踪和测量。当目标在视角上运动时,雷达通过角伺服随动系统驱动天线波束跟随目标运动,以实现对目标的连续跟踪,并由角度传感器不断地送出天线波束的实时指向位置(方位角和仰角)数据。

跟踪雷达的天线可以是抛物面天线,也可以是平板天线或阵列天线、相控阵天线等。一个基本的要求是能够和馈电网络一起检测目标与天线轴线之间的偏离,即检测产生的角偏离误差,如可以产生顺序波束或圆锥扫描波束,或单脉冲波束,以便实现对目标的连续角度跟踪。

跟踪雷达发射笔形波束,通过接收目标回波跟踪目标的方位、俯仰角及距离和多普勒频率。雷达的分辨单元由天线波束宽度、发射脉冲宽度(或带宽)及多普勒频带宽度决定。与搜索雷达相比,跟踪雷达的分辨单元通常要小得多,以便获得更高的测量精度和排除来自其他目标、杂波及干扰等不需要的回波信号。通常跟踪雷达的波束较窄(零点几度到 1°～2°),因此常常依赖于搜索雷达或其他目标指示信息来捕获目标。跟踪雷达通常采用窄脉冲信号工作,以保证对目标在距离上进行高精度跟踪和测量。当目标距离变化时,雷达通过距离随动系统(数字式)移动距离波门,以实现对目标的距离跟踪。距离门的延迟数据即是目标距离。跟踪雷达对目标径向运动速度的跟踪测量过程类似于上述的角度跟踪测量和距离跟踪测量。

这里需要特别指出的是,实现对特定目标在距离上的连续自动闭环跟踪是跟踪雷达实现角度连续自动跟踪和其他参数自动闭环跟踪的前提和基础。

在跟踪雷达中,除了具有为目标检测所必需的信号产生功能、发射机、天馈线、接收机、信号处理及数据处理功能外,还必须具有为目标跟踪和测量所必需的多个自动闭环跟踪回路。除了如图6.12所示的距离跟踪回路、速度跟踪回路和角度跟踪回路外,根据不同的需要,一般还具有自动增益(跟踪目标回波幅度)跟踪回路、自动频率跟踪回路(跟踪回波信号频率)等。在有的跟踪雷达中,还具有极化(回波偏振)自适应跟踪回路。

目前最新的跟踪雷达中,不仅采用单脉冲技术,还同时采用相控阵技术、脉冲多普勒技术、脉冲压缩技术、动目标显示技术和雷达成像技术等,以满足多种功能和高性能要求。

6.2.2 跟踪雷达的应用和分类

跟踪雷达是雷达领域的一个重要家族,门类很多,广泛地应用于各军事和民用领域。其中的主要应用是在武器控制、靶场测量、空间探测和民用等方面。在这些应用中,通常都要求雷达具有高的测量精度,并且对目标未来位置要做出精确预测。有些应用中,还要求具有目标特征测量和成像功能。

1. 应用

(1) 武器控制

武器控制雷达是一种用来对被射击目标进行跟踪测量,为武器系统提供目标的实时及前置位置数据以控制武器发射的跟踪雷达。有时又称该类跟踪雷达为武器控制(火力控制)雷达。

最早使用跟踪雷达的是火炮系统。第二次世界大战中,由于火控跟踪雷达的应用,使高炮的射击命中率平均提高了两个量级。现在几乎所有的地面、舰船、航空火炮及导弹等武器系统都装备有自己的武器控制跟踪雷达,武器控制雷达已成为所有武器系统的关键装备。

依据不同武器系统的要求,武器控制雷达的性能要求也不尽相同。美国为国家导弹防御系统(NMD)研制的地基雷达(XBR)是一种目前功能最全、性能最好、技术最复杂的武器控制跟踪雷达。该雷达除了能在较大空域和足够远的距离(2000~4000km)上监视、截获来袭导弹目标群、并对来袭目标进行精密跟踪测量,确保以足够的精度把目标交给反导导弹外,还能够对目标进行分类、识别,为拦截武器提供末端匹配寻的和拦截后的杀伤评估。

(2) 靶场测量

跟踪雷达的另一个重要应用领域是靶场测量,它包括:

① 各种航天器(卫星、飞船等)的发射、运行、回收等方面的跟踪测量;

② 各种武器系统(导弹、飞机、火炮等)的飞行试验和鉴定的跟踪测量;

③ 各种武器对抗(防空、反导、反卫等)试验和评估的跟踪测量;

④ 各种飞行目标特征的跟踪测量与控制等。

一般地说,用于靶场测量的跟踪雷达是用来鉴定和评估武器系统的性能的,因而所要求的跟踪测量精度要高于用于武器控制的跟踪雷达的测量精度，通常要高出一个量级左右，至少也要高出3～5倍，所以用于靶场测量的雷达又称为精密跟踪测量雷达。

最早应用于靶场测量的精密跟踪雷达是20世纪50年代美国研制成功的FPS－16雷达。它的测角精度可达0.1mrad。中国也于20世纪60年代自行研制成功同样的雷达，用于中国第一颗人造卫星发射和运行的测量。

(3) 空间探测

跟踪雷达在空间探测与监视上的应用主要包括：

① 空间飞船或深空探测器的跟踪测量与控制；

② 行星探测与跟踪；

③ 卫星与空间碎片目标监视与编目；

④ 战略弹道导弹预警与跟踪测量；

⑤ 空间目标特性测量等。

应用于以上空间探测目的的典型跟踪雷达有：麻省理工学院林肯实验室研制的"磨石山(Millston)"雷达、北美导弹预警系统(BMEWS)中AN/FPS－49雷达、林肯实验室的"Haystack"雷达、夸贾林靶场的TRADEX雷达、ALTAIR雷达和ALCOR雷达等。

2. 分类

从战术应用上，跟踪雷达可分为：武器控制(或称火控)跟踪雷达、靶场测量跟踪雷达，以及空间探测跟踪雷达和民用跟踪雷达。

从跟踪测量精度方面，跟踪雷达可分为中精度跟踪测量雷达和高精度(精密)跟踪测量雷达。一般情况下，武器控制跟踪雷达为中精度跟踪雷达，其角度跟踪测量精度在1到几个毫弧度的量级，距离跟踪测量精度为几十米；而靶场测量跟踪雷达和空间探测跟踪雷达多为高精度跟踪测量雷达，又称精密跟踪测量雷达，其角跟踪测量精度为0.1mrad的量级，距离跟踪测量精度为几米，测速精度在0.1m/s的量级。

从采用的信号形式上，跟踪雷达通常又分为脉冲跟踪雷达和连续波跟踪雷达。

从采用的角跟踪体制上，跟踪雷达又分为圆锥扫描雷达和单脉冲雷达。当然，单脉冲雷达又可细分为比幅单脉冲雷达、比相单脉冲雷达及和差单脉冲雷达。

从雷达天线波束扫描方式上，跟踪雷达有时又分为机械扫描跟踪雷达、相控阵(电子扫描)跟踪雷达，以及混合式(机械扫描＋电子扫描)跟踪雷达。

通常，人们把具有反射面天线的单脉冲雷达称为单脉冲跟踪测量雷达，而把具有相控阵天线的单脉冲雷达称为相控阵跟踪测量雷达。

6.2.3 单脉冲精密测量雷达

1. 精密测量雷达的发展

随着导弹、卫星、航天飞行器的出现与发展，精密测量雷达在近几十年中也得到了迅速发展。精密测量雷达始于第二次世界大战期间，当时美国首先成功地研制了具有中等精度的跟踪测量雷达SCR－584。这种雷达工作在S波段，采用圆锥扫描体制，测距精度为100m，测角精度为 10mrad。

1949 年,美国研制成功了 AN/MPQ—12 雷达,它由 SCR—584 雷达改装而成,并添加了新的数据传输、记录设备和遥测装置。它用于美国陆军白沙导弹靶场,能与应答机协同工作,测距精度提高到 14m,测角精度提高到 2mrad。

1956 年,美国研制成功了 AN/FPS—16 新一代跟踪测量雷达,1957 年正式用于导弹和卫星测量。该雷达工作在 C 波段,由于采用了单脉冲体制,测角精度比圆锥扫描体制提高了一个量级,达到 0.1mrad,测距精度提高到了 5m。AN/FPS—16 雷达共生产 60 部,供空军和宇航局使用,大部分用在大西洋导弹靶场、太平洋导弹靶场、白沙导弹靶场和加拿大空军中,还有一些设在英国和澳大利亚的靶场内。

1965 年,美国研制成了靶场通用测量雷达 AN/FPQ—10,它是在 FPS—16 和 FPQ—6 雷达基础上研制成功的,着重于提高雷达的设计水平,采用先进技术和工艺,特别强调雷达的多用性、可靠性和简易性,大大提高了雷达的综合实用性能。另外,AN/FPQ—10 雷达小而轻,适用于陆上固定性、车载型和舰载型平台,整机可靠性明显提高。

1970 年以后,美国加速进行多弹头再入试验和载人航天飞行试验,同时加紧进行相控阵测量雷达的研究,分别研制成了 MTR 雷达和 MTIR 雷达样机。

1989 年,美国研制成功了多目标靶场测量雷达 AN/MPS－39(MOTR)。该雷达是利用二维相扫加二维机扫空馈相控阵天线的现代靶场多目标测量雷达。其主要任务在于监视、截获和跟踪地—空、空—空、地—地导弹,提供目标距离、方位、仰角位置数据和导弹的弹着点,以保障靶场安全和对多靶机的控制。

为了满足导弹武器的发展和靶场建设的需要,对高精度跟踪测量雷达提出了新的要求。我国于 1961 年开始对精密单脉冲测量雷达技术从理论、设计和制造工艺等方面进行了一系列分析和研究,例如,开展了卡塞格伦天线、四喇叭馈源、和差三通道接收机和伺服驱动系统等课题的研究。

1965 年,单脉冲雷达实验样机研制成功,为我国研制各种型号的单脉冲精密测量雷达奠定了基础。

1969 年,我国研制成功了首台固定式单脉冲精密跟踪测量雷达,该雷达用于我国第一颗人造卫星的发射和对轨道的跟踪测量。

20 世纪 70 年代,我国又相继研制成功了大型舰载精密跟踪测量雷达和大型超远程跟踪与目标特性测量雷达。

20 世纪 80 年代,我国还相继研制成功了车载非相参靶场测量雷达和车载高机动相参测量雷达。

2. 单脉冲测量雷达在导弹与航天试验靶场中的作用

就导弹试验工程而言,它包括导弹系统、发射场系统和测控系统三大部分;就卫星工程而言,它包括卫星系统、运载火箭系统、发射场系统、测量系统和应用系统五大部分;就载人航天工程而言,它包括载人航天器系统、航天员系统、运载火箭系统、发射场系统、着陆场系统、测控系统和应用系统七大部分。可见,测控系统是上述三大工程中不可缺少的重要组成部分。

为了完成导弹、卫星和载人航天飞行试验,测控系统应由跟踪测量系统、遥测系统、遥控系统、实时计算处理系统、监控显示系统、时间统一系统、通信系统和事后数据处理系统等组成。

跟踪测量系统包括光学测量系统和无线电外测系统，而无线电外测系统的主要设备就是精密测量雷达。

精密测量雷达在导弹、卫星跟踪测量系统中主要完成以下任务：

(1) 主动段的外测任务。测量运载火箭点火起飞后主动段飞行的轨道参数，向站指挥所和基地指挥所提供外测信息，供显示、监视和安全控制用，并从外测信息中计算出引导信息。为了保证雷达作用距离远、跟踪精度高，一般都在运载火箭的二级或三级火箭上装有应答机，同地面跟踪雷达协同工作。

(2) 再入段的外测任务。从弹头(卫星)进入大气层至弹头落地再入飞行段。由于弹头再入大气层后受到风、空气动力以及弹头本身构造的影响，将产生再入散布，所以只有要求测控系统精确测量出再入点附近的弹道参数和低高度的弹道参数，才能精确计算出弹头落点。实际测量出再入段弹道和弹头落点后，可以改进弹头设计，提高导弹命中精度，为武器方案试验和定型试验提供依据。

(3) 近地卫星入轨、运行和返回的外测任务。近地卫星一般指运行轨道高度在 3000km 以下的卫星，按其是否回收可分为返回型与非返回型；按其用途可分为侦察卫星、气象卫星、资源卫星和实验卫星等。

因一般运载火箭的末级与卫星一起入轨，故可用单脉冲精密测量雷达跟踪火箭末级关机后的测量数据，计算出火箭末级的轨道，对星箭分离力进行修正后即可得到卫星的初轨。卫星上一般装有脉冲雷达应答机，也可由地面精密测量雷达直接跟踪卫星，确定初轨。有的近地卫星入轨后要长期运行，需对其长期进行测控管理，通常利用测控站内的精密测量雷达以分组轮流值班方式来完成外测任务。返回式卫星的返回圈由回收控制站和回收站测量。回收控制站用单脉冲雷达完成返回轨道的测量，一般可跟踪 90km 高度的返回舱。90km 以下的跟踪测量由其他设备完成。

近地卫星的发射、入轨、运行和返回的外测任务，分别由不同测控站的精密测量雷达完成。

(4)地球同步卫星主动段和入轨点的外测任务。地球同步卫星是指在轨道周期与地球自转周期相同的顺行轨道上运行的卫星。其中轨道呈圆形且倾角为 0°的卫星称为地球静止卫星。发射地球同步卫星，一般需经历主动段、星箭分离、卫星入轨和卫星定点等主要阶段。主动段的外测任务由精密测量雷达完成并实时地将飞行目标的方位角、仰角、距离和速度传送到卫星指控中心和卫星测控中心，供显示、监视和安全控制用。

(5) 其他作用。精密测量雷达在海军试验基地可以完成潜地导弹的外测任务；在空军基地可以完成空—空导弹的跟踪测量任务；在炮兵试验基地可以完成炮弹的跟踪测量任务。

3. 单脉冲精密测量雷达的组成和原理

典型的脉冲测量雷达都采用单脉冲体制，并分为相参型和非相参型两种。相参型就是发射机的载波频率和接收机的本振频率来自一个频率源，收发信号相参，具有测量目标径向速度的功能。相参型测量雷达的发射机由二至三级功率放大器组成，测速系统为目标多普勒频率的频率自动跟踪测量系统，这种系统设备大、造价高。非相参型测量雷达的发射机为振荡式，设备较简单，造价也较低。

典型相参脉冲测量雷达的原理框图如图 6.13 所示，它主要由以下各分系统组成。

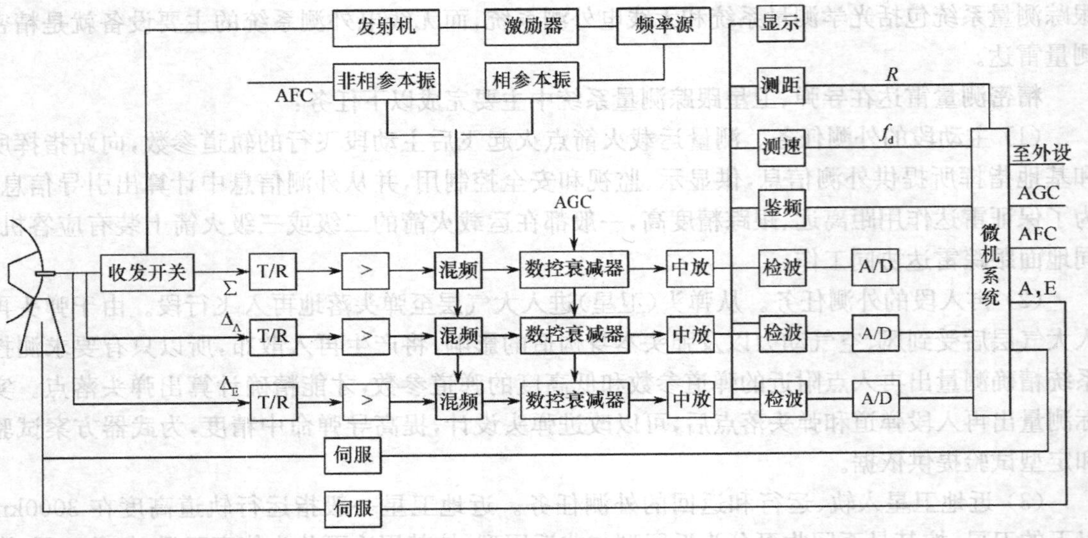

图 6.13　相参脉冲测量雷达原理框图

(1)天线系统

天线型式为旋转抛物面卡塞格伦天线,它由主反射面、副反射面和馈源组成。主反射面的作用主要是集中能量,形成一定宽度的波束,副反射面将平面电磁波会聚到放在焦点位置的馈源上,就能接收到从轴线上目标反射回来的最大能量。

(2) 馈线系统

馈线系统主要由高频加减器、高功率变极化器、低功率变极化器、TR 管、俯仰交连、方位交连、功率程控器、测试网络及干燥空气充气机等组成。

发射信号时,发射机末级的输出功率经软波导、环流器、测试网络、功率程序控制器、方位交连和俯仰交连进入高功率变极化器,接着输入馈源和喇叭,然后由天线发射出去。接收信号时,从目标反射回来的信号由天线接收并经馈源进入高频加减器、变极化器后分别形成方位误差信号、仰角误差信号以及和信号。这三路信号通过三路 TR 管保护器分别进入接收机的三路高放系统。

(3) 发射系统

单级振荡式发射机主要由高频发生器、脉冲调制器和直流电源三部分组成。这种发射机的优点是简单和经济,相对来说也较轻便,但它的频率稳定度较差,且难以产生复杂信号。

多级主振放大式发射机主要由前级放大器、末级放大器、前级调制器、末级调制器、定时器、微波激励源及直流电源等组成。根据雷达发射机输出功率、频谱和带宽的不同要求,末级放大器可分别选用行波管、速调管或前向波管。

(4) 接收系统

测量雷达通常采用单脉冲比幅式以及和—差三通道相参型接收机。接收机主要由高频部分、中视频部分、频率源、波门产生器、AGC/MGC 控制回路、AFC/MFC 控制回路、辅助电路及直流电源组成。

三通道单脉冲接收机要求三路接收机在动态范围内其振幅特性和相位特性相同,三路一致性好,这是接收机稳定、可靠地工作的关键。

双通道单脉冲接收机避开了三路接收机的一致性要求，有利于提高雷达的可靠性。但是，随着新器件、新技术的发展和应用，三通道接收机的一致性要求已不成问题，而双通道接收机的信号处理却显得相当烦琐。当前，广泛采用的还是三通道接收机的方案。

(5) 测速系统

任何一个运动目标，被雷达照射后的回波信号都将产生多普勒频率 f_d，知道了 f_d 的大小和符号，就可以测出目标运动的径向速度和方向。测速系统就是一个高精度的频率自动跟踪测量系统。

雷达观察的目标有飞机、导弹、卫星和飞船。它们的速度大小相差一个数量级，而目标分离(如导弹级间分离、星箭分离)时，目标的加速度和加加速度都很大。因此，在设计中必须解决加速度捕获和消除测速模糊两大问题。可见，测速系统应由跟踪回路、加速度捕获电路和消除测速模糊装置三大部分组成。测速跟踪回路是一个具有窄带滤波特性的二阶自动频率跟踪系统，它跟踪回波信号频谱中的一根谱线，当跟踪的谱线是信号的主谱线时，回路就输出精度很高的多普勒频率 f_d，从而完成测量目标径向速度的任务。当跟踪的谱线是信号的旁谱线时，跟踪回路就需要调整到跟踪主谱线状态，整个过程就是消除测速模糊。消除测速模糊的方法是利用雷达测距机测出的距离值，经一阶微分得到一个速度值，这个速度值虽然精度不高，但无模糊。将此速度值与测速回路测出的速度值进行比较，并经适当的平滑处理，算出模糊度去校正跟踪回路，达到消除测速模糊的目的。这个数字处理过程一般采用不变量嵌入法。

单脉冲测量雷达的多普勒测速原理虽不难理解，但实现起来却相当困难。不仅要解决测速系统的捕获、跟踪、消除模糊及繁杂的数学问题，而且还要求雷达和应答机都相参，因此大大增加了雷达和应答机的复杂性。另外，目标运动姿态的变化、旋转和翻滚都会给测速跟踪与消除模糊造成困难。

(6) 角伺服系统

角伺服系统用来控制雷达天线方位与仰角的转动，以实现对飞行目标的角度捕获与角度跟踪。伺服系统一般由电压回路、速度回路和位置回路组成。从跟踪接收机来的角误差信号或从各种引导设备来的引导误差信号，都在位置回路以前进行方式转换，并经过位置回路、速度回路校正放大，进入电压回路在功率放大后拖动电机，使天线去捕获或跟踪目标。手控信号利用操纵杆形成速度控制信号操纵天线运动。

目前，测量雷达的位置回路和速度回路基本上都采用先进的计算机数字校正技术，调试起来极为方便。比较经典的伺服驱动方法是：用晶体管功率放大器推动功率扩大机，以直流电机拖动天线转动；也可以用可控硅放大器去推动直流电机，从而拖动天线转动；比较先进的方法是采用脉宽调制放大器推动直流电机拖动天线转动。

为了实现角度坐标的数字式输出和显示，角编码器一般选用不低于16位的光电码盘或电感移动器。

伺服系统一般都设计成二阶系统。二阶系统具有精度高、响应快、稳定性好、慢速跟踪性能平稳、操作控制简便和引导截获方式多等特点。

(7) 测距系统

目前正在使用的导弹、卫星测量雷达都采用数字式测距机。数字式测距机主要由定时信号产生器、跟踪回路、距离模糊度(N值)判别装置、避盲设备、检测与截获电路、多站工作装置和信标一反射转换装置等组成。

数字式测距机的核心是距离自动跟踪回路，如图6.14所示。波门产生器把距离计算器的距离码周期地变成迟后于主脉冲的时间量，并产生一对前后波门。处于跟踪状态时，前后波门的中心对主脉冲的时延代表目标的距离。数字时间鉴别器(又称距离比较器)比较回波中心与前后沿波门中心之间的相对位置，并用数码形式给出相对位置的偏差值和符号。误差的大小正比于两中心相对偏差的大小，误差的极性取决于偏离前后波门的方向。若波门中心超前于回波中心，则输出负误差电压，使距离计数器作加，将波门向前推。系统不断地调整，波门随目标运动而移动，使两中心趋于对齐，从而实现距离自动跟踪。

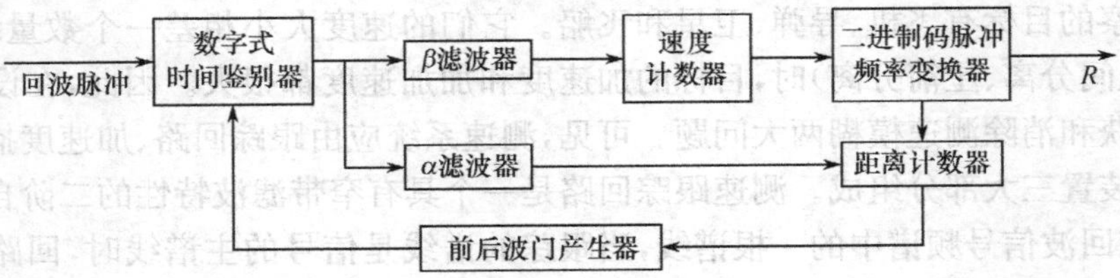

图6.14 距离自动跟踪回路原理框图

(8)数据处理系统

数据处理系统由接口电路、计算机系统、B码分时系统、调制解调器及软件组成。按照不同性质需要完成的任务可分为三类：事前系统标校任务；实时工作任务；事后数据处理任务。

事前系统标校任务分为星体标校和常规标校两种。标校的最主要目的在于标定雷达的角度零值和其他误差系数。雷达系统执行星校任务时，要经过星历表装订、星表选星、引导测星、录取微光电视脱靶量及状态和事后解算等过程。雷达系统进行常规标校时，要经历手动或自动引导对准方位标，录取测量数据和状态、解算以及显示等过程。

实时工作任务主要完成：雷达实测数据及状态的录取记录；雷达实测数据及状态的对外传输；接收中心计算机的各种引导数据、进行坐标变换、弹道计算和提供实时引导值；雷达实时数据的修正、相关处理及各种图、表、航迹的显示处理；雷达故障的实时巡检和显示。

事后处理任务主要完成：工作状态检查、原始数据打印、提供战斗报告表的有关数据、事后统计分析、数据转存等。

(9) 主控台系统

主控台是测量雷达的主要设备之一，它将各分机的主要操作控制功能、工作状态以及目标信息参数汇集于一体，实现人与雷达的集中对话。通过距离操纵员和角度操纵员完成距离、角度的搜索(或引导)、截获和跟踪等过程，实现对雷达整机的操作控制。

主控台主要由三大部分组成：第一，由各种开关、键钮、复零电位器、操纵杆、工作方式操作控制电路及软件组成，完成各分机的开关机、距离工作方式和角度工作方式的操作控制；第二，由计算机、彩色显示器、A/R显示器、微光电视监视器、二进制和十进制显示及软件组成，完成对目标回波坐标参数、轨迹、波形、图像、相对时、绝对时及跟踪性能的监视；第三，由各种指示灯、表头组成，完成雷达状态及有关信息的指示和监视。

(10) 机内自检(BIT)系统

雷达的机内自检系统按两级监测方案设计：各分系统的机内自检设备监测各故障点；雷达的机内自检设备监测各分系统。对各级监测结果集中进行显示和记录。

(11) 标校系统

雷达采用校准塔、主位标、距离标、微光电视和计算机等组成标校分系统。分系统完成雷达距离零值、角度零值及其他误差系数的标定；跟踪测量机载光标；直视地监视雷达对目标的跟踪。

(12) 目标模拟器

目标模拟器由轨道产生器、高频脉冲信号源、高频网络及软件组成。目标模拟器能产生有关运动目标的轨道参数(A、E、R)、测试雷达系统的性能、检查雷达系统的精度，并达到飞机动态校飞及训练操纵员的效果。

4. 单脉冲测量雷达的主要战术技术指标

(1) 典型大型脉冲精密测量雷达的主要战术技术指标

主要战术指标如下。

发现距离：

反射式　>800km

应答式　>4000km

跟踪距离：

反射式　>400km

应答式　>2500km

测量精度：

测角(方位、仰角)　不大于 0.1～0.2mrad

测距　不大于 5m

测速　不大于 0.2m/s

主要技术指标如下。

工作波段：　C 波段

天线口径：　9m

发射功率：　脉冲功率 2MW

接收机噪声系数：　≤3.5dB

接收机动态范围：　80dB

(2) 典型车载脉冲测量雷达的主要战术技术指标

主要战术指标与工作方式如下。

作用距离：

反射式　>220km

应答式　>1000km

测量精度：

测角(方位、仰角)　不大于 0.2mrad

测距：

随机测距误差　不大于 3m

系统测距误差　不大于 5m

测速误差　不大于 0.1m/s

主要技术指标如下。

工作波段： C波段

天线口径：9m

发射功率： 脉冲功率 2MW

接收机噪声系数： 不大于 3.5dB

接收机动态范围： 80dB

6.2.4 相控阵跟踪测量雷达

自20世纪70年代以来，随着武器系统的发展和为了满足试验及评估的需要，对雷达提出了要能同时精密跟踪测量多批目标的要求。这就促使人们开始寻求一种能够用单台雷达同时对多个目标进行精密跟踪测量的技术。

80年代末，美国研制成功了一种单脉冲相控阵精密跟踪测量雷达。该雷达将单脉冲连续跟踪技术的高精度测量与相控阵电扫技术的多目标跟踪融为一体，较好地满足了单台雷达同时对多目标进行高精度跟踪测量的战术需求。

1. 简要原理

单脉冲相控阵精密跟踪测量雷达的核心，是用一个空馈相控阵天线阵面代替精密天线座转台上的抛物面反射体天线，使单脉冲雷达的针状波束在对一个主要运动目标连续进行精密跟踪测量的同时，通过控制相控阵面内移相器的相位变化，使波束在一定角度范围内进行快速捷变，经此跟踪测量其他多个运动目标。

2. 特点与性能

上述单脉冲相控阵精密跟踪测量雷达具有以下特点和性能：

(1) 单脉冲跟踪与相控阵技术结合并兼容。

(2) 每台雷达可同时精密跟踪测量多个目标，例如10个目标。

(3) 雷达测量的绝对精度同单目标单脉冲精密测量雷达相同，相对精度提高1～2倍，这对于靶场测量非常重要。

(4) 单站可实现多目标跟踪的优先选择和转换控制。

(5) 电扫描可快速捕获目标，并能省去单脉冲测量雷达中的引导雷达。

(6) 低仰角跟踪性能较好。

这种雷达用途广泛，例如，可完成地空导弹外测、空空导弹外测、地地导弹外测，提供靶场安全信息、靶机控制、空域监视和载人航天测量等任务。

6.3 机载雷达

在防空系统及各类作战指挥控制系统中，机载雷达占有重要地位。由于平台升空，各类机载预警雷达、机载搜索与监视雷达克服了地球曲率对雷达观测视距的限制，增加了对低空入侵飞机、巡航导弹及水面舰艇的观测距离，提高了防空系统和各级作战指挥系统的响应速度。按照典型应用方式分类，机载雷达主要包括机载预警雷达、机载火控雷达以及战场监视雷达等等。脉冲多普勒雷达技术成为机载预警雷达、机载火控雷达中最重要的技术，高分辨力机载合成孔径雷达(Synthetic Aperture Radar，SAR)技术在机载战场监视雷达中也得到了广泛应用。由于受到飞行平台的限制，机载雷达对体积、重量和环境条件的要求均比地基或舰载雷达严格；平台运动及强地一海杂波的影响对机载雷达技术性能提出了更高的要求；现代战争的特点及电子战环境还对机载雷达提出了许多新问题。

6.3.1 机载预警雷达

机载预警雷达的任务可分为军用与民用两方面。机载预警雷达在军事应用方面的首要任务是低空补盲。由于受地球曲率的影响，地面雷达发现低空目标的能力是极为有限的，因此需要依靠机载预警雷达来弥补这方面的不足。当目标处于低空时，必须提升雷达天线的高度，否则不可能有足够的作用距离或预警时间。因此，机载预警雷达是防止低空入侵的重要手段。机载预警雷达的另一个重要任务是指挥空战，它是现代战场的空中指挥中心。由于机载预警雷达具有较高的平台高度、较大的活动范围和威力，因此它可以协调我方的战斗机群编队，引导它们到敌方所在的空域。这样，战斗机可以不开启自身的火控雷达，而利用机载预警雷达的信息，秘密攻击敌机。同样地，机载预警雷达也可以为轰炸机群提供地面目标信息和敌方战斗机的位置，提高轰炸效果和我方轰炸机群的生存能力。另外，利用机载预警雷达的高机动性，可以快速部署在日常没有雷达值班的敏感区域，从而可以快速获得该区域空中和地面目标的信息。总之，机载预警雷达是通信、指挥、控制和情报综合系统(C^3I)中重要的一环，可以大大提高武器系统的有效性，是现代战争中不可缺少的核心武器装备。

1. 机载预警雷达的特点

高空入侵的亚音速轰炸机、低空突防的战斗机和巡航导弹的出现，对预警和防空提出了各种要求，概括起来讲有以下几点：①作用距离远；②低空性能好；③反应速度快；④生存能力强。其中低空性能和生存能力是两个非常关键的要求。

机载预警飞机(AEWA)和机载预警雷达(AEWR)已有40余年的发展历史。美海军于1945年年底开始决定把当时较先进的AN/APS－20警戒雷达安装到TBM—3W小型飞机上，这就是机载预警(AEW)系统的雏形。到20世纪50年代初，美国又换用C－14“贸易者”小型运输机和新型雷达AN/APS－82，并在飞机上加装了显示器、敌我识别器、定向仪、导航和通信设备。1985年，美国正式把这种飞机命名为E－1B“跟踪者”舰载预警机并装备海军。这就是世界上第一种实用型舰载预警机(或者称为第一代AEW系统)。它先后共生产了88架，现已全部退役。

为了协调预警机和舰队指挥控制中心的工作，同时解决低空防御问题，美国于1972年研制成功了具有一定下视能力的E－2C“鹰眼”预警机。这种预警机装备有AN/APS－120雷达及后续型AN/APS－125雷达，后来又改进为AN/APS－138/139及AN/APS－145雷达。它采用机载动目标显示(AMTI)系统、平台运动补偿技术、时间平均杂波相关机载雷达(TACCAR)及偏置相位中心天线(DPCA)。E－2C“鹰眼”预警机从1973年开始装备海军，至今已装备了112架，目前仍在继续使用和生产。它可算作第二代预警机。

美国空军为了满足其军种的作战需要,1963年提出研制定名为E—3A“哨兵”的新型预警机。在这种被称作第三代的预警机上装备有采用高重复频率脉冲多普勒体制的AN/APY—1雷达。1977年3月第一架E—3A“哨兵”预警机交付使用,截止1984年6月,共交付了34架。此后,又出现了E—3C、E—3D和E—3F改进型飞机,预警机上的预警雷达性能也不断提高。

作为机载预警和控制系统(AWACS)的实用型机种,E—3A及其改进型代表了当时的最高水平。与其同属一代的机载预警和控制系统还有前苏联的A—50预警机和英国的猎迷预警机。它们所装备监视雷达的主要性能见表6.2。

表6.2 现役预警机及其所装备监视雷达的主要性能

型号	APY—1	不详	ARGUS—2000
国别	美国	俄罗斯	英国
预警机系统	E—3A	A—50	猎迷
载机	B—707改	IL76改	彗星4C改
体制	高PRF—脉冲多普勒	中PRF—脉冲多普勒	中PRF
波段	S	S	
天线	平板裂缝阵	平板裂缝阵	偏馈抛物面
发射	高功率宽带速调管	多注速调管	并行栅控行波管
接收	脉冲多普勒接收机+高纯频谱频率源	脉冲多普勒接收机	脉冲多普勒接收机脉冲压缩接收机
波束扫描	机扫—相扫	机扫—频率分集	机扫
信号处理	A/D—MTI—FFT—CFAR	A/D—MTI—FFT—CFAR	A/D—MTI—FFT—CFAR

由表中可见,作为第三代机载预警雷达,它们的共同点是:

① 采用S波段监视雷达。这主要是从测量精度和系统分辨能力考虑的。

② 普遍采用机械扫描平板裂缝天线。这主要是为了满足天线低副瓣和低成本要求。

③ 普遍采用脉冲多普勒体制。这是迄今为止所有反杂波体制中的最佳体制。

④ 无例外地采用电真空器件的集中发射机。这是受当时技术水平限制和成本较低的原因。

2. 典型机载预警雷达的组成和工作原理

美国APY—1雷达是一种典型的机载雷达,它由三个主要分系统组成:机身上方旋罩中的平板裂缝阵天线;机舱中的雷达接收机、信号处理机和显控台等;货舱中的雷达发射机。

天线以6r/min匀速旋转,进行雷达波束的水平扫描。采用铁氧体移相器以电扫描方式来完成垂直扫描和测高功能。

天线阵面由30根裂缝波导组成,阵面尺寸为7.3m×1.5m。移相器、相位控制电路、接收机保护器和接收机前置放大器位于天线背后,从重量平衡和便于维护的角度考虑,移相器位于天线一侧,而移相器控制电路则位于天线另一侧。

雷达发射机置于8个加压罐中。导轨系统使发射机便于从下舱口取出。功率放大链是冗余的,以确保雷达的高可靠性。发射链中仅用了高功率速调管和激励级行波管两只电子管。发射机中的其他部件都是固态的。

雷达接收系统置于机舱中部的机框内。它具有一部大动态、线性通道接收机和高纯频谱的频率源。

数字化雷达信号处理机用来抑制雷达回波中的地杂波，对信号回波进行频率分析，提取回波中的有用信号。

雷达数据处理机利用数字计算机控制和监视雷达的工作，对经信号处理后的雷达回波进行相关处理以确定真实目标是否存在，并作出有关距离、速度、方位、仰角和航迹的目标报告。

数字化的雷达信息准实时地送到显控台，显示目标位置和航迹。

雷达信号处理的数字化，使得在成本、重量、复杂性、可靠性、维护性和操作性等方面大大优于传统的模拟处理。数据处理由于是可编程的，所以还具有系统灵活性和适应环境变化的系统可扩充性。

机内自检设备(BIT)可将故障隔离到电路板，同时能在空中进行维护，加上采用了高可靠雷达元器件以及在设计中考虑了关键电路的冗余等，使得 APY—1 雷达可靠性高，维护方便。

雷达自检设备在联机状态下不间断地对雷达工作状态进行监视，故障测试穿插在雷达正常工作过程中进行。雷达的天线故障检测概率在 98%以上。万一发生故障，雷达计算机能够利用冗余设计对系统进行重构，另外，在载机上还备有雷达的非冗余部件，可在飞行中进行更换。

3. 现役机载预警雷达的不足

先进反辐射导弹、隐身目标和低空飞行器的威胁，以及各种对抗措施的不断发展，使得现役机载预警雷达显出了许多不足之处。

(1) 空域覆盖范围要更大

向纵深打击和以空—地一体化为主的全面作战指导思想及实际作战能力，要求机载预警雷达既能探测超低空突防的高速飞行器，又能对付各种战术导弹，因此预警机(包括监视雷达、敌我识别器、导航、通信系统和电子支援措施等)应当具有大面积、全高度的空域覆盖能力。

目前，先进的反辐射导弹及其他战术武器的低空投放距离可以达数十千米，高空投放距离将达数百公里。为了完成既定空防任务和确保自身的生存，防空拦截线需要外推到 10～200km。这样，预警机的作用距离应当在 400km 左右。

现代战争和防御系统均要求预警机能观察到隐身目标或准隐身目标，这也导致了提高预警雷达的探测能力。当预警机雷达在下视情况下从杂波中检测目标时，还要降低天线的副瓣，提高信号处理中抑制杂波的能力(如二维自适应滤波)，这样才能有效地增强从杂波中检测目标的能力。

(2) 下视能力要更好

大量现役和下一代战斗机、巡航导弹和武装直升飞机等武器的超低空突防技术将日趋完善。护航战斗机与制空战斗机的活动也将以中、低空为主。山区等复杂地形还会明显提高杂波强度。在强杂波背景下探测低空飞行的弱小目标乃是机载预警雷达的首要任务。面对飞行高度在 100～200m 的低空突袭目标，地面雷达的探测距离仅为 30～50km，相应的拦击时间只有 10～20s。这样短促的时间往往使地面防空武器猝不及防。

因此，目前各国都是利用低空、超低空突袭的作战隐蔽和突然性作为出奇制胜的法宝。这样，对低空目标的探测能力，也就成了现代防空效能高低的标志。

下视能力在技术上的体现就是抑制杂波，提取信号。在诸多杂波抑制技术中，脉冲多普勒体制是迄今为止的最强者。实现脉冲多普勒体制有三大关键技术:超低副瓣天线(通常要求—50dB);高纯频谱发射信号和高稳定雷达系统(一般要求频率源的相位噪声在—100dB/Hz以下);先进的信号处理机。前者拒杂波于系统之外,中者为的是减小系统内部噪声,后者的作用在于尽量抑制噪声并提取信号。

(3) 电子战(EW)能力要更高

机载预警和控制系统在现代战争中的应用,必将迫使对方用电子干扰(ECM)作为对付手段,以发挥其应有的战斗作用。

现代预警技术包括电子支援措施(ESM)、电子干扰和电子抗干扰(ECCM)。

(4) 生存能力要更强

这里,生存能力是指机载预警雷达在威胁环境中的适应能力。在未来战争,对机载预警雷达的威胁来自于隐身目标、反辐射导弹(ARM)和电子干扰。为了提高机载预警雷达的生存能力,对预警雷达提出了许多新的严格要求。

4. 新一代机载预警雷达的发展趋势

为了适应新的军事要求,在飞速发展的新技术推动下,新的预警机正在孕育中。新一代机载预警雷达的主要技术特色是:

① 无一例外地采用相控阵体制;

② 工作频率向长波长方面发展;

③ 普遍采用分布式固态发射机;

④ 在采用传统的空—时级联二维信号处理的同时,时—空二维联合处理体制的信号处理机也在研究之中。

要克服传统雷达固有的缺陷,根本出路在于发展相控阵体制。相控阵体制将是提高雷达在恶劣电磁环境中对付低空、机动、隐身目标作战能力,以及彻底改进系统可靠性的关键技术。由于采用了固态有源相控阵体制,机载预警雷达具有以下特点:

(1) 高可靠性。有源相控阵天线的T/R单元成千上万,少量单元失效,不会影响整个系统的工作;分布式发射机代替集中发射机,降低了系统对单点故障的敏感度,同时可避开集中发射机内的高压高功率问题;以电扫描取代了机械扫描,因而机载预警雷达的可靠性能成数量级地提高。

(2) 扫描速度快。机械扫描速度一般为6r/min,即每秒转36°,而电扫描波束的转动速度几乎无惯性,可达微秒量级。这样快的扫描速度为对付多目标、高机动目标、隐身目标和各种干扰提供了广阔的前景。

(3) 多功能。相控阵雷达在同一时间内能够完成多种功能,或同一部雷达能分时实现多部雷达的功能。

(4) 探测距离远。由于T/R单元紧靠天线,有源相控阵雷达收、发支路的损耗要比机械扫描雷达的小4~6dB;相扫天线能充分利用机上空间使天线增益相对变大;另外,随着固态功率器件的发展,分布式发射机提供了加大总发射功率的潜力。这一切使得有源相控阵的探测距离提高了40%以上。

(5) 被截获概率低。固态发射机可以实现瞬时开关,易于进行功率管理;通过阵列天线技术,使天线副瓣的零陷对准侦察机方向,增加了雷达的隐蔽性,降低了被截获概率。

6.3.2　机载火控雷达

1941 年 10 月，美国辐射试验室开始着手世界上第一部机载火控雷达的研制工作，并在 1944 年把它装备在美国海军战斗机 F－6F、F－7F 上。这部雷达具有空—空搜索、测距和跟踪功能。随着飞机性能的提高，空战武器种类的多样化、电子技术及探测技术的发展，空战战术也有了很大的变化，即从 20 世纪 50 年代的尾追攻击，发展到了现在的尾追、拦射、下射、格斗和多目标攻击等，由原来的以机炮攻击为主，变成了以导弹攻击为主。这些战术方式的实现与机载火控雷达有密切的关系。机载火控雷达作下视搜索时，会遇到强的地杂波干扰。平台运动造成地杂波频谱展宽，使得动目标显示对消效果不佳，解决这一问题的办法是进行体制更新，从而出现了脉冲多普勒体制。它是 20 世纪 70 年代机载火控雷达的重要特征。目前脉冲多普勒技术已在机载火控雷达中得到广泛的应用，使现代化先进战斗机真正具有了远程、全天候、全方位和全高度攻击能力。

为了有效地打击入侵目标，要求火控雷达具有对导弹、近距格斗弹和机炮等多种武器的适应能力。机炮攻击时，机载火控要求雷达的测角误差小于 3～4mrad；导弹攻击时，机载火控系统的总误差放宽到 35mrad；尾追攻击时，由于目标运动的角速度较低，故只要雷达的跟踪角速度在 6°/s 时能保证规定的精度和在 10°/s 时不丢失目标，即可完成攻击任务。

1. 机载火控雷达的战术用途

现代先进战斗机必须能在复杂气象条件下发现和跟踪空中目标，因而大多采用全相参脉冲多普勒体制，并具有高、中、低三种脉冲重复频率，应可提供雷达对目标的全向探测能力，同时还要能有效地执行对地面或海面的攻击任务。通常，机载火控雷达具有下面几种功能。

(1) 空—空功能

对于空—空功能方式，一般可分为搜索、跟踪和格斗三种状态。

飞行员在一定的空域范围内搜索目标，可选择需截获的目标并对其转入跟踪，搜索状态下可能的搜索空域如图 6.15 所示。

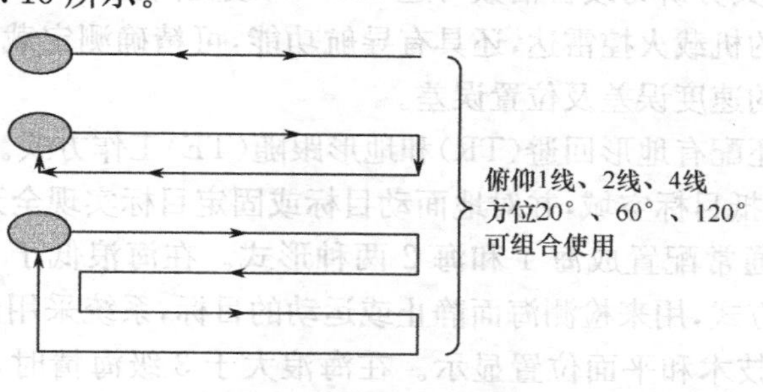

图 6.15　空—空搜索空域

一个全波形设计的雷达，对从前半球迎头飞抵目标，可以采用速度搜索方法在远距离上发现目标。此时，系统对高重复频率脉冲进行采样，但不能得到目标的距离信息。为了得到目标距离信息，雷达可以采取边搜索边测距方式工作，可以隔行交替使用高、中脉冲重复频率。在边扫描边跟踪(TWS)方式下和在一定的扫描空域中，雷达可同时对多个目标进行跟踪。在发现远距离目标后，飞行员可进行小区搜索，于是雷达便可自动进行截获并转入跟踪状态。

当目标处于150m～14km范围内时,战斗机进入近距离格斗状态。此时,由于飞机的高度机动性,要求飞行员双杆不离手,快速地实施对敌机的攻击,为此雷达通常都设计了四种格斗方式,即最佳扫描、瞄准线、垂直扫描和可偏移扫描格斗方式。在此情况下,系统采用中或低脉冲重复频率,发现目标后,雷达自动截获并转入跟踪状态。四种格斗方式的搜索空域如图6.16所示。

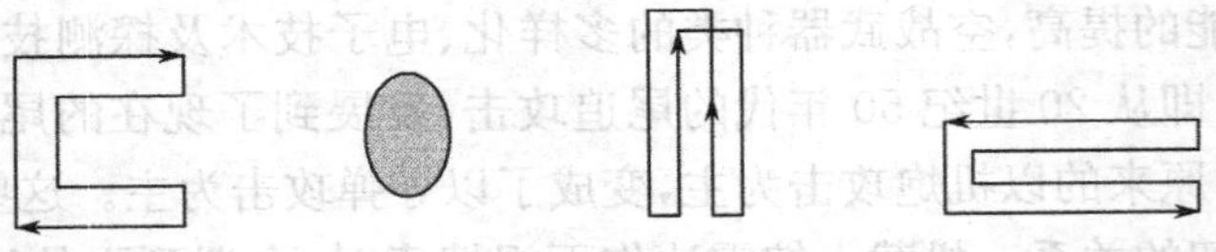

图6.16　近距离格斗搜索空域

为了夺取制空权,提高自身的生存力,飞行员需要获得更多的信息,来决定所采取的攻击方式。比如,要判断可疑的多目标环境究竟是单目标还是多目标?或者要根据入侵目标的吨位判别究竟是巡航导弹还是歼击机?有时还必须对悬停的直升机进行识别和攻击。因此,先进的战斗机均增加了入侵判断等工作方式。

(2) 空一地(海)功能

空一地(海)功能是为战斗机有效地搜索和攻击地面或海上目标而设计的。为了获得良好的空一地功能,机载火控雷达通常应具备空一地测距、真实波束地图测绘(RBM)、多普勒波束锐化(DBS)、地图冻结、地形回避、地面动目标检测和跟踪等能力。

在空一地测距方式下,飞行员以平视显示、前视红外探测器、激光束跟踪器或多功能显示器(MFD)定向对准目标,雷达天线随动于平视显示器或红外探测器的标线(如十),此时雷达充当测距装置为武器投放提供信息。

真实波束地图测绘用来粗略地识别地面大型目标,其角分辨力与雷达天线的波束宽度一致,多普勒波束锐化可以为飞行员提供较为细致的目标显示,多普勒锐化比(即分辨力改善倍数)可达16∶1、64∶1或更高。机载合成孔径技术可更加细致地测绘地物和地貌的形状,供军事侦察和资源探测用,其分辨力改善倍数可达128∶1,或更高。

脉冲多普勒体制的机载火控雷达,还具有导航功能,可精确测定载机的速度,并通过火控计算机修正惯导系统的速度误差及位置误差。

现代战斗机往往还配有地形回避(TR)和地形跟随(TE)工作方式。它们用来确保战斗机安全,准确地由低空飞抵目标空域,并对地面动目标或固定目标实现全天候攻击。

空—海工作方式通常配置成海1和海2两种形式。在海浪低于0.91m时(3级以下海情),雷达工作在海1方式,用来检测海面静止或运动的目标,系统采用低脉冲重复频率,动目标检测或脉间捷变频技术和平面位置显示。在海浪大于3级海情时,为检测海上运动速度大于8km/h的目标,雷达工作于海2方式,系统采用脉冲多普勒技术;为抑制海浪杂波,提高雷达的抗干扰能力,可采用频率捷变技术,它与脉冲多普勒技术兼容工作,是一种困难而复杂的技术。

(3)信标功能

机载火控雷达的信标方式用于导航、对地轰炸和空中加油等方面。当利用地面信标台进行导航时,可和地图方式结合,在进行地图显示的同时标识信标的位置(称为混标)。

(4) 电子反干扰(ECCM)功能

由于恶劣的电子环境及电子战的要求,机载火控雷达必须具有专门的电子反干扰措施,例如宽的射频带宽、脉冲多普勒技术、单脉冲技术、低副瓣天线、通道保护方法、恒虚警率、大动态范围接收机/灵活的自动增益控制、灵敏度时间控制、频率捷变、干扰检测、回波分辨和低截获概率等技术,同时还应具有抗干扰软件。

(5) 敌我识别功能

飞机上的敌我识别(IFF)系统基本上是一个辅助雷达。它发出询问脉冲,友机上的应答机用编码脉冲回答。敌我识别接收机收到的应答信号可显示在雷达显示器上,其天线可单独或寄生在火控雷达天线上,利用现代脉冲多普勒雷达的信号处理能力,敌我识别雷达可以根据目标回波的显著特征对不同形式的目标加以分类识别。

(6) 制导功能

在现代先进战斗机中,火控雷达不仅是提供目标参数的传感器,而且还参与对导弹的制导。在复合制导情况下,导弹中的距离制导就是由脉冲多普勒雷达的无线电修正通道完成的,这种修正通道用来修正导弹的飞行航向,确保导弹不受目标机动影响,从而提高了导弹的命中率,例如美国 F—14 飞机上的 AIM—54"不死鸟"导弹。当制导半主动寻的导弹时,机载火控雷达必须增加一部连续波发射机,所增加的发射机应与机载火控雷达发射机兼容工作,以同时提供目标和导弹的照射信号。

2. 机载火控雷达的基本组成

机载火控雷达通常由 6～7 个外场可更换单元(LRU)组成。它们是天线、发射机、低功率射频单元、信号处理机、雷达计算机以及控制盒等。其组成如图 6.17 所示。

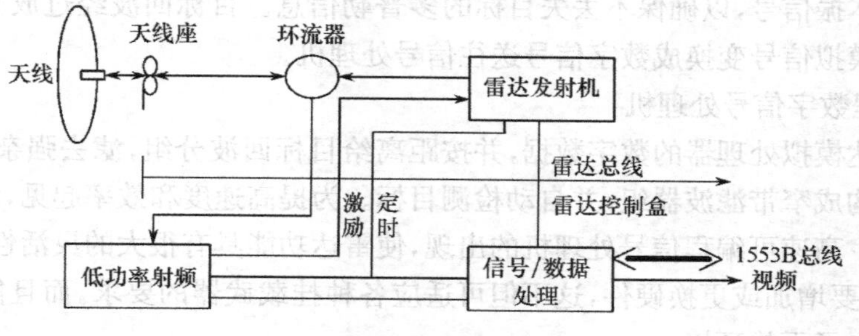

图 6.17　现代机载火控雷达的组成

雷达控制盒位于驾驶舱内,天线置于飞机机头的天线罩内,其余装置则在飞机头部的雷达舱中。雷达的射频信号由低功率射频单元产生,并经发射机放大后由天线辐射出去,雷达目标回波被接收天线接收,由低功率射频单元放大并经 A/D 变换后输入信号处理机、计算机,形成目标距离、速度等信息。通过飞机上的标准多路总线(如 1553B),雷达把目标数据信息送至火控计算机(FCC)以形成火控指令,同时也接收来自火控计算机的指令,据此选择合适的工作参数。

(1) 天线

机载火控雷达的天线有抛物面天线和平板裂缝阵列天线(简称平板天线)等。平板裂缝阵列天线由于副瓣非常低(一般能做到—25～—30dB),所以更便于在杂波下检测目标,另外其面积利用效率高(可达 0.6～0.8),因此,20 世纪 70 年代后被许多先进的战斗机相继采用。这些特点对于脉冲多普勒体制和恶劣的电子战环境来说是非常重要的。图 6.18 是一部平板裂缝阵列天线。抛物面天线尽管在这些方面实现起来有难度,然而宽频带、加工简易、成本低等特点使其仍占有一定的市场。此外,为满足新一代歼击机的要求,目前许多先进的机载火控雷达已开始采用相控阵天线。

图 6.18　平板裂缝阵列天线

机载火控雷达的天线用液压驱动或平衡电动机驱动方式驱动,以实现方位平面和俯仰平面的扫描。在重量、可靠性和维护性方面,平板裂缝阵列天线优于抛物面天线。

(2) 发射机

发射机一般由栅控行波管放大器、脉冲调制器、高低压电源、保护电路、控制电路以及微波组件等组成。它把激励源送来的信号放大到预期的发射电平,并可按要求方便地改变高功率发射脉冲的宽度和重复频率,以满足各种工作要求。发射机通常采用风冷或强迫风冷的方式进行冷却。

(3) 低功率射频单元

低功率射频单元通常包括场效应晶体管(FET)低噪声放大器、中视频通道、参考源、频率源、激励源和 A/D 变换器等。该分机产生一个高稳定相参微波信号,并送往发射机放大,同时还提供接收机本振信号,以确保不丢失目标的多普勒信息。目标回波经过放大、中频变换、视频检波后再由模拟信号变换成数字信号送往信号处理机。

(4) 可编程数字信号处理机

它接收雷达模拟处理器的数字数据,并按距离给目标回波分组,滤去强杂波,然后再根据其多普勒频率构成窄带滤波器组,并自动检测目标。为提高速度和效率起见,程序和数据流按流水方式处理。高速可编程信号处理机的出现,使雷达功能具有很大的灵活性,当赋予雷达新的功能时,不需要增加或更换硬件,这不但可适应各种挂载武器的要求,而且能有效地对付不断变化的恶劣电子干扰环境。

(5) 数据处理机

数据处理机即雷达计算机,它用来控制和完成对雷达所有目标参数的计算、检测雷达控制面板上的开关位置和规划对执行功能的选择。通过多路总线(如 1553B)接口,把雷达测定的目标参数等送往有关火控系统设备,同时接收总线信息,并命令雷达完成所要求的任务。在载机作机动飞行时,数据处理机不但能使天线保持空域稳定,而且还可连续监控雷达的工作状态,并完成机内自检、发现和隔离系统故障的任务。高度的数字化和软件化也是现代机载火控雷达的显著特征之一。

(6) 雷达控制盒

控制面板上有人工控制的选择开关。飞行员可通过开关选择雷达的工作状态。为减轻飞行员的负担,大部分功能都是自动的。

3. 机载火控雷达的技术要求

为适应现代战争的需要，机载火控雷达必须是远距离、多功能的，并且应具有多目标跟踪能力、良好的自适应抗干扰能力和强的武器适应能力。机载火控雷达通常包含频段、体制、搜索空域、探测距离、跟踪精度、距离量程、发射平均功率、脉冲重复频率、天线尺寸、体积、质量、功耗、冷却方式、自检能力、外场可更换单元数目、平均故障间隔时间(MTBF)和平均故障维修时间(MTTR)等技术参数。现代机载火控雷达应当根据战术技术要求，遵循“性能、周期、成本”折中考虑的原则进行设计。

6.3.3 机载战场监视雷达

机载远程战场侦察雷达系统是集现代诸多高新技术于一身的综合性军用电子侦察系统。它以飞机为平台，以机载高性能雷达为主要传感器，对战区地面(包括海面)上的运动、驻留和固定目标进行侦察、监视和目标指示，是现代战争中地面部队采取军事行动的主要实时信息源。

对机载远程战场侦察雷达系统的研究，虽然已有二十多年历史，但由于载机、多模雷达技术、通信、导航、电子战系统和信号/数据处理等综合性高、技术难度大、系统集成复杂，以及要冒巨额投资的风险，所以早期的研究计划往往都历经了一波三折，甚至计划被迫终止。直至20世纪90年代初，还只有几种仅可供功能演示或工程验证用的样机。

海湾战争中，美国从试验场地匆忙调往战区的机载远程战场侦察雷达系统的样机，技术上虽然还未成熟，但在实战中已崭露新一代战场侦察系统的锋芒。它把广阔战场的实时态势连续地显示在战场指挥员面前的荧光屏上，“透明”的战场使指挥员掌握了作战主动权，使打击变得准确有效。它是未来战争中实现广域和纵深战场侦察的重要装备，是发挥地面部队战斗力的“倍增器”。

1. 机载战场侦察雷达的主要战术要求

科学技术日新月异地发展，使现代战场发生了质的变化。高机动坦克、机械化和大规模空运空降部队、远程高精度导弹等投掷武器和现代化作战飞机的大量投入战场，打破了常规的作战格局，如“战斧”巡航导弹的飞行距离为1000km以上，命中误差却不超过10m；机载远程对地导弹的射程也在100km以上，战区向纵深延伸和幅域扩大，使得战线模糊(甚至难以区分前线和后方)、战场态势瞬息万变和战争更具突发性。为了适应这种以高技术装备为依托的纵深空地一体化的立体战场，机载远程战场侦察雷达必须满足以下主要战术要求：

① 应具有快速反应、快速部署、全天候和24小时连续监视的能力；

② 应具有广域远距离监视跟踪地面(包括海面)慢速运动目标的能力，能实时地向地面指挥控制系统提供连续的战场态势图；

③ 应具有高分辨成像能力，以便对固定和驻留目标进行识别、精确定位、指引或进行攻击后的效果评估；

④ 应具有空中指挥控制和多路数据传输能力；

⑤ 应具有强的生存能力。

2. 机载战场侦察雷达的种类及其基本组成

机载远程战场侦察雷达系统按载机形式可分为大型固定翼机载系统、直升机载系统、机载吊舱式系统和无人机载系统四类。按所载雷达体制又可分为动目标检测体制、合成孔径雷达体制和动目标检测/合成孔径雷达多模混合体制。由于各类载机的巡航时间长短、升空高度、飞行速度、飞行稳定性、可允许的载荷容积和重量等差异，所载雷达系统的性能、探测距离、监视区域和执行的侦察任务等也有一定的区别。

(1) 大型固定翼机载系统

大型固定翼机载系统具有较高的飞行高度，续航时间长，载荷量大，可容空间宽，适合安装大型高性能的动目标检测和合成孔径/逆合成孔径多模远程雷达，其动目标检测模式可监视、跟踪和指引广域战场上的地面(或海面)慢速运动目标，例如，行进中的坦克、运输车辆、行动中的陆军小分队以及预警机难以发现的掠地飞行或悬停的直升机等，其合成孔径雷达和(或)逆合成孔径雷达模式可对战场特定区域内的固定军事设施或驻留目标以及时慢速运动目标和海面舰只进行高分辨力成像识别，或用来评估打击后的效果。这种雷达的探测距离大于300km，覆盖区域大于200km×300km，能形成战场实时态势图(如图6.19所示)，能实时地支援地面部队的军事行动，能满足军或集团军对战区监视的要求。

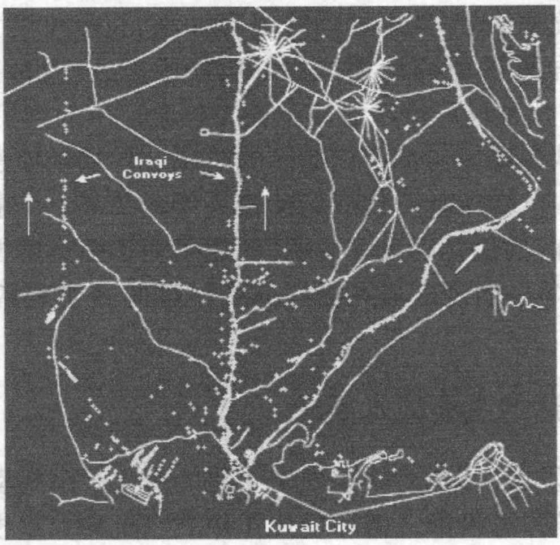

图6.19 Joint STARS系统的动目标显示模式的雷达图像

(2)直升机载系统

直升机载系统是世界上开发较早的一种机载远程战场侦察雷达系统，系统工作机动灵活，不受机场条件限制。系统的一般飞行高度约为3000m，雷达最大作用距离可达100km，一个工作周期可覆盖80km×100km的区域，是配属于陆军师级作战单位执行战场侦察任务的有效装备。为了获得最大的探测纵深度，系统需部署在前沿附近空域工作。为提高系统的生存能力，在战争状态下采取跳跃式工作方式，即从低空进入指定侦察区域，然后以最大速度爬升到侦察高度，雷达开始短周期工作，波束扫描一个50°～90°的扇区后，即刻迅速下降并转移到新的侦察点。因此，需要多架直升机交替工作，以实现战区全景观察。

由于飞行高度、续航时间、载机振动和气流紊动对飞行稳定性的影响，加上载荷空间和质量的限制以及战时跳跃式的短周期工作方式，直升机载系统对于实现某些工作模式来说有较大困难。

(3) 吊舱式系统

吊舱式系统是一种装载有多模雷达的吊舱，它能使某些小型运输机、战斗机或战术飞机具有对地面(或海面)目标的监视功能，可用来弥补大型固定翼飞机机载远程战场侦察雷达系统的不足，即在现场没来得及部署(或部署数量不够)大型固定翼飞机机载远程战场侦察雷达的情况下和在靠近战区没有适用的大型机场时用来完成必要的战场侦察任务。

(4) 无人机载系统

战场无人侦察机常为小型无人机。该机体积小、噪声低，红外和雷达很难发现，但载荷空间和质量有限，所以传统所载的侦察传感器主要为照相、CCD 或 IR 等光学成像设备，这些侦察画面有较高的分辨力，但受天时和气候条件严重限制。适应全天候工作的无人机载战场侦察雷达系统，不但避免了飞行人员的伤亡，并可逼近战场前沿或深入敌区侦察，从而克服了敌军利用山坡地形特征隐蔽部队的观察死角。机载雷达采用动目标显示和合成孔径雷达模式对固定目标进行成像识别。探测距离可达几十千米，分辨力为 1m 左右。

机载战场侦察雷达系统因载机平台类型不同，在空载设备量、雷达体制、功能/性能和战术应用方面也有一定区别，但其基本组成可概括为两大部分：空中系统部分和车载地面站系统。空中部分包含载机、机载雷达、计算机及数据记录设备、空地通信设备、显示控制操纵台、电子侦察及干扰设备以及全球卫星导航系统/惯性导航系统等。车载地面站用来接收、处理和转发机载雷达提供的目标数据信息，并向载机提供侦察任务请求。下面分别介绍。

(1) 载机

载机是机载战场侦察雷达升空所不可缺少的平台，载机性能对侦察雷达的正常工作、最大威力的发挥以及战术任务的执行等直接起制约作用：如飞行高度和续航时间会影响雷达的探测距离和侦察监视的覆盖区域；飞行速度和航程会影响远区的部署速度；飞行稳定性会影响雷达的检测性能和工作模式；载机可允负荷空间和质量又会制约机载雷达设备的质量和尺寸等。机载远程战场侦察雷达的主要平台是固定翼飞机。

(2) 雷达

作为战场侦察、监视、目标指示的主要信息传感器，机载战场侦察雷达应具有以下基本战术功能：

① 广域远距离(100km 以上)探测和跟踪敌方地面、海面和低空运动目标，查明敌前沿和后续部队的作战动态。

② 通过实时高分辨力合成孔径/逆合成孔径雷达成像(优于 3m×3m)，查明敌前线和后方的固定军事设施、火力基地及部队集结部位。

③ 实时完成雷达原始数据的处理，形成战区敌我态势图，对重点目标进行跟踪、定位，并经通信数据链把信息分发给地面站，供机上或地面站指挥员使用。

④ 执行空中战场侦察情报综合中心和指挥控制中心的任务，实时引导乙方空中和地面力量实施攻击，并实时地评估攻击效果。

(3) 车载地面站

地面站的设备量和功能根据空中监视平台的不同有较大差别，无人或小型机因载重量和空间有限，故把部分设备从空中平台移向地面站。一般来说，地面站是一个战术数据处理、评估、信息分发和指挥控制中心，它需通过双向数据链接收、处理由空中监视平台传送来的图像和目标信息,并将它们存储在大容量的磁盘或磁带内,同时使其他传感器传来的数据通过数据融合处理形成战场数据,显示在工作站的彩色光栅显示屏幕上供操作员和指挥员使用,并通过通信系统把该数据传递给其他用户,或根据指挥员的意图通过通信链向机上人员传达新的作战计划(包括侦察区域和工作模式要求等)。

JSTARS是一个功能完善的地面战场综合管理系统(GSM),是当代机载远程战场侦察雷达的代表性产品。图6.20所示为该系统的Ⅰ型地面站照片。JSTARS系统除了完成雷达本身的任务外,还要起指挥、控制、武器定位、战场监视、信息数据融合和分发作用。

图6.20 JSTARS系统的Ⅰ型地面站

6.3.4 直升机载雷达

目前,海军的武器装备发生了重大变化,导弹逐渐成为主要的舰载武器,舰艇防空、舰队防空和制导都离不开雷达提供信息,而直升机载雷达机动性强、配置灵活、覆盖面积大、探测距离远,因此它更成了海军必不可少的装备。

舰载直升机雷达的主要优点是:

① 舰载直升机雷达易于在前沿阵地布置,可随舰艇出动,能获得较长的预警时间;

② 机载雷达比舰载雷达视距大,对探测水面目标来说,扩大了监视海域的范围,能提前发现低空入侵的飞机,为舰艇自卫反击提供了较多的准备时间;

③ 作为舰—舰导弹攻击来说,机载雷达可跨接在敌我舰艇中间,不仅能提早截获、跟踪敌舰,确定攻击目标,帮助导弹瞄准,提高导弹攻击的命中率,而且还能观测导弹攻击的效果;

④ 机载反潜雷达是反潜艇的重要装备,反潜飞机能迅速接近潜艇,进行反潜攻击,还能灵活地避开敌人的攻击;

⑤ 机载雷达可对大海域、纵深地带进行搜索侦察,为指挥员制定作战方案提供信息。

直升机载战场侦察雷达已成为陆军C^3I系统中的重要信息获取手段。其主要优点与舰载直升机雷达类似。

1. 舰载直升机雷达的主要功能

国外的舰载机分为固定翼飞机和直升机两种,由于各国舰载平台的装载能力和作战策略不同,所以在机载雷达平台种类的选用上也各有侧重。如对机载预警雷达平台的选用,美国因航空母舰多,故多采用装有高性能雷达的大型固定翼飞机,如E—1B、E—2C海上预警机;英国在马岛战争前既没有海上预警机，也没有警戒机，但因马岛战争初期的巨大损失，在"猎迷"预警机不能使用的情况下被迫采取紧急措施，于1982年6月仅用八周半时间就将"搜水"海上监视雷达加装到了"SH－3海王"直升机上。由于直升机加装雷达投资少、见效快、简便易行，而且可借助载舰扩大监视、警戒能力，所以海用直升机载雷达在中小国家得到了足够的重视。如法国THOMSON－CSF公司研制出了直升机警戒雷达Iguane，英国Thom EMI公司研制成了"Skymaster"雷达。目前国外主要海用直升机雷达的装备情况如表6.3所示。

表6.3 海用直升机雷达装备表

	雷达型号	主要功能	飞机平台	国别
1	AN/APS－124	反舰导弹目标指示	SH－60B	美国
2	AN/APA－150	反潜	H－1 HSS－1	美国
3	AN/APA－161	反潜	SN－3A	美国
4	AN/APA－165	导弹制导	F－4B	美国
5	LN－66HP	海上搜索、反潜	SH－2 SH－3 V－22	美国
6	Sea Seacher	搜索、反潜	SeaKing	英国
7	BlueKesttel	搜索、反潜	EH－101	英国
8	ARI5955	搜索、反潜	HAS－3	英国
9	Seapray	搜索	山猫、LL834	英国
10	Agave	搜索	超军旗	法国
11	阿依达Ⅰ	搜索	军旗－Ⅳ	法国
12	DRAA－2B	搜索、反潜	Atlantic	法国
13	RH370	搜索、反潜	超军旗	法国

从表中可以看出直升机载雷达的主要功能有：

① 预警、警戒；② 海上搜索、监视；③ 搜索、反潜；④ 导弹制导、目标指示；⑤ 导航、气象探测；⑥地图测绘。

受直升机平台所能提供的初级电源、体积和重量的限制，这些雷达通常以一两种功能为主，兼顾其他功能；雷达作用距离中等；大多数选用X波段，以减小天线尺寸；天线安装主要考虑前视和下视。

2. 舰载直升机雷达的主要技术特点

舰载直升机雷达探测的重点目标是海面运动或静止的舰艇、潜艇及潜艇露出海面的潜望镜和通气孔，探测的背景是复杂多变的海面，因而舰载直升机雷达的主要技术特点是：

(1) 海杂波抑制和探测小目标。对于舰载直升机雷达而言，海杂波和海岸地杂波会降低其对目标，特别是对小目标的检测能力。因此，除了采用频率捷变技术和低副瓣天线来减小地面和海面杂波外，还必须重点提高距离分辨力和方位分辨力。由于载机不允许雷达天线水平口径做得过大，雷达方位分辨力受到限制，因而多数舰载直升机雷达采用窄脉冲信号。

(2) 大动态范围接收机。雷达目标截面积范围大，大的有上万平方米，而小目标只有$1m^2$左右，所以雷达接收机应具有大动态范围信号处理能力，接收机的动态范围需在90dB以上。

(3) 高天线转速与变天线转速。舰载直升机雷达天线转速较地面雷达的高得多，而且因任务不同而对转速有不同的要求。如果为了在高海情时有效地探测近距离小目标及反海浪干扰，那就要求雷达天线转速高；如果搜索远距离目标，由于海杂波影响较小，雷达天线则采用低转速,增加每次扫过目标的回波数,以提高雷达的探测能力。例如,美国的 AN/APS—134 雷达,在反潜工作状态下,雷达天线转速为 150r/min;对于海上监视工作状态,雷达天线转速为 40r/min;对远距离搜索和导航工作状态,雷达天线转速为 6r/min。

(4) 频率捷变。频率捷变有随机型和正弦型两种,它可提高雷达抗干扰能力。在高海情时,频率捷变能有效地抑制海杂波,提高信杂比。这种技术措施已成为舰载直升机雷达的必备技术。

(5) 多目标跟踪。舰—舰、空—舰导弹攻击已成为当前战争的主要进攻手段,目标指示和导弹制导也就成了舰载直升机雷达的重要功能。因此,雷达应具有多目标处理能力、多目标跟踪能力以及较高的测量精度。

(6) 多种信号形式。多种脉冲信号形式是舰载直升机雷达的一大特点。窄脉冲能提高距离分辨力,减小距离波门内的杂波强度和在强海杂波下有效地探测近距离小目标,在探测远距离目标时,应采用时宽较大的脉冲压缩信号。在跟踪目标过程中,采用宽带脉冲压缩技术来获得极窄脉冲信号(毫微秒量级)这种脉冲信号可用于识别舰艇的类型,如 Short Hom 雷达脉冲信号的宽度有 0.01μs、0.4μs 和 1.8μs 等多种。

(7) 相参体制。雷达应以全相参数字锁相环作频率源,采用主振放大式栅控行波管发射机的收发相参体制。该体制具有先进性和灵活性,特别是能方便地提供各种工作方式所需的多信号波形。

(8) 恒虚警处理技术。当海杂波干扰和敌方人为干扰强度比内部噪声高得多时,雷达检测虚警率将大大增加,致使大量虚假目标被录取,从而造成计算机过载饱和。为了保持原有虚警率,必须提高检测门限,这将导致信噪比损失。恒虚警率(CFAR)是一种自适应门限检测方法,它能随输入信号强弱自动调整检测门限,以保持恒定的虚警。因此,恒虚警率在直升机雷达中已成为提高抗干扰性能的一个重要组成部分。

3. 舰载直升机雷达的组成及其主要技术参数

舰载直升机的用途一般有反潜、空－海搜索(ASV)及超视距目标(OTHT)指示、海上巡逻、搜索与营救、导航和气象探测等。因此,作为载机眼睛的机载雷达,应当具有相应的功能。我们知道,尽管雷达任务不同,但载机平台及其适应范围是基本相同的,所以它的组成也基本相似。直升机雷达一般由 6～8 个外场可更换单元构成,它们分别是:天线、馈线、接收机、发射机、伺服、信号/数字处理机、控制盒、接线盒、显示处理机等。雷达站采用模块化设计,升级及变化灵活。

由于受直升机平台体积和重量的限制,天线需采用椭圆抛物面反射器,它具有工作频带宽、结构简单、重量轻和造价低的特点,也可采用平板裂缝天线来进一步提高效率、降低副瓣。

雷达伺服系统通常采用力矩马达,与传统的液压传动相比,缩小了体积、减轻了重量,结构简单,便于维护。在伺服系统中,用数字式天线空域稳定技术取代天线座平台的机械空域稳定,降低了成本。

发射机多采用 X 波段主振式放大器,放大管一般选用栅控行波管,工作频率宽,相位噪声低。

接收机采用低噪声场效应放大器,能进行时间灵敏度控制(STC)、自动增益控制(AGC)、脉冲压缩和电控通道滤波，频率源采用全相参的数字锁相环，由晶体产生基准参考信号。

信号/数字处理机采用可编程信号处理芯片(DSP)，实现主从计算机结构，完成数字恒虚警、二进制积累、扫描间积累、扫描变换、雷达各系统定量控制、边扫描边跟踪和对外通信等功能。边扫描边跟踪能同时处理多批目标，建立目标航迹，通过航空无线电设备公司(ARINC)或其他数字总线输出目标有关数据。

控制盒实现人机接口，完成操作员对雷达的各种控制。接线盒完成全机电源控制及分配工作。

显示处理器采用电视光栅扫描显示，配有操作控制键盘。显示处理能完成数字画面、表页画面及画面叠加等功能。

现代战争对雷达的可靠性、维护性提出了更高的要求。可靠性、维护性要求雷达具有完整的机内自检功能，能将故障定位到外场可更换单元(LRU)级。此外，设备本身一般都配有自己的二级维护测试设备(ATE)。二级维护测试设备将故障的外场可更换单元定位诊断至内场可更换单元(SRU)。

为了提高可靠性，雷达中应广泛采用数字化、集成化、固态化及微组装技术，最大限度地压缩元器件数量，简化电路，充分发挥计算机的作用，优化软件以减少硬件。系统采用组件化、标准化和模块化设计。

直升机载雷达的主要技术参数见表6.4。

表6.4 直升机载雷达的主要技术参数

厂商	美国伊顿	法国汤姆逊	英国MEL公司	法国OMERA公司
型号	AN/APS－1280(D)	VARAN	ARI15991	ORB3203
波段	X	X	X	X
体制	脉冲＋脉压＋捷变	脉冲＋脉压＋捷变	脉冲＋捷变	脉冲＋捷变
天线形式	平板	抛物面	平板	抛物面
天线口径	914mm×278mm	660mm×380mm	1076mm×254mm	720mm×360mm
水平波束宽度	2°	3.5°	2.2°	3.1°
垂直波束宽度	7.4°	5.67°	7.5°	6°
水平副瓣		－20dB	－15dB	－20dB
天线增益	32dB	30.5dB	30dB	
极化形式	水平	水平	水平	水平
扫描方式	扇扫30°～360°圆周360°	240°范围内扇扫	扇扫＋360°	扇扫＋360°
发射机峰值功率	100kW	6kW	85kW	65kW
平均功率	96W		90W左右	60W
接收机噪声系数	3.5dB	3.5dB	5dB	5dB
压缩比	24	500	无	无
脉压脉宽	0.1μs	2ns，200ns		
重量	92kg	123kg	66kg	87kg
接口	MIL1553B	MIL1553B	ARINC429	RS422
重复频率	400Hz，1200Hz，1600Hz		300Hz，400Hz可调，1.7kHz	300Hz，600Hz，1200Hz
扫描变换	有	有		有

6.3.5 无人机载雷达

无人机载雷达是指安装在无人驾驶飞机上的探测雷达。20世纪60年代,无人机的发展重点转向无人侦察机,在战场侦察上所起的作用明显增大。目前,无人机已达百种。按传统分类法无人机分为战术无人机和长航时无人机。战术无人机包括近程无人机和短程无人机。近程无人机是为陆军和海军陆战队的营、旅级指挥中心获取情况的(活动半径达50km)。短程无人机是为军、师级部队和舰队获取侦察情报用的(活动半径达300km)。

长航时(飞行时间在24h以上)无人机用来保障陆军航空兵和其他军种的战区作战行动,适合于远程情报作监视,机上通常装有机载雷达。对安装雷达的无人机通常有下列要求:作战半径大于或接近1000km,飞行高度达5000m,载荷大于200kg。

军用无人机通常装备的雷达为合成孔径雷达。这种雷达有动目标显示功能,可以在云层、烟雾和夜间等不利条件下对敌方阵地进行大面积搜索、快速发现并高精度地指示目标,在对目标定位的同时,将目标信息实时地传递到战场C^3I系统。

随着技术的发展,安装在小型中远程无人机上供侦察用的小型毫米波合成孔径雷达,将日益受到重视。

1. 无人机载雷达的特点和用途

无人机载雷达与其他侦察手段相比有如下特点:

(1) 全天候工作。由于雷达工作频率高(通常在X或Ku频段),能够穿透云、雨和各种烟尘,能在各种气候条件和战场环境下工作。

(2) 多工作模式。雷达可工作在合成孔径模式,对地面固定目标成像;也可工作在运动目标检测模式,排除地面固定目标,只检测地面运动目标。

(3) 宽侦察范围。雷达侦察范围宽能使无人机远离敌人的火力点,提高生存能力。

(4) 高分辨力。根据合成孔径雷达成像原理,雷达的分辨力与距离无关,因此可得到分辨力与距离无关的图像,从而提高分辨力。

(5) 成本低、质量轻、体积小。由于无人机的有效载荷和空间有限,因此,对雷达的质量、体积和耗电量等都有较大限制。此外,雷达将所探测到数据的处理、成像工作放在飞机上进行,把处理好的图像及时地用数据传输系统传输到地面。

(6) 易于隐蔽地接近被侦察地区或有较强火力保护的敌方要地。

在高技术的局部战争中,无人机载雷达能在电子战环境与伪装条件下对目标进行远距离识别和定位,为进攻武器指示目标以及评估作战效果。对作战的决策、实施、评估有着重要意义。在和平时期也可进行缉私、环境监测、大地测绘和灾情监视等工作。

2. 无人机载雷达的工作方式

(1) 合成孔径雷达工作方式

合成孔径雷达是一种置于运动平台上的高分辨力成像雷达,用来产生地面区域目标的高分辨二维图像。它要求飞行平台尽量保持匀速直线运动。这种雷达采用合成孔径原理提高雷达的方位分辨力,而距离向的高分辨力则依靠宽带线性调频脉冲压缩信号。

在无人机载合成孔径雷达中，通常采用正侧视工作模式，即用侧视天线照射飞机一边，并通过信号处理对照射区进行合成孔径成像，成像区域为平台侧面平行于飞行航迹一定宽度的条带，通常称为“测绘带”。其方位分辨力，在理论上等于雷达真实天线孔径的一半，与目标距离无关。

雷达工作时所需的飞行平台数据，由一台与全球定位系统（GPS）组合的高精度惯导系统提供。该惯导系统除提供飞行平台的各种数据（如地速、姿态和航向等）外，还为每幅雷达图像提供精确的中心坐标。雷达所获得的目标数据在无人机上进行处理，并通过卫星中转或直接发送到地面接收站。

（2）动目标显示（MTI）工作方式

合成孔径雷达一般对地面静止目标进行成像，当存在运动目标时，目标运动会使雷达图像散焦，变得模糊不清。对无人机载雷达来说，必须具有侦察地面运动目标（如车辆）的动目标显示能力。

动目标显示雷达用来检测出淹没在杂波中的目标，其基本原理是：利用目标散射体和杂波散射体之间的相对径向运动造成的不同多普勒频率偏移，来滤除不需要的杂波。

动目标显示雷达一般工作在很低的重复频率上，使检测出的目标无距离模糊。无人机载雷达一般工作在微波频段，多普勒测量是高度模糊的，同时会造成盲速，盲速发生在目标径向速度相对于雷达脉冲重复频率整数倍的小范围区域内。要在盲区内检测目标，动目标显示雷达一般采用跳变的脉冲重复频率，以填充盲区和覆盖动目标显示所要求的速度响应。

（3）实孔径成像工作方式

实孔径雷达图像具有全天候工作能力，分辨力虽然较低，但也能快速获取大面积的侦察信息。当无人机载雷达工作在毫米波（18mm，3mm）时，分辨力可较X波段有所改善，可作为高分辨力成像侦察的一种手段。

3. 无人机载雷达的性能

无人机载雷达有两种类型，一类是只有动目标显示工作方式的搜索雷达。这种雷达主要以下视搜索、边搜索边跟踪两种方式工作，可发现100km内的陆上或海面上的运动目标，并可同时对100个目标进行边搜索边跟踪。第二类是合成孔径雷达，它能连续提供清晰的目标图像。这种雷达通过实时高分辨力成像，既可探测固定军事目标和火力基地，又可远距离地探测、跟踪地面/水面和低空运动目标。

4. 无人机载雷达的组成

无人机载雷达是无人侦察机上的主要探测设备之一。为使雷达正常工作，还必须由机上其他设备提供支援。在雷达工作中需要得到实时的飞行平台数据；同时将雷达探测到的信息实时地传递到地面指挥所。

雷达作为无人机载侦察系统的一部分，必须具有以下数据：

（1）惯性导航系统所提供的飞行平台的航向角、俯仰角、横滚角和地速。

（2）全球定位系统所提供的载机位置（经、纬度）。雷达将探测到的信息与以上数据融合，计算出目标位置，并形成雷达地图。将获得的情报数据通过情报传输设备及时传输到地面，情报可通过空一地方式直接传输，也可通过卫星转发传输。

雷达系统，无论是动目标显示雷达还是合成孔径雷达，均由以下单元组成：

(1) 天馈伺单元(由低副瓣天线、馈线和伺服系统组成)；

(2) 发射机；

(3) 接收机及信号、数据处理单元。

无人机载雷达是在小型机载雷达基础上发展起来的。美国、法国和以色列等国家已研制成了不少这样的雷达，有的已装备部队。随着科学技术的发展，无人机载雷达必将在军事上进一步得到应用。

第7章　雷达兵战术概论

对于典型雷达系统与装备而言，如何发挥其最大作战效能与战术运用有着密切联系。空军雷达兵战术研究的是雷达兵的战斗行动，雷达兵的战斗行动是指雷达兵部（分）队运用雷达或其他手段，为有关指挥决策机构获取并提供空中情报信息所进行的实践活动。雷达兵的战斗行动按所担负的任务可分为预警侦察中的战斗行动、实施情报支援中的战斗行动；按不同作战样式可分为在防空作战中的战斗行动、在空中进攻作战中的战斗行动、在联合作战中的战斗行动；按掌握的目标可分为掌握空中目标时的战斗行动、掌握空间目标时的战斗行动、掌握其他目标时的战斗行动等。

空军雷达兵旅（团）是空军的战术部队，担负着一定区域内或作战方向上的对空警戒侦察、保障指挥引导等战斗任务。空军雷达兵旅（团）战术是指导空军雷达兵战术部队独立遂行对空警戒侦察和保障指挥引导时的行动方法，具有一定的代表性，充分体现了典型对空情报雷达系统的特点和作战应用。

7.1　作战环境和战斗基本方法

作战环境是指作战活动的战场空间和在此空间内影响作战活动的人为条件和自然条件。作战环境是制约作战行动的客观因素之一。空军雷达兵旅（团）是空军的战术部队，面临着非常复杂的空中目标环境、地面战场环境和电磁环境，特定的作战环境决定了雷达兵战斗基本方法。

7.1.1　电子战环境

电子战是指敌我双方为查明、削弱、破坏敌方电子设备的使用效能，同时保障己方电子设备正常发挥效能而进行的电磁斗争。现代局部战争尤其是海湾战争表明，电子战已成为现代高技术战争中的重要作战手段和作战样式。无论平时还是战时，雷达兵旅（团）的作战行动都面临着极其复杂的电子战环境，地面防空情报雷达是敌方实施电子侦察与电子进攻的主要对象。

1. 全频域、全时域、全空域的电子侦察环境

电子侦察是利用电子侦察设备截获接收敌方电磁信号并进行分析、识别、定位和记录，以掌握辐射源技术参数、威胁程度和部署情况的电子技术。随着新技术在电子侦察上的广泛应用，电子侦察能力和水平发生了新的变化。各种先进的侦察系统大大扩展了侦察的时域、空域和频域，相当一部分侦察系统达到了全天时、全天候、连续侦察和实时传送的要求。进入20世纪90年代以来，随着微电子技术、计算机及人工智能技术的发展，特别是近年来电荷耦合器件、表面声波器件、声—光器件等取得的重大进展，极大地促进了新一代电子侦察接收机技术的发展。目前国外电子侦察装备技术水平见表7.1和表7.2。

表 7.1 电子侦察接收机性能水平

	工作频率(GHz)	动态范围(dB)	灵敏度(dBm)	瞬时带宽(MHz)	测频精度(MHz)	测频分辨力(MHz)	平均输出功率(万脉冲/s)
超外差接收机	0.5～18	75	−75～−100	10～(500至1000)	1	1～10	0.1～1
瞬时测频接收机	0.5～18	80	−55～−70	2000～4000	0.5	0.3～3	20～100
压缩接收机	2～3,3～4	50	−80	500～2000	0.1	0.0004～0.02	10～50
信道化接收机	0.5～18	70	−85	多倍频程	1	10	10～50
声光接收机	2～3	＞50	−80	1000	1	0.75	20～100

表 7.2 雷达告警系统性能水平

性能	技术水平	性能	技术水平
警戒空域	方位360°,俯仰±45°	测向精度	±10°(均方根值)
工作频率	1～18GHz	响应时间	＜1s
动态范围	40～60dB	截获概率	接近100%
灵敏度	−35～70dB	信号类型	脉冲、连续波
最大信号密度	20万脉冲/s	重频范围	＞800Hz
频率分辨率	以频段表示	脉宽范围	0.1～10μs

现代电子侦察手段已打破了一般意义上军事与非军事、平时与战时的界限。对空情报雷达随时处于对手的侦察与监控之中,雷达工作参数和部署位置难以隐蔽伪装,机动转移的企图容易暴露,对雷达兵作战任务的完成将产生重大影响。敌方实施电子侦察的基本手段有:

(1) 电子侦察卫星

在电子侦察卫星上装有侦察接收机和磁带记录器,当卫星飞经敌方上空时,将各种频率的无线电波信号记录在磁带上,在卫星飞经本国地面站上空时,再回放磁带,以快速通信方式将信息传回。它具有速度快,范围广,不受国界、地理和气候条件限制等优点。因此,世界主要军事大国都很重视电子侦察卫星的发展与运用。美国70%的战略情报是由侦察卫星获得的。海湾战争爆发前,以美国为首的多国部队调用了50多颗侦察卫星,结合航空侦察、地面侦察等手段,对伊拉克的雷达等电子设备进行了不间断的侦察与监视,基本上掌握了伊军雷达的部署、工作参数、技术状态等,为“白雪”电子战行动奠定了基础。战争中,电子侦察卫星监听了伊军11 000次无线电通信以及伊军所有开机工作的雷达,还探测到了“飞毛腿”导弹发射的遥测信号。

(2) 电子侦察飞机

电子侦察飞机是利用机载电子侦察设备,飞临敌对国家边境附近和内陆上空收集电子情报的专用飞机。电子侦察飞机与电子侦察卫星相比,具有灵活、机动、准确和针对性强的特点,它既是获取战术情报的一个基本手段,也是获取战略情报的有力助手。利用电子侦察飞机的电子设备,可以记录所发现的每一部雷达的主要参数,包括频率、脉冲宽度、脉冲重复频率及天线转动周期等。通过分析,可以确定雷达的型号、特点和用途;从测出的方位信息,可确定雷达的位置。对制导雷达来说,还可定出所控制的武器系统的位置。

(3) 地面电子侦察站

地面电子侦察站分为无线电侦察和无线电技术侦察两种。无线电侦察又称通信侦察,它以监视敌方无线电台和电话系统获取情报为目的。无线电技术侦察是以截获敌方非通信电子信号如雷达、武器制导系统发射的电子信号为目的。通过对侦察到的各种信号进行分析和处理，就可了解敌雷达、通信等发射台、站及部队有关情报，如台、站的方位和坐标，指挥所、部队和其他军事目标的配置等。上述方式都是被动式的侦察，所用设备有无线电通信和雷达侦察接收机、测向机及信号的记录、分析和破译设备。地面电子侦察站具有使用方便、灵活，可以长期固定监视某一地区，能不间断实施侦察等优点。但由于受地形限制，侦察范围较小，平时多部署在边境、沿海地区；战时则部署在主要作战方向、地段或易获取情报的地区。

(4) 海上电子侦察船

海上电子侦察船主要用于侦察敌舰载和沿海一线地面雷达、通信等电子情报，它是海上侦察的主要手段。由于电子侦察船续航时间长，活动范围大，可伪装成商船或海洋调查船，在航行中或锚泊时对敌方沿海地区、作战海域、岛屿、舰船上的雷达等电子设备进行侦察。美国海军从 1961 年就开始专门设计、建造或将部分舰船改造成电子侦察船。

2. 宽频带、高强度、自适应能力强的综合性电子干扰环境

电子干扰是依据侦察到的信息，采取一定的信号形式和技术，通过电磁波的作用来阻碍敌方有效使用电磁频谱的电子技术。在历次高技术局部战争和地区冲突中，使用电子干扰压制对方的对空情报雷达已成为最有效、最常规的一种反雷达手段。海湾战争中，多国部队将电子干扰贯穿于战争的全过程。其特点是，将远距干扰、近距干扰、随队掩护干扰与机载自卫干扰相结合；电子战“软”杀伤与“硬”杀伤相结合。在一周内，伊军 60% 的雷达被摧毁，90% 的雷达失去战斗能力。通过“白雪”电子战行动，多国部队始终掌握着整个战场的“制电磁权”，为夺取“制空权”、“制海权”和保证战争的顺利进行奠定了基础。美军在海湾部署的电子战飞机及其电子战设备见表 7.3。随着电子技术的发展，电子干扰的频率正在向高、低两极拓展，干扰功率逐渐增大，自适应能力增强。国外电子干扰装备技术性能水平详见表 7.4。未来发达国家主要电子干扰装备的干扰频率将覆盖全频段，脉冲功率将发展到兆瓦级，干扰机的功率、频率自适应管理将呈现高度自动化。未来战争中，宽频段、高强度、自适应能力强的综合电子干扰环境将会对雷达作战效能的发挥构成极大威胁。

表 7.3 美军在海湾部署的电子战飞机及其电子战设备

机型	架数	主要机载电子战设备	任务
EA-6B (ICAPⅡ)	30	AN/ALQ—99F(V) 战术干扰系统 AN/ALQ—126B 欺骗式干扰系统 AN/ASQ—191 通信干扰机 AN/ALR—67 雷达告警接收机 AN/ALE—39 箔条弹/红外干扰曳光弹投放器 AGM—88A “哈姆”反雷达导弹	电子战与电子情报平台，远距、近距支援干扰和随队/护航干扰
EF-111A	12	AN/ALQ—99E(V) 战术干扰系统 AN/ALQ—137(V) 4 欺骗式电子战系统 AN/ALR—62(V) 4 雷达告警接收机 AN/ALR—23 红外告警接收机 AN/ALE—40 箔条弹/红外干扰曳光弹投放器	远距、近距支援干扰和随队/护航干扰

续表

机型	架数	主要机载电子战设备	任　务
EC—130H	7	SPASMC电子干扰系统 "罗盘呼叫"C电子干扰系统	干扰敌航空兵指挥、控制、通信和导航以及敌我识别系统
F—4G "野鼬鼠"	36	AN/APR—38或47雷达告警和寻的系统 AN/ALQ—119或131杂波和欺骗干扰吊舱 AN/ALQ—69雷达告警接收机 AN/ALE—40箔条弹/红外干扰曳光弹投放器 AGM —88A"哈姆"反雷达导弹	发现和识别地方防空雷达,对雷达和地对空导弹阵地定位后,发射空对地反雷达导弹予以攻击
RC—135	9	AN/ALA—6测向器 AN/ALD—119分析器 AN/APR—17或34电子侦察接收机 AN/ASD—1电子情报系统 AN/ASQ—70杂波干扰机箔条投放器	战区电子战电子情报侦察
RF—4C	35	TEREC战术电子侦察情报系统	电子情报侦察(35架中一部分装用)
TR—1A	6	PLSS精确定位与攻击系统	对敌雷达精确定位,引导攻击机、导弹攻击
U—2R	7	多种电子侦察系统	高空电子侦察

表7.4　国外电子干扰装备技术性能水平

平台与干扰机类型	工作频段	有效辐射功率	可干扰的目标数量(个)	干扰机系统响应时间(秒)
战术飞机 机载干扰机	C～J	10kW	16～32	0.1～0.25
战略轰炸机 机载干扰机	A～J	30kW	100	0.1
舰载干扰机	F～J	1MW	80	0.3～2
车载干扰机	I～J	160W	6	0.1～2

一般来说,对雷达实施电子干扰的基本战术包括以下几种:

(1) 远距干扰

远距干扰是将专用干扰飞机配置在攻击机编队以外,远离敌方被攻击目标,施放电子干扰,支援己方攻机编队的突袭,如图7.1所示。干扰编队空域选择在敌方武器射程之外,并尽量靠近敌方被攻击目标,通常为数十千米至100千米左右,飞行高度约6000～10000m。干扰编队比攻击机编队提前3～5分钟到达指定空域,待攻击机编队脱离目标后停止干扰并返回。远距干扰的优点在于,干扰编队比较安全,干扰持续时间长,干扰扇面大,能同时对各种雷达施放干扰。缺点在于,干扰编队提前出动,容易暴露企图;攻击编队航线不能离开干扰区,机动受限制,当攻击编队中的飞机要作机动飞行时,远距干扰效果难以满足要求;远距干扰由于距离较远,干扰强度较弱。

(2)近距干扰

以专用电子干扰飞机作为攻击编队的先导机,并随编队一起突防。当飞临目标附近时电

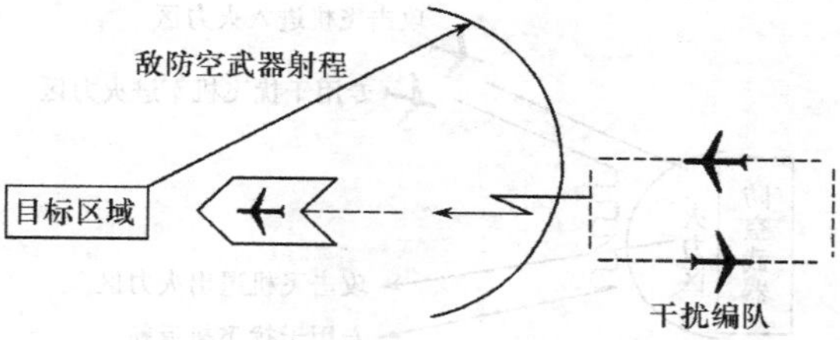

图 7.1　远距干扰示意

子干扰飞机脱离编队，在距目标的一定距离上盘旋飞行，继续施放电子干扰。战斗结束后，同攻击编队会合并掩护该编队返航。随着各种飞行器和投掷式干扰设备在电子战中的运用，近距干扰的方式呈现多样化。例如，使用无人机将各类投掷式干扰设备（雷达干扰设备、通信干扰设备、指令信号干扰设备、光电干扰设备）有针对性地投放在敌方被攻击目标与己方攻击编队之间，以电子干扰掩护攻击编队的突袭。又如，载有电子干扰系统的无人机，按程序进入指定空域，在距离目标区 15～25 海里的半径上作圆周飞行。无人机上的电子干扰系统仅在收到对方被攻击目标发出的电磁信号时才施放干扰，以此来掩护攻击编队的突击。近距干扰的优点是，干扰强度大，可使小功率的干扰设备获得很好的压制效果或形成足够强的模拟信号；其缺点是干扰源易受攻击，生存能力低。

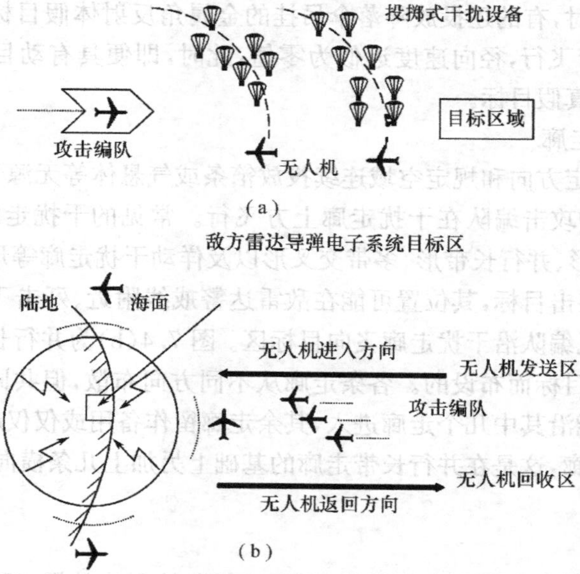

图 7.2　近距干扰示意

(3)随行干扰

随行干扰（又称随队干扰）是指专用干扰飞机在给定空域内伴随攻击飞机编队飞行，施放干扰，掩护攻击飞机编队。它包括编队外随行干扰和编队内随行干扰两种基本方式。随行干扰的优点是干扰强度大，机动性和掩护效果好。缺点是专用电子战飞机的危险性较大，与攻击编队的协同较复杂。

(4)自卫干扰

各种作战飞机使用自身携带的有源干扰系统和无源干扰器材，形成压制性或欺骗性的干

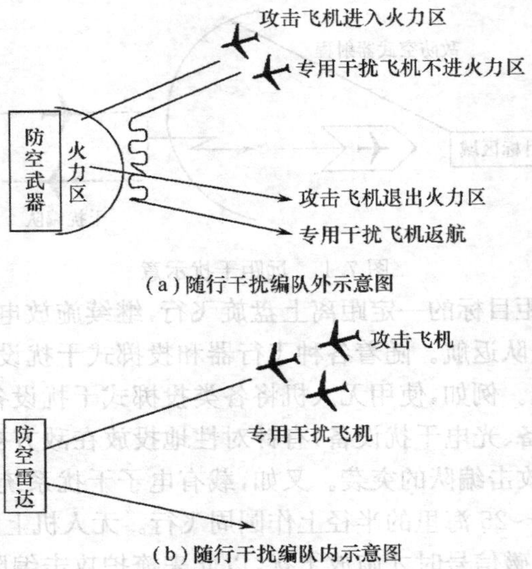

图 7.3　随行干扰示意

扰效果，确保在复杂电磁环境中作战时的自身安全。自卫干扰有很多具体形式。另外，作战飞机在受到电磁威胁时，有的还投放降落伞吊挂的金属角反射体假目标。作战飞机投放伞降假目标后，作 180°转弯飞行，径向速度近似为零值，此时，即便具有动目标显示功能的雷达也难以在短时间内分辨真假目标。

(5) 布撒干扰走廊

干扰编队按规定方向和规定空域连续投放箔条或气悬体等无源干扰物，形成干扰走廊，以迷盲对方雷达，掩护攻击编队在干扰走廊上方飞行。常见的干扰走廊长约 80～100km，宽约 20～40km，呈长带形、并行长带形、多带交叉形以及伴动干扰走廊等形式。图 7.4(a)是长带形干扰走廊，它指向突击目标，其位置可能在敌雷达警戒线附近、歼击飞机拦截线附近或防空火力区上空，轰炸飞机编队沿干扰走廊飞向目标区。图 7.4(b)为并行长带形干扰走廊。它是为了从几个方面突击目标而布设的。各条走廊从不同方向布散，但共同指向目标区。战略轰炸机突击目标时，可能沿其中几个走廊进入，其余走廊留作备用或仅仅起诱惑作用。图 7.4(c)为多带交叉性干扰走廊，这是在并行长带走廊的基础上另加上几条横向走廊，以掩护攻击编队作航向机动。

(6)复式干扰

用箔条布撒干扰走廊配合有源干扰，既造成复杂的干扰效果，又起到战术欺骗作用，能有效掩护攻击编队。例如，为掩护战略轰炸机可以采用如下图所示的复式干扰，包括图 7.5、图 7.6、图 7.7 和图 7.8 所示的几种方式。图 7.5 为 180°复式干扰，指的是干扰走廊和专用飞机分布在被干扰雷达两个相差 180°的方向上，干扰电波经干扰走廊反射后再到达雷达，攻击编队从干扰走廊方向接近雷达。图 7.6 为零度复式干扰，指的是干扰走廊和专用干扰飞机在被干扰雷达的同一方向上，但前后距离不同。常用的方法是专用干扰飞机更靠近被干扰雷达，向尾后释放的干扰电波经走廊反射到雷达上，向前方释放的干扰电波则直接射向雷达。图 7.7为侧向复式干扰，指的是将干扰走廊布设在攻击飞机与雷达连线的侧方，用专用干扰飞机及其他干扰源施放干扰电波，经干扰走廊反射后到达雷达。图 7.8 为走廊中复式干扰，指的

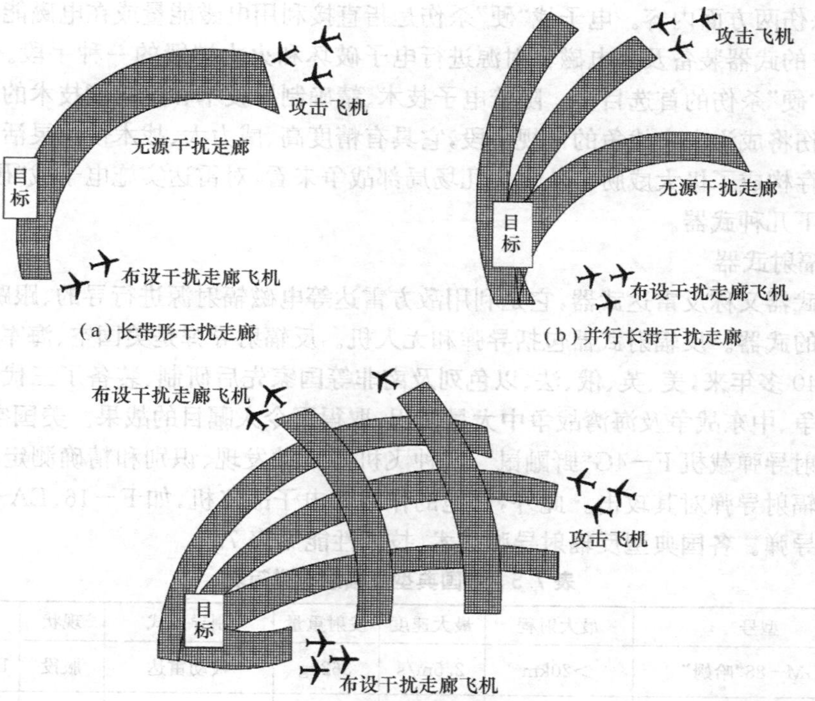

(a)长带形干扰走廊　　(b)并行长带干扰走廊

(c)多带交叉性干扰走廊

图 7.4　干扰走廊示意

是专用干扰飞机沿干扰走廊飞行并施放干扰，这种干扰是为了更有效地压制多普勒雷达。

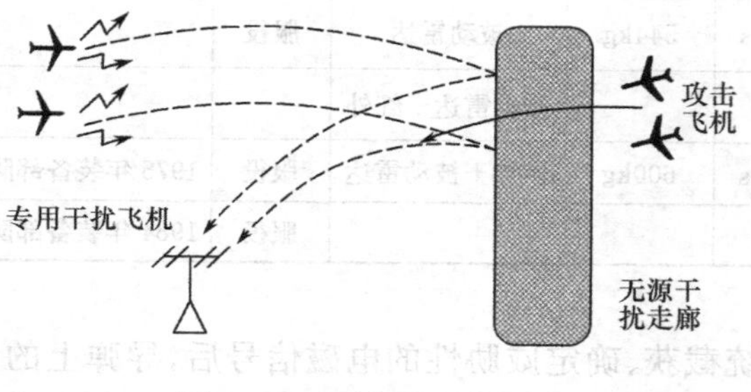

图 7.5　180°复式干扰示意

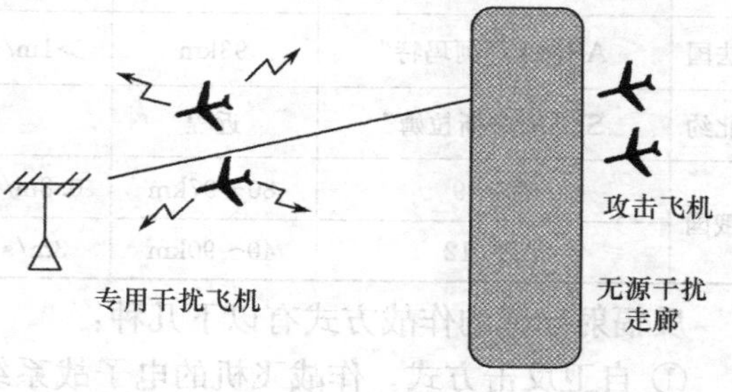

图 7.6　零度复式干扰示意

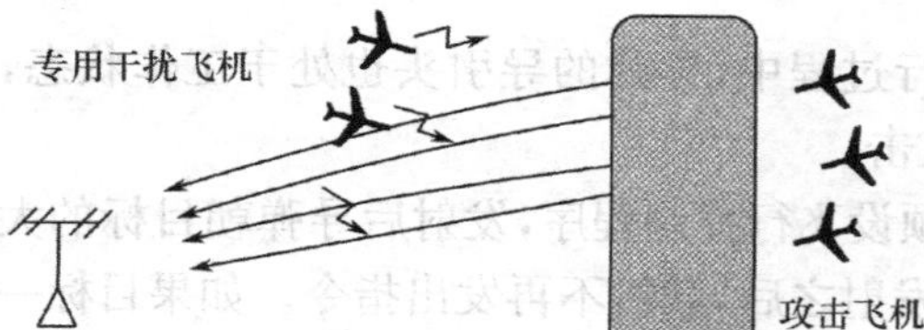

图 7.7　侧向复式干扰示意

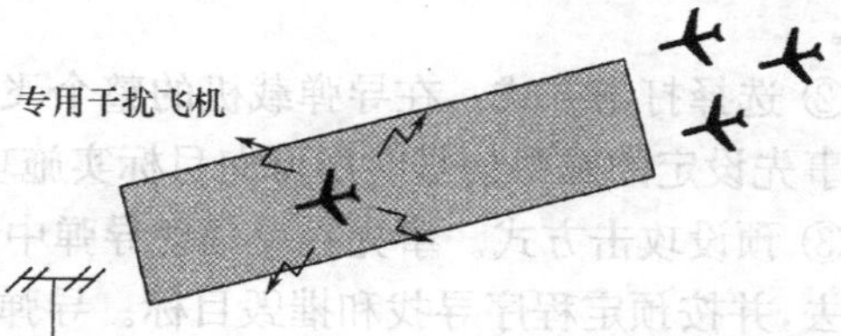

图 7.8　走廊中复式干扰示意

3. 精度高、威力大、战术使用灵活的电子战“硬”杀伤环境

电子战是“使用电磁能和定向能控制电磁频谱或攻击敌军的任何军事行动”，它包括了

“软”、“硬”杀伤两方面内容。电子战“硬”杀伤是指直接利用电磁能量或在电磁能量的支援、配合下，对对方的武器装备及其电磁辐射源进行电子破坏和火力摧毁的一种手段。通常雷达是实施电子战“硬”杀伤的首选目标。随着电子技术、精确制导技术和定向能技术的迅猛发展，电子战“硬”杀伤将成为未来战争的常规手段，它具有精度高、威力大、战术使用灵活等优点，对有源雷达的生存构成了极大威胁。从现代几场局部战争来看，对雷达实施电子战“硬”杀伤手段，主要使用以下几种武器。

(1) 反辐射武器

反辐射武器又称反雷达武器，它是利用敌方雷达等电磁辐射源进行寻的、跟踪直至将辐射源予以摧毁的武器。反辐射武器包括导弹和无人机。反辐射导弹是美国空、海军从1958年开始研制的。40多年来，美、英、俄、法、以色列及南非等国家先后研制、装备了三代反辐射导弹，并在越南战争、中东战争及海湾战争中大量使用，取得了令人瞩目的战果。美国空军目前装备了大量反辐射导弹载机F－4G“野鼬鼠”，这种飞机能自动发现、识别和精确测定敌方雷达，并用“哈姆”反辐射导弹对其攻击。此外，其他的作战和电子战飞机，如F－16、EA－6B等，都可携带反辐射导弹。各国典型反辐射导弹战术、技术性能见表7.5。

表7.5　各国典型反辐射导弹简表

国家	型号	最大射程	最大速度	发射重量	制导方式	现状	备注
美国	AGM－88“哈姆”	＞20km	2.5m/s	362kg	被动雷达	服役	1982年交付使用
	AGM－122“佩剑”	5km		113kg	被动雷达	服役	由“响尾蛇”改进
	AGM－136A“默虹”			181kg		试验	
英国	ALARM“阿拉姆”	70km	2m/s	280kg	被动雷达＋惯导		
法国	ARMAT“阿玛特”	93km	＞1m/s	544kg	被动雷达	服役	
北约	SLARM“斯拉姆”	近程			被动雷达＋红外		
俄国	AS－9	80～97km	0.8m/s	600kg	惯导＋被动雷达	服役	1975年装备部队
	AS－12	40～90km	3m/s			服役	1984年装备部队

反辐射导弹的作战方式有以下几种：

① 自卫反击方式。作战飞机的电子战系统截获、确定威胁性的电磁信号后，导弹上的计算机实时进行分类，自动选定其中威胁最大者，一旦确定重点摧毁目标即可进行自卫反击式的攻击。

② 选择打击方式。在导弹载机的整个飞行过程中，导弹的导引头也处于工作状态，当截获到事先设定的威胁信号时即可向目标实施攻击。

③ 预设攻击方式。事先在反辐射导弹中预设飞行控制程序，发射后导弹朝目标的大致方向飞去，并按预定程序寻找和摧毁目标。导弹发射之后，载机不再发出指令。如果目标一直不辐射电磁波，导弹也按预定程序进行攻击。在越南战争中，越南空军有部雷达还未开机，美军的“百舌鸟”反辐射导弹就打下来了。这就是根据事先侦察的坐标，按发射三要素(发射距离、发射高度、发射角)进行投放的。

在一般情况下，也可采用引诱手段，使敌防空兵器的电子系统开机，然后实施“硬”杀伤。如图7.9所示。

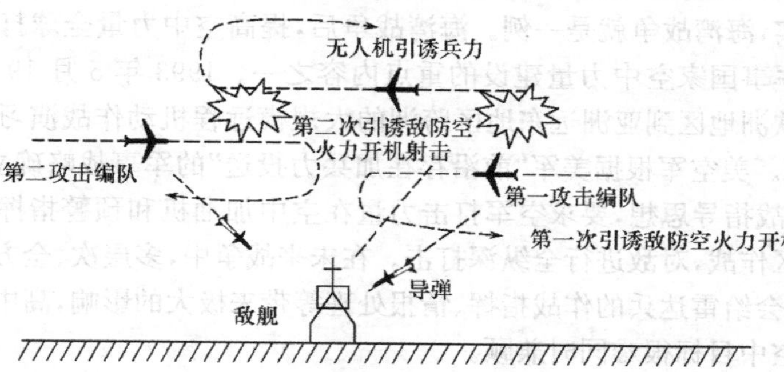

图 7.9　引诱敌防空系统开机后发射反辐射导弹

美国海、空军共同研制的“默虹”AGM－136A 反辐射无人机射程可达数百千米，发射后能长时间在空中待机巡航飞行。只要敌方雷达一开机，就会立即遭到“默虹”导弹的攻击。如果敌方雷达为规避攻击而关机或不开机，“默虹”会再次升高，在敌目标区域上空盘旋，待机再次攻击。这种灵活的战术使用方法和它所具有的摧毁能力不但对雷达的生存造成了直接的威胁，也对雷达操纵人员造成极大的心理压力。反辐射无人机具有明显的技术优势和较高的效费比，世界上很多国家都在研制和引进反辐射无人机。

(2) 高功率微波武器

高功率微波武器又称射频武器，是采用强微波辐射所产生的剧热和强电场对电子设备及其他目标进行电子干扰、毁伤的一种定向能武器。它可产生数百兆瓦至千兆瓦以上的微波功率，再经过天线产生一个可控的高定向能电磁波束，用以干扰或摧毁目标。发达国家从 20 世纪 70 年代起就开始了高功率微波武器的研制，近年来已在各种场合进行过试验，并取得了重大进展。在海湾战争开战的第一天，美国海军首次使用了试验性的高功率微波弹头(非标准化武器)。它将普通爆炸的能量转换成射频能量，破坏了伊拉克防空系统和指挥控制中心的电子系统。该弹头装在“战斧”巡航导弹上，从潜艇或战舰上发射。高功率微波武器一旦投入使用，将会对雷达构成严重威胁。

7.1.2　空中目标环境

空中目标，是雷达兵实施对空警戒侦察的主要对象。及时发现、连续跟踪空中目标和迅速报知空中情报，是雷达兵作战行动的最终目的。随着现代航空技术、精确制导技术的飞速发展，雷达观察的主要对象如飞机、导弹等飞行器越来越现代化、隐身化，加上先进突防战术的综合运用，空中目标环境日趋复杂，极大地影响着雷达对空中目标的观察与掌握。

1. 多层次、全方向、大纵深的目标分布形态

现代高技术局部战争已经表明，随着空袭兵器在机动能力和远战能力上的大幅度提高，实施空中进攻作战的范围更为广阔。这种广阔的战场，就垂直高度而言，先进的航空兵器可以从离地数米到 30km 以上，包括超高空和超低空的各种高度层，都将会有目标活动。此外，在未来的空中作战中，作战对手将还会把实际利用的空间扩展到宇宙空间。由于现代空袭兵器的

航程和射程空前强大,已打破了过去由前沿向纵深逐步推进的线式作战模式,从纵深开战、全纵深打击已成为现实,海湾战争就是一例。海湾战争后,提高空中力量全球打击、全纵深作战能力成为世界主要军事国家空中力量建设的重点内容之一。1993 年 5 月 19 日,俄罗斯空军在本土首次组织从欧洲地区到亚洲远东地区跨洲的大规模远程机动作战演习。演习中,空中机动距离近 8000km。美空军根据美军"前沿存在加兵力投送"的军事战略确立了"全球到达,全球作战"的战略作战指导思想,要求空军打击力量在空中加油机和预警指挥机的支援下,机动至世界上任意战区作战,对敌进行全纵深打击。在未来战争中,多层次、全方向、大纵深的空中目标分布态势,将会给雷达兵的作战指挥、情报处理等带来极大的影响,高中低空、远中近程以及不同方向上的空中目标很难同时兼顾。

2. 多机种、群体化、小编队的目标组合结构

高技术条件下的空战,是体系与体系之间的对抗。为了突防综合型、一体化的防空体系,美国空军早在越南战争的"后卫Ⅱ"空中战役中成功地创造了多机种群体空袭作战的方法。参加的机种包括侦察机、空中掩护战斗机、反雷达飞机、电子干扰机、突击机、空中加油机、空中预警指挥机、救护机等,按照作战功能,这 10 余个机种分为 8 种编队。即空中预警指挥编队、护航掩护编队、突击编队、压制编队、侦察编队、电子战编队(包括"软"、"硬"杀伤编队)、空中加油编队、空中救护编队。空袭作战中,根据作战性质、任务、战场条件等因素,将上述各型飞机编成多则 100 多架、少则数十架的规模不等的作战整体,它们以预警指挥机为核心,以突击编队为主要突击力量,以其他编队为支援掩护和保障力量,功能齐全,编配比例合理。这就形成了多机种、群体化、小编队的空中目标组合结构。

越南战争以后这种作战方法发展很快。1982 年 6 月 9～10 日,以色列共出动三个波次的近 300 架各型作战飞机,共摧毁叙利亚萨姆－6 导弹阵地 23 个、萨姆－8 导弹阵地三个,击落叙利亚歼击机 82 架。1986 年 4 月 14～15 日,美军使用了由多个机种的近 170 余架各型飞机组成的空袭机群,仅用了 18 分钟就摧毁利比亚的 5 个军事目标。海湾战争中,除隐身飞机外,多国部队的其他飞机一般都组成数十架飞机的战术机群。一个典型的昼间突击机群大约由 60 架飞机组成。其基本编成是,由 24 架 F－16A/C、F－15、F－111E/F、"狂风"、"美洲虎"、A－10、A－6E 等战斗轰炸机组成空中突击编队,这些飞机分为 6 个 4 机编队,装备全球定位系统,有的还装备干扰吊舱和"兰盾"夜间低空导弹和目标定位装置;由 12 架 F－15C、F－16、幻影－2000、"狂风"、F－14、F－18 等飞机组成的护航编队;由 2～4 架 EA－6B、EF－111A 飞机组成的电子战护航编队和 1 架 EC－130H 组成的区域无线电子干扰编队;由装备反辐射导弹的不等架数的 F－4G 和 A－6E 飞机组成的"硬"杀伤电子战编队;还有一定数量的空中预警指挥机和空中加油机。1991 年海湾战争爆发时,除了空中有 700 架多国部队的飞机外,还有约 90 枚巡航导弹和 50 架伊军飞机,再加上大量空中战术诱饵,空中目标总数达到近千个。综上所述,采用多机种、群体化、小编队的目标组合结构将会导致空中目标数量急剧增加,如果不具备大容量的自动化雷达情报录取与处理能力,将很难完成高技术条件下的雷达情报保障任务。

3. 低空、超低空的目标突防手段

雷达投入作战应用以来就一直面临着低空、超低空目标突防的严峻挑战。飞机等目标可

以利用地形的遮挡和雷达的盲区来避开地面雷达的探测与监视。在20世纪60年代以前，飞机的低空突防能力还比较低，主要是依靠人员的视觉和驾驶技术来实现。60年代以后，随着地形跟随技术在作战飞机和巡航导弹上的运用，低空突防能力大大提高。尤其是进入80年代以来，微电子技术、计算机技术及现代控制技术飞速发展，给研制新一代低空突防兵器奠定了基础。加之世界各国都已经建立了现代化的防空体系，基本上解决了中、高空的防御问题，这也促使了低空突防兵器的发展和运用。据有关资料统计表明，在近10年来的局部战争和地区冲突中，飞机从中、高空突防时，如不计其他因素，被对方地空导弹击毁的概率可达100%；如果飞机以大于340m/s(1马赫)的速度从低空、超低空突防，被对方地空导弹击毁的概率仅为15%～20%。从两次中东战争到马岛战争、海湾战争，从原苏联飞行员别连科驾机叛逃日本到原西德青年鲁斯特驾机降落在莫斯科红场，这都是运用低空突防的成功战例。一般来说，低空、超低空突防的最佳高度是海上15m，平原60m，丘陵山地120m。新一代作战飞机和巡航导弹大都有很强的低空突防能力。如美军经过改装的B－52G/H战略轰炸机，能在91.44m的平均高度上飞行4个小时，其战术训练的最低飞行高度已达到60m；B－lB战略轰炸机能以900km的时速，在60m的高度上实施突防。

由此可见，未来战争中，作战对手利用低空、超低空目标突防将成为一种常规手段。寻求对付这种低空、超低空目标的有效对策已成为地面防空雷达迫切需要解决的重大课题。

4. 迅速发展的目标隐身技术

隐身技术又称为低可探测技术或目标特征控制技术，它是改变武器装备等目标的可探测信息特征，使敌方探测系统不易发现或发现距离缩短的综合性技术。隐身技术从广义上讲，包括反雷达、反红外、反可见光、反声波等隐身技术和抑制电磁辐射的隐身技术，其中，反雷达隐身技术是当前发展的重点之一，也是狭义上的隐身技术。由雷达方程可知，雷达探测空中目标的最大探测距离R与空中目标的雷达截面积RCS呈1/4次方函数关系。雷达截面积减少，则雷达最大探测距离也随之减小。由计算可知，设雷达截面积为A，在其他条件不变时，其最大探测距离为R。则：

雷达截面积为0.5A时，最大探测距离为0.84R。

雷达截面积为0.01A时，最大探测距离为0.32R。

雷达截面积为0.001A时，最大探测距离为0.18R。

雷达截面积为0.0001A时，最大探测距离为0.10R。

隐身飞机的关键是减少其雷达截面积。几种隐身飞行器的雷达截面积如表7.6所示。隐身技术的应用，把电子伪装与突防手段结为一体，开拓了电子对抗的新领域，使得空袭兵器的突防能力和进攻的突然性大为增强，成为隐蔽突防最理想的兵器。在1989年12月，美军2架F－117A战斗轰炸机，长途飞行数千千米，成功地躲过了几个国家雷达系统的监视，突然袭击了位于巴拿马城以西120km的军事目标，使后续空降部队未受任何抵抗就顺利救出了被关押在巴拿马特别监狱中的中央情报局官员。在海湾战争中，美军使用了52架F－117A战斗轰炸机专门用来突击伊拉克防空火力密集的国家军事指挥中心、核化设施及空军指挥机构等，出动架次只占多国部队飞机总出动架次的2%，却轰炸了目标清单中40%以上的战略目标，且自己无一损伤。隐身飞机雷达截面积很小，电磁隐蔽性极强，给地面雷达的搜索发现、目标识别造成极大的困难，甚至根本无法掌握。隐身飞机的出现，正在导致探测手段的变革。

表 7.6 几种隐身飞行器的雷达截面积

型号	B-2 战略轰炸机	F-117A 战斗机	F-22 战斗机	ACM 巡航导弹
雷达截面积(m^2)	0.1	<0.01	0.1	0.1

5. 异军突起的导弹目标

使用战术地地导弹和巡航导弹实施远距离打击，是高技术条件下空袭作战的一种重要手段。两伊战争中，伊拉克和伊朗共发射各型地地战术导弹 249 枚，这是第二次世界大战后发射数量最多的一次导弹战。海湾战争中，多国部队对伊拉克大规模空袭就是从发射巡航导弹开始的。在以后的作战中，伊拉克断断续续向沙特和以色列发射了 88 枚“飞毛腿”及其改进型“侯赛因”战术地地导弹。为对付伊拉克导弹的袭击，美军把“爱国者”地空导弹武器系统投入战斗，对“飞毛腿”、“侯赛因”导弹实施了拦截，尽管成功率不高，但它写下了用导弹打导弹的第一个战例，标志着人类进入了导弹攻防对抗的新时代。世界上的军事强国都极其重视战术地地导弹、巡航导弹等远战武器的作战使用，在未来反空袭作战中，利用战术地地导弹、巡航导弹对目标实施远距离打击将成为重要的作战样式。战术地地导弹的射程一般在 300～1000km，弹道的最大高度可达 200～400km，超出了常规雷达的探测范围；导弹的中段和再入段飞行速度为 6～7 马赫，约 2km/s，全程飞行时间小于 10 分钟，即使导弹一发射就被雷达跟踪，能提供的预警时间也只有 5～6 分钟；导弹弹头的雷达截面积通常只有 0.05～0.5m^2，再入大气层的角度一般均在 45°～70°范围内。常规雷达是按飞机的雷达截面积 2～5m^2、仰角小于 30°来设计的，因此，常规体制的对空情报雷达基本上不具备发现与跟踪战术地地导弹的能力。如果不装备相控阵等先进体制雷达，在未来反空袭作战中将很难获得弹道导弹的预警情报。巡航导弹的整个飞行阶段虽然都是在大气层以内，但由于其制导方式先进，巡航速度大，巡航高度低，雷达截面积小，加之具有一定的隐身性能，因而地面对空情报雷达发现与掌握的距离极为有限，很难满足作战部队的情报需要。BGM-109“战斧”巡航导弹战术、技术性能见表 7.7。

表 7.7 “战斧”巡航导弹战术、技术性能

型 号	BGM-109A	BGM-109B	BGM-109C	BGM-109D	BGM-109G
类 型	海射对地攻击	海射反舰	海射对地攻击	陆地对地攻击	
弹长(m)	6.20				
弹径(m)	0.52				
总重(kg)	1453	1500			1450
动力装置	涡轮风扇发动机+固体火箭助推器				
制导方式	惯性+地形匹配	惯性+主动雷达	惯性+地形匹配+景象匹配		惯性+地形匹配
巡航速度	0.7 马赫(约 238m/s)				
巡航高度	海上:7～15m;平地:50m;崎岖山区:150m				
精度(CEP:m)	30	9			30
射程(km)	2500	460	舰射:1300;潜射:920		2500

7.1.3 地面战场环境

雷达一旦用于军事目的，便成为对方实施“软”、“硬”杀伤的主要目标。雷达兵部队不但面临着复杂的电子战“软”杀伤环境，还面临着严酷的各种火力袭击的“硬”杀伤环境，后者能从根

本上摧毁和削弱作战能力。电子战环境、空中目标环境直接影响雷达兵的雷达保障有效性，而地面战场环境则直接关系到部队的生存能力。在近期发生的几场局部战争中，地面防空雷达一直是对方实施摧毁的首选目标，因此，雷达兵部队还将面临着十分严峻的地面战场环境。对雷达兵实施袭击的主要样式包括：精确制导武器袭击、武装直升机袭击、空中轰炸。

1. 精确制导武器的袭击

精确制导武器是命中精度很高的导弹、制导炮弹、制导炸弹等制导武器的总称，主要是指非核弹头的高精度战役、战术制导武器。这些武器对射程内的点状目标如坦克、飞机、雷达、指挥所等可以达到50%以上的直接命中率。随着微电子技术和计算机技术的发展，精确制导武器的作战能力得到了很大的提高，在几次局部战争中发挥了重大作用。1972年4～12月，美国在越南战争中大量使用激光和电视制导炸弹，炸毁了约80%的被攻击目标，同普通炸弹相比作战效能有几十倍的提高。在1991年的海湾战争中，精确制导武器更是大显身手，充当了战场的主角。多国部队使用了大约20种精确制导武器，如"战斧"巡航导弹、"爱国者"防空导弹、"斯拉姆"空对地导弹、"哈姆"反辐射导弹、"海尔法"反坦克导弹、"响尾蛇"和"麻雀"空空导弹及激光制导炸弹等，显示了超常的作战能力。在近期局部战争中，用精确制导武器袭击对方的雷达已成为常规手段。1986年4月15日凌晨，美军在对利比亚实施大规模空袭之前，美海军航空兵6架A－7E各携带6枚"百舌鸟"反辐射导弹从"美国"号航母上起飞，6架F/A－18各携带4枚"哈姆"反辐射导弹从"珊瑚号"航母上起飞，首先攻击了利比亚沿海的雷达，摧毁了5个警戒雷达站及部分地空导弹制导雷达。海湾战争中，多国部队使用反辐射导弹、激光制导炸弹等精确制导武器对伊拉克的地面雷达进行了袭击。未来战争中，提高雷达站的防护能力，防止敌使用精度高、威力大、速度快的精确制导武器的袭击，这已成为制约雷达兵部队生存能力的重要因素。

2. 武装直升机的袭击

武装直升机具有垂直起降、悬停等特殊性能，非常适应空中机动作战的需要，它一出现就引起世界各国军队的重视。20世纪60年代以来，武装直升机大量进入军队装备行列，并在现代战争中发挥了重要作用。武装直升机对雷达站实施袭击，主要采用空降、机降和火力突击的方式。海湾战争爆发时，美国8架AH－64"阿帕奇"武装直升机，仅用4分钟的时间，摧毁了伊拉克边境的两个雷达站，随后有100多架多国部队的飞机从这里通过，袭击了伊拉克的一些关键目标。

3. 空中轰炸

利用轰炸机、歼击轰炸机和强击机对对方雷达实施空中轰炸，在中外雷达兵作战史上屡见不鲜。在第二次世界大战期间，德国曾对英军的雷达站实施了大规模的轰炸。1944年，英、美联军在诺曼底登陆时，曾集中大批飞机对德军部署在该地区的80部雷达进行全面轰炸，使80%的雷达遭到摧毁。

7.1.4　战斗基本方法

雷达兵旅(团)的战斗主要包括两个方面的内容：一是为空军作战部队提供空中情报；二是

为提高雷达自身生存能力和探测有效性所进行的电子防御。雷达兵战斗基本方法是指在一定的敌情、我情和战场环境条件下,雷达兵组织实施雷达保障和电子防御的对策与措施。

1. 机动隐蔽,伪装诱骗

这是普遍采用的作战方法,目的在于欺骗敌人,保存自己,最终战胜敌人。海湾战争已经证明,此法应用得当,作战效果极好。

雷达兵旅(团)的机动,是战时保持雷达稳定的有效措施。根据任务不同,一般可分为加强式机动(加强某一局部区域雷达网)、替补式机动(替补遭受破坏的某些雷达)、交叉式机动(战前将不同样式的雷达进行换防)、阵地式机动(在阵地周围一定范围内快速机动)、诱骗式机动(组织小分队轮流到若干个阵地上定时展开工作)、巡警式机动(边运动边开机工作)等。

雷达兵旅(团)的隐蔽,主要是指阵地、频率、雷达和行动的隐蔽。隐蔽要与机动、伪装等手段结合使用,以取得更好的效果。隐蔽阵地,要充分利用自然条件;隐蔽频率,要远离常用频段或靠近敌常用频段;隐蔽雷达,一般应选低峰值功率雷达;隐蔽行动,不仅要考虑对付敌光学侦察、电子侦察,还要考虑对付敌常规的地面侦察等。

阵地、营房、雷达天线等暴露部位以及雷达转移行动的伪装,对反敌侦察和常规轰炸具有重要意义。常用的方法有:利用地物、地貌进行自然伪装;使用伪装网、迷彩色、烟幕以及建筑外形进行人工伪装等。

诱骗是一种主动防御手段。海湾战争中,伊军采取"以假示真"的手段,在减少己方损失方面起到了重要作用。雷达兵旅(团)常用的诱骗手段有:利用制式或非制式器材设置假阵地、假雷达、假天线、假油机、假目标;在无线电通信中传递假信号、假情报等。重要阵地要设置雷达专用诱饵。

2. 综合选优,整体对抗

电子战手段虽多,但每一种手段都不可能做到十全十美,有优点也必存在缺点。雷达网一般由多型、多频段雷达和其他探测手段组成,各型雷达装备也有其各自的特点,单靠某种雷达和手段对付电子战是有限的。要发挥各种手段的长处,形成整体威力,利用电子战手段的弱点,捕捉和跟踪目标。

综合选优,整体对抗是雷达兵对付电子战的关键措施。常规雷达选优的基本方法是:先确定主干雷达,然后根据主干雷达的位置、频率选择辅助雷达。主干雷达一般应选威力大、容量大、抗综合干扰能力强和通信条件好的雷达。辅助雷达的选择要考虑与主干雷达形成威力互补、频率互补、手段互补,还要考虑主、辅互换的可能。现代战争中,预警机、双(多)基地雷达、无源探测雷达、超视距雷达、稀布阵雷达以及微光探测手段等将和雷达兵旅(团)进行联网和协同,与常规雷达形成互补。

3. 一主多补,交叉分工

战时空情密集,敌我真假难分,各种原因引起的情报误差大,虚警率高,情报综合极为困难。解决这个难题的主要办法有:

(1) 一主多补。大功率雷达威力大,探测距离远,但地球曲率限制了其低空性能的发挥,对低空目标探测距离近。所谓补盲,主要是用另设的雷达弥补主雷达的盲区。这里主雷达与补盲雷达不是平行关系，而是隶属关系，把补盲雷达看成是主雷达的一部分，是其性能的延伸。补盲雷达在设备选型、阵地选点、值班方法、任务区分上完全服从主雷达的要求，与其配套。

(2) 临时互补。在现有体制下，根据任务可临时指定其中一部雷达为主站，相邻一个或两个为补站。采取补盲方法协调工作，也可起到减小情报综合难度的作用。

(3) 下级补上级。在下级站向上级站上报情报的同时，上级站向下经站通报综合情报，使下级指挥员随时根据空中情况变化主动补盲。

(4) 补盲式综合。根据主站划定方向工作，一个方向确定一个主站，若干个补站。主站主标，补站辅标，责任明确。

4. 综合抗击，协同防护

在现代战争中，雷达站和指挥所往往是首先遭敌攻击的目标。保持雷达网的稳定性是保证雷达情报有效性的前提条件。从国内外经验看，基本对策有：

(1) 将指挥所、主要雷达站的防卫工作纳入空军合成作战预案，与航空兵部队、高炮部队、导弹部队、电子对抗部队等组成联防体系。

(2) 加强阵地自卫火力配置。

(3) 与电子对抗部队混编，适时集中能量，干扰、摧毁敌机载预警雷达和其他机载电子设备。

(4) 利用阵地条件，设置空飘雷、空中钢索、拦击网等，阻扰或击毁敌反辐射导弹和低空入侵的飞机、巡航导弹等。

总之，只有综合防护、伪装、抗击等手段，才有可能在复杂、严酷的现代战争中保持雷达网应有的战斗能力。

7.2 雷达兵兵力部署

雷达兵的兵力部署，是雷达兵遂行战斗任务对兵力兵器所进行的任务区分、编组和配置。正确地实施兵力部署，是构建严密可靠的雷达网，充分发挥雷达作战效能的重要基础。

7.2.1 兵力部署的基本依据与要求

1. 兵力部署的基本依据

(1) 适应军事战略和作战需要

空军雷达兵是战略预警系统最基本、最主要的力量，同时又是作战指挥引导的主要情报源。因此，雷达兵的兵力部署必须与国家军事战略相适应，科学布站组网，合理配置兵力兵器，以满足国家防空的需要。各战区雷达网的部署要与整个国家战略预警系统相协调，同时应能满足本战区的作战需求。当本战区主要担负要地防空作战任务时，雷达兵的兵力部署应以适应防空作战的情报需求为主，建立严密的预警网和引导网；当本战区主要担负空中进攻作战任务时，其兵力部署应设法增大情报支援的纵深，以适应航空兵出击作战需要。另外，雷达兵还应保持一定的机动兵力，通过机动部署，以适应本战区任务的转换。

(2) 适应敌我空中武器的战术技术性能和战术手段

现代空中武器已发展成为一个庞大的家族,其战术技术性能也得到空前提高,战术手段日臻灵活多样。就作战飞机而言,大多数都已具备超音速飞行、超低空突防、超视距攻击、全天候作战、洲际远程奔袭(经空中加油)的能力。另外,还有各种先进的导弹,比如“战斧”巡航导弹、“飞毛腿”弹道导弹、“斯拉姆”远程空对地导弹、“爱国者”防空导弹、“哈姆”反辐射导弹、“海尔法”激光制导导弹等。所有这些空中武器都是雷达兵应该掌握的对象。因此,雷达兵的兵力部署应力求达到:一是全程保障指挥引导飞机远程作战和超视距空战;二是能在防空区外发现巡航导弹等低空飞行的目标;三是能在较远的距离上发现隐身飞机、无人机和弹道导弹。

(3) 适应战场电磁环境和地理、天候条件

在现代战争中,敌我双方大量使用电子武器装备,电磁环境将异常复杂。实施兵力部署时,必须充分考虑当时当地的电磁环境,使各型雷达能与之相适应。一方面,要保证部署的雷达互不干扰,与雷达情报通信系统、友邻部队电子装备以及民用电子设施兼容;另一方面,骨干雷达的工作频段应尽力避开敌电子战武器,如电子干扰机、反辐射导弹导引头的主要工作频段。要实现这一目标,必须对战区的电磁环境进行认真的剖析,掌握己方在战区部署的主要电子战武器的工作频率,寻找空当配置相应频段的雷达。在组织调整雷达部署时,还应考虑地理及天候条件对雷达作战效能的影响。对于既定阵地,应选择能适应阵地条件的雷达进驻;对于既定的雷达,应选择合适的架设点,以便最大限度的发挥雷达的战术技术性能;对于沿海、岛屿和多风、多雷电地区应配备良好的防风防雷设施。

(4) 有利于雷达网形成综合威力

单部雷达无论在探测能力上,还是在电子防御能力上都有较大的局限性,因此,雷达部署基本要求是将不同体制、不同频段的雷达进行科学组网,以形成雷达网的综合威力。部署时,要充分考虑频率兼容、空域互补、时域互补、盲区互补。同时应全面了解战区其他军兵种雷达的分布情况,尽可能避免频率重叠和资源浪费。

(5) 有利于提高雷达网的稳定性和再生能力

雷达的稳定性是完成雷达情报任务的前提条件。近期几次局部战争一再证明,破坏雷达网的稳定性,是敌方实施进攻的首选目标。从部属的角度上讲,一是设置一定数量的隐蔽雷达和控制一定数量的机动雷达。应根据不同地区、任务特点和装备经费的可能支撑情况,确定一个合适的比例。二是多基站雷达部署时,必须保持规定的安全距离和队形。三是应积极争取友邻部队的支援,尽可能地将雷达特别是重点雷达部署于友邻作战部队防护火力范围内。

2. 兵力部署的基本要求

雷达兵的兵力部署,应将各种雷达进行优化组合,构成统一、严密、高效、可靠的雷达网。具体要求包括:

(1) 不同体制、不同频段的雷达交错配置

现代战争是系统与系统、体系与体系之间的整体对抗,是武器装备体系总体性能的较量,在电子战中更是如此。目前,任何单部雷达都不容易同时对抗敌综合性的反雷达手段。因此,必须将不同体制、不同频段的雷达交错配置,使之构成一个有机统一的雷达网。不同体制雷达,由于其频率、波形、脉宽、重复频率、极化方式各异,能增加敌侦察、分选、干扰的困难,对抗反辐射导弹袭击也能起到一定作用。相邻雷达站选用不同频段的雷达,占有较宽的频段,迫使

敌干扰能量分散，有利提高雷达网的“四抗”能力。这样，网中的各种雷达可以做到在性能上优势互补，在功能上相互支援，充分发挥雷达网的整体效能。这样才可能对抗敌综合性反雷达手段。

(2) 静态与动态部署相结合

为了对敌实施严密不间断地对空警戒侦察，将部分雷达实施相对固定部署是完全必要的，但部署保持稳定的时间越长，遭敌侦察、干扰和摧毁的可能性越大，雷达网容易遭到破坏。因此，还必须要使用一定的兵力，实施机动部署。所谓机动部署，是指兵力配置要处于动态变化之中。这样，使敌掌握不到我部署的真实情况，很难对其实施有效的反雷达手段。为了争取作战时间，缩短机动距离，提高应变能力，保证机动安全，应给担负机动作战任务的分队配备机动能力强、电子对抗性能好、能担负多种任务的雷达，预先部署在靠近主要战场的浅近纵深，或便于向预定作战地区机动前出的有利位置。同时，还应做好空运、海运雷达兵力至预定战场的远程机动部署的准备。

(3) 前沿部署与纵深部署相衔接

为了在尽可能远的距离上提供空中情报信息，防止敌对我实施突然袭击，雷达兵的部署重点通常应放在主要作战方向或作战地域的前沿地带。在这一地带，应部署主要的兵力、兵器，扩大警戒侦察和保障引导的范围，提高雷达站的生存能力和作战效能，使前沿雷达网严密、可靠，以适应空中作战和防空作战的需要。但是，随着远战兵器的发展和在战争中的运用，非线性作战样式已经形成。在未来战争中，敌空袭的首选目标不完全都在前沿，很可能在纵深地区。因此，在实施雷达部署时，除加强前沿地区的部署外，还应以适当的兵力兵器兼顾纵深或浅近纵深地区，尤其是要加强要地及机场附近的雷达部署，并使前沿部署与纵深部署在规定的最低作战高度上有机结合。

(4) 雷达与其他探测手段相并存

在日益复杂的电子战环境条件下，雷达兵的探测手段必须要以地面雷达为主，其他探测手段为辅，构成一个多手段相并存的局部雷达网。当前，除利用目标的雷达信号特征发现和识别空中目标外，还可利用目标的其他特征信号，如红外、可见光、声波等开辟许多新的探测手段。因此，雷达兵在实施兵力部署时，要将无源探测、微光探测、目力观察、电子情报侦察等手段与雷达进行合理部署，相互搭配，使之形成一个有机的整体，以提高雷达网的稳定性、严密性和有效性。

(5) 与空军电子对抗、作战部队的部署相协调

雷达兵在实施兵力部署时，尤其是在配置一线大型骨干雷达站时，应尽可能使雷达部署与空军的电子对抗、作战部队的部署紧密协调，以便在战时能得到必要的电子战支援和防空火力支援，借助其电子战武器和火力武器，对敌各种杀伤武器的平台实施电子干扰或实体摧毁，有效提高己方雷达的生存能力。

(6) 与陆、海军雷达部署相协调

一方面，要防止空军雷达网与陆、海军雷达网过量重叠；另一方面，又要防止不同军种雷达责任区域的结合部出现较大空隙。空军雷达兵在实施兵力部署时，要在满足空军作战的前提下注意与陆、海军雷达部队的部署相协调，使之在战区内构成陆、海、空三军雷达部署相结合的统一、严密的雷达网。

7.2.2 兵力部署的基本形式及其构组方法

雷达部署的基本形式有面状部署、线状部署和点状部署。不同的部署形式由不同的构组方法达成。

1. 面状部署

面状部署,是将雷达站配置在一定的地域内,使相邻雷达站的雷达探测范围能在规定的高度上相互衔接,以构成能覆盖一定区域的雷达探测网。这是雷达网的基本部署形势。这种部署形式,通常适用于内地纵深及战区周围,能保证较大范围内连续监视空中目标和作战指挥引导的需要,并具有一定的电子防御能力。面状部署的密度,依作战地域、保卫目标的重要程度及雷达的数量、性能等情况而定,通常在敌进袭的主要方向应适当增加兵力部署的密度。

面状部署,一般采用三角形配置的方法进行。其优点一是比较经济合理;二是有利于抗干扰和探测隐身目标。将雷达站按三角形配置,可以使大部分雷达相对处于干扰较轻或隐身效果差的位置,便于发现敌干扰掩护下的目标和隐身目标。因此,在地形条件许可的前提下,应尽量使各雷达站的关系位置在大体上成三角形。另外,在条件具备的情况下,还可采用以大型雷达为骨干,中、小型低空雷达补盲相结合的雷达群进行配置。这样既可减少中、高空探测的过多重叠,又可弥补低空探测的不足。图7.10是等边三角形部署示意图。

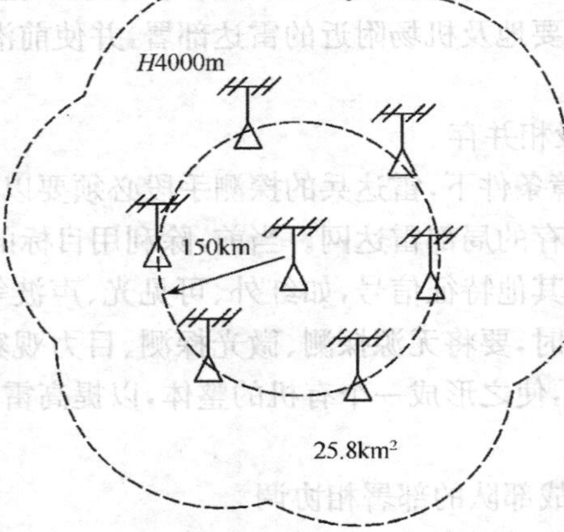

图7.10 等边三角形部署覆盖示意图

2. 线状部署

线状部署,是根据敌空袭兵器可能入侵的方向和飞行高度,将雷达站作线状配置,以构成一定宽度的对空警戒线。这种部署形式,通常用于沿海、边境、要地外围,以及在主要方向上对某一类特殊目标的设防(如图7.11所示)。如美国担负北方预警任务的雷达,部署形式是以线状部署为主。其中远程预警线大致沿北纬70°线配置(距美国北部边境1600km),在西起阿留申群岛、东至冰岛西岸的一线距离内(全长9600km)部署了31个雷达站。近程预警线沿北纬49°线部署(在美、加边界的加方境内),横贯美国东西海岸,配备各种用途的雷达100部。空中预警线(机载预警控制系统)沿美国东西海岸设置,为防止敌机从海上进袭美国本土,由E—3A预警指挥机担负巡逻警戒任务。

实施线状部署时,应区分主次,而不平分兵力。在主要方向和主要地域,通常应采取紧密的线状部署,缩短相邻雷达站的间隔,增大部署密度;在次要方向和地域,通常采取疏开的线状部署,增大相邻雷达站的间隔。为了在前沿一线构成严密的对空警戒线,根据作战需要,通常配备大型远程警戒雷达。由于考虑到整个雷达网的构组效率,根据大型雷达的探测性能,相邻雷达的探测范围只宜在中、高空衔接,其低空空域盲区及顶空空域盲区,只能用低空雷达进行补盲。如何在前沿一线将大型骨干警戒雷达与低空补盲雷达进行科学搭配是构组线状雷达网的关键。

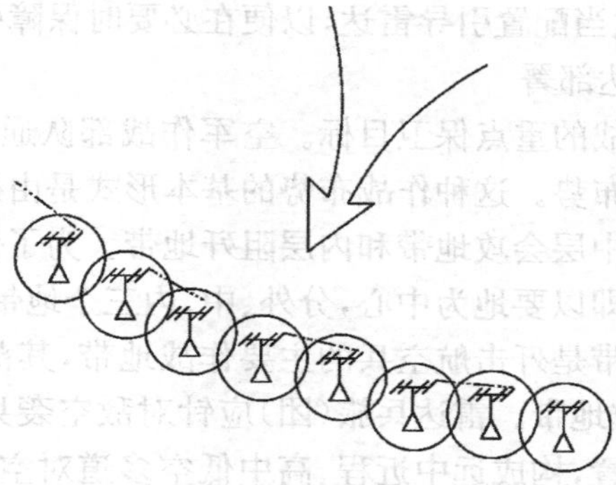

图7.11 线状部署示意

3. 点状部署

点状部署是在特殊情况下采用的一种辅助部署形式。如因敌情、地形和兵器装备条件限制难以或无须构成面状部署和线状部署时,应根据当时任务和可能条件,将雷达站作点状部署。担负机动作战任务的雷达和隐蔽雷达也作点状部署。

实施点状部署时,对特别重要的中心雷达站,可将数部不同频段、不同体制、不同用途的雷达,分别展开在1～2km^{2}的地域内,形成强大的探测中心,这对于在复杂电子战条件下完成重要作战任务的情报保障是十分必要和可行的。

面状、线状、点状部署形式可以结合使用。如在沿海、边境地区,可沿海岸线或边界线实施线状部署;在部署地域的纵深,围绕要地或机场实施面状部署;在海岛、部署地域的纵深的点状保卫目标附近实施点状部署,使前沿部署和纵深部署紧密衔接,达到建构严密雷达网的目的。

7.2.3 遂行不同任务时的部署

1. 保障空军防空作战时的部署

(1) 边境、沿海地区雷达站的部署

边境、沿海雷达站是防空作战的前哨,它应具有连续不间断地实施对空警戒侦察的能力。因此,边境、沿海雷达站应配备两部以上警戒雷达,实行轮流开机值班。为了保证不漏失入侵的敌机,应根据任务、敌情、兵器装备和地形条件等,按照雷达网的构组方法,正确确定相邻雷达站的间隔。边境、沿海上的第一道警戒线,应当具有较高的严密程度。通常应尽可能使相邻雷达站的探测范围在敌空袭兵器可能入侵的最低高度上衔接,并且要有一定的重叠度。边境、沿海二线与浅近纵深地区雷达站之间的距离,应能保证雷达探测区域在中空衔接。

为了在尽可能远的距离上及时发现空中目标,在敌空袭兵器可能来袭的主要方向上,可部署大型远程警戒雷达。大型远程警戒雷达站之间,应部署低空补盲雷达站,解决大型远程警戒雷达低空和顶空盲区的弥补问题。

(2) 纵深地区雷达站的部署

纵深地区的雷达警戒线,通常由单机或双机警戒雷达站的探测范围构成,它应能保证及时发现中空或低空以上的目标。为此,应尽可能部署大型警戒雷达,以节约兵力。在航空兵可能进行战斗活动的地域,还应适当配置引导雷达,以便在必要时保障引导。

(3) 国家中心要地的雷达部署

国家中心要地是防空作战的重点保卫目标。空军作战部队通常是以要地为中心,组成环形、大纵深、多层防御的作战布势。这种作战布势的基本形式是由外向里构成相互衔接的三个作战地带,即外层截击地带、中层会攻地带和内层阻歼地带。为了保障空军作战部队的情报需要,雷达部署应与之相适应,即以要地为中心,分外、中、内三个地带实施部署。

外层截击地带。这一地带是歼击航空兵的主要作战地带,其范围是由歼击机的最远截击线开始,向内延伸至中层会攻地带。雷达兵旅(团)应针对敌空袭兵器可能来袭的方向,将大、中型警戒雷达作纵深梯次配置,构成远中近程、高中低空多道对空警戒线,保证能发现低空以上目标,及时向航空兵及其他作战部队指挥所提供远方情报。同时还应根据这一地带机场分布,配置一定数量的大型引导雷达,保障航空兵的作战指挥引导。一线雷达站应适当配备警戒兼引导雷达,以保障接替引导和航空兵实施反击作战时的情报需要。

中层会攻地带。这一地带位于外层截击地带与内层阻歼地带之间,是以地空导弹为主会同歼击航空兵和高射炮兵对来袭敌空袭兵器进行整体抗击的地带。主要由不同型号的地空导弹、不同口径的高射炮和电子对抗兵器混合配置构成多层环形作战部署,在全方位形成多层次的密集火力网。在此地带内,主要以配备大型引导雷达和中、低空警戒雷达为主,为歼击航空兵提供引导情报,同时也为地空导弹兵、高射炮兵和电子对抗分队提供协同情报。

内层阻歼地带。这一地带是为阻歼突入防御纵深对要地实施突击之敌而在保卫目标上空组成的拦阻、歼敌作战区。其范围大小取决于目标的分布、地面防空兵器阵地位置和火力范围,一般包括目标上空及其附近周围的全部空间。这一地带以配置高射炮和近程地空导弹为主,在目标上空构成阻歼敌机的密集火力网。在此地带内,主要配置对消性能好的低空雷达,以重点保障地空导弹、高炮部队的作战需要。由于这一地带的纵深比较浅,在实施雷达部署时,也可与中层会攻地带的雷达部署进行统一协调和配备。

2. 保障空军空中进攻作战时的布势

(1) 航空兵地面布势的基本形式

航空兵在实施空中进攻战役之前,都是在地面既设机场网内展开配置的,只有这样,才能为突击兵力、压制兵力、掩护兵力以及保障兵力形成有利的空中布势提供基础条件。雷达兵旅(团)指挥员必须要了解航空兵地面布势的基本形式,并以此作为保障空中进攻作战雷达部署的基本依据。

空中进攻战役兵力在地面配置的基本形式是：纵深梯次与混合配置相结合。即根据空中进攻战役的企图、突击目标的性质、敌对空防御体系和我方编成内兵力兵器的性能及所要形成的空中布势形式，将压制兵力、掩护兵力分别配置在一、二线机场，将突击兵力、预备队兵力分别配置在二线或纵深机场，将侦察、干扰、指挥控制、空中加油等专业保障飞机灵活地混合配置在各相应的机场，形成一个纵深梯次与混合配置相结合的便于形成有利空中布势的地面布势。

(2) 保障空中进攻作战时雷达部署的调整

雷达兵旅(团)的部署一般是按照保障空军防空作战的模式而确定的，这种部署模式显然不能完全适应保障空军空中进攻作战的需要。因此，雷达兵旅(团)需要在原有部署的基础上进行局部调整，重点是加强主要作战方向前沿的远距离引导和低空引导的力量，以达成保障空军空中进攻作战时的部署态势。

3. 保障空军协同陆、海军作战时的部署

在保障空军协同陆、海军作战时，雷达兵除向陆军野战防空系统和海军防空系统提供远方情报外，还应根据空军支援陆、海军作战任务，派出机动引导雷达，保障空军前进指挥所和引导站的情报需要。雷达兵的部署必须适应战线变化快、战场环境复杂等情况，适应对多方向、多批次、多层次、多机种、低空超低空作战指挥引导的需要，适应空军及陆、海军众多单位的情报需要。

7.2.4 非常规雷达的部署

现代战争中所使用的反雷达手段主要是针对现役地面常规雷达的工作机理而设计的，因而对地面常规雷达的生存能力和探测有效性构成了极大的威胁，各种反雷达手段综合使用可对常规雷达进行致命打击。因此，世界各国都在积极开发应用新的探测手段，以适应现代战争中情报信息斗争的需要。这些非常规雷达的体制和工作方式不同，在部署上也呈现出新的特点。

1. 无源雷达的部署

为了提高电子防御能力，许多国家长期以来一直在研究将无源探测用于防空情报系统。捷克的“塔玛拉－B”(即 TAMARA－B 或 MCS－90)被动式预警系统又称“地面无源型目标侦察及探测系统”，具有对固定空域进行无源探测、对目标进行识别、对固定地(海)域实施电子侦察等功能，是目前较典型的无源雷达。图 7.12 为“塔玛拉－B”无源雷达系统的框图。该系统由接收系统(接收装置、接收控制站、天线支架)、信号处理控制站、监控和信息综合站、与用户系统的接口设备等组成。“塔玛拉－B”无源雷达采用了利用左、右站与中间站到达脉冲时差解双曲函数的长基线定位法，通过测定辐射源同一脉冲到达三个接收站的时差，再由已知的几何关系，解算出辐射源的位置。从原理上看，无源雷达好像并不复杂，但实践中有很多技术难点。例如，在每秒几十万次的复杂电磁脉冲环境中分选出同一辐射源的单个脉冲，这就是一项十分复杂的技术。

部署无源雷达应注意的几个问题：

① 左、右两个边站与中心站要相距 10～35km，且在以中心站为基准的 100°范围之内，左、

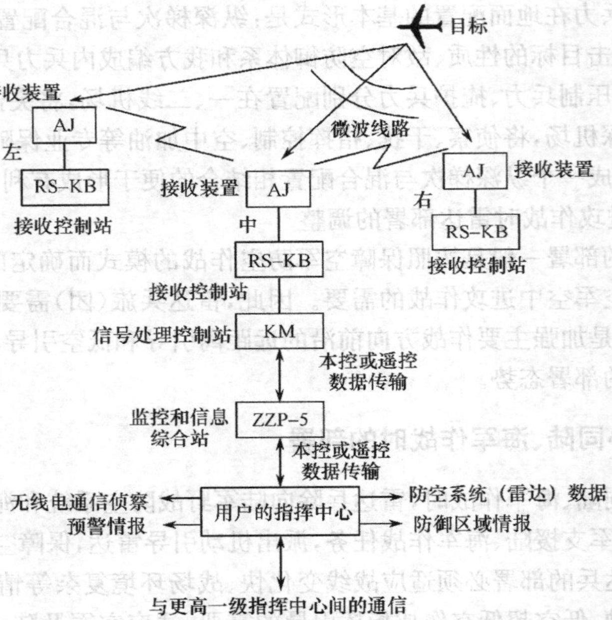

图 7.12 “塔玛拉－B”系统框图

中、右三个站的海拔高度应尽量一致。各站要精确定位，且三个站之间的距离误差要小于3m。

② 左、中、右三个站的阵地周围要比较开阔，至少在前方100°探测范围内，要保证良好的视线，防止因周围高山、建筑物等物体反射回来的同一信号产生“重影”，使信号模糊，从而使时差的测量产生干扰或误差，影响对目标的定位精度。

③ 无源雷达与有源雷达要结合使用。无源被动探测必须要有目标辐射信号，一旦目标实施无线电静默，无源雷达便不能测定目标坐标。所以该雷达只有与有源雷达结合使用，才能发挥最佳效益。

2. 天波超视距雷达的部署

超视距雷达功率强、频率低、作用距离远、覆盖面积大，能及时发现和跟踪弹道导弹、巡航导弹、远程轰炸机、隐身飞机等大气层内外的活动目标，是实施战略预警的最好兵器之一。目前，世界上发展超视距雷达的国家主要有美国、俄罗斯，英国、澳大利亚和中国。超视距雷达主要有两种类型：一种是利用电离层折射效应观测视距以外的目标，称为天波超视距雷达；另一种是利用电磁波沿地球表面绕射效应观测视距以外的目标，称为地波超视距雷达。天波超视距雷达又分两种：接收机在发射机前方接收目标前向散射波的称为前向散射超视距雷达；发射站和接收站配置在邻近地点，利用发射信号照射目标后沿原路径返回的后向散射波来检测目标的称为后向散射超视距雷达。超视距雷达都工作在短波波段(2～30MHz)。

以美国AN/FPS—118后向散射超视距雷达为例。天波超视距雷达由发射站、接收站和操作中心三大部分组成。该雷达的接收站与发射站位于邻近两地，利用电离层对短波的反射效应使电波传播到远方约900～3500km处，再利用目标的后向散射特性探测目标，因此可探测和跟踪电离层以下的飞机、导弹以及海面舰船等。这种雷达能提供目标的方位、距离和径向速度，不能提供目标的高度。

(1) 天波超视距雷达的战术特点

① 具有探测小型目标的能力。天波超视距雷达能否发现小型军用飞机和巡航导弹,这是军事专家们特别关心的问题。小型导弹一般长3~7m,仍属该雷达工作的谐振区或瑞利区的高端,具有较大的雷达截面积,雷达能有效检测到小型目标的信号。美国部署的天波超视距雷达曾多次发现过小型目标。如部署在东海岸的天波超视距雷达曾发现和跟踪过F—15、F—16型战斗机和空飘气球,以及距离为3000km、高度为150~7600m、时速为647~749km、有效长度为7.3m的AQM—34M遥控飞行器(其雷达截面积相当于俄罗斯的AS—15巡航导弹)。

② 具有探测低空慢速目标的能力。在强地(海)杂波背景中检测低空慢速目标一直是地面常规雷达无法解决的问题,而超视距雷达在这方面有其独特的优势。早在80年代初,美国的天波超视距雷达就成功地检测到了各种舰船目标,如斯坦福研究所研制的WARF雷达发现过2600km处雷达截面积为35dBm^{2}的小型铁制渔船。通过检测实验表明,美国天波超视距雷达对海上舰船的发现概率在87%以上。这表明该雷达具有很强的低空探测能力。

③ 具有探测隐身飞机的能力。目前,雷达波吸收涂层的有效频率段为1~18GHz,而超视距雷达工作频率多为2~30MHz,故雷达波吸收涂层对超视距雷达不起作用。此外,在这一频段还可以利用与隐身目标的谐振频率共振来增大雷达反射面积,从而使隐身技术失效。美国空军负责天波超视距雷达的官员声称,超视距雷达系统有能力发现大气层中来自敌方的任何威胁,包括隐身飞机。据报道,澳大利亚部署的"金达利"(Jindalee)天波超视距雷达曾经探测到200km以外的隐身轰炸机。

④ 具有探测洲际导弹及核爆炸的能力。弹道导弹发射时所产生的尾焰可在天波超视距雷达上产生强大的喷烟回波;助推火箭推进到300km左右的高空时,火箭发动机的燃烧物也将空气电离;导弹进入电离层还将产生一个扰动区。这样,导弹在发射后从喷烟区到扰动区都可观察到。导弹弹头下落时,以超高音速进入大气层,弹头周围形成弓形激波,高达4000℃的高温使空气电离,高温还使部分热防护材料烧蚀电离。这些电离体所产生的回波比弹头本身回波大得多,容易被超视距雷达观测到。同样,核爆炸的核辐射与热辐射都能导致空气电离,还能使短波电波信道中断,超视距雷达根据这些现象就能探测到核爆炸。因此,天波超视距雷达可用于探测洲际弹道导弹的发射与下落点,并具有一定的观察核爆炸的能力。

⑤ 具有抗反辐射导弹和抗轰炸的能力。天波超视距雷达为双基地工作,接收站只收不发;发射站的天线口径大于反辐射导弹信号波长,且发射波束经电离层折射,使导弹难以定位;该雷达一般置于腹地,敌方空地导弹及轰炸机不易到达。这些就决定了天波超视距雷达具有一定的抗反辐射导弹和抗轰炸的能力。

(2) 部署超视距雷达应注意的几个问题

根据天波超视距雷达的体制和结构特点,在部署时应注意以下几个问题:

① 阵地开阔平整。超视距雷达属大型战略预警雷达,其体积非常庞大。美国AN/FPS—118后向散射超视距雷达的一部发射天线占地面积为182万平方米,一部接收天线占地面积为101万平方米,而且每部天线还要铺设一定面积的地网。如果采用2组或3组天线合成,雷达阵地的面积还需扩大2倍或3倍。这样,超视距雷达的阵地不仅要开阔,而且还要平整。

② 由于超视距雷达约有900km的起始盲区,在确定阵地位置时,必须要把雷达盲区放在国土范围以内,将900km以外的区域作为主要探测区域。

③ 超视距雷达的部署形式。可根据雷达数量和作战需要,采取扇形或环形部署的形式,并要有一定的重叠度。

④ 为了弥补超视距雷达盲区,必须要将地面常规雷达适当部署在超视距雷达的盲区范围内,与超视距雷达配合使用,防止敌飞行器突入超视距雷达盲区。

⑤ 超视距雷达的部署,必须与防空作战部队的部署相协调,使其具有较强的生存能力。

3. 空中预警机的部署

空中预警机将空中预警与指挥控制结为一体,在几次局部战争特别是在海湾战争中显示出了强大的威力。空中预警雷达是空中预警机的核心电子设备。发达国家经过40多年的研制,先后发展了三代空中预警雷达。第一代从20世纪40年代末开始陆续装备,60~70年代全部退役;第二代产品始于50年代末,几经改进,一直沿用到现在;第三代空中预警雷达主要特点是甩掉了笨重的背负式旋转天线,代之以相控阵天线或同类型的相控阵天线。

(1) 空中预警机的战术特点

① 低空、超低空探测性能好,覆盖空域范围大。空中预警机与地面雷达相比,最大的优越性在于视距大,低空探测性能好。随着目标高度的降低,预警机的这一优越性更加明显。由于地面雷达受地物遮蔽及杂波的影响,实际探测距离要比视距小。先进的预警机雷达由于具有很强的杂波抑制能力,其最大探测距离与视距接近。例如美国E—3A空中预警机的低空最大探测距离大于350km。先进预警机的探测范围已从空中、海面发展到陆地,并能探测地面固定目标和低速活动目标。

② 留空时间长,机动能力强。预警机采用大、中型飞机作为载机,有很强的续航能力。如E—3A以波音707为基础改装而成,巡航速度每小时700~800km,空中不加油的续航时间为11小时。如果进行二次空中加油,续航时间可延长到24小时。预警机可远离起飞基地作战,作战半径可达千千米以上,特别适合机动作战。

③ 情报容量大,反应速度快。预警机作为先进的C^3I系统,从情报的收集到处理完全实现自动化。因此,情报容量大,反应速度快。例如,E－2T预警机可同时处理300~600批目标,并可针对其中30个目标引导飞机进行空中截击。从雷达发现目标到发出指令,只需10余秒钟,具有快速反应的能力。

④ 不但能执行空中预警,还能实现空中指挥控制。空中预警机全称为空中预警和控制系统。预警机上除了有威力强的机载雷达外,还配有众多的终端显示设备、数据处理设备及通信设备。预警机上获得的情报可通过语音和数据通信传递给地面情报中心,也可直接与空中飞机和地面、海上作战部队直接联系,发布指令,实现空中作战指挥。

⑤ 有源和无源两套探测系统。先进预警机除利用机载雷达探测目标外,还具有一套无源探测系统。该系统通过探测敌方电磁辐射,对辐射源进行粗略定位、分析、识别。由于无源探测直接利用敌方辐射的电磁波,往往先于有源系统发现目标,有利于有源系统的探测。综合有源、无源系统情报,除了获取目标位置、速度信息外,还能获取目标类型、性质等信息。

(2) 空中预警机在部署与使用时应注意的几个问题

预警机在空中作亚音速巡航,发射很强的雷达、通信、敌我识别等电磁波信号,容易被敌方发现和跟踪,再加之本身缺乏一定的自卫能力,因此,预警机的安全面临严重的威胁。这是部署与使用预警机时必须要考虑的重大问题。

① 预警机的巡逻航线一般选择在己方边境一侧，平行于边境飞行，离敌前沿 200～300km。如果出海执行任务，必须要拥有该区域的制空权和制海权。

② 为了在某一区域构成严密的预警网，需要 2 架或多架预警机同时工作。例如，为了同时覆盖 500 海里（926km）边境，需有 3 架预警机按一定距离间隔同时巡逻。

③ 在使用预警机时，必须要有强大的空中、海上和地面防空力量作保障，以提高预警机的生存能力。

④ 预警机在海上执行侦察任务时，不能在己方舰队上空巡逻，因为这将暴露舰队位置和动向。美国海军规定，E－2C 空中预警机要距舰队 350km。由于预警机的雷达信号可以被 800km 以外高空飞行的侦察机截获，因此预警机雷达的开机时间及辐射方向需要控制和选择，通常先让无源探测系统工作，如发现可疑信号，再开机载雷达工作，将有源与无源系统的信息进行综合后，得出完整的情报再发回舰队。

7.3　雷达的电子防御

7.3.1　雷达反电子侦察的战术手段

1. 电子侦察特点

（1）强点

① 覆盖面积大。高空侦察飞机每小时可完成对几十万至上百万平方千米地域内各种电磁信号的侦察，电子侦察卫星每天绕地球飞行十多圈，可以截收半径约为 3000km 的圆形地区内的无线电信号。

② 作用距离远。雷达使用电磁波双程损耗后的信息，电子侦察机使用电磁波单程损耗后的信息，因此，一般情况下侦察机仍比雷达作用距离远，电子侦察飞机可以不到被侦察目标上空，而是在对方雷达探测范围之外比较安全的空域或己方上空飞行。

③ 侦察方式多。可使用目视、光学、红外、微波、无源雷达等方式对雷达进行侦察。雷达阵地上与雷达相关的目标如油机、通信设备、道路、人员等被发现后，完全可以导致雷达阵地暴露，致使雷达伪装更加困难。

④ 信息处理快。电子支援措施（ESM）能对每秒百万个辐射信号进行相关分选，检测出射频、重频等技术参数，并根据资料数据库分析提供电子战斗序列（EOB）的情报。

⑤ 侦察、摧毁一体化。RWR（雷达告警接收机）、ESM 同干扰、打击系统联动，发现与摧毁几乎同步进行，构成完整的侦察、干扰、摧毁系统。

（2）弱点

① 各种侦察手段和设备都不是万能的，都要受到探测波段的范围、灵敏度、探测时间的长短，侦察人员的主观成分等因素的影响，使侦察效果降低。

② 当雷达采取隐蔽、降低显著性、改变外形和示假等方法时，侦察的效果就会大大降低。海湾战争中，伊拉克采取隐真示假措施后，美军的侦察、轰炸效果大大降低。

③ 对雷达的侦察要同时满足三个条件才能侦收。即侦察接收机接收波瓣与雷达发射波瓣方向对准；侦察接收机调谐于雷达射频，侦察接收机要在收、发波瓣对准的瞬间完成极宽的

频段搜索;侦察接收机必要的灵敏度要达到－55～－100dBm。这些条件给侦查工作带来了困难,也为雷达反侦察提供了机会。

2. 反电子侦察的战术运用

(1) 隐蔽电子信号

不发射电子信号或者即使发射也使敌难以侦获。具体方法包括:一是在主要作战方向的前沿和纵深地带部署一定数量的隐蔽雷达,平时进行严密伪装,从严掌握雷达开机,防止电磁信号外泄;二是发挥航管雷达作用,将大部分由警戒雷达担负的日常军用和民用航空管制所需情报交由航管雷达负责,这样平时可关闭一批警戒雷达从而使部分警戒雷达得到有效的隐蔽;三是适时运用低截获概率雷达、脉冲压缩雷达、噪声雷达及无源探测雷达掌握空情,这几种雷达既能发现掌握空中目标,又能使其发射的电磁信号不易被敌侦察接收截获,同时还具有良好的抗干扰、抗反辐射导弹的功能;四是增加有线通信,减少无线电通信,必要时实施无线电静默,以减少敌侦察装置对我通信系统的侦获和定位。

(2) 控制电子辐射

针对敌各种电子侦察装置的特点、空中目标的多少及其分布态势和雷达站的位置及雷达性能,科学控制雷达的开机,降低被敌侦获的概率。其主要方法:一是指挥所应在保证完成任务的前提下最大限度地减少雷达的开机数量;二是严格控制隐蔽雷达的开机和启用隐蔽频率工作;三是应充分利用无线电技侦部队和友邻雷达部队提供的远方情报,尽量减少值班警戒雷达的开机数量和时间;四是经常改变值班雷达序列,变有序为无序,变固定为随机,使敌难以掌握我值班雷达开机规律;五是针对敌侦察卫星的轨道运行情况和侦察飞机及地(海)面侦察站(船)的飞行、航行和部署情况及各雷达站的相对位置,灵活控制雷达的辐射时间和辐射方向,并减少无线通信。

(3) 实施电子欺骗

指挥员根据本战区战役电子对抗的总体要求,通过设置和运用假雷达辐射源对敌侦察装置进行欺骗,使其真假难辨,难以获取准确情报。其主要方法:一是利用报废雷达的发射机或专门生产的只具发射能力的设备,在部分现役雷达阵地附近或待用、预备阵地辐射与现役雷达同频率的电子信号,模拟现役雷达工作,形成电子欺骗网;二是有计划地组织假雷达(辐射源)与现役雷达交替开机或同时开机,以此来掩护真的雷达工作;三是利用假雷达在敌侦察时开机工作,将其故意暴露于敌,使敌误假为真;四是实施有计划的频率机动,使一部雷达产生多个辐射源,以降低敌侦察定位的精度。

7.3.2 雷达反电子干扰的战术手段

1. 电子干扰特点

(1) 强点

发达国家采用的电子干扰具有突出特点。

① 综合使用多种干扰手段。电子干扰作战一般会综合运用多种干扰手段,尽可能给对方造成困难。常用的干扰手段是:既实施积极干扰又实施消极干扰;既使用压制干扰又使用欺骗

干扰；既实施支援干扰又进行自卫干扰和协同干扰；既使用机载干扰机，又使用地面干扰机和投掷式干扰机，以达到最强烈的整体干扰效果。

② 干扰频率覆盖范围极宽。电子干扰信号几乎能覆盖从短波一直到可见光的所有频率，大大超过了雷达、通信设备的工作频率范围。例如，美军典型的有源干扰设备 AN/ALQ－131 杂波/欺骗双模电子对抗吊舱频率可同时覆盖5个雷达频段。

③ 干扰距离远、空域大。大功率的有源干扰设备（单台功率就可达1～2kW）由于电磁辐射只经过单程损耗，因此干扰距离远、空域大。海湾战争中，"白雪"行动几乎覆盖了整个伊拉克版图。

④ 干扰系统自动化程度高。目前，新一代有源干扰设备由于配备了自备的侦察引导接收机和数字信息处理机，自动化程度较高，开机后无须再调整。系统可在信号密集的环境中工作，能实时分析和判断威胁环境的情况，确定雷达威胁轻重缓急，由计算机选择最佳干扰样式。在干扰过程中，具有瞬间观测能力，可不断观测电磁环境和受干扰雷达的变化，随时鉴定干扰效果，直到使干扰效果达到最佳为止。

（2）弱点

① 施放干扰会导致攻击企图过早暴露。通过掌握雷达受干扰情报，可以为分析、判断作战企图提供重要依据，为作战部队做好战斗准备赢得时间。

② 要保证已方同频段设备正常工作，就要留有不受干扰的频段（频率），这给反干扰提供了可乘之机。

③ 瞄准式噪声干扰虽然功率密度大，使雷达自卫距离大大减小，但易被雷达捷变频克服；阻塞式噪声干扰虽可使雷达捷变频无效，但干扰功率分散，雷达自卫距离较远。

④干扰造成战场环境异常复杂，对自己的空中侦察接收机也造成了沉重的负荷。

2. 反电子干扰的战术运用

针对电子干扰，雷达系统本身从雷达总体、发射机、天线、接收机和信号处理等方面采用了特定的抗干扰技术措施，包括进行功率对抗、空间选择、频域抗争及采用新体制雷达等。此外，雷达反电子干扰还必须采用正确的战术。

（1）合理部署雷达，增强整体效能

合理部署雷达，可以充分发挥现有雷达装备的作用，增强雷达网整体抗干扰的效能，有效地抗击敌人施放的干扰。具体做法包括6个方面：

一是将不同频率雷达交错部署。将不同频率的雷达交错部署于某一地区、相邻的雷达站内，可以增大相邻雷达的频率差，扩展某一地区内的雷达频段。当敌方实施瞄准式干扰时，可使部分雷达不受干扰；当敌实施阻塞式干扰时，能起到分散敌方干扰功率，减轻干扰的作用。

二是将新老程式的雷达混合部署。可增强新老雷达抗干扰的互补性。当老程式雷达受到严重干扰时，可适时启用新程式雷达工作，当新程式雷达遭受强烈干扰时，也可用老程式雷达弥补。现代局部战争情况表明，空袭之敌往往忽视对老程式雷达施放干扰，因此老程式雷达仍能发挥一定作用。

三是将常用雷达与隐蔽雷达重叠部署。当常用雷达遭敌干扰破坏时，适时启用隐蔽雷达掌握空情。

四是将与敌同频率雷达近敌部署。将与敌的雷达、通信设备频率相同或相近的雷达部署在与敌相近的地区,使敌在施放干扰时不得不考虑对已方雷达、通信设备造成的影响,从而使这类雷达受干扰较轻或不受干扰。

五是针对干扰有一定方向性的特点进行三角形部署。使雷达网的每相邻三个雷达站之间,概略地成为等边三角形。这样部署可以使大部分雷达处于干扰飞机进袭方向的两侧,侧方雷达受干扰较轻,便于在干扰下掌握目标。越南战争期间,越军雷达兵运用三角形部署取得了较好的反干扰效果。

六是在重要区域内进行集团部署。在主要作战方向、重要保卫目标周围,采取一地多站或一站多部的部署方法,把数部雷达作集团部署,可以在重要空域形成雷达能量对干扰能量的相对优势,便于干扰条件下向作战部队提供所需的空中情报。

(2) 组织战术改频,减轻干扰影响

改频抗干扰也称调频抗干扰,包括在雷达频率范围内的调频、跳频或启用隐蔽频率。战术改频是指运用必要的战术手段,利用改频方法,欺骗、引诱和迷惑敌人,有计划造成敌人的错觉,从而避开或减轻积极干扰对雷达的影响。进行战术改频,通常由雷达旅(团)指挥所根据雷达网受干扰的程度统一组织实施,必要时也可由雷达站按照抗干扰预案单独实施。具体方法如下:

当数部雷达同时遭敌强烈干扰时,可进行交叉改频。即让部分雷达频率调高,部分雷达频率调低。迫使敌人干扰频带加宽,分散其干扰功率,减轻干扰对我方雷达的影响。当处于敌方攻击编队正面和侧面的雷达同时遭敌方干扰时,可让处于敌方攻击编队正面的雷达不改变频率,以牵制敌干扰,让处于攻击编队两侧的雷达改变频率,以掌握干扰掩护下的目标;当雷达遭敌瞄准式干扰需要改频时,可只改变雷达发射机频率而不改变接收频率,造成改频假象,诱敌干扰跟踪,当显示器干扰画面减弱或消失时,立即把发射机改回原来频率工作,以便发现目标;当改变频率无效时,可暂时关闭发射机高压,造成敌人错觉,1~2分钟后再突然加上高压,迅速跟踪目标;当雷达遭敌方宽频带阻塞式干扰时,要寻找敌方干扰频率低效点,可将雷达工作频率调整在敌方干扰频率的低效点;当条件许可时,将少数雷达频率调至敌电子设备作用频率,使敌难以干扰;当调频无效时,可突然启用隐蔽频率,使敌方干扰措手不及。

由于改频容易暴露雷达的工作频率范围,因此,雷达旅(团)指挥员在组织战术变频时,尤其是启用隐蔽频率一定要慎重,不可草率启用隐蔽频率。另外,在要求雷达站改频时要做到快、准、隐蔽。尤其是在敌实施阻塞式干扰及瞄准式干扰时,改频的速度一定要快,否则,达不到反干扰的目的;改频时雷达天线应与干扰方向反向,这样,才能达到改频的突然性和隐蔽性。

(3) 运用多种手段,实施综合对抗

从近期发生的几场局部战争来看,进攻方一般会运用多种干扰手段和干扰战术,对雷达情报系统实施强烈的干扰。在此情况下,单靠某一种抗干扰手段是难以奏效的。因此,必须将多种抗干扰手段结合使用,实施综合对抗。具体方法包括:一是组织有关雷达站将专用设备反干扰、改频反干扰等结合复用;二是将雷达探测手段与无源探测手段、光电探测手段结合使用;三是将被动抗干扰手段与主动抗干扰手段结合使用。被动抗干扰手段是指对敌各种干扰的防护,主动抗干扰手段是指对敌干扰源的破坏和摧毁。

(4) 精心组织指挥,连续掌握空情

空军雷达兵的首要任务是实施对空警戒侦察,提供空军防空作战和空军协同陆、海军作战所需要的空中情报。因此,在干扰条件下,必须及时查明干扰情况,判明干扰企图,精心组织指挥。

① 查明干扰情况，判明干扰企图。查明干扰飞机的位置、数量，干扰的种类、频率范围，干扰机波束指向和雷达受干扰的频率范围及干扰强度；判明敌方干扰企图（敌方干扰企图通常有：疲惫对方兵力、制造佯动方向、隐蔽进袭航线、掩护攻击机进入目标和机动、配合电子侦察五个方面）是指挥员实施正确指挥的前提。

② 合理区分各雷达监视任务。第一，要从雷达反侦察的角度区分监视任务。平时使用常频雷达工作，严格控制隐蔽雷达和新程式雷达工作；第二，按区域及干扰飞机与雷达的相对位置区分监视任务。分工位于敌方干扰飞机侧翼和分辨率较强的雷达监视敌攻击编队，分工敌方攻击编队前方的雷达跟踪敌干扰飞机；第三，根据雷达兵器性能区分监视任务，当敌方施放积极干扰时，分工频率可调范围宽、功率大、水平波瓣窄的雷达监视干扰中的目标。当敌方施放消极干扰时，分工有对消装置的雷达和测高雷达重点监视干扰中的目标；第四，根据各雷达受干扰程度，及时调整监视任务，分工受干扰较轻的雷达监视干扰掩护下的目标；第五，适时启用抗干扰能力强的新体制雷达监视干扰掩护下的目标。

③ 多渠道收集空中情报。雷达遭受强烈电子干扰后，情报容易中断和丢失，为了提高情报的连续性，指挥员应采取各种措施，扩大情报来源，及时收集技侦部队、电子对抗部队和陆、海军雷达、民用雷达、观通站及目力观察哨的情报。

④ 适时组织干扰定位，连续掌握干扰飞机。当雷达遭受强烈干扰无法掌握空情时，应运用双机或三机进行干扰定位。利用干扰定位确定干扰源位置，连续掌握敌方干扰飞机，为指挥员判断空情，为作战部队消灭干扰飞机或打乱对方干扰编队创造条件。

⑤ 搞好通信对抗，保持传递顺畅

通信设备是雷达情报系统的重要组成部分，也是敌方干扰的主要对象，因此，除了要组织好雷达抗干扰外，还必须高度重视通信设备的抗干扰，保持雷达情报传递顺畅，否则，雷达掌握的空中情报就会失去使用价值。

7.3.3 抗反辐射导弹的技战术措施

反辐射导弹（ARM）是利用对方电子设备（雷达和红外）的电磁辐射来发现、跟踪以至最后摧毁辐射源的导弹。它是对雷达生存构成最大威胁的“硬”杀伤武器。

1. 反辐射导弹特点

(1) 强点

① 攻击命中率高。反辐射导弹可能采用惯导＋被动雷达等复合制导技术，如被动红外、电视制导以及捷联惯导体制，大大提高了命中精度。1982 年以色列使用“哈姆”导弹摧毁叙利亚的制导雷达阵地时，其命中率高达 100％。

② 采用宽频带被动雷达和红外寻的（或激光、电视等）双模导引头，大大扩展了频谱范围。可以攻击脉冲雷达、脉压雷达、捷变频雷达。

③ 导引头灵敏度大幅度提高，不但能跟踪雷达天线的主瓣，还能跟踪雷达天线的旁（尾）瓣。这样就大大提高了反辐射导弹发现目标的概率和扩大实施攻击角度的范围。

④ 自动化程度高，射程远，速度快。先进的反辐射导弹都采用了频率和位置记忆装置，可

防雷达紧急关机,也可对付雷达的频率捷变。

⑤ 战术使用灵活,适应性较强。第三代、第四代反辐射导弹把骚扰的作战概念引入反辐射导弹的设计中,使反辐射导弹能较长时间在敌区上空巡航飞行,可完全自主地进行搜索、分类和识别目标,并选择跟踪直至摧毁威胁最大的目标。这种灵活的战术使用,不但对雷达构成了极大威胁,也给操纵员的心理造成了压力。

⑥ 生存能力较强。采用无烟发动机,减小了红外特征,弹体小,雷达有效反射面积仅 $0.1m^2$。

(2) 弱点

① 反辐射导弹导引头接收机均采用单脉冲体制,天线波束较宽,即使锁定目标转入角度跟踪后,其波束宽度也达 4°～8°。天线波束宽就无法识别和区分两个和两个以上同步辐射的同载频、同重频信号且相邻设置的辐射源,这是反辐射导弹的致命弱点。

② 导弹在发射前和发射过程中,是以侦察和不断截获目标雷达部署位置、工作频率等信息为前提的,一旦雷达实施机动、隐蔽或关机,都会对导弹作战效能的发挥产生一定的影响。

③ 弹道轨迹直接指向雷达,径向速度很大,易于识别。

④ 频率覆盖范围有限,还不能覆盖米波和毫米波波段。

⑤ 反辐射导弹的导引头需要有辐射源对它照射,因此,它无法攻击不发射电磁波的无源雷达。

⑥ 反辐射导弹发射距离近,高度比较低,载机易遭防空火力拦截。

2. 抗反辐射导弹的技术措施

(1) 双(多)基地雷达

采用双(多)基地体制的雷达,把发射站与接收站分开配置,一个发射站发射电波,一个或多个接收站接收目标回波。可将接收站部署在前线附近的防空火力范围内,发射站设在严密设防的后方或预警飞机上。ARM 对接收站无能为力,而对发射站又难以接近。即使遭到 ARM 的攻击,最多也只能损失发射站,若有备份的发射设备,系统仍能在较短的时间内恢复工作。如美陆军空地配合的双基地雷达,就是由 E－3A 的 AWACS 雷达作发射站,在地面设置接收站,由陆军地面部队监测活动目标。双(多)基地雷达,除了拥有良好的抗 ARM 的性能外,还具有较好的反隐身反干扰性能,因此越来越受到人们的重视。

(2) 雷达组网技术

雷达组网也是对付 ARM、抗干扰、反隐身的一种有效措施。美、英、法、日等国都在加紧防空系统的自动化建设,重视各级指挥中心、各雷达站之间的互补和接替,以提高雷达整体作战能力。日本的对空情报雷达网已实现了情报录取、传递及作战指挥、控制的全自动化。一旦作战需要,可在智能计算机的统一控制下,雷达交替开机、轮番机动,对 ARM 构成闪电状复杂电波环境,使 ARM 归于失败。日本的对空情报雷达还可与其他军兵种的多种传感器和各种软、硬杀伤武器连成一个整体,不仅可对威胁目标进行多重定位补盲和抗电子干扰,还可以在统一控制下,用软、硬杀伤武器将来袭的目标摧毁。

(3) 高机动雷达平台

目前各国对地面雷达的机动性能都非常重视。例如,俄罗斯几乎所有的地面雷达均为车载式,具有较高的机动能力。德国西门子公司研制的 MPDR－3002/S 干扰监视雷达,全机都装在一辆履带车上，它的天线可折叠，由液压系统带动曲臂折叠杆实现天线的上下升降，架设时间为10～20分钟。波兰研制装备的一种高机动雷达，整机也是装在一辆装甲车上，只需58秒钟即可全部展开，可以一边竖起天线，一边旋转天线；一边行军，一边开机工作，还可不受道路的约束，抗ARM十分有效。

(4) 对ARM的干扰和诱饵技术

① 目前对ARM的积极干扰方法有两种：一是放大接收到的连续信号，加上适当的多普勒频偏后进行变换，再经适当的接收时间叠加后即向ARM辐射，使其引信提前动作。但模拟一定的多普勒频偏而无相应的调幅和调频，重现原信号的可靠性低，因而用此种方法提前引爆的概率不高。二是用更完善的模拟信号，即在模拟信号上增加按平方律变化的调幅波和按线性变化的调频波，以提高提前引爆的概率。对ARM的消极干扰，主要是在ARM的飞行航线上施放消极干扰箔条等，干扰ARM的引爆装置，使ARM偏离攻击方向或使之不引爆或提前引爆。

② ARM诱饵是一种与要保护雷达同频同步并相参，且脉冲功率大于被保护雷达旁瓣辐射脉冲功率的假辐射源。例如，美国为了保护"爱国者"导弹系统的AN/MPQ－53雷达，配备有3～4个ARM诱饵发射机，该诱饵系统能混淆ARM制导系统，使之打不到真正的目标。

抗ARM技术上的对策还有很多，如空中预警机、分布式雷达、相控阵和超视距雷达等也能具有良好的抗ARM能力。

3. 抗反辐射导弹的战术运用

(1) 灵活开关雷达

针对ARM依赖对方雷达信号和容易受多源干扰的弱点，采取灵活开关雷达的方法是对抗ARM的有效措施。主要做法：一是当发现敌攻击机群有发射ARM征兆时，指挥所应根据ARM的射程、导引头的覆盖频率和各雷达站与其相对位置，令可能遭攻击的雷达关机并进行防护，令不易遭攻击的雷达开机掌握空情，使ARM找不到合适的攻击目标；二是当需要某一可能遭敌攻击的雷达继续开机时，应组织该雷达周围的且与其同频率、同类型的雷达与该雷达交替开机，构成闪烁状电磁环境，以扰乱ARM的跟踪；三是当只有一部易遭攻击的雷达能掌握空情时，应指示其继续开机，间歇发射，以破坏ARM的准确攻击。

(2) 合理配置诱饵

当前对付ARM的诱饵主要有三种：一是先进的制式诱饵；二是利用废旧雷达充当的诱饵；三是现役雷达采用双套天线的方法设置的诱饵，即一部雷达设双套天线，当发现ARM发射时，立即停止向本雷达天线馈电，而改向外设天线馈电，引诱导弹偏离，以保护主雷达天线和操纵员。设置ARM诱饵应满足三个要求：第一，诱饵的辐射方向应指向ARM来袭的主要方向；第二，诱饵的配置应科学合理，离雷达太远或太近均起不到诱饵的作用，最佳位置是使ARM的导引头对诱饵和主雷达辐射的信号发生模糊，产生较大的跟踪误差，使ARM既命中不了雷达也命中不了诱饵辐射源；第三，诱饵辐射与雷达发射信号的频率、重复频率应十分接近或同频同步，并使诱饵的有效功率稍高于雷达副(尾)瓣辐射功率，诱饵脉冲比雷达脉冲稍提前0.1～0.2微秒，使ARM的导引头较可靠地锁住诱饵辐射信号。

(3) 适时进行干扰

当发现敌攻击机群施放ARM时，配有干扰ARM装置的主要雷达站，一是要及时对

ARM导引头进行积极干扰,使其引信提前引爆;二是及时向ARM的飞行航线前方发射消极干扰箔条炮弹或红外干扰装置,使ARM不引爆或提前引爆或偏离方向。

(4) 设置防护屏障

为减小雷达阵地遭ARM袭击时的损失,提高雷达兵抗ARM的力度,在雷达阵地上可设置三种防护屏障:一是设置工事防护屏障。对担负着重要作战任务不便机动的大型雷达,应修建升降式防护工程,平时升至地面工作。一旦受到敌攻击或ARM威胁时,立即降入地下隐蔽。对中、小型雷达,应修建地下或半地下雷达、油机、通信工作室、指挥室。对无条件修建地下或半地下工事的雷达,应在其工作车周围构筑防护围墙,并将雷达、油机、通信、车辆进行分散配置,以减少ARM袭击时的损失。二是设置火力防护屏障。当发现敌攻击机或ARM临近雷达阵地时,集中雷达站配备的全部火器实施拦阻射击,在雷达阵地上空构成绵密火网,力争将其击落或使其难以准确攻击我雷达天线。

7.3.4 抗隐身飞机的技战术措施

1. 隐身飞机特点

(1) 强点

① 使普通预警雷达失去预警功能,无法实施有效的防御。由于隐身飞机改进了整体结构、外形设计及武器的系统布局,采用能吸收、散射和屏蔽雷达电磁波、红外辐射的新型材料,使得隐身飞机的信息特征非常小,RCS下降了几个数量级。一般的雷达系统无法发现隐身飞机,已有的防空兵器难以发挥作用。海湾战争中,尽管伊军建立有庞大的防空预警系统,但却无法发现像F—117这样的隐形飞机。

② 防空体系的预警时间大大缩短,空中、地面防空兵器不能实施高效能对空防御。防空体系的预警主要依靠雷达,隐形飞行器的使用使预警体系功能下降,如美国B—52轰炸机的雷达散射截面积约为$100m^2$,而B—1B和B—2隐形轰炸机的雷达散射截面积仅为$1m^2$和$0.3m^2$,使B—2被雷达发现的距离比B—52缩短了77%。这将使防空截击机来不及起飞、出航和到达有效截击区域实施拦截,地面防空武器来不及跟踪目标和射击,从而降低拦截成功率和摧毁目标的概率。

③ 目标暴露特征的减弱和变化,使各种武器制导系统失效。各种武器的制导系统均是针对目标特征信息,或遥控制导或自寻的制导。当目标具有降低外来信息和自身特征信息的"隐形"性能时,这类制导武器将失去作用。

④ 武器系统的隐形攻击能力,可给对方指挥系统造成严重的生存威胁。海湾战争期间,F—117A隐形战斗机利用其隐形性能,在第一次攻击中就用2000磅的激光制导炸弹以直接命中方式摧毁了伊拉克的通信大楼。巴格达的空军司令部、防空指挥控制中心等重要指挥控制系统也相继受到F—117A的瘫痪性攻击。

(2) 弱点

① 隐身飞机不能对所有的雷达产生同样的隐身效果。隐身飞机主要通过两个渠道来达到隐身目的。一是改变外形的结构设计来减少后向散射。波长较长的米波雷达,其谐振波长接近于隐身飞机的某些部位(如翼展、喷口等),这些部位对雷达电磁波将产生谐振散射,RCS

急剧增大，隐身效果降低；二是通过涂覆吸波透波材料来减少雷达回波强度。涂层越厚，可对付的雷达波长越长，目前，隐身飞机的反雷达涂层主要对付厘米波雷达，要对付米波雷达，涂层就要加厚，这势必造成飞机的自重和气动阻力增大，实际上很难实现。

② 隐身飞机不能在所有方向上达到隐身目的。隐身飞机的发动机进气口通常装在机翼上方部位，如果电磁波从飞机上方照射，就可以探测到隐身飞机。隐身飞机后向散射虽然大大减小了，但非后向散射却相对增加了。同样一部雷达，对隐身飞机不同方向的 RCS 数值会出现很大的变化，这对雷达组网抗隐身是一个有利的机会。

③ 隐身飞机的作战使用有一定的规律。如不需要干扰掩护，中、低空隐蔽出航；航线直指对方的重要保卫目标，如指挥系统、通信中心等。掌握这些规律对于发现判明隐身飞机，都有一定的作用。

④ 隐身飞机的机载电子设备如地形匹配雷达、机载雷达、通信系统等一旦使用，也可能被对方无源探测系统发现。

2. 雷达抗隐身飞机的基本策略

随着隐身兵器的陆续部署以及在实战中的使用，反隐身对策的研究越来越迫切，美国在执行"隐身计划"后不久就成立了一个"隐身红队"，专门从事反隐身对策的研究。他们提出的 28 项反隐身设想，其中与雷达有关的超过一半，这就表明雷达在反隐身兵器方面与其他手段相比具有较大潜力。目前雷达反隐身的基本对策研究主要分为三个方面：

(1) 运用新的探测手段，抑制隐身效果

发展新的探测手段是反隐身的根本对策。各种具有良好反隐身性能的新体制雷达研制工作非常活跃，比较集中的研究、发展领域有四个方面：

① 运用米波与毫米波雷达。目前隐身飞机主要是针对厘米波雷达（1～20GHz）设计的，当雷达的工作频率低于 1000MHz 或高于 20GHz 时，目标的隐身效果就会变差。因此，米波和毫米波雷达具有较好的反隐身探测能力。在米波雷达方面，主要是发展米波远程三坐标雷达，既可用于对空警戒，也可用于保障引导；在毫米波雷达方面，主要是发展武器系统的火控雷达。

② 双、多基地雷达。采用双、多基地雷达能抑制或削弱隐身技术效果。一是外形有技术隐身的飞行器，主要针对单基地雷达接收后向散射信号，因此主要减小其鼻锥方向±45°内的雷达反射截面积（RCS），非后向散射并没有减少。只要双、多基地雷达接收非后向反射信号，就可以得到较大的 RCS 值，从而提高对目标信号的检测能力。二是在双、多基地雷达观察时，吸波涂层的效果降低。三是阻抗加载技术亦只对正向投射和在其左右小角度范围内有抑制散射强度的作用，其他方向反而是加强的。因此用双、多基地雷达观察时，在一定条件下，反而可得到较强的 RCS。

③ 超视距雷达。超视距雷达本身具有天然的反隐身性能。由于超视距雷达工作在高频段（5～30MHz），工作波长为 10～60m，大部分飞行器的尺寸以及主要结构的特征尺寸与其波长接近或小于波长，按照电磁散射的理论，这时的散射处于谐振区。理论和实践都证明，吸波材料对长波是无效的。又由于天波后向散射超视距（OTH－B）雷达的电波被电离层反射，雷达波是从上而下照射目标，这正是隐身外形设计最薄弱的视角。从这一视角探测隐身目标，其 RCS 大大增加。所以，天波后向散射超视距雷达是当今探测隐身目标最有希望的手段。如澳

大利亚的“金达来”OTH—B雷达就曾成功地探测到美国的B—2隐身战略轰炸机。

④ 无源探测系统和其他新体制雷达。无源探测系统本身不辐射电磁波能量，通过接收飞机的通信、导航、雷达、敌我识别以及有源干扰等电磁辐射信号和红外辐射源，对飞机进行探测、跟踪和定位。隐身飞机在突防过程中为了搜寻目标和导航定位，需使用雷达、导航等设备，这就难免要辐射电磁波。因此，无源探测系统就可能对隐身飞机进行探测、跟踪和定位。如“塔玛拉”无源探测系统就具有较强的识别能力和反隐身能力。据报道，海湾战争期间，叙利亚利用该系统曾在较远的距离上发现了F—117A隐身战斗机。

为了对付隐身目标的威胁，各国都非常重视研制反隐身能力强的新体制雷达。如谐波雷达、冲激雷达、分布式雷达。红外、激光雷达和微波成像雷达等新体制雷达的研制和发展，都取得了长足的进步。

(2) 针对隐身飞机特点，灵活运用战术

这是雷达兵在现有装备条件下抗隐身飞机的主要对策。

① 运用米波雷达，严密搜索重要空域。目前使用的隐身材料和涂料频带较窄，一般来说，隐身飞机对厘米波、分米波雷达隐身效果较好，而对米波雷达的隐身效果较差；又由于隐身飞机担心使用地形跟踪雷达工作会因辐射电磁波而暴露自己行踪；为了防止隐身飞机与其他飞机相撞，作战指挥机构在计划空袭时还须为它专门划定一个半径达160km的“空白空域”，不准其他飞机进入。针对隐身飞机的这些弱点，雷达旅(团)在组织搜索隐身飞机时，要充分发挥米波雷达的作用，集中多部米波雷达，严密搜索隐身飞机可能进袭方向的中高空和重要目标附近的“空白空域”。

② 发挥“网”的作用，实施空域频域对抗。隐身飞机的外形设计和涂覆是有限的，主要是控制机头方向的后向散射能力，而对其他方向的散射依然存在。针对隐身飞机这一特点，雷达兵在组织实施搜索与监视隐身目标的过程中，要充分发挥现有雷达网的作用，以某一作战区域的整个雷达网，对其进行全方向、全频域探测，从空域上、频域上实施综合对抗，从而可大大提高雷达预警系统对隐身目标的发现概率、距离和连续监视能力。

③ 利用点滴情报，推测发现隐身目标。隐身飞机为隐蔽其行动企图，通常在起飞后，就断绝与外界的联系，按照事先选择的航线和航行诸元飞行，其导航攻击系统要求“隐身飞机的飞行员一点也不能偏离预定航线，必须准确地保持给定的飞行状态，即使在紧急情况下也不能产生偏离航线或离开飞机的念头”。针对这一点，雷达兵应利用收集到的点滴情报，推测隐身飞机的前进位置，为作战部队提供及时的概略情报。

习　题

习　题　一

1.1　简答：

(a) 要想获得 60nmi 的最大非模糊距离，雷达的脉冲重复频率应是多少？

(b) 当目标处于最大非模糊距离上，则雷达信号往返的时间是多长？

(c) 如果雷达的脉冲宽度为 1.5μs，则在距离坐标上脉冲能量在空间的范围（用 m 表示）是多少？

(d) 两个相等尺寸的目标如果要被 1.5μs 的脉冲宽度完全分辨出来，则两者必须相距多远(m)？

(e) 如果雷达的峰值功率为 800kW，则平均功率是多少？

(f) 这部雷达的占空因子是多少？

1.2　一部地基对空监视雷达工作频率为 1300MHz（L 波段）。它对于 $1m^2$（$\sigma=1m^2$）雷达横截面积得目标的最大检测距离为 200nmi。天线尺寸为 12m 宽×4m 高，天线孔径效率为 $\rho_a=0.65$。接收机最小可检测信号 $S_{min}=10^{-13}$W，确定：

(a) 天线有效孔径 A_e(m^2)和天线增益 G[用数字和 dB 表示，其中，G(dB)＝10lg$G$（G 是数字）]；

(b)发射机峰值功率；

(c) 实现 200nmi 最大非模糊距离的脉冲重复频率；

(d) 如果脉冲宽度为 2μs，发射机的平均功率；

(e) 占空因子；

(f) 水平波束宽度(°)。

1.3　计算：

(a) 雷达发射机平均功率为 200W，脉冲宽度为 1μs，脉冲重复频率为 1000Hz，则雷达的峰值功率是多少？

(b) 如果这部地基空中监视雷达的频率为 2.9GHz（S 波段），矩形天线尺寸为 5m 宽×2.7m 高，天线孔径效率 $\rho_a=0.6$，最小可检测信号 $S_{min}=10^{-12}$W（依据雷达方程中 P_t 是峰值功率），则地基雷达的作用距离(nmi)是多少？

(c) 接收到的回波信号功率是距离的函数，画出 10～80nmi 的关系图。

1.4　月球作为一个雷达目标可作如下描述：到月球的平均距离为 3.844×10^8m（大约为 208 000nmi）；实验测量的雷达横截面积为 $6.64\times10^{11}m^2$（在一系列雷达频率上的平均值）；月球半径为 1.738×10^6m。

(a) 雷达脉冲到月球的往返时间(s)是多少？

(b) 要没有距离模糊，则脉冲重复频率应是多少？

(c) 为了探索月球表面的特性，需要有一个比(b)更高的脉冲重复频率(prf)。如果要观察从月球前半球来的回波，则脉冲重复频率可以多高？

(d) 如果天线直径为 60 英尺，孔径效率为 0.6，频率为 430MHz，接收机最小可检测信号为 1.5×10^{-16}W，则要求峰值功率是多少？你的答案会令你吃惊吗？如果是，为什么？

(e) 半径为 a 的完全导电的光滑球体的雷达横截面积为 πa^2。如果月球是一个完全光滑、导电的表面，则其雷达横截面积是多少？为什么测量的月球雷达横截面积(上面给出的)与该值不同？

1.5　装在汽车上的雷达，用来确定在其正前方行驶的车辆的距离。雷达的工作频率为 9375MHz(X 波段)，脉冲宽度为 10ns(10^{-8}s)，最大作用距离为 500 英尺。

(a) 对应于 500 英尺的脉冲重复频率是多少？

(b) 距离分辨力(m)是多少？

(c) 如果天线波束宽度为 6°，则在 500 英尺距离上，横向距离分辨力(m)是多少？你认为该横向距离分辨力足够吗？

(d) 如果天线尺寸为 1 英尺×1 英尺，天线效率为 0.6，则天线增益是多少？

(e) 如果最小可检测信号为 5×10^{-13}W，找出检测 500 英尺距离上雷达横截面积为 $10m^2$ 目标所需要的平均功率。

1.6　确定使下列雷达成本最小时，

(a) 峰值功率(W)。

(b) 天线物理面积(m^2)。

频率：1230MHz(L 波段)

天线孔径效率：0.6

接收机最小可检测信号：3×10^{-13}W

发射机单位成本：每瓦峰值功率＄2.20

天线单位成本：每平方米物理尺寸＄1400

接收机和其他项目成本：＄1 000 000

雷达必须检测 200nmi 距离上横截面积为 $2m^2$ 的目标，

(你将需要采用雷达距离方程的某一种简单形式)

(c) 天线成本和发射机成本各是多少？

(d) 在一部新雷达设计中，作为首次尝试，你将如何在天线和发射机之间分配成本(仅依据对以上习题的答案)？

1.7　谁发明了雷达？(请解释你的答案)

1.8　已经给出雷达方程的三种简单形式。你对下列问题作何答复：“雷达作用距离是如何随雷达波长而变化的，其他一切都不变？”

1.9　如果发射机质量正比于发射机功率(即 $W_t = k_t P_t$)且如果天线质量正比于其体积(使得我们可以说其质量正比于天线孔径面积 A 的 3/2 次方，即 $W_A = k_A A^{3/2}$)，假设距离固定，则天线质量和发射机质量之间有什么关系才能使总质量 $W = W_t + W_A$ 为最小？(你将需要一种雷达方程的简单形式来获得 P_t 和 A 之间的关系。)

习 题 二

2.1 如果接收机的噪声系数为 2.5dB,则与输入端的信噪比相比,输出端的信噪比下降多少(dB)?

2.2 一个低通 RC 滤波器的频率响应函数为 $H(f)=\dfrac{1}{1+\mathrm{j}(f/B_{\mathrm{v}})}$,其中,$B_{\mathrm{v}}$ 是半功率带宽,其噪声带宽 B_{n} 是多少?即找出 $B_{\mathrm{n}}/B_{\mathrm{v}}$ 之比。

2.3 随即变量 x 的指数概率密度函数为

$$p(x)=a\exp[-bx]\quad x>0$$

式中,a 和 b 是常数。

(a) 确定归一化所需要的 a 和 b 之间的关系。

(b) 对归一化的 $p(x)$,确定平均值 m_1 和方差 σ^2。

(c) 画出 $a=1$ 时的 $p(x)$ 图。

(d) 求出概率分布函数 $P(x)$,并画出 $a=1$ 时的结果。

2.4 证明瑞利概率密度函数的标准偏差正比于平均值。当不能简单地进行积分时,你应采用积分表。

2.5 规定平均虚警间隔时间为 30min,接收机带宽为 0.4MHz。

(a) 虚警概率是多少?

(b) 门限噪声功率比(V_T^2/Ψ_0)是多少?

(c) 对于平均虚警时间为 1 年(8760h)的情况,重复(a)和(b)小题。

(d) 假设设定门限噪声功率比以实现 30min 的虚警时间[即(b)题中门限噪声功率比的值],但由于某种原因门限实际设置比(b)题中得到的值小 0.3dB。则采用较低的门限后得到的平均虚警间隔时间是多少?

(e) 如果门限增大 0.3dB,则平均虚警间隔时间是多少?

(f) 考察(d)和(e)小题中计算出来的两个门限噪声比并对精确实现所规定的虚警时间的可行性发表意见。

2.6 雷达带宽 $B=50\text{kHz}$,平均虚警间隔时间为 10min。

(a) 虚警概率是多少?

(b) 如果脉冲重复频率(prf)为 1000Hz,且如果第一个 15 海里的作用距离由于采用长脉冲的缘故而被关闭(接收机关机),则新虚警概率是多少(假定虚警时间必须保持恒定)?

(c) (a)和(b)小题间的差别很大吗?

(d) 导致最小 15 海里作用距离的脉冲宽度是多少?

2.7 一段损耗为 L 的传输线与噪声系数为 F_{r} 的接收机的输入端相连。相连后整个装置总的噪声系数是多少?

2.8 频率为 1.35GHz 的雷达,其天线宽度 $D=32$ 英尺,最大非模糊距离为 220 海里,天线扫描时间为 10s(天线转一圈的时间)。

(a) 每次扫描雷达接收的来自点目标的回波脉冲数是多少?

[利用以弧度表示的天线半功率波束宽度关系式 $\theta_{\mathrm{B}}=1.2\lambda/D$ (λ 是波长)]

(b) 当检测概率为 0.9,虚警概率为 10^{-4} 时,积累损耗和累积改善因子是多少?

2.9 试回答:

(a) 什么频率会导致直径为 1m 的金属球具有最大的雷达横截面积?

(b) 在什么频率上,直径为 1m 的球轴承具有最大的雷达横截面积?

2.10 试计算:

(a) 长宽尺寸为 12 英寸×6 英寸的汽车牌照在 10.525GHz(X 波段测速雷达的频率)上的最大雷达横截面积是多少?

(b) 该汽车牌照在垂直平面内要倾斜多少度才能使其横截面积减小 10dB? 为了作本题的目的,你可以假话汽车牌照是完全平坦的。平板的雷达横截面积是入射角 φ 的函数,对于不是太大的 φ,平板的雷达横截面积可写成

$$\sigma(\varphi) \approx \sigma_{\max} = \frac{\sin^2[2\pi(H/\lambda)\sin\varphi]}{[2\pi(H/\lambda)\sin\varphi]^2}$$

式中,$\sigma_{\max}$ = 平板的最大雷达横截面积 = $4\pi A^2/\lambda^2$,A = 平板的面积,λ = 雷达波长,H = 平板高度(注意单位。你必须画出为 φ 函数的部分横截面积方向图,以找出对应于−10dB 的 φ 的值)。

(c) 当直接从前端观察时,汽车还有哪些其他部分会对其雷达横截面积产生作用?

2.11 简要描述雨滴和大型飞机的雷达横截面积(在微波区)特性与(a)频率,(b)观察角度的关系。

2.12 当目标的雷达横截面积在(a)瑞利区,(b)谐振区,(c)光学区时,描述目标雷达回波的主要特性。

2.13 在 X 波段(波长=3.2cm)的一个单独"海尖峰脉冲"回波的典型值为 $1m^2$。产生同样雷达回波的一正方形平板当以垂直入射方向观察时,其边长是多少?

2.14 雷达非相干地积累 18 个脉冲,各脉冲幅度都相等(非起伏情况)。IF 带宽为 100kHz。

(a) 如果平均虚警时间为 20min,则要实现 0.80 的检测概率的话,每脉冲信噪比 $(S/N)_n$,必须是多少(建议采用 Albersheim 方程)?

(b) 对应的 $(S/N)_1$ 的值是多少?

(c) 如果目标横截面积根据 Swerling 情况 1 模型起伏,则 $(S/N)_1$ 是多少?

2.15 当雷达波长比目标尺寸小时,为什么复杂目标的横截面积,如图 2.15 所示,会随方位角的微小变化而迅速起伏?

2.16 证明 Swerling 情况 1 模型的概率密度函数与 2 阶 χ 平方函数相同。

2.17

(a) 当检测概率为 0.50,虚警概率为 10^{-6} 时,对依据单个脉冲进行检测的雷达所要求的信噪比是多少? 假设为非起伏目标回波。

(b) 检测概率为 0.99,虚警概率同上,重复(a)小题。

(c) 重复(a)小题,(b)小题,但对于 Swerling 情况 1 起伏目标。

(d) 以表格形式比较结果,由此表你可得出什么结论?

2.18 脉冲重复频率为 4000Hz 时雷达测量的视在距离为 7 海里,但是当脉冲重复频率为 3500Hz 时雷达测量的视在距离为 18.6 海里,正确的距离是多少(海里)?

2.19 回答：

(a) 当天线仰角增益随仰角 φ 的余割平方变化时（即 $G=G_0\csc^2\varphi$），证明在完全导电的平坦地球上方以恒定高度飞行的飞机所接收的回波信号功率 P_r 与作用距离 R 无关。

(b) 除了接收机的信号与作用距离无关（需要较小的接收机动态范围）外，当与常规未整形扇形波束仰角方向图相比时，对空监视雷达采用余割平方仰角方向图天线的另外一个原因是什么？

(c) 在现实世界中，将(a)小题的简单结果用于雷达的局限性是什么？

2.20　一部方位上作360°旋转的扇形波束天线的地基对空监视雷达的最大作用距离为150海里，高度覆盖为60 000英尺，最大仰角覆盖为30°。与具有整个90°仰角覆盖（覆盖中无“空洞”）的雷达相比，由于头顶“空洞”的缘故，总的有效空域覆盖中百分之多少会丢失？为简便起见，假设为平坦地球。

2.21　当天线波束扫过一个点目标时，雷达接收机在半功率（3dB）波束宽度内收到5个脉冲。当天线方向图的最大值指向目标是，这5个脉冲中的中间一个被发射出去。当前半功率点和后半功率点分别指向目标是，第1个和第5个脉冲被发射。在这种情况下双程波束形状的损害（dB）是多少？

2.22　有5部相同的雷达，每部雷达接收机有一平方律检波器。这5部雷达覆盖只有部分重叠，使得并不是所有雷达都能发现每个目标。所有5部雷达的输出在作出检测决策以前被合在一起。如果只有5部雷达中的1部发现目标，而其余4部雷达只看到接收机噪声，则当检测概率为0.5，虚警概率为10^{-4}时，折叠损耗是多少？

2.23　小船和舰船上采用民用海用雷达用于观察导航浮标、检测陆地—海上边界、领航和防撞。考虑下列民用海用雷达：

频率：9400MHz（X波段）

天线：水平波束宽度＝0.8°

　　垂直波束宽度＝15°

　　增益＝33dB

　　方位转速＝20rpm

峰值功率：25kW

脉冲宽度：0.15μs

脉冲重复频率：4000Hz

接收机噪声系数：5dB

接收机带宽：15MHz

系统损耗：12dB

平均虚警时间：4h

(a) 画出作为距离（海里）函数的单次扫描检测概率的曲线，假设$10m^2$的恒定横截面积目标（导航浮标）和自由空间传播[你会发现选择检测概率和然后求对应的信噪比要比倒过来容易。你只需考虑检测概率从0.3～0.99。为了本题目的，你可选择单个（平均）积累改善因子值，而不是试图求出它是 P_d 的函数（因为教材中的曲线不允许这样做）]。

(b)对于具有$10m^2$平均横截面积的Swerling情况1目标起伏模型，重复(a)小题。在与(a)小题相同的图表上作图。

(c) 对于这部雷达要做的工作,评论一下该雷达的平均功率是过低、正好还是过高。

(d) 当所有的目标都位于海面上时,你认为为什么该舰载雷达天线有15°的仰角波束宽度?

2.24 考虑下列对空监视雷达:

频率:2.8GHz(S波段)

峰值功率:1.4MW

脉冲宽度:0.6μs

脉冲重复频率:1040Hz

接收机噪声系数:4dB

天线转速:12.8rpm

天线增益:33dB

天线方位波束宽度:1.35°

系统损耗:12dB

平均虚警时间:20min

目标横截面积:$2m^2$

将下列各函数都画在同一个坐标上(横坐标为作用距离):

(a) 对于恒定横截面积目标,自由空间单次扫描检测概率作为作用距离(海里)的函数[你会发现先选择检测概率和然后求对应的信噪比要比倒过来容易。你只需考虑检测概率从0.3~0.99。为了本题目的,你可选择单个(平均)积累改善因子值,而不是试图求出它是P_d的函数(因为教材中的曲线不允许)]。

(b) 情况和(a)小题相同,但检测准则为旋转天线的3次扫描中至少有2次发现目标时检测概率作为作用距离的函数[你可以假设作用距离和接收到的信号功率在3次扫描上看不出变化。为便于计算,可假设单次扫描虚警概率与(a)小题中的相同]。

(c) 对于平均目标横截面积为$2m^2$的Swerling情况1,重复(a)小题。

(d) 对于平均目标横截面积为$2m^2$的Swerling情况1,重复(b)小题。

(e) 脉冲重复频率对于避免距离模糊是否适当?

(本题中的雷达类似于机场监视雷达ASR)

2.25 推导监视雷达方程。可忽略传播因子、衰减和起伏损耗。

2.26 假设平均功率保持恒定,接收机带宽对设计很好的雷达的最大作用距离的影响是什么?解释你的答案。

2.27

(a) 当单次扫描检测概率为0.8时,4次扫描中至少2次检测的目标检测概率是多少?

(b) 当单次扫描检测概率为10^{-8}时,在此情况下对应的虚警概率是多少?

(c) 如果采用4次扫描中有2次检测准则时总的虚警概率为10^{-8},则单次扫描虚警概率是多少?

(d) 当采用(c)小题的较高的单次扫描虚警概率,而不是10^{-8}单次扫描虚警概率时,信噪比可降低多少?

2.28 本题中假设对空监视雷达的目标具有Swerling情况1模型特征。从目标接收到n个脉冲,半数脉冲在一个频率上,另一半脉冲在与第一个频率相隔足够远的第二个频率上,以

便相对于第一组 $n/2$ 个脉冲,第二组 $n/2$ 个脉冲和它是完全不相关的。

(a) $P_d = 0.95$ 和(b) $P_d = 0.6$ 时,由于使用了频率分集获得了多少信噪比改善?

(c) 如果目标径向长度(在距离向上)为 30m,为使目标各回波不相关,则两个频率必须相差多少?

2.29

(a) 列出远程对空警戒雷达可能产生的系统损耗,估算由每个因素而产生的近似的损耗值。无须包括多普勒处理所导致的损耗(当然,对于本题没有唯一的答案)。

(b) 使用所估算的总系统损耗,如果无损耗雷达的作用距离为 200 海里,则雷达作用距离会由于系统损耗而降低多少?

2.30 "雷达距离是如何依赖于波长的?"针对对空警戒雷达,你会如何回答这个问题(请论证你的答案)?

2.31 在 10 次试验(天线扫描)后,特定距离上的特定目标的尖峰扫描率(单扫描检测概率)的实验测量值为 0.5。

(a) 如果可信度必须是 90%,则本次测量的可信范围是多少?

(b) 假设测量得到的尖峰扫描率仍为 0.5,则 100 次扫描后的可信范围是多少(可信度相同,为 90%)?

习　题　三

3.1 沿圆轨道绕地球飞行的卫星高度为 5000 海里,速度为 2.7 海里/秒。

(a) 如果 UHF(450MHz)雷达位于轨道平面内,当卫星刚出现在地平面上时观察到的多普勒频移是多少(地球半径为 3440 海里,可忽略大气折射和地面反射的影响)?

(b) 当卫星处于天顶时的多普勒频移为多少?

3.2 220MHz VHF 雷达的最大非模糊距离为 180 海里。

(a) 第一盲速(单位为节)是多少?

(b) 重复习题(a),但雷达工作在 1250MHz 的 L 波段。

(c) 重复问题(a),但雷达工作在 9375MHz 的 X 波段。

(d) 为了获得与(a)中的 VHF 雷达有一样的盲速,(c)中 X 波段雷达的非模糊距离(海里)是多少?

(e) 如果需要一部第一盲速为(a)中盲速的雷达 ,你愿意选择 VHF 雷达还是 X 波段雷达? 请解释你的回答(可能没有唯一解)。

3.3 一部 L 波段(1250MHz)雷达的 prf 为 340Hz,检测以 12 节径向速度移动的暴风雨。假设暴风雪的多普勒频谱宽度非常小(一条窄的谱线,自然并不符合实际情况,但会使问题简化),雷达采用单延迟线对消器。

(a) 与暴风雨的径向移动速度使滤波器产生最大响应相比,单延迟线对消器将暴风雨衰减多少(dB)?

(b) 如果采用双延迟线对消器,与最大响应相比暴风雨的衰减为多少?

3.4 证明:

(a) 证明最大非模糊距离 R_{un} 与第一盲速 v_1 的乘积等于 $c\lambda/4$,其中 c 为转播速度,λ 为雷达波长。

(b) 这种关系对避免盲速是否有指导意义？如果有的话，有何指导意义？

3.5 如果一部雷达要求最大非模糊距离为 200 海里，低于 600 节时没有盲速，雷达的最高工作频率为多少？

3.6 当权重为符号参数的二项展开系数时，证明三条延迟线对消器等效于四脉冲的延迟对消器。

3.7 推导：

(a) 设 v_1 为采用 N 个不同 prf 参差时的第一盲速，v_B 为 prf 等于 N 个参差 prf 均值的恒定 prf 波形的第一盲速，请推导比率 v_1/v_B 的表达式。

(b) 当 $N=4$ 且 prf 的关系是 30：35：32：36 时，比率 v_1/v_B 的值为多少？

3.8 回答：

(a) 怎样采用 RF 频率不同的 N 个恒定 prf 雷达波形来避免盲速？

(b) 设 v_1 为发射 N 个不同 RF 载频时的第一盲速，v_{cf} 为 RF 载频等于 N 个 RF 频率均值时的第一盲速，请推导比率 v_1/v_{cf} 的表达式。

(c) prf 和 RF 载频都改变对避免盲速有没有影响？

3.9 一部 S 波段(3.1GHz)空中监视雷达采用四个不同 prf 的参差波形，4 个 prf 分别为 1222Hz，1031Hz，1138Hz 和 1000Hz。

(a) 如果采用脉冲重复周期等于 4 个参差波形周期均值的恒定 prf 波形，第一盲速(节)是多少？

(b) 参差 prf 波形的第一盲速(节)是多少？注意四个频率的 n_i 分别为 27，32，29 和 33。

(c) 参差 prf 波形的最大非模糊距离为多少？

(d) 参差 prf 波形的第一个零凹凸深度(dB)为多少？

(e) 假设杂波谱为高斯谱、标准偏差为 10Hz，参差 prf 波形的最大 MTI 改善因子为多少？

3.10

(a) 当 prf 有 240 海里的最大非模糊距离时，L 波段(1250MHz)雷达的第一盲速(节)为多少？

(b) 为了增加(a)中的第一盲速使其不少于 1200 节，采用三个脉冲重复周期的参差 MTI 波形，三个周期的最大非模糊距离不少于 240 海里，决定脉冲到脉冲的周期(注意，这一部分没有唯一的答案。实际上在选择三个周期时，应按可接受的零凹凸深度和希望的改善因子选择，这已超出了本题的范围)。

3.11

(a) 在有 16 个滤波器的数字滤波器组中，为了获得与零多普勒滤波器相邻的滤波器，在延迟 16 条抽头处每个抽头相移所要求的相位增量(度)为多少？

(b) 如果雷达的脉冲重复频率为 2560Hz，滤波器零凹凸之间的宽度(确定主瓣响应的两个零凹凸之间的距离)为多少？

(c) 如果 16 条抽头延迟线滤波器前接四脉冲对消器，相干处理间隔内有多少个脉冲？

3.12 一个机场监视雷达工作在 S 波段(2.8GHz)，他的 MTD 处理器有一组 8 个相邻的多普勒滤波器，MTD 采用两个不同的脉冲重复频率来发现与气象杂波位于同一个滤波器内的运动目标。设两个 prf 中的一个为 1100Hz，气象杂波有一个径向速度从 0～25 节的频谱。

一架飞机以 250 节的径向速度飞行时，多普勒频率的混淆使它与气象杂波位于相同的滤波器（在 2 号滤波器的中间附近，请查证），它被气象杂波淹没而不能检测（注意，1 号滤波器的中心指定为零多普勒频率）。

(a) 为了将混淆过的飞机速度完全从 2 号滤波器的主响应中移出，放到 4 号滤波器中间，第二个 prf 应该为多少？

(b) 第一个 prf 到第二个 prf 的百分比变化为多少？

(c) 代替改变 prf 来发现目标，当 prf 保持为 1100Hz 时，为了发现目标 RF 频率应改变多少（将目标移到第 4 个滤波器的中间）？

3.13　采用单延迟线对消器的 MTI 雷达具有下述特性：

频率为 3000MHz

方位波束宽度为 1.2°

天线旋转速度为 10rpm

prf 为 1000Hz

8 位 A/D 变换器

stalo 相位稳定性为 0.6°

杂波标准差＝0.3m/s

(a) 确定下面哪一个因素是总的 MTI 改善因子的主要限制：

- stalo 的稳定性（由于相位的变化）
- 杂波的内部运动
- 天线扫描调制
- A/D 变换器噪声

(b)这部雷达的总改善因子(dB)为多少？

3.14　一个雷达的总改善因子为 45dB，工作频率为 3.0GHz，prf 为 340Hz，采用单延迟线对消器。假定下面从(a)到(b)所要求的 4 个因子彼此独立，对总改善因子的贡献相等。

(a) 总的相位稳定性必须是多少（度）？

(b) 相对幅度稳定性必须是多少（度）？

(c) A/D 变换器要求的最小位数是多少？

(d) 最大可允许的杂波起伏的均方根速度范围（m/s）是多少？

(e) 接收机的限幅电平应是多少？

3.15　回答：

(a) 一部雷达的波束宽度为 1.5°，prf 为 340Hz，天线扫描速度为 6rpm，采用单延迟线对消器，天线扫描调制（目标驻留时间有限）所产生的改善因子限制为多少？

(b) 如果增加天线扫描引起的对改善因子的限制到至少 40dB，雷达系统设计者能考虑的两个基本方法是什么？

(c) 问题(b)中的两个方法中，你认为哪一个是最好的选择？

3.16　在直径为 D 的旋转反射面天线中，目标上有限驻留产生的多普勒扩展与旋转天线末端产生的多普勒频移之间的关系是什么（假设天线波束宽度为 $\theta_B = \lambda/D$ 弧度）？

3.17　计算：

(a) 假设 MTI 改善因子仅由杂波的内部运动决定，如果采用三脉冲对消器，当雷达工作频率从430MHz(UHF)变到3.3GHz(S波段)时改善因子会减少多少(dB)?

(b) 如果使S波段雷达的改善因子等于UHF雷达的改善因子,S波段雷达的prf应增加多少?

3.18 如果风引起的杂波内部运动是影响杂波谱的唯一因素,微风(9节)的改善因子是多少?假设雷达的工作频率为10GHz,prf为1000Hz,采用双延迟线对消器,杂波谱采用指数杂波谱模型(注意单位)。

3.19 一部AMTI雷达假设其速度v和天线直径D为常数,证明雷达运动(平台运动)产生的杂波谱扩展与频率无关,其中杂波谱扩展由式(3.58)表示为$\Delta f_c=\frac{2v}{\lambda}\theta_B\sin\theta$。

3.20 假设机载空中监视雷达(AMTI)以300节的速度飞行,旋转扇形波束天线的水平尺寸为$D=24\text{ft}$,画出频率从420MHz和3.5GHz时,地面杂波回波的多普勒频移f_c和多普勒扩展频移Δf_c与方位角(从0～180°)的函数关系的图形(假设仰角为零,方位波束宽度以度表示为$\theta_B=65\lambda/D$,λ为波长)。

3.21 频率为440MHz的机载AMTI雷达,方位波束宽度为6°,prf为330Hz,机载飞行速度为320节。

(a) 杂波多普勒频移和杂波多普勒扩展为方位角为0、45°和90°时为多少?其中0和90°分别表示前视和正侧视(可假设俯仰角为0,尽管不符合实际,但可使问题更简单)。

(b) 假设采用了TACCAR技术,沿主瓣中心的杂波多普勒频率完全补偿(也就是杂波多普勒的频率中心在零多普勒频率),不使用DPCA。画出雷达方位波束指向90°时正侧视情况下的多普勒空间(所得杂波谱,它是多普勒频率的函数)。在这个问题中可假设σ_c等于$\Delta f_c/2$(沿频率轴数值范围近似按比较画出)。(c)与问题(b)中天线所指一样,当天线指向正侧视方向时σ_c/f_p的值为多少?其中f_p为prf,σ_c是杂波谱的标准偏差,它可以近似为$\Delta f_c/2$。(d)这种类型雷达用于从杂波中检测空中运动目标时,你认为怎么样?

3.22 回答:

(a) 在同样从杂波中检测运动目标的检测性能假设下,为什么高prf脉冲多普勒雷达比低prf MTI雷达要求更大的改善因子?

(b) 为什么高prf脉冲多普勒雷达(如AWACS)通常比同样性能的AMTI雷达需要更多的平均功率?

(c) 为什么高prf脉冲多普勒雷达不像AMTI雷达一样要求DPCA?

3.23 回答:

(a) 中prf脉冲多普勒雷达在什么方面比高prf脉冲多普勒雷达更好?

(b) 高prf脉冲多普勒雷达在什么方面比中prf脉冲多普勒雷达更好?

3.24 为什么高prf脉冲多普勒雷达中高度线杂波不能通过距离门而是要通过滤波消除?

3.25 用于检测2000海里外商业飞机的一部HF超视距雷达,例如,工作频率和prf可能分别为15MHz和30MHz,采用多普勒处理分开运动目标与杂波。它是MTI雷达、脉冲多普勒雷达还是其他什么雷达?解释你的回答。

习　题　四

4.1　如果用式(3.34)的高斯函数来表述圆锥扫描跟踪天线的单向天线功率方向图，那么当目标直接处于波束的交叠点时对所接收信号的损耗是什么？天线半功率波束宽度为2°，斜视角为0.75°。

4.2　连续跟踪雷达采用自动增益控制(AGC)的原因之一是，为了防止由于目标回波信号随距离与方位变化而引起的接收机饱和。

(a) 如果雷达必须观察最小作用距离2海里至最大作用距离100海里的目标，则目标回波的功率变化应为多少(分贝)？

(b) 对于大型战斗机(RCS＝$6m^2$)目标的回波变化应为多少(见表2.1)？

4.3　将比幅单脉冲跟踪器和圆锥扫描跟踪器在远程、中程与近程上的精度，复杂性，通常用于角测量的脉冲数及每次的应用形式，进行比较。

4.4　试回答：

(a) 为什么比幅单脉冲比比相单脉冲更受人们关注？

(b) 为什么圆锥扫描跟踪器比序列波瓣跟踪器或波瓣转换跟踪器更受人们关注？

4.5　推导出比幅单脉冲一个角坐标中的误差信号。证明对于小角误差而言，误差信号是与θ_T呈线性关系的，其中θ_T是从天线瞄准方向测得的目标角度。两个相交的天线波束之间的夹角是$2\theta_q$[在不相交时，两个天线波束的一路(电压)方向图可以用归一化的高斯函数$\exp(-a^2\theta^2/2)$来近似地表示；式中$a^2=2.776/\theta_B^2$，θ_B是半功率波束宽度。注：双曲线余弦可以用$\cosh x=(e^x+e^{-x})/2$来表示，双曲线正余弦可以用$\sinh x=(e^x-e^{-x})/2$来表示；对于小的x值而言，$\sinh x\approx x$，$\cosh x\approx 1$，而且$\sinh 2x=2\sinh x\cosh x$]。

4.6　对于天线宽边(视轴)方向，分别从$+\theta_D/2$与$-\theta_D/2$方向测出到达单坐标雷达跟踪天线的限定大小的目标两个回波信号。我们如何采用和信道的输出来辨别正在出现的严重的闪烁误差？

4.7　一部跟踪雷达正在跟踪一个“哑铃”目标，“哑铃”目标是由处于雷达位置看得到的两个被角度θ_D隔开的各向同性散射体所组成的。来自两个散射体的回波信号幅度之比为$a=0.5$。如果两个散射体之间的相位差α随时间均匀地变化在$0\sim 2\pi$弧度的范围内，那么雷达角误差信号有多少时间是来指示一个“貌似”目标的方向，即指向超出哑铃目标的角度θ_D之外(你可以假定两个散射体中每个角度比θ_D小得多)。

4.8　已知一部单脉冲雷达在规定的作用距离上跟踪一个目标，角精度为0.5密耳。

(a) 这个精度是多少度？

(b) 假定精度是由接收机噪声单独决定的，那么圆锥扫描雷达在同样的这个作用距离上角精度是多少(相同的频率、波束宽度、功率、噪声系数、脉冲重复频率、处理脉冲数、天线有效面积)？

(c) 从另一方面来看，如果是在近程上的精度，以致角精度单独由闪烁来确定，那么圆锥扫描跟踪雷达相对于单脉冲跟踪雷达的精度是多少？

4.9　如果频率至少以$c/2D$变化，其中c是传播速度，求证沿着径向(距离)取向(而不是横向)的哑铃目标(两个被间距D分隔的不可辨的各向同性的散射体)的回波相位是去相关的。

4.10 一个目标在径向(距离)上有15m的有效纵深。为了获得去相关的角闪烁测量,那么频率变化必须是多少?

4.11 本题与距离闪烁有关。

(a) 距雷达较远的一个哑铃目标,其具有两个不可分辨的相等横截面的各向同性的散射体,且在径向(距离)纵排并分隔10m。当用频率为3000MHz的雷达观察时,来自这两个散射体回波之间的相位差是多少?在这种情况下,距离闪烁误差是多少?

(b) 视向角的什么变化(例如由于目标绕其中心旋转而引起的)会使两个回波相位差180°,结果是在距离上有恶劣的闪烁误差?

(c) 当目标按(b)题取向时,频率怎样变化才能使回波去相关?

(d) 为了分辨出两个散射体(致使闪烁可以避免),(a)题中的脉冲宽度必须是多少?

4.12 为了减小角度和距离中闪烁误差的影响,可以采用哪两种测量方法?

4.13 简述:

(a) 跟踪雷达工作在低仰角时为什么精度差?

(b) 当必须避免跟踪低仰角目标精度差的情况时,简述可以值得考虑的两种方法。

4.14 当跟踪低仰角目标时,为了使失锁的概率最低及在仰角上产生的大误差最小,有一种方法是使天线波束固定在稍低的仰角 θ_e 上,并使闭路环进行跟踪直到目标返回至多路径减少了的较高仰角时停止。在这种情况中,一般都认为目标的低仰角是在天线半功率波束宽度 θ_B 的附近。令 $\theta_e=\theta_B/2$。

(a) 当采用这种方法时,如果假设在半功率仰角波束宽度 θ_B 内的目标概率是均匀的,其位置的估算是平均值 $\theta_B/2$。在这些假设条件下其标准偏差是多少?

(b) 假设仰角测量是均匀地分布在仰角波束内的,这些波束是可以或不可以校正的;但是如果这个假设成立,(a)题采用更完美的方法后其结果获得的仰角均方根值为什么不会比0.1~0.3波束宽度更好?

4.15 跟踪天线直径为30英寸时,伺服的谐振频率上限是多少?

4.16 试回答:

(a) 如果有警报,训练有素的对空监视雷达操作员能在两秒钟内用手工更新一架飞机的航迹,那么当雷达天线以6转/秒的速度扫描时,一名操作员能处理航迹中的多少架飞机?

(b) 如果有7名操作员来完成手工跟踪,那么你认为用(a)题中的雷达(假定每名操作员拥有一台显示器)能处理航迹中的多少个目标(注意:这个问题有点像下面的问题,即换一只灯泡需多少名工程师)?

4.17 试回答:

(a) 波束裂变指的是什么?

(b) 简述如何实现它。

(c) 典型的精度是多少?

4.18 在什么条件下,卡尔曼滤波器的性能类似于 $\alpha-\beta$ 跟踪滤波器?

4.19 简述:

(a) 自动探测与跟踪的主要优点是什么?

(b) 它的局限是什么?

反侵权盗版声明

举报电话：(010)88254396；(010)88258888

传　　真：(010)88254397

E-mail：　dbqq@phei.com.cn

通信地址：北京市万寿路173信箱

　　　　　电子工业出版社总编办公室

邮　　编：100036

参 考 文 献

[1] Merrill I. Skolnik. 雷达手册(第 2 版). 北京:电子工业出版社,2003
[2] Merrill I. Skolnik. 雷达系统导论(第 3 版). 北京:电子工业出版社,2006
[3] 丁鹭飞,耿富录. 雷达原理(第 3 版). 西安:西安电子科技大学出版社,2002
[4] George W. Stimson. 机载雷达导论(第 2 版). 北京:电子工业出版社,2005
[5] 张明友,汪学刚. 雷达系统(第 2 版). 北京:电子工业出版社,2006
[6] 王小谟,张光义. 雷达与探测(第 2 版). 北京:国防工业出版社,2008
[7] 中航雷达与电子设备研究院. 雷达系统. 北京:国防工业出版社,2005
[8] Jerry L. Eaves,Edward K. Reedy. 现代雷达原理. 北京:电子工业出版社,1991
[9] 李蕴滋,黄培康等. 雷达工程学. 北京:海洋出版社,1999
[10] D. Curtis Schleher. 信息时代的电子战. 信息产业部电子第二十九所,电子对抗国防科技重点实验室,2000
[11] 伊利·布鲁克纳. 雷达技术. 北京:国防工业出版社,1984
[12] 蔡希尧. 雷达系统概论. 北京:中国科学技术出版社,1983
[13] David K. Barton. 雷达系统分析. 北京:国防工业出版社,1985
[14] David K. Barton. 雷达系统分析与建模. 北京:电子工业出版社,2007
[15] 郑新,李文辉,潘厚忠. 雷达发射机技术. 北京:电子工业出版社,2006
[16] 弋稳. 雷达接收机技术. 北京:电子工业出版社,2006
[17] 张祖稷,金林,束咸荣. 雷达天线技术. 北京:电子工业出版社,2005
[18] 黄培康,殷红成,许小剑. 雷达目标特性. 北京:电子工业出版社,2005
[19] 保铮,邢孟道,王彤. 雷达成像技术. 北京:电子工业出版社,2005
[20] 王小谟,匡永胜,陈忠先. 监视雷达技术. 北京:电子工业出版社,2008
[21] 张光义,赵玉洁. 相控阵雷达技术. 北京:电子工业出版社,2006
[22] 张光义,王德纯,华海根,倪晋麟. 空间探测相控阵雷达. 北京:科学出版社,2001
[23] 贲德,韦传安,林幼权. 机载雷达技术. 北京:电子工业出版社,2006
[24] G. V. 莫里斯. 机载脉冲多普勒雷达. 北京:航空工业出版社,1990
[25] 刘树声. 雷达反干扰的基本理论与技术. 北京:北京理工大学出版社,1989
[26] 郭锡林. 空军雷达兵战术学. 北京:军事科学出版社,2002